Stadtforschung aktuell
Band 118

Herausgegeben von
H. Wollmann, Berlin, Deutschland

Stefan Werner

Steuerung von Kooperationen in der integrierten und sozialen Stadtentwicklung

Machtverhältnisse und Beteiligung im Prozessraum

 Springer VS

Stefan Werner
München, Deutschland

Dissertation Universität Passau, 2012

Gedruckt mit freundlicher Unterstützung der Hans-Böckler-Stiftung.

ISBN 978-3-531-19736-4   ISBN 978-3-531-19737-1 (eBook)
DOI 10.1007/978-3-531-19737-1

Die Deutsche Nationalbibliothek verzeichnet diese Publikation in der Deutschen National-
bibliografie; detaillierte bibliografische Daten sind im Internet über http://dnb.d-nb.de
abrufbar.

Springer VS
© Springer Fachmedien Wiesbaden 2012

Gedruckt auf säurefreiem und chlorfrei gebleichtem Papier

Springer VS ist eine Marke von Springer DE. Springer DE ist Teil der Fachverlagsgruppe
Springer Science+Business Media.
www.springer-vs.de

Danksagung

Während meiner Tätigkeiten im Quartiersmanagement der „Sozialen Stadt" in München entstand die Idee für diese Forschungsarbeit. Dem damaligen Team des Quartiersmanagements in Ramersdorf / Berg-am-Laim – Eva Bruns, Meike Schmidt und Jan Schuhmann – möchte ich herzlich für alle Einblicke und ihre Unterstützung danken.

Mein Doktorvater, Prof. Dr. E. Struck vom Lehrstuhl für Anthropogeographie der Universität Passau, gab mir absolute Freiheiten bei meiner Forschung und stand bei Bedarf immer als interessierter und sehr kritischer Diskussionspartner zur Verfügung. Ich bedanke mich sehr herzlich für alle stundenlangen Gespräche und jede einzelne der zahlreichen kritischen Rückfragen. Er hat damit immer wieder wunde Punkte in meiner Argumentation getroffen und mich motiviert, daran beständig zu arbeiten.

Ebenso bin ich meiner Frau Magdalena sehr zu Dank verpflichtet, weil sie mich in dieser turbulenten Phase meines Lebens moralisch und als inspirierende Diskussionspartnerin unterstützt hat. Auch bei der Überarbeitung meines Textes war sie gemeinsam mit Hannes Schammann, Roland Zink, Sebastian Jacob und Kai Koddenbrock eine unschätzbar große Hilfe.

Ebenfalls möchte ich mich bei allen Akteuren aus München, Ingolstadt, Passau, Landshut, Manching, Regensburg, Bamberg, Nürnberg und Langquaid herzlich bedanken, die mit mir Gespräche geführt haben und dieser Forschungsarbeit die Möglichkeit zum wachsen gaben.

Auch die Hans-Böckler-Stiftung und die Menschen hinter diesem Namen sollen nicht unerwähnt bleiben. Ihre Förderung gab mir existenzielle Sicherheit und ermöglichte mir dadurch maximale Freiheiten in meiner Forschung. Außerdem habe ich die Austausch- und Fortbildungsangebote innerhalb der Stiftung sehr geschätzt.

Zuletzt möchte ich mich bei Prof. Dr. Hartmut Häußermann bedanken, der leider kürzlich verstorben ist. Er ist mir mit seinen Sichtweisen auf Stadtpolitik eine große Inspiration gewesen.

Inhalt

Abkürzungsverzeichnis

Abbildungsverzeichnis

Tabellenverzeichnis

1 Problematik der selektiven Beteiligung in Kooperationen

Der sozio-ökonomische Strukturwandel von der Industrie- zur Wissensgesellschaft führt in unseren Städten zu mehr Ungleichheit und sozialer Polarisierung (vgl. Sassen 2001: 201ff.). Dabei konzentrieren sich die vom gesellschaftlichen Abstieg bedrohten und sozial benachteiligten Bevölkerungsgruppen zunehmend in bestimmten Vierteln, die als Brennpunkte wahrgenommen werden (vgl. Häußermann et al. 2008: 8ff.). Es besteht ein großer Handlungsbedarf in Städten, effektive Strategien zu entwickeln, um eine Politik des sozialen Ausgleichs zu betreiben. Der sozialräumlichen Spaltung in Städten ist jedoch nur schwer durch Stadtentwicklungspolitik beizukommen, weil die sich stellenden Problemlagen komplex sind.

Das zeigt sich daran, dass Benachteiligung in Quartieren nicht einem einzigen Problem zuzuordnen ist. In der Regel sind dafür viele verschiedene Symptome gleichzeitig verantwortlich, deren Ursachen selten eindeutig bestimmbar sind. Die Lösung dieser komplexen Problemlagen in der sozialen Stadtentwicklung ist nur durch politikfeldübergreifende Zusammenarbeit und Kooperation der raumprägenden Akteure vor Ort möglich. Dafür ist ein hohes Maß an Koordination und Kommunikation im Rahmen von kooperativen und integrierten Stadtentwicklungsstrategien notwendig. Auf hoher politischer Ebene hat man diesen Sachverhalt und Handlungsbedarf augenscheinlich erkannt. In der „Leipzig Charta zur nachhaltigen europäischen Stadt" (vgl. BMVBS 2007) fordern die europäischen Stadtentwicklungsminister[1] einhellig den verstärkten Einsatz von Förderprogrammen zur integrierten Stadtentwicklung. Durch ganzheitliche Strategien sollen die Wettbewerbsfähigkeit und das Innovationspotential von europäischen Städten erhalten bleiben:

> „Wir brauchen mehr ganzheitliche Strategien und abgestimmtes Handeln aller am Prozess der Stadtentwicklung beteiligten Personen und Institutionen [...], alle Regierungsebenen tragen eine eigene Verantwortung für die Zukunft unserer Städte. Um diese Verantwortung auf den ver-

---

[1] Um den Lesefluss nicht zu stören, wird in dieser Arbeit darauf verzichtet, zwischen männlichen und weiblichen Anredeformen zu differenzieren (z.B. Stadtentwicklungsminister und Stadtentwicklungsministerinnen). Selbstverständlich ist bei der einheitlichen Verwendung der männlichen Anredeform auch das weibliche Pendant mit eingeschlossen.

schiedenen Regierungsebenen effektiv zu gestalten, müssen wir die sektoralen Politikfelder besser koordinieren und ein neues Verantwortungsbewusstsein für eine integrierte Stadtentwicklungspolitik schaffen" (BMVBS/BBR: 2).

Das Bund-Länder-Programm „Stadtteile mit besonderem Entwicklungsbedarf – die Soziale Stadt" („Soziale Stadt") und das bayerische Modellprogramm „Leben Findet Innen Stadt" („LFIS") sind Beispiele von Förderprogrammen für die Umsetzung solcher Strategien in Deutschland. Sie stellen die Untersuchungskontexte in dieser Forschungsarbeit dar. Beide Programme (siehe Kapitel 2.2) sind auf eine umfassende Zusammenarbeit vieler verschiedener Akteure angewiesen, um Aussicht auf eine Realisierung ihrer Ziele zu haben. In ihnen wird die Produktion von Leistungen angestrebt, die in der Regel nur durch Kooperation erbracht werden können (vgl. Blanke 2001: 149; Alisch 2007: 305ff.; Grossmann et al. 2007: 40ff.). Es müssen Akteurkonstellationen formiert werden, in denen sehr unterschiedliche Akteure aufeinandertreffen. Die Akteure bringen dabei jeweils eigene, durch ihren Arbeitsalltag oder ihre Lebenswelt begründete Handlungslogiken ein. Das Ergebnis ist eine Vielzahl an potentiellen Konflikten zwischen den verschiedenen Handlungsrationalitäten der Akteure und bezüglich deren Vereinbarkeit mit den auf den verschiedenen Handlungsebenen etablierten Strukturen. Dies ist eine alltägliche Herausforderung in der „Sozialen Stadt" und „LFIS", die viel situatives und strategisches Fingerspitzengefühl und umfassende Kenntnis über Strukturen und Handlungslogiken erfordert (vgl. Walther 2005: 119ff.; Krummacher 2007: 371ff.; Franke 2005: 186ff.; Gawron 2005: 165ff.).

Die aktuelle politische Diskussion in Deutschland lässt Zweifel aufkommen, ob ganzheitliche Strategien in der Stadtentwicklung auf Bundesebene derzeit angemessen verfolgt werden. Hier ist ein Bruch mit der „Leipzig Charta zur nachhaltigen europäischen Stadt" zu erkennen. Mittel der Städtebauförderung werden 2011 um 25% gesenkt. Die Finanzierung des Programms „Soziale Stadt" ist davon überproportional betroffen, da sie um 70% gekürzt wird. Darüberhinaus propagiert das zuständige Bundesministerium, dass sich die Städtebauförderung wieder mehr auf die Förderung von baulichen Vorhaben konzentrieren soll. Sozial-integrative Maßnahmen sind im Rahmen der Städtebauförderung daher nur noch bedingt bewilligbar und somit schwerer mit baulichen Aufwertungsstrategien zu kombinieren (vgl. Hutter 2010).

Aufgrund der zu erwartenden, sich verknappenden finanziellen Ressourcen in der Städtebauförderung gewinnen funktionierende öffentlich-private Kooperationen zusätzlich an Bedeutung. Zur Gewährleistung dieser Funktionsfähigkeit von Kooperationen stellt die vorliegende Forschungsarbeit einen neuen Steuerungsansatz zur Verfügung.

In der Praxis scheitern Kooperationen im Rahmen von integrierten und sozialen Stadtentwicklungsstrategien oft an selektiver Beteiligung (vgl. Alisch

2007: 310). Wichtige Akteure enthalten sich oder werden von der Zusammenarbeit ausgeschlossen (vgl. Häußermann/Wurtzbacher 2005: 308ff.). Netzwerke
oder Institutionen, die zur Umsetzung von kooperativen Produktionsprozessen
aufgebaut wurden, entwickeln so leicht eine Exklusivität in Hinblick auf den
Kreis ihrer Beteiligten. Es haben nicht alle raumprägenden Akteure ein Interesse
an der eigenen Mitwirkung oder können aktiviert werden. Andere raumgestal-
tende Akteure werden direkt oder indirekt von der Kooperation ausgeschlossen
oder fühlen sich nicht ausreichend wahrgenommen und beteiligt. In den Kooperationen ist es nicht zu bewerkstelligen, alle raumprägenden Akteure in den Politikprozess zu integrieren oder zumindest ihr Wissen und ihre Interessen zu repräsentieren. Die Gefahr der Exklusivität von Netzwerken wird oft zusätzlich dadurch verstärkt, dass Akteure mit traditionell-hoheitlichen Handlungslogiken
nicht immer bereit sind, sich auf kooperativ-egalitäre Handlungsansätze einzulassen. Unter anderem befürchten sie eine zunehmende Fragmentierung und
Intransparenz von politischen Entscheidungsprozessen, wenn Steuerungsverfah-
ren zu dezentral ausgestaltet sind (vgl. Kennel 2005: 335ff.; Bernt/Fritsche 2005:
202ff.; Walther/Güntner 2007: 398).

Die Konsequenz von exklusiven Kooperationen ist, dass die verfolgten Inhalte im entsprechenden Politikprozess von einzelnen Akteuren oder von staat-
lich-hoheitlicher Seite dominiert werden. Das ist für das Erzielen einer sozialen
Stadtentwicklung fatal, weil sich die pluralisierten und fragmentierten Lebenswelten der Gesellschaft nicht im Politikprozess wiederspiegeln. Probleme und
Lösungen werden so nicht repräsentativ definiert und zielen schließlich an den
tatsächlichen gesellschaftlichen Problemlagen oder Potentialen vor Ort vorbei.
Dies vermindert unweigerlich die Akzeptanz von Maßnahmen bei beteiligten
und betroffenen Akteuren. Außerdem werden zielführende Handlungsmöglichkeiten nicht registriert und wichtige Unterstützer ziehen sich möglicherweise
zurück. Die effektive Umsetzung von Projekten zur Realisierung einer integrierten und sozialen Stadtentwicklung wird unter diesen Umständen unmöglich
(siehe Kapitel 3.1).

Ein weiterer Grund für das Auftreten von selektiver Beteiligung in Kooperationen sind strukturelle Demokratiedefizite in den vorhandenen Institutionen,
die für die Organisation von demokratischen Aushandlungsprozessen vorgesehen
sind. Demokratische Partizipation misslingt zwangsläufig, wenn die bestehenden
repräsentativen Institutionen bzw. Foren nicht genügend Integrationskraft aufbringen und keine wirklichen Aushandlungsprozesse zwischen den politisch-
administrativen Vertretern und den beteiligten und betroffenen Akteuren im
Quartier realisiert werden können (vgl. Scharpf 1973: 31ff.). Probleme und adä-
quate Lösungen können so unmöglich repräsentativ entwickelt und gemeinschaftlich umgesetzt werden. Die Verwirklichung demokratischer Partizipation

ist „eng mit der sozialen Einbindung, mit der Integration der Menschen"
(Deutscher Bundestag 2002: 27) verbunden. Je schlechter Menschen sozial integriert sind, desto schwerer sind sie für die Beteiligung an kooperativen Politikprozessen zu aktivieren. Dies wird durch die zunehmende Individualisierung in
unserer modernen Gesellschaft verstärkt, die auch eine Individualisierung der
präferierten Partizipationsformen zur Folge hat. Die traditionellen Institutionen,
wie z.B. Stadtteilparlamente, verlieren unter diesen Bedingungen an Integrationskraft und stehen zunehmend unter Anpassungsdruck, um eine demokratische
Kommunikation zwischen Repräsentanten und Gebietsakteuren zu ermöglichen
(vgl. ebenda: 50f.). Die abnehmende Integrationskraft von traditionellen Institutionen rechtfertigt das Experimentieren mit neuen bzw. ergänzenden Institutionen. Allerdings zeigt das Beispiel des „Soziale Stadt"-Gebietes Ramersdorf /
Berg am Laim in München (siehe Kapitel 2.2.2) deutlich, dass auch in neu geschaffenen Strukturen, wie z.B. der dortigen Koordinierungsgruppe, Aktivie-
rungs- bzw. Beteiligungsprobleme bestimmter Bevölkerungsgruppen und Einzelpersonen existieren. Dieser Mangel an institutioneller Integrationskraft ist ein
deutliches Anzeichen für Demokratiedefizite, weil die von Stadtentwicklungs-
maßnahmen betroffenen Akteure nicht in den dafür konstitutiven Politikprozessen vertreten sind (siehe auch Kapitel 3.1.2). Es ist deshalb notwendig, die Strukturen von lokalen Politikprozessen und des lokalen Staates anzupassen bzw.
weiter zu ergänzen (vgl. Kennel 2005: 332; Schimank/Lange 2001: 232; Werner
2010a: 181ff.).

Selektive Beteiligung bei integrierten und sozialen Stadtentwicklungsprozessen kann auf strukturelle und individuell-handlungsorientierte Gründe zu-
rückgeführt werden. Deshalb sollte prinzipiell sowohl auf der Strukturebene als
auch auf der Handlungsebene nach Zugangsbarrieren für Akteure gesucht werden (vgl. Benz 1992: 175; Gamerith 2008: 290ff.). Die gemeinsame Berücksichtigung von struktur- und handlungstheoretischen Ansätzen bildet die zentrale
Herausforderung dieser Arbeit. Die Integration der makroorientierten Strukturebene und der mikroorientierten Handlungsebene gilt in den Sozialwissenschaften keinesfalls als bewältigt. Deshalb ist das Praxisproblem der selektiven Beteiligung aus wissenschaftlicher Perspektive schwer zu greifen. Überdies wird die
Distanz zwischen Theorie und Praxis insbesondere von Praktikern als sehr groß
empfunden. Der Wissenstransfer zwischen der Wissenschaft und der Praxis gestaltet sich dadurch in vielen Fällen sehr schwierig.

Das Ziel dieser Forschungsarbeit ist es, einen Beitrag zur Schließung dieser
Lücke zwischen Theorie und Praxis zu leisten und konkrete Handlungsempfehlungen für eine effektive und demokratische Politikgestaltung zu formulieren.
Dies gelingt durch die Entwicklung einer „integrierten Prozessraumtheorie"
(siehe Kapitel 3.5). Durch die integrierte Betrachtung von Struktur- und Hand-

lungsebene können Machtverhältnisse in Kooperationsprozessen rekonstruiert werden. Auf dieser Grundlage sind Möglichkeitsräume für Steuerung erfassbar und können Strategien zur effektiven Bearbeitung von selektiver Beteiligung entwickelt werden. Das Ergebnis ist eine bessere Qualität von Kooperationsprozessen, die die Realisierung von integrierter und sozialer Stadtentwicklung ermöglicht.

Forschungsüberblick

Selektive Beteiligung ist Alltag in Projekten der sozialen und integrierten Stadtentwicklung. Gleichzeitig ist in praxisorientierter Forschungsliteratur ein disziplinüber-greifender Konsens darüber zu erkennen, dass Kooperation in unserer heutigen Gesellschaft mehr denn je bei der aktiven Gestaltung von Sozialraum eine Notwendigkeit ist: Planungswissenschaften (vgl. Friedmann 1987: 297ff.; Selle 1994: 61ff.), Soziologie (vgl. Alisch 2007; Häußermann et al. 2008: 20f.), Politikwissenschaften (vgl. Scharpf 1973: 33ff.; Mayntz 1993: 39ff.), Sozialgeographie (vgl. Struck 2000: 10ff.; Schaffer 2004). Die effektive Realisierung von kooperativen Produktionsprozessen wird jedoch durch selektive Beteiligung verhindert, weil raumprägende Akteure in Kooperationen nicht miteinbezogen werden können. Aus unterschiedlichen fachlichen Perspektiven lassen sich hierfür verschiedene Lösungsansätze finden, aber auch Forschungslücken identifizieren.

In den Planungswissenschaften wird allgemein konstatiert, dass staatlich-hoheitliche Akteure zunehmend an Steuerungskapazitäten verlieren. Stattdessen gewinnen viele neue Akteure an Bedeutung (Jessen/Selle 2001; Van den Berg 2005). In Konsequenz daraus wird eine Kombination aus traditionell-hoheitlichen und neuen kooperativen Steuerungsformen als richtungsweisend angesehen (vgl. Ritter 2006; Selle 2006a). Oft wird dieser Paradigmenwechsel in den Planungswissenschaften auch als „communicative turn" bezeichnet (vgl. Healey 1996). Vielen Arbeiten dieser Forschungsrichtung wird jedoch vorgeworfen, theoretische Idealkonzepte entwickelt zu haben, die auf die Praxis kaum übertragbar sind (vgl. Selle 2006b; Altrock/Huning 2006). Die kritiklose Orientierung am Habermasschen Ideal herrschaftsfreier Kommunikation (Habermas 1981) führte vielfach dazu, dass Machtverhältnisse vernachlässigt wurden. Um praxisrelevante Theorien in den diskursiv orientierten Planungswissenschaften zu produzieren, wird deshalb gefordert, die Beschäftigung mit Machtverhältnissen ins Zentrum zu rücken (vgl. Fürst 2001; Reuter 2006; Friedmann 2006). Positive und viel beachtete Ansätze hierzu finden sich zum Beispiel in „Planning in the face of power" von Forester (1989) und in der Auseinandersetzung von Flyvbjerg (1998) mit dem Aalborg-Projekt in Dänemark. Das dort verwendete

Machtverständnis ist jedoch unzureichend, weil Macht nur als einseitig ausgeüb-
te Kapazität behandelt wird. Zudem wird in den Planungswissenschaften angesichts der Vielfalt an neuen Akteuren in Stadtentwicklungsprozessen beklagt,
dass zu wenig akteur- und handlungsorientierte Forschungsergebnisse vorhanden
sind (vgl. Selle 2006c), um die unterschiedlichen Handlungslogiken zu verstehen
und in die Planungsprozesse zu integrieren (vgl. Jakubowski 2002; Selle 2007).
Die Identifizierung dieser Forschungslücken geht einher mit einer allgemeinen
Prozessorientierung in den Planungswissenschaften. Es besteht ein großer For-
schungsbedarf, Prozesse mitsamt den ihnen innewohnenden Beziehungen und
Bestandteilen zu untersuchen, um eine effektive Steuerung von Prozessen zu
ermöglichen (vgl. Kestermann 1997; Becker 2006; Kennel 2005). Dahingehend
wird in den Planungswissenschaften eine grundlegende Debatte über veränderte
Rahmenbedingungen und daraus resultierende Konsequenzen für Steuerung und
Steuerungspotentiale gefordert (vgl. Selle 2006c).

In den Sozialwissenschaften und insbesondere den Politikwissenschaften
und der Soziologie wird eine Steuerungsdebatte bereits seit längerem intensiv
geführt. Sie fußt auf der vielseitig bestätigten Erkenntnis, dass für den Erhalt
staatlicher Handlungsfähigkeit ein kooperatives Staatsverständnis und die Zusammenarbeit zwischen öffentlichen und privaten Akteuren zielführend ist (vgl.
Voigt 1995; Esser 2002; Braun 1993). Es wird nach Mitteln und Wegen gesucht,
Heterogenität in zielorientierten Politikprozessen zu integrieren und zu institutionalisieren (vgl. Willke 2006: 235ff.; Schimank/Lange 2001). In den 70er Jahren forderte Scharpf bereits dahingehend die Schaffung geeigneter Foren zur
Realisierung von demokratischen Aushandlungsprozessen (vgl. Scharpf 1973:
33ff.). Versuche, dies mit regulationstheoretischen oder rein instrumentell orientierten Policy-Ansätzen umzusetzen, sind zu statisch und blenden handlungsorientierte Raumproduktionen sowie systemische und strukturelle Restriktionen
aus (vgl. Kruzewicz 1993: 17ff.; Héritier 1993, Luhmann 1989). Neuere Ansätze
versuchen deshalb struktur- und handlungstheoretische bzw. mikro- und makro-
orientierte Perspektiven zu kombinieren (vgl. Burth/Starzmann 2001)[2]. Dieses
Ziel spiegelt sich auch in der sogenannten Governance-Diskussion wieder (vgl.
König 2001; Voigt 2001). Es besteht jedoch weiterhin ein Forschungsdefizit, wie
diese Steuerungsansätze die Komplexität von Sozialsystemen berücksichtigen
können (vgl. Willke 2001: 6ff.). Das ist beispielsweise daran zu erkennen, dass
in kooperativen Politikprozessen interessengeleitetes und verständigungsorientiertes Handeln parallel praktiziert werden. Bestehende Steuerungstheorien gehen

---

[2] Als Beispiele sind hier netzwerkorientierte Ansätze, wie der „Akteurzentrierte Institutionalismus"
von Scharpf und Mayntz (1995, 2000), der medientheoretische Ansatz von Münch (2001) und das
„Theoriemodell soziopolitischer Steuerung" von Burth (1999) zu nennen (siehe Kapitel 3.3.2 und
3.4.3).

oft von der Bereitschaft der Akteure zu verständigungs- und problemlösungsorientiertem Handeln aus. Machtverhältnisse, die der Partizipation von Akteuren an Kooperationen entgegenstehende Interessen erzeugen, werden zu wenig zur Kenntnis genommen (vgl. Gsänger 2001). Der Einfluss von Machtverhältnissen muss mehr in die Steuerungsdebatte einbezogen werden (vgl. Mayntz 2001). Ebenfalls - analog zum Forschungsstand in den Planungswissenschaften - wird an der sozialwissenschaftlichen Steuerungsdebatte bemängelt, es seien zu wenige Untersuchungen zu den unterschiedlichen Motiven und Handlungslogiken der verschiedenen Steuerungsakteure in kooperativen Politikprozessen vorhanden (vgl. Blanke 2001).

In der Sozialgeographie wird seit den 80er Jahren vermehrt gefordert, sich bei politischen Aufgaben und der Implementierung und Umsetzung sozialräumlicher Gestaltungsprozesse in der Praxis zu engagieren (vgl. Sedlacek 1982: 196ff.; Schaffer 1986: 491ff.; Boesch 1989: 33ff.). Besondere Relevanz hat in dieser Hinsicht die Münchner Schule der Sozialgeographie[3] erlangt (vgl. Maier et al. 1977; Werlen 2004: 167ff.). Sie beschäftigt sich aus funktional-bedürfnisorientierter und tätigkeitszentrierter Perspektive mit „räumlichen Organisationsformen und raumbildenden Organisationsprozessen der Grunddaseinsfunktionen menschlicher Gruppen und Gesellschaften" (Schaffer 1970: 453f.). Die starke Auseinandersetzung mit diskursiven, kommunikativen und interaktiven Entwicklungsprozessen hat dieser Forschungsrichtung auch die Bezeichnung „Interaktive Sozialgeographie" verschafft (vgl. Schaffer et al. 1999: 13ff.). Aufgrund ihrer vermehrten Beschäftigung mit Einzelmaßnahmen und konkreten Problemlösungen für die Praxis wird ihr jedoch ein Defizit hinsichtlich Modell- und Theorieentwicklung vorgeworfen (vgl. Huber 2004: 36ff.; Hilpert 2002: 14ff.). Damit verbunden ist die Forderung, auf Basis der gesammelten Erfahrungen aus der Implementationsforschung eine „Theorie der Praxis" zu entwickeln (vgl. Thieme 1999: 59ff.). Mit dieser Absicht befürwortet Hilpert die reflexive Neuausrichtung der angewandten Sozialgeographie, die sich mit dem „aktive[n] und bewusste[n] Management sozialräumlicher Gestaltungsprozesse" (Hilpert 2002: 54) beschäftigen soll. Sein Modellvorschlag eines „Prozessraums" (vgl. ebenda: 66ff.) ist dahingehend bereits ein wichtiger Schritt. Das Modell behandelt jedoch hauptsächlich die strukturelle Ebene von kooperativen Prozessen. Die handlungsorientierte Mikroebene und Machtverhältnisse fehlen (siehe Kapitel 3.4.1.2).

Ganz im Gegensatz dazu konzentriert sich eine weitere Richtung der Sozialgeographie auf die mikroanalytische Handlungsebene und subjektbezogene Machtkonstruktionen. Die handlungsorientierte Sozialgeographie wurde eben-

---

[3] Sie wird in der Literatur auch als Wien-Münchner-Schule bezeichnet (vgl. Weichhart 2008: 28ff.).

falls in den 80er Jahren verstärkt propagiert (vgl. Sedlacek 1982: 189ff.; Wirth 1981: 177; Weichhart 1986: 84ff.). Die „Geographie Alltäglicher Regionalisierungen" von Werlen ist die derzeit umfassendste Konzeption dieser Forschungsrichtung (vgl. Werlen 1988, 1995, 1997, 2007; Giddens 1988). Alltägliche Regionalisierungen sind darin Konstruktionsleistungen von intentional und reflexiv handelnden Subjekten. Strukturen sind das Ergebnis von vergangenem Handeln, beeinflussen das Handeln zwar, aber determinieren es nicht. Des Weiteren verfügt jedes Subjekt über allokative und autoritative Ressourcen, die das Spektrum seiner individuellen Handlungsoptionen bestimmen. Hierüber sind Machtaspekte thematisierbar (vgl. Werlen 1997: 143ff.; siehe auch Kapitel 3.4.2). Der Ansatz von Werlen wird allerdings von vielen Seiten kritisiert. Neben einer zu vagen Terminologie wird ihm ein methodologischer Individualismus vorgeworfen. Alleine über die Summe subjektiver Handlungen sind Emergenzphänomene nicht erklärbar. Zudem werden strukturelle und durch die physisch-materielle Umgebung begründete Zwänge weitestgehend ausgeblendet. Ein fundamentaler Kritikpunkt ist darüberhinaus, dass auch die Handlungsfähigkeit, die Rationalität und die Autonomie des Subjekts in Frage gestellt werden (vgl. Meusburger 1999; Weichhart 2008: 329ff.).

Die Vernachlässigung von Machtverhältnissen in der sozialwissenschaftlichen Steuerungsdebatte ist paradox, weil Macht in den Sozialwissenschaften zu den grundlegenden Forschungsgegenständen zählt und dort ein breit und kontrovers diskutiertes Thema darstellt. Dies ist zum Beispiel umfassend in „Discourses of Power" von Hindess (1996) dargelegt. In der Geographie beschäftigen sich Arbeiten der radical Geography vermehrt mit Machtfragen (vgl. Soja 2008). Unter Bezugnahme auf sozialwissenschaftliche Theoriekonzepte über Raum als Produkt sozialer Prozesse oder Praktiken (vgl. Lefebvre 1974; Bourdieu 1987; Foucault 1991) ist die Analyse von sozialen Machtverhältnissen ein wichtiger Bestandteil, um gegenwärtige Produktionen von Raumkonzepten und Raumrepräsentationen zu verstehen (vgl. Belina/Michel 2008: 14ff.; Allen 2003). Dabei wird explizit gefordert, „die vielfachen, zusammengesetzten und widersprüchlichen Subjekt-Positionen" (Gregory 2008: 153) herauszuarbeiten und die Geographien der Macht aus möglichst vielen verschiedenen Perspektiven zu untersuchen (vgl. Allen 2003: 193). Die Integration dieser unterschiedlichen Perspektiven auf Macht lässt die „Analyse von Machtverhältnissen" von Foucault (1987) zu (siehe Kapitel 3.4.4 und 3.5.3).

In der vorliegenden Arbeit werden gleichermaßen die Wirkungen von subjektiven Handlungen und von gegenwärtigen Raumrepräsentationen, Strukturen und Institutionen auf kooperative Politikprozesse betrachtet, um die (sozialen) Machtverhältnisse und die daraus hervorgehenden Möglichkeitsräume für Steuerung in der integrierten und sozialen Stadtentwicklung sichtbar zu machen.

Forschungsleitende Fragestellungen

Für die Entwicklung der „integrierten Prozessraumtheorie" zur Steuerung der Qualität von Kooperationsprozessen (siehe Kapitel 3.5) und zur effektiven Bearbeitung des Problems der selektiven Beteiligung müssen verschiedene Forschungsfragen beantwortet werden. Um den normativen Bezugsrahmen dieses neuen Steuerungsansatzes deutlich zu machen, ist die genaue Klärung der Bedeutung von integrierter und sozialer Stadtentwicklung notwendig (siehe Kapitel 3.1). Ebenso ist es erforderlich, zu begründen, warum Beteiligung und Kooperation in der Stadtentwicklung unverzichtbar sind, um dieses Ziel zu erreichen (siehe Kapitel 3.1 und 3.2). Auf dieser Grundlage ist zudem das in dieser Arbeit verwendete Verständnis von Steuerung als soziales System nachvollziehbar herzuleiten und offenzulegen (siehe Kapitel 3.3).

Die „integrierte Prozessraumtheorie" ist eine Synthese verschiedener bereits existierender struktur- und handlungsorientierter Theorieansätze (siehe Kapitel 3.4 und 3.5) und den empirischen Ergebnissen (siehe Kapitel 4) dieser Arbeit. Mit dieser Synthese wird die übergeordnete Forschungsfrage, wie Kooperationen in der integrierten und sozialen Stadtentwicklung steuerbar sind, beantwortet. Verschiedene hier zu subsumierende Fragestellungen wurden dabei behandelt. Einerseits wird die Frage nach den Machtverhältnissen in Kooperationsprozessen gestellt, die Beteiligung, Enthaltung oder Exklusion erzeugen. Die Erörterung dieser Frage ermöglicht die prozessbegleitende Erfassung von Gründen für selektive Beteiligung in Kooperationen. Anderseits wird die Frage bearbeitet, welche konkreten Veränderungs- bzw. Interventionsmöglichkeiten auf der Ebene der institutionalisierten Kooperationsstrukturen (siehe Kapitel 4.1) und auf der Handlungsebene von beteiligten und betroffenen Akteuren (siehe Kapitel 4.2) existieren. Diese potentiell veränderbaren Merkmale sind mögliche Steuerungsobjekte im Kooperationsprozess.

Den Abschluss der Arbeit bildet die Reflexion darüber, welcher wissenschaftliche Erkenntnisgewinn durch die „integrierte Prozessraumtheorie" erzielt wurde und was für Konsequenzen im Hinblick auf ihre Anwendung zu ziehen sind. Dabei wird auch dargelegt, wie eine effektive Prozessbegleitung von Kooperationen in der Praxis auszugestalten ist (siehe Kapitel 5).

2 Qualitativer und interpretativ-verstehender Ansatz

Prozesse in der integrierten und sozialen Stadtentwicklung werden von einer Vielzahl an Akteuren getragen und durch etablierte Regeln und Normen, an denen sich ihre Interaktionen orientieren, geprägt. Jeder Akteur bringt dabei sein eigenes Set an Ressourcen, Interessen, Handlungsgewohnheiten und Überzeugungen ein, was die Art und Weise seiner Beteiligung bestimmt. Die dadurch konstituierten diversen Handlungslogiken entscheiden darüber, wie sich einzelne Akteure Strukturen aneignen können oder diese wahrnehmen. Es existieren also parallel viele verschiedene Perspektiven auf den Prozess der sozialen Stadtentwicklung und seine Bestandteile.

Um dieser Vielfalt an Perspektiven Rechnung zu tragen, wird dieser Arbeit ein qualitativer und interpretativ-verstehender Ansatz zugrunde gelegt. Dieser gliedert sich in zwei konsekutive empirische Untersuchungsphasen. Die erste Phase dient der Analyse von Kooperationsstrukturen (siehe Kapitel 2.3.2). In der zweiten Phase werden die Handlungsrationalitäten von Akteuren untersucht (siehe Kapitel 2.3.3). Die genauen Untersuchungsgebiete werden ausführlich in Kapitel 2.2 erläutert. Die Begründung der Sample-Auswahl findet sich in Kapitel 2.3.4. Ausgehend von den beiden empirischen Untersuchungsphasen ist es möglich, die Machtverhältnisse im Kooperationsprozess zu rekonstruieren (siehe Kapitel 3.5.3) und Interventions- bzw. Steuerungsmöglichkeiten zu formulieren (siehe Kapitel 5.2).

2.1 Erkenntnistheoretisches Paradigma

In dieser Arbeit wird ein qualitativer Forschungsansatz verfolgt, um die komplexen sozialen Verhältnisse möglichst vielseitig zu erfassen. Für das Verstehen der einzelnen Perspektiven und Handlungslogiken ist ein hohes Maß an Flexibilität und Offenheit im Forschungsprozess nötig. Qualitatives Arbeiten ermöglicht es dem Forscher, gegenstandsbezogen Erhebungsmethoden zu variieren, den Alltag und die Situation der Interviewten zu berücksichtigen und dadurch unterschiedliche Perspektiven detailliert zu erfassen. Außerdem kann sich der Forscher viel

Raum für Reflexionen nehmen und im Forschungsverlauf offen auf neue Erkenntnisse, auftauchende interessante Fragestellungen, besondere Situationen oder Widersprüche reagieren. Der Forscher beobachtet und deutet den Untersuchungsgegenstand somit nicht nur aus der Distanz, sondern er ist aktiv interagierender Bestandteil im Forschungsprozess. In erster Linie versucht er, die sozialen Verhältnisse zu verstehen und Sinnzusammenhänge zu rekonstruieren. Hierbei intendiert der Forscher einerseits, die Sichtweisen von Beteiligten, also ihre Konstruktionen der Wirklichkeit, zu verstehen. Andererseits interpretiert er selbst anhand eigener oder angeeigneter Hypothesen oder Theorien. Er konstruiert somit auch seine eigene Version der Wirklichkeit. Deswegen kann man auch von einem interpretativ-verstehenden Untersuchungsansatz sprechen. Am Ende des Forschungsprozesses steht das Ziel, aus der Empirie und auf Grundlage schon bestehender Forschung eine eigene Theorie zu entwickeln (vgl. Reuber/Pfaffenbach 2005: 107ff.; Flick 2004: 16ff.; Pohl 1989: 40ff.).

Die bisherigen Ausführungen zeigen bereits die Ausrichtung der Untersuchung am Sozialkonstruktivismus auf. Dies bedingt die grundlegende Annahme, dass die menschliche Wahrnehmung subjektiv und selektiv ist. Die objektive Realität kann nicht erfasst werden. Jegliche Aussagen darüber sind Konstruktionen. Eine objektive Realität existiert zwar aus hypothetischer Perspektive, aber sie bleibt für den Forscher letztlich nicht wahrnehmbar. Die Realität wird als Produkt jeweils subjektiver Konstruktionsleistungen verstanden. Diese subjektiven Sichtweisen sind jedoch nicht isoliert zu betrachten, weil sie sich stets in spezifischen Lebenswelten mit bestimmten sozialen Verhältnissen und einem kulturellen Kontext befinden (vgl. Siebert 1999: 5ff.). Der Forscher kann somit lediglich soziale Konstruktionen der Realität zum Gegenstand seiner Forschung machen, z.B. Deutungen von Menschen, symbolische Bedeutungen für Menschen, Machtmanifestationen bei Interaktionen von Menschen etc. (vgl. Reuber/Gebhardt 2007: 84ff.; Struck 2000: 14ff.; Sedlacek 1989: 14ff.).

Die Hermeneutik, also der Versuch, die „sozialräumliche Welt aus dem Blickwinkel der beteiligten Menschen zu rekonstruieren" (Reuber/Pfaffenbach 2005: 114), bildet dabei eine weitere erkenntnistheoretische Grundlage dieser Arbeit. Das Hineinversetzen und das Fremdverstehen anderer Menschen können dem Forscher jedoch nicht vollständig gelingen. Seine Interpretationen bleiben ebenfalls immer Konstruktionsleistungen, in denen sein eigenes theoretisches Verständnis des Gegenstandes und natürlich auch seine eigene Persönlichkeit zum Ausdruck kommen (vgl. Hopf 1993: 21). Aufgrund dieser zweifachen Konstruktions- und Interpretationsleistung spricht man auch von doppelter Hermeneutik. Der Forscher versucht sich in den Blickwinkel der Befragten hineinzuversetzen und interpretiert seinen Forschungsgegenstand gleichzeitig aus seiner theoretischen oder persönlichen Perspektive (vgl. Giddens 1984: 199f.). Um

den zweiten Interpretationsschritt im Sinne produktiver Diskussionen nachvollziehbar zu gestalten, wird auf eine möglichst theoriegeleitete Vorgehensweise
geachtet. Dies wird als wichtig angesehen, um die Art und Weise der Interpretation des Forschers dem Leser gegenüber so weit wie möglich offenzulegen und
ihm die Weiterarbeit am Thema und die kritische Auseinandersetzung mit den
Ergebnissen dieser Untersuchung zu erleichtern (vgl. Reuber/Pfaffenbach 2005:
114ff.).

2.2　Untersuchungskontexte

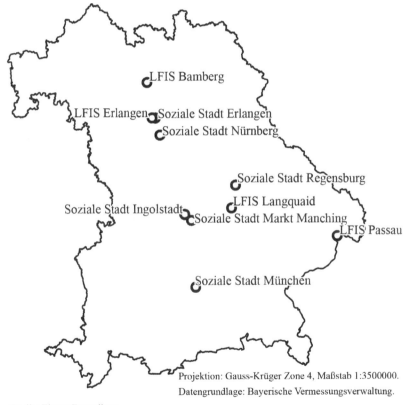

Projektion: Gauss-Krüger Zone 4, Maßstab 1:3500000.
Datengrundlage: Bayerische Vermessungsverwaltung.

Quelle: Eigene Darstellung.

Abb. 1 Untersuchungsgebiete in Bayern

Die für diese Forschungsarbeit relevanten Untersuchungskontexte umfassen Fördergebiete des Bund-Länderprogramms „Stadtteile mit besonderem Entwicklungsbedarf – die Soziale Stadt" („Soziale Stadt") und des bayerischen Modellprogramms „Leben Findet Innen Stadt" („LFIS"). Die Analyse der Strukturen in Kooperationen (siehe Kapitel 2.3.2) wird am Beispiel von sechs bayerischen Gebieten der „Sozialen Stadt" und vier Programmgebieten von „LFIS" durchgeführt (siehe Abbildung 1).

Die Handlungsrationalitäten bestimmter Akteure werden hingegen am Beispiel eines einzelnen Gebiets untersucht (siehe Kapitel 2.3.3). Deshalb hat das „Soziale Stadt"-Gebiet Ramersdorf / Berg-am-Laim („Soziale Stadt RaBal") in München eine herausgehobene Bedeutung in dieser Arbeit. Es wird daher die „Soziale Stadt RaBal" in Kapitel 2.2.2 auch im Speziellen vorgestellt, während alle anderen Gebiete nur über eine generelle Abhandlung der beiden Förderprogramme „Soziale Stadt" und „LFIS" behandelt werden. Die einzige Ausnahme bildet in Kapitel 2.2.3 die kurze Vorstellung des „LFIS"-Gebietes in Passau, um nach der abstrakten Erläuterung des Förderprogramms auch ein anschaulicheres Praxisbeispiel zu liefern.

Beide Programme, „Soziale Stadt" und „LFIS", sind Teil der Städtebauförderung, wobei die „Soziale Stadt" ein bundesweites und „LFIS" ein in Bayern landesweites Programm ist. Die Städtebauförderung in Deutschland nimmt ihren offiziellen Anfang mit dem Beschluss des Städtebauförderungsgesetzes von 1971. Dieses vereinheitlichte Planungsrecht ist in einer Zeit der Planungseuphorie für räumlich festzulegende Sanierungsgebiete entstanden. Man verfolgte das Ziel, mit Flächensanierung und umfassendem Stadtumbau Modernisierung zu realisieren. Ende der 70er Jahre schlug dieser Optimismus langsam in sein Gegenteil um, „denn viele der durchgeführten Stadterneuerungsmaßnahmen bedeuteten neben (materiellem) Zugewinn auch (immaterielle) Verluste" (Schubert 2002: 47). Außerdem rückte vermehrt Sanierung im Bestand und behutsame und bewohnerorientierte Stadterneuerung gegenüber dem Neubau in den Vordergrund. Im Zuge dessen entwickelte sich ein Paradigmenwechsel in der Städtebauförderung hin zu partizipativeren und erhaltenden Erneuerungsstrategien. Rein baulich orientierte Zielsetzungen wurden zunehmend durch Vorhaben ergänzt, die sozialen Ausgleich anvisieren. Diese Politik des sozialen Ausgleichs erforderte jedoch auch die Abkehr von traditionell-sektoralen Handlungsansätzen hin zu integrierten Strategien, die neben baulichen gleichzeitig auch wirtschaftliche, soziale und ökologische Themen bearbeiten. Nur so können nachhaltige Verbesserungen der komplexen Problemlagen in Quartieren erzielt werden. Nach und nach entstanden somit in der Städtebauförderung neue Programme, um diesen Anforderungen gerecht zu werden, so z.B. auf Landesebene 1984 das „Armutsbekämpfungsprogramm" in Hamburg, 1993 das Landesprogramm „Stadtteile mit besonderem Entwicklungsbedarf" in Nordrhein-Westfalen, 1998 das Handlungskonzept „Wohnen in Nachbarschaften" in Bremen und auf Bundesebene 1999 schließlich das Bund-Länder-Programm „Stadtteile mit besonderem Entwicklungsbedarf – die Soziale Stadt" (vgl. Stegen 2006: 79f.; Schubert 2002: 45ff.). Das bayerische Landesprogramm „LFIS" verfolgt seit 2005 ebenso eine integrierte Stadtentwicklungsstrategie, repräsentiert jedoch den neuen Trend in der Städtebauförderung, sich insbesondere der Entwicklung attraktiver Innenstädte und Ortszentren zu widmen (vgl. Oberste Baubehörde 2008a). 2008 wurde diesbezüglich auch das Bundesprogramm „Aktive Stadt- und Ortsteilzentren" aufgelegt.

2.2.1 Bund-Länder-Programm „Soziale Stadt"

Das Bund-Länder-Programm „Soziale Stadt" zeichnet sich dadurch aus, dass sich Bund, Länder und Kommunen jeweils zu einem Drittel die für Maßnahmen anfallenden Kosten teilen. Die gesetzliche Grundlage für förderfähige Projekte der „Sozialen Stadt" findet sich in §171e BauGB über die Maßnahmen der „Sozialen Stadt":

> „(2) Städtebauliche Maßnahmen der Sozialen Stadt sind Maßnahmen zur Stabilisierung und Aufwertung von durch soziale Missstände benachteiligten Ortsteilen oder anderen Teilen des Gemeindegebiets, in denen ein besonderer Entwicklungsbedarf besteht. Soziale Missstände liegen insbesondere vor, wenn ein Gebiet auf Grund der Zusammensetzung und wirtschaftlichen Situation der darin lebenden und arbeitenden Menschen erheblich benachteiligt ist. Ein besonderer Entwicklungsbedarf liegt insbesondere vor, wenn es sich um benachteiligte innerstädtische oder innenstadtnah gelegene Gebiete oder verdichtete Wohn- und Mischgebiete handelt, in denen es einer aufeinander abgestimmten Bündelung von investiven und sonstigen Maßnahmen bedarf" (§171e (2) BauGB).

Weitere Regularien über die konkrete Höhe der Mittel, ihre Verteilung und die zu fördernden Maßnahmen werden in jährlich neu verhandelten Verwaltungsvereinbarungen zwischen Bund und Ländern festgelegt. Zudem existiert auch ein zuletzt 2005 erneuerter Leitfaden zur Ausgestaltung der Gemeinschaftsinitiative „Soziale Stadt" der Bundesbauministerkonferenz. Darin wird quartiersbezogen der Auftrag erteilt, „zügig die angestrebte Trendwende für die vom Abstieg bedrohten Stadtteile und Gebiete herbeizuführen und solchen Entwicklungen für die Zukunft vorzubeugen [...]" (ARGEBAU 2005: 4).
    Eine solche, soziale und ökonomische Marginalisierung lindernde Trendwende bedarf der Kombination von baulichen Modernisierungen (investive Maßnahmen) und anderweitigen sozialen, wirtschaftlichen, kulturellen und ökologischen Förderpolitiken, die Entwicklungsprozesse im Viertel anstoßen und

bleibende Selbsthilfestrukturen aufbauen (nicht-investive Maßnahmen). Problematisch bei dem Ziel der Herbeiführung einer möglichst zügigen Trendwende ist, dass bauliche Maßnahmen einen großen Reiz für die Politik darstellen, möglichst schnell wahrnehmbare Veränderungen zu produzieren. Der Benachteiligung der Bewohner ist jedoch mit physischen Veränderungsmaßnahmen alleine nicht beizukommen. Man muss sich vielmehr mit den Ursachen des sozialen Abwärtstrends in Vierteln auseinandersetzen, sie bearbeiten oder kompensieren.

Soziale Polarisierungsprozesse in Städten wurden durch den Wegfall vieler Arbeitsplätze im produzierenden Gewerbe in den letzten Jahrzehnten verstärkt. Die Bewohner von bereits sozial benachteiligten Quartieren waren davon überproportional betroffen. Dort stieg die Arbeitslosigkeit an und räumlich konzentrierte sich eine wachsende Armut. Dieser Prozess wurde durch selektive Migrationsprozesse intensiviert und oftmals trug der staatlich geförderte soziale Wohnungsbau zusätzlich dazu bei. Mit der Häufung sozialer Problemlagen in einem Viertel geht in der Regel auch der Anstieg der ausländischen bzw. der Bevölkerung mit Migrationshintergrund einher. Diese sozial-strukturellen Veränderungen werden durch ein Klima der Verunsicherung, der Angst vor sozialem Abstieg, zunehmender Gewalt und einem massiven Imageverlust von Stadtgebieten begleitet. Da eine solche Entwicklung sich selbst verstärkende negative Kontexteffekte mit sich bringt, wird sie auch als „Fahrstuhleffekt" bezeichnet (vgl. Häußermann 2002: 53ff.).

Durch die Berücksichtigung verschiedener Handlungsfelder wird versucht, eine Verbesserung der sozialen Situation in „Soziale Stadt"-Gebieten zu erreichen. Diese Felder umfassen sowohl bauliche, als auch soziale, kulturelle, ökologische und wirtschaftliche Maßnahmen (siehe Tabelle 1). Die Integration dieser Vielfalt an Handlungsfeldern soll durch verschiedene Verfahrensinnovationen ermöglicht werden: ressortübergreifendes Arbeiten, Mittelbündelung und Erfahrungsaustausch bzw. lernende Strukturen. Zuerst sollen integrierte Arbeitsweisen entwickelt werden, wie die verschiedenen Gebietskörperschaften (Bund, Länder und Kommunen) und die unterschiedlichen kommunalen Verwaltungsressorts mit ihren spezifischen Instrumentarien effizient und effektiv zusammenarbeiten können. Dabei wird angestrebt, eine möglichst weitreichende Mittelbündelung durch das Verknüpfen von Förderprogrammen und Komplementärfinanzierungen zu erreichen. Um dies umzusetzen, ist natürlich auch die Kooperation zwischen Gebietsakteuren und politisch-administrativen Repräsentanten ein wesentlicher Bestandteil von integriertem Handeln. Ein weiteres Ziel ist die Etablierung von Erfahrungsaustausch und gemeinsamen Lernen durch eine intensive Begleitforschung und eine systematische Evaluationsarbeit. Die Begleitforschung der „Sozialen Stadt" wird durch das Deutsche Institut für Urbanistik (Difu) übernommen und beinhaltet maßgeblich die Organisation von

Erfahrungsaustausch, die Dokumentation von Good-Practice-Beispielen und die regelmäßige Erfassung des Programmfortschritts (vgl. ARGEBAU 2005: 12ff.).

Handlungsfelder	Ziele	Typische Maßnahmen
Bürgermitwirkung, Stadtteilleben, soziale Integration	•Aktivierung örtlicher Potenziale •Entwicklung von Stadtteilidentität •Förderung der Teilhabe •Förderung sozialer Netzwerke •Sprachförderung •Öffnung der Schulen zum Stadtteil	•Stadtteilmanagement •Stadtteilbüros •Stadtteilbeiräte •Gemeinschaftseinrichtungen •Verfügungsfonds •Förderung von Engagement
Lokale Wirtschaft, Arbeit und Beschäftigung	•Stärkung der lokalen Wirtschaft •Sicherung von Arbeitsplätzen und Beschäftigungsangeboten •Qualifizierung von Arbeitssuchenden •Ausbau von Vermittlung und Beratung	•Aufsuchende Beratung •Aufbau von Netzwerken •Ausbildungsangebote •Lokale Arbeitsvermittlung •Kooperation zwischen Schulen und Betrieben etc.
Quartierszentren, Stadtteilbüros	•Stärkung der Nahversorgung •Herausbildung von Kristallisationspunkten für das städtische Leben	•Stadtmarketing •Aufwertung des Zentrums •Nutzungsdiversität fördern •Gemeinschaftseinrichtungen •Gestaltung öffentlicher Raum •Wochenmärkte etc.
Soziale, kulturelle, bildungs- und freizeitbezogene Infrastruktur, Schule im Stadtteil, Gesundheit	•Ausbau / bessere Ausnutzung des Infrastrukturangebots zum sozialen Ausgleich •Stärkung der Schulen als Orte der Bildung und Integration •Neue Trägerschaftsformen fördern	•Bürgertreffpunkte •Freizeithäuser •Kulturprojekte • •Sporteinrichtungen •Zielgruppenspezifische Einrichtungen etc.
Wohnen	•Verbesserung des Wohnwerts •Sicherung von günstigem Wohnraum •Schutz vor Verdrängung •Gemischte Bewohnerstrukturen •Aktive Nachbarschaften •Identifikation mit Wohnumfeld	•Bauliche Maßnahmen (z.B. Umnutzung, Modernisierung) •Wohnwirtschaftl. Maßnahmen (z.B. Wohnungsbelegung, Unterstützung nachbarschaftlicher Netzwerke) etc.
Öffentlicher Raum, Wohnumfeld, Ökologie	•Verbesserung des Wohnwertes •Bessere Nutzung von Freiflächen •Mehr Aufenthaltsqualität im öffentlichen Raum •Berücksichtigung von ökologischen Erfordernissen	•Neu- und Umgestaltung •Gruppenspezifische Spiel- und Sportplätze •Öffnung von Schulhöfen •Barrierefreiheit •Immissionsschutz etc.

Quelle: Eigene Darstellung nach ARGEBAU 2005: 5-12.

Tab. 1 Inhaltlich relevante Handlungsfelder der „Sozialen Stadt"

Seit dem Start des Programms 1999 gab es mehrere hundert Gebiete über ganz Deutschland verteilt, die Förderung beziehen. In den letzten zehn Jahren etablierten sich vier zentrale Organisationsbausteine in der Programmumsetzung. Alle Kommunen, die Fördermittel von Bund und Länder beziehen wollen, müssen dies für ein konkretes Gebiet vornehmen. Die Gebietsauswahl wird in Folge von vorbereitenden Untersuchungen getroffen. Ein Hauptelement der Umsetzung ist zudem eine dezentrale Form der Steuerung mit einem Quartiersmanagement, welches in der Regel als koordinierende, unterstützende und aktivierende Instanz fungiert. Auf der einen Seite mobilisiert, berät und vernetzt es Gebietsakteure. Auf der anderen Seite nimmt es auch oft koordinierende Aufgaben zwischen operativ agierenden und strategisch tätigen Akteuren aus dem Gebiet, der Verwaltung und der Politik wahr. Zentrales Instrument zur Implementierung integrierter Arbeitsweisen ist das Formulieren integrierter Handlungskonzepte. In diesen Strategiepapieren wird versucht, die verschieden Handlungsfelder und Verwaltungsressorts und die unterschiedlichen Akteurebenen bei der Lösung von Problemen zu integrieren. Idealerweise wird das integrierte Handlungskonzept durch alle Beteiligten kooperativ erstellt und kontinuierlich angepasst und fortgeschrieben. Als letzter zu generalisierender Baustein der „Sozialen Stadt" ist ihre Projektorientierung zu nennen. Das integrierte Handlungskonzept repräsentiert zwar eine Gesamtstrategie zur Bearbeitung von sozialer und ökonomischer Benachteiligung in einem Quartier, diese Strategie besteht jedoch aus einer Vielzahl von unterschiedlichen Einzelprojekten mit verschiedenen Trägern und jeweils eigenen beteiligten Akteurkonstellationen (vgl. Walther/Güntner 2007, S.394f.; Becker 2002: 68ff.; Krummacher 2007: 360ff.).

Aufgrund der bereits recht langen Laufzeit des Programms „Soziale Stadt" liegt mittlerweile umfangreiche Literatur mit Erfahrungsberichten zu Erfolgen, Problemen und noch zu bewältigenden Herausforderungen beim Umsetzungsprozess vor. In der 2003/04 bundesweit durchgeführten Zwischenevaluation wird festgestellt, dass in vielen Gebieten ressortübergreifendes Arbeiten und damit verbundene Ressourcenbündelung verbessert werden könnten: „Einvernehmen besteht darüber, dass die Integration der Ressortpolitiken auf allen Ebenen [...] sich als Achillesverse der Umsetzung erweist" (Difu 2005: 6). Des Weiteren wird in dieser Studie bemängelt, dass bei der Entwicklung des integrierten Handlungskonzeptes die Problemanalyse und Zielformulierung oft zu ungenau ausfallen und es zu wenig gelingt, Strukturträger am Prozess zu beteiligen. Außerdem wird die Handlungsempfehlung ausgesprochen, noch mehr Anstrengungen zu unternehmen, um Lernen im Programm durch Monitoring, Evaluation, Beratung und Erfahrungsaustausch zu institutionalisieren. Die gebietsbezogene Mittelbündelung erweist sich als große Herausforderung, da hier unterschiedliche Förderlogiken aufeinandertreffen. Als noch zu erschließende Handlungsfelder werden der Ausbau der Vernetzung mit den Schulen, die Integration sozial marginalisierter Haushalte und die Entwicklung von Strategien im Bereich der lokalen Ökonomie hervorgehoben. Hinsichtlich der erzielbaren Wirkungen durch die „Soziale Stadt" scheinen die gebietsbezogenen Anstrengungen wenig zur Verbesserung der wirtschaftlichen Lage und der Beschäftigungssituation der Bewohner beitragen zu können. Bezüglich der Imageverbesserung, der baulichen Aufwertung, der Verbesserung der sozialen Infrastruktur und dem Sicherheitsgefühl der Bewohner zeigte sich jedoch beträchtliches Potenzial (vgl. Häußermann 2006: 285ff. und 2005: 75ff.; Aehnelt 2005: 63ff.; Difu 2005: 6ff.).

Bei der 2005/06 umgesetzten dritten bundesweiten Befragung durch das Deutsche Institut für Urbanistik wurde des Weiteren festgestellt, dass nicht-investive Maßnahmen einen zu geringen Stellenwert in der Programmumsetzung besitzen, da es schwer ist Förderzusagen für sie zu erhalten. Hier wird deutlich, dass bei den Förderentscheidungen die klassische baulich-investiv orientierte Städtebauförderung noch immer sehr große Bedeutung besitzt. Außerdem erweist es sich immer wieder als Herausforderung, Strukturen vor einer Dominanz durch Einzelakteure zu bewahren und Angebote niederigschwellig genug für eine breite Beteiligung zu organisieren. Es wird auch ausdrücklich gefordert, das Thema der Verstetigung[4] von Anfang an im Umsetzungsprozess mitzudiskutieren. Die bereits geschilderten Beobachtungen zu Mittelbündelung, integrierten Handlungskonzepten und notwendigen lernenden Strukturen werden bestätigt (vgl. Difu 2007: 27ff.).

2.2.2 Das „Soziale Stadt"-Gebiet Ramersdorf / Berg-am-Laim in München

Die Federführung der „Sozialen Stadt" in Bayern liegt bei der Obersten Baubehörde im Bayerischen Staatsministerium des Inneren. Sie soll regelmäßig Arbeitshilfen veröffentlichen und Fortbildungen anbieten. Die Bezirksregierung, für München der Bezirk Oberbayern, ist die Bewilligungsstelle für Programmmittel und berät die Kommunen bei ressortübergreifender Mittelbündelung (vgl. Grüger/Schäuble 2005: 375ff.).

Die wichtigsten politisch-administrativen Institutionen in München sind auf oberster Ebene der Stadtrat, darunter die elf kommunalen Verwaltungsreferate, die lokalen Bezirksausschüsse und die ebenfalls lokalen Bürgerversammlungen. Sowohl der Stadtrat als auch die Bezirksausschüsse werden direkt vom Bürger gewählt. Der Stadtrat hat bei Weitem die meisten Entscheidungskompetenzen.

---

[4] Mit Verstetigung ist der Erhalt von Maßnahmen und deren Wirksamkeit über die Programmlaufzeit der „Sozialen Stadt" hinaus gemeint.

Einige, im Vergleich zu anderen Städten[5] allerdings nicht sehr weitreichende Entscheidungskompetenzen sind an die Bezirksausschüsse delegiert. Sie sind formal das lokale Organ der Verwaltung und haben „die Unterstützung und Durchsetzung von stadtteilbezogenen Anliegen der Bürgerinnen und Bürger" zur Aufgabe (Landeshauptstadt München 2009a: 8). Die ihnen durch den Stadtrat übertragenen Kompetenzen umfassen Entscheidungsrechte über Anliegen, die ausschließlich das Viertel betreffen. Dies trifft zum Beispiel, zumindest teilweise, für die Gestaltung von Freiflächen, die Allokation von sozialer Infrastruktur, die Organisation und Durchführung von Festen und Kulturveranstaltungen, die Gewährung von Zuschüssen für Vereine und soziale Initiativen im Stadtteil, die Vergabe von Projektaufträgen für bestimmte Baumaßnahmen und für die Hoheit über einige stadtteilbezogene Genehmigungsverfahren zu. Jeder Bezirksausschuss verfügt zudem über ein eigenes Budget[6], von dem er Zuschüsse bis zu 10.000 € zur Förderung des Stadtteillebens vergeben kann (vgl. ebenda: S.11ff.). Die Bürgerversammlungen werden für jeden Stadtbezirk in der Regel einmal im Jahr durch den Oberbürgermeister einberufen und haben „die gegenseitige Unterrichtung von Bürgerschaft und Verwaltung, sowie die Einflussnahme der im Stadtbezirk wohnenden Bürgerinnen und Bürger auf und ihre Mitsprache bei Entscheidungen der Stadtverwaltung" (ebenda: S.18) zur Aufgabe. Dort haben die Bürger des jeweiligen Stadtviertels die Möglichkeit, eigene Meinungen und Interessen einzubringen und Anträge und Anfragen zu formulieren (vgl. ebenda: S18ff.).

In München hat es bislang vier Gebiete der „Sozialen Stadt" gegeben. Die Gebiete Hasenbergl und Milbertshofen sind bereits abgeschlossen. Die Programmumsetzung der verbleibenden Gebiete, Giesing (Tegernseer Landstraße / Chiemgaustraße) und die „Soziale Stadt RaBal" (Innsbrucker Ring / Baumkirchner Straße), läuft seit 2005. Das Programmgebiet der „Sozialen Stadt RaBal" umfasst Teile von zwei politischen Bezirken in München. Dabei handelt es sich um den Bezirksausschuss 14 Berg-am-Laim und den Bezirksausschuss 16 Ramersdorf-Perlach (siehe Abbildung 2). Die Federführung der „Sozialen Stadt RaBal" liegt beim Planungsreferat. Es ist für die Koordination der Abstimmung mit der Bezirksregierung zuständig und übernimmt zudem die Geschäftsführung im verwaltungsinternen Steuerungsgremium der Lenkungsgruppe. Letztere ist verantwortlich für die strategische Steuerung der Umsetzung der „Sozialen Stadt" und besteht aus Vertretern der verschiedenen Fachreferate. Hier soll referatsübergreifende Koordination erfolgen. Als Sanierungstreuhänderin ist die Münchner Gesellschaft für Stadterneuerung (MGS) eingesetzt. Sie ist als städtisches Unternehmen gegenüber dem Planungsreferat weisungsgebunden und

---

[5] z.B. in Hamburg und Berlin ist die Verwaltung auf der Bezirksebene organisiert.
[6] ca. 30.000 € pro Jahr.

übernimmt neben der Realisierung von Baumaßnahmen auch Aufgaben in der Projektentwicklung und Beratung (vgl. Landeshauptstadt München 2005: 54ff.).

Quelle: Landeshauptstadt München 2009b, mit Ergänzungen.

Abb. 2 Das Programm „Soziale Stadt" in München

Neben den zuvor beschriebenen politisch-administrativen Institutionen in München weist die „Soziale Stadt RaBal" weitere ergänzende Foren bzw. Institutionen auf (siehe Abbildung 3), in denen ein Austausch zwischen politisch-administrativen Repräsentanten und Akteuren aus dem Gebiet möglich ist. Dies ist zum Einen ein Quartiersmanagement, das zwei Stadtteilläden betreibt und die lokale Projektsteuerung, Öffentlichkeitsarbeit und die Koordinierung sowie Aktivierung der unterschiedlichen Akteure regelt. Darüberhinaus ist es verantwortlich für die Entwicklung und Fortschreibung des integrierten Handlungskonzeptes und soll die verschiedenen Aktivitäten im Gebiet vernetzen. Zum Anderen wird das Quartiersmanagement bei der Durchführung aller Aufgaben durch eine Koordinierungsgruppe unterstützt, die aus Vertretern der Bezirksausschüsse, im Gebiet tätigen Akteuren und Multiplikatoren, Vertretern der Fachreferate und aktiven Bürgerinnen und Bürgern besteht (vgl. ebenda: 54ff.). Zudem verwaltet die Koordinierungsgruppe einen Verfügungsfonds von jährlich 30.000 €, aus dem sie kleinere Projekte von Antragsstellern aus dem Gebiet bis zu einer Summe von 2.600 € fördern kann (vgl. Landeshauptstadt München 2008a).

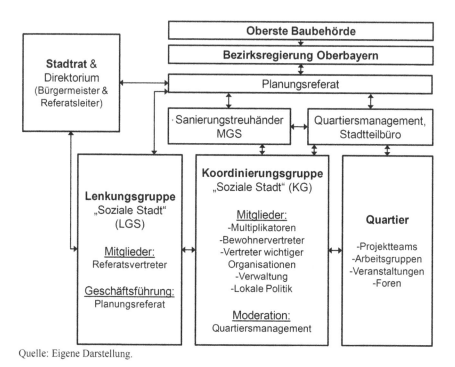

Quelle: Eigene Darstellung.

Abb. 3 Organigramm der „Sozialen Stadt RaBal"

Die gesetzten Ziele und dazugehörigen Maßnahmen sind ähnlich wie im Leitfaden der ARGEBAU strukturiert (siehe Kapitel 2.2.1), werden hier jedoch in fünf statt sechs Handlungsfeldern zusammengefasst: Wohnen/Wohnumfeld, Verkehr/Lärmschutz, öffentliches Grün/Stadtstruktur, soziale Infrastruktur und lokale Ökonomie. Eine kompakte Darstellung findet sich im integrierten Handlungskonzept. Es wurde 2005 zum ersten Mal erstellt und 2009 überarbeitet und fortgeschrieben, jeweils durch das Quartiersmanagement in Kooperation mit dem Planungsreferat (vgl. Bruns/Dirtheuer 2009). In Tabelle 2 finden sich eine Übersicht der gebietsspezifischen Zielsetzungen und eine Auswahl von Maßnahmen zu ihrer Verwirklichung. Der Vorteil integrierter Arbeitsweisen wird in der Auflistung sehr deutlich, da die wenigsten Maßnahmen ausschließlich einem Handlungsfeld zugeordnet werden können.

Handlungsfelder	Ziele	Maßnahmenauswahl
Wohnen, Wohnumfeld	•Wohngrün.de als Modifikation des bestehenden Wohnumfeldprogramms •Sicherung gesunder Wohnverhältnisse, Erhöhung der Wohnqualität •Lärmschutz für Wohnungen und für private Freiräume am Mittleren Ring und weiterer Hauptstraßen •Sicherung preiswerten Wohnraums und alternativer Wohnformen •Neuordnung des ruhenden Verkehrs in Wohngebieten •Stärkung von Nachbarschaften und Stabilisierung der Bewohnerstruktur	•Kommunales Förderprogramm „wohngrün.de" zur Aufwertung öffentlicher Grünflächen •Wohnumfeldaufwertung Siedlung am Piusplatz •Kommunales Förderprogramm „Wohnen am Ring" •Lärmschutzbebauung Innsbrucker Ring und Zornedinger Straße •Quartiersbetreuung / friedliche Koexistenz im öffentlichen Raum etc.
Verkehr, Lärmschutz	•Schaffung von Orientierungspunkten im Quartier, Entwicklung / Neubelebung von Stadtteilidentität •Neuordnung des ruhenden Verkehrs und sonstige Verkehrsmaßnahmen •Aufwertung des Mittleren Rings •Verbesserung Erreichbarkeit Einzelhandelsstandorte und Gemeinbedarfseinrichtungen •Verbesserung Querungsoptionen unter anderm am Mittleren Ring	•Umgestaltung Baumkirchner Straße •Fußgängerunterführung Innsbrucker Ring •Beim Piusplatz / Untersuchung zu weiteren Querungsoptionen •Lärmschutzmaßnahmen für die Schulen am Innsbrucker Ring etc.
Öffentliches Grün, Stadtstruktur	•Ergänzung / Aufwertung / Vernetzung v. Grün- / Freiflächen, Aufwertung öffentlicher Raum •Verbesserung Aufenthaltsqualität, Lärmschutz, Nutzungsangebote für alle Altersgruppen •Verbesserung Fuß- und Radwegenetz	•Karl-Preis-Platz, Umgestaltung •Ortskern Ramersdorf •Piusplatz, Umgestaltung •Jugendbeteiligung Kunst und Bau, Gestaltung Piusplatz, Untersuchung Parkierung Pius-platz etc.
Soziale Infrastruktur	•Verbesserung der Lebenssituation sozial und wirtschaftlich sowie auf sonstige Weise benachteiligter Menschen •Verbesserung der Betreuungssituation von Kindern Barrierefreiheit im Stadtteil •Spezielle Angebote z.B. zu Themen wie Gesundheit, Umwelt	•„Integration macht Schule" •Umbau Führichschule •Theaterpädagogisches Projekt •Sanierung Trambahnhäuschen / Bewohnertreff+Übungsräume •Gemeinschaftshaus, „Netzwerk Isareck"

Fortsetzung der Tabelle auf der nächsten Seite

Handlungsfelder	Ziele	Maßnahmenauswahl
Soziale Infrastruktur	•Verbesserung der Lebenssituation von Senioren: altengerechtes Wohnen einschließlich eines entsprechenden Beratungs- und Betreuungsangebotes •Angebote für Jugendliche im Stadtteil •Verbesserung der Bildungsangebote sowie der Angebote im Bereich Gesundheit, Umwelt, Kultur, etc. •Qualifizierung der Bildungseinrichtungen und der Bildungsangebote •Verbesserung von Freizeitangeboten •Stärkung Zusammenleben unterschiedlicher Bevölkerungsgruppen •Stärkung der Stadtteilidentität und des Stadtteillebens •Stärkung der Verantwortung für den öff. Raum (Patenschaften, Ramadama, etc.) •Verbesserung des Images (Außen- / Innenwahrnehmung) •Beteiligung der Betroffenen •Schaffung von Treffpunkten (privat / öffentlich, kommerziell / nicht kommerziell)	•Freiflächengestaltung Gotteszeller Straße / Bewohnergärten •Umwandlung Anlage Gotteszeller Straße in Mietwohnungen •LIGA StadtteillotsInnen •Opstapje / aufsuchende Arbeit in Familien •Fit und gut drauf / Gesundheit für Kinder und Jugendliche •KultIQ Interkulturelle Pflege- und Betreuungsassistenz •Betreutes Wohnen zuhause / Bedarfsuntersuchung •Bürgerschaftliches Engagement •Zeitzeugenprojekt •Filmprojekt „Dein Film in der Villa Stuck" mit Jugendlichen •Stadtteilläden als Kommunikationsdrehscheibe im Gebiet •Öffentlichkeitsarbeit für die Soziale Stadt RaBaL etc.
Lokale Ökonomie	•Förderung Einzelhandelsstandorte •Stärkung des Nahbereichszentrums Karl-Preis-Platz und im Ortskern Ramersdorf •Stärkung des Standortes Berg am Laim / Baumkirchner Straße •Stärkung lokal verankerter Ökonomie •Verringerung der Jugendarbeitslosigkeit •Verbesserung der Beschäftigungssituation für benachteiligte Gruppen	•Gewerbeentwicklung in Ramersdorf und in Berg am Laim •Service für Unternehmen bez. Ausbildung u. Beschäftigung •Copy&Work - Niedrigschwellige Anlaufstelle für Jugendliche zwischen Schule und Beruf •Aushilfenpool für Geschäfte in Ramersdorf / Berg am Laim •Praktikumsbörse etc.

Quelle: Eigene Darstellung nach Bruns/Dirtheuer 2009: 6ff.

Tab. 2 Maßnahmen der „Sozialen Stadt RaBal"

Hinsichtlich der Sozialstrukturdaten des „Soziale Stadt"-Gebiets fällt auf, dass der Ausländeranteil 34,5%[7], der Anteil an Sozialwohnungen 18,9% beträgt und

---

[7] Menschen, die keine deutsche Staatsbürgerschaft haben, aber in München melderechtlich erfasst sind.

7,6% Erwerbslose[8] in dem Gebiet wohnen. Alle Daten liegen weit über dem städtischen Durchschnitt[9] (vgl. Bruns 2006: 33ff.). Der Anteil der Deutschen mit Migrationshintergrund[10] übertrifft mit 17,5% im Stadtbezirk 16 Ramersdorf-Perlach ebenfalls weit den städtischen Mittelwert von 12,7%. Im Bezirk 14 Berg-am-Laim wird dieser mit 13,6% nur leicht überragt. Ähnlich verhält es sich mit dem Anteil von ALG II-Empfängern[11] (vgl. Landeshauptstadt München 2008b: Teil A, 2ff.).

Bemerkenswerterweise nehmen in der „Sozialen Stadt RaBal" hauptsächlich traditionelle und materiell besser gestellte Bevölkerungsgruppen die Möglichkeit in Anspruch, sich in lokalen Institutionen, wie z.B. der Koordinierungsgruppe, Einwohnerversammlungen[12], sozialen Einrichtungen und ergänzenden Netzwerkstrukturen wie REGSAM[13], zu beteiligen. Die Gruppen der Ausländer, der Deutschen mit Migrationshintergrund und der unterprivilegierten oder wirtschaftlich schlechter gestellten Bewohner sind unterrepräsentiert (vgl. Bruns 2006: 76ff.). Das heißt jedoch nicht, dass sich z.B. Migranten[14] überhaupt nicht engagieren oder grundsätzlich enthalten. Sie sind durchaus innerhalb eigener Strukturen aktiv, etwa im Kulturverein, im Sportverein oder im eigenen sozialen Netzwerk.

2.2.3 Das Programm „Leben Findet Innen Stadt"

„LFIS" ist ein Modellprogramm der bayerischen Städtebauförderung, welches durch die Oberste Baubehörde im Bayerischen Staatsministerium des Innern 2005 initiiert und vier Jahre lang durchgeführt wurde. Der Endbericht wurde 2008 präsentiert. Das Programm zielte darauf ab, „die Innenstadterneuerung in Bayern weiterzuentwickeln und dabei in den Zentren die Rahmenbedingungen für private Aktivitäten und Investitionen zu verbessern" (Oberste Baubehörde 2008a: 14). Dabei wurde besonderes Augenmerk auf eine gute Zusammenarbeit zwischen öffentlichen und privaten Akteuren und eine inhaltlich integrierte Herangehensweise gelegt. Neben der klassischen baulichen Aufwertung von Ge-

---

[8] Anteil der Arbeitslosen an den Erwerbsfähigen (Die statistische Erhebungseinheit stimmt nicht ganz mit dem Gebietsumgriff überein).
[9] Ausländeranteil Münchens: 21,4%; Anteil an Sozialwohnungen in München: 6,9%; Erwerbslose in München: 4,7%.
[10] Deutsche ausländischer Herkunft.
[11] 8,4% im Bezirk 16 und 6,2% im Bezirk 14 bei einem städtischen Durchschnitt von 5,1%.
[12] Vom Bezirksausschuss einberufene themen- und zielgruppenspezifische Veranstaltungen.
[13] Regionale Netzwerke für Soziale Arbeit in München ist ein kommunales Netzwerk zur Koordination der Träger im sozialen Bereich.
[14] AusländerInnen und Deutsche mit Migrationshintergrund.

bäuden und dem öffentlichen Raum sollten auch die Leitfunktionen Wirtschaft, Wohnen, Soziales und Kultur gestärkt werden, um Zentren dauerhaft mehr Attraktivität zu verleihen und sie zu einem Lebensmittelpunkt der Stadtbürger zu machen bzw. ihre Bedeutung als solchen zu erhalten und zu festigen (siehe Tabelle 3).

Handlungsfelder	Ziele & Maßnahmen	
Städtebauliche Neu-ordnung	•Wiedernutzung Brachflächen •Aufwertung untergenutzter Flächen	•Stärkung der Nutzungsvielfalt
Revitalisierung im Gebäudebestand	•Städtebaulicher Denkmalschutz •Immobilienentwicklung	•Gebäudesanierung •Umnutzung von Leerständen
Öffentlicher Raum	•Gestaltung von Straßen u. Plätzen •Möblierung und Beleuchtung	•Fassaden, Schaufenster und Werbeanlagen
Qualifizierung Wirt-schaftsstandort	•Geschäftsstraßenmanagement •Qualifizierung Einzelhandel	•Qualifizierung Gastronomie •Einzelhandelsentwicklung
Wohnen und Soziales	•Stärkung der Wohnfunktion •Wohnumfeld	•Soziale Infrastruktur
Kunst und Kultur	•Baukultur •Öffentliche und private Kulturein-richtungen	•Veranstaltungen, Ausstellungen, Kunst im öffentlichen Raum
Kommunikation und Standortmarketing	•Standortinfos zur Innenstadt •Öffentlichkeits- und Pressearbeit	•Veranstaltungen, Feste und Events •Marketingaktivitäten
Sauberkeit, Sicher-heit und Ordnung	•Sauberkeit im öffentlichen Raum •Lärm und Störung des Wohnens	•Kriminalprävention und soziale Maßnahmen

Quelle: Eigene Darstellung nach Oberste Baubehörde 2008a: 41.

Tab. 3 Handlungsfelder bei „LFIS"

Insgesamt wurde „LFIS" in zehn Modellkommunen[15] durchgeführt, die 2005 aus 46 Bewerbungen ausgewählt wurden. Von Beginn an erfreute sich das Programm großer öffentlicher Aufmerksamkeit, weil es landesweit durch ein Netzwerk von 13 Kooperationspartnern unterstützt wurde: den bayerischen Städtetag, den bayerischen Gemeindetag, den bayerischen Industrie- und Handelskammertag und zahlreichen Berufs- und Interessenverbänden. Bei der Konzeption und Umsetzung der Projektideen wurden die Kommunen durch eine wissenschaftliche Begleitung und regelmäßige Workshops zum Wissens- und Erfahrungsaustausch intensiv unterstützt. Außerdem wurde sehr viel Wert darauf gelegt, Koo-

---

[15] Bad Neustadt an der Saale, Bamberg, Erlangen, Forchheim, Fürstenfeldbruck, Kaufbeuren, Langquaid, Neunburg vorm Wald, Passau und Wunsiedel.

perationsstrukturen in den Kommunen zu schaffen, um den angestoßenen Veränderungen über die Programmlaufzeit hinaus Dauerhaftigkeit zu verleihen und sie somit verstetigen zu können (vgl. ebenda: 15ff.).

Die verschiedenen Projektorganisationen in den Modellkommunen wiesen einige Gemeinsamkeiten auf. So wurde überall ein Projektmanagement eingesetzt, das gemeinsam mit einer unterstützenden Lenkungsgruppe die lokalen Akteure einbeziehen und die Aktivitäten aller Projektbeteiligten[16] koordinieren sollte. Die strategische Ebene der Lenkungsgruppe war in der Regel durch eine Mischung aus öffentlichen und privaten Akteuren besetzt und diente als zentraler Ort der Abstimmung und des Meinungs- und Informationsaustausches. Moderation und Vorbereitung der Lenkungsgruppensitzungen wurden meist durch die Projektmanager übernommen. Die Kommunalverwaltungen waren durchwegs intensiv an der organisatorischen und inhaltlichen Steuerung beteiligt. Zu ihren wichtigsten Aufgaben zählten darüberhinaus die städtebauliche Planung und Durchführung, die Koordination der Fachreferate, Aufgaben der Finanzverwaltung und des Controllings und die Vorbereitung von Beschlussvorlagen für die kommunalen Entscheidungsgremien. Die kommunalen Entscheidungsgremien, also Stadt- oder Gemeinderäte, mussten selbstverständlich alle Aktivitäten in LFIS legitimieren. Um diesen Prozess möglichst reibungslos zu gestalten, wurden Politiker teilweise in die Lenkungsgruppen integriert. Oft trug das zu einer großen Identifikation der Politik mit dem Programm bei. Auf privater Seite waren Grundstücks- und Immobilieneigentümer, Gewerbetreibende und Bewohner die tragenden Kräfte. Die Grundstücks- und Immobilieneigentümer mussten für die Veränderungsstrategien zum Einen als Bauherren und Investoren oder Käufer bzw. Verkäufer von Immobilien und Grundstücken gewonnen werden. Zum Anderen hatten sie auch erheblichen Einfluss auf die gewerbliche Entwicklung und die Realisierbarkeit einer Nutzungsvielfalt in einem Gebiet. Ein großer Teil der Arbeitsressourcen des Projektmanagements wurde daher darauf verwendet, diese Gruppe der Grundstücks- und Immobilieneigentümer zu aktivieren. Ebenfalls signifikant für den Erfolg war die Einbindung der lokalen Wirtschaft. Die örtlichen Wirtschaftsakteure fungierten als zentrale Träger von Wissen über die Situation im Gebiet und beteiligten sich maßgeblich an der Umsetzung in den Lenkungs- und Arbeitsgremien. Neben konzeptioneller und steuernder Aktivitäten beinhaltete dies auch konkrete Aktionen, Marketingaktivitäten oder Events zur Umsetzung der Maßnahmen in den verschiedenen Handlungsfeldern. In allen Modellkommunen übernahmen selbst die kleineren Gewerbetreibenden des Einzelhandels einen Teil der Kosten des Projektmanagements. Größere Unternehmmen traten teils als zahlungskräftigere Sponsoren auf oder unterstützten den

---

[16] Bürgerinnen und Bürger, Immobilien- und Grundstückseigentümer, Wirtschaft, Verwaltung, Politik, Verbände, Vereine und Institutionen.

Prozess ideell. Die Bürgerschaft übernahm eine ähnliche Rolle wie die lokalen Gewerbetreibenden. Insbesondere über etablierte Vereinsstrukturen konnte die Projektorganisation durch ihre Mitwirkung erleichtert werden (vgl. ebenda: 68ff.).

Um die praktische Umsetzungsebene des Programms zu veranschaulichen wird exemplarisch näher auf das „LFIS"-Gebiet in Passau eingegangen. Das Projektgebiet in Passau umfasste die Bereiche Ludwigsstraße und Große Klingergasse der Fußgängerzone im Stadtzentrum (siehe Abbildung 4).

Die Hauptkriterien für die Gebietsauswahl waren eine geringe Aufenthaltsqualität, die hohe Leerstandquote und eine häufige Mieterfluktuation. Außerdem grenzt das Gebiet unmittelbar an die „Neue Mitte" von Passau an, wo mittlerweile 23.000qm neue Verkaufsfläche entstanden sind. Diese Entwicklung erhöhte den Veränderungsdruck im Projektgebiet zusätzlich.

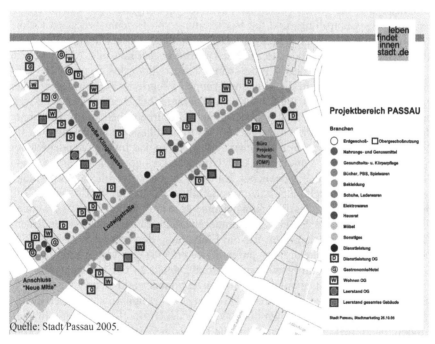

Quelle: Stadt Passau 2005.

Abb. 4 Programmgebiet „LFIS" in Passau

Die Organisationsstruktur in Passau umfasst fünf Arbeitsebenen (siehe Abbildung 5).

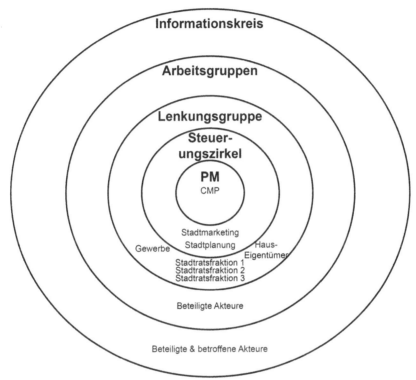

Quelle: Eigene Darstellung nach Oberste Baubehörde 2008a: 72.

Abb. 5 Organisationsstrukturen „LFIS" Passau

Das Projektmanagement (PM) wurde dem City Marketing Passau e.V. (CMP) übertragen, der bislang typische Tätigkeiten im Stadtmarketing ausgeführt hatte und hinsichtlich seiner Mitglieder hauptsächlich aus Händlern, Gastronomen und Hauseigentümern bestand. Die zentrale Projektsteuerung unterlag der CMP-Geschäftsführerin in enger Kooperation mit zwei Vertreterinnen der Verwaltung aus den Abteilungen Stadtmarketing und Stadtplanung. Hier spiegelt sich bereits eine enge Verzahnung von privaten und öffentlichen Akteuren wieder. Dieser Steuerungszirkel wurde im Rahmen einer Lenkungsgruppe nochmals um je einen

Vertreter der drei Stadtratsfraktionen, der Hauseigentümer und der Gewerbetreibenden erweitert. Damit war die Möglichkeit eines kontinuierlichen Informationsflusses in den Stadtrat, in die Verwaltung und zu den Gewerbetreibenden im Gebiet organisatorisch gegeben. Auf der Gebietsebene bildeten sich verschiedene Arbeitsgruppen, in denen sich die bereits genannten Akteure gemeinsam mit anderen Verwaltungsmitarbeitern, Externen, aktiven Einzelhändlern und Gastronomen, Grundstückseigentümern, Bürgern und Kulturschaffenden mit der Gestaltung und Umsetzung verschiedener Handlungsfelder beschäftigten. Alle Betroffenen und Beteiligten wurden überdies kontinuierlich über die Tätigkeiten im Programmgebiet informiert (vgl. Oberste Baubehörde 2008a: 68ff. und 2008b).

Das Modellprogramm „LFIS" fällt durch innovative Ansätze auf, private und öffentliche Akteure durch neue Organisationsstrukturen zu aktivieren und möglichst intensiv zu beteiligen. Deshalb bietet es sich als interessanter Gegenstand an, um Kooperationsstrukturen in der integrierten Stadtentwicklung zu untersuchen.

2.3   Prozess und Methode der Datenerhebung

2.3.1 Iterativer Forschungsprozess

Es liegt ein kaum zu überschauender Fundus an disziplinübergreifenden Arbeiten vor, die Gesetzmäßigkeiten menschlichen Handelns im Kontext von Kooperationen in der Stadt-, Regional oder Raumplanung empirisch und theoretisch zu erkennen versuchen. Die daraus hervorgehenden theoretischen Erklärungsansätze und Erfolgsfaktoren für Kooperationen lassen sich jedoch insbesondere auf der Mikroebene für die Praxis schwer verallgemeinern, weil Kooperationen in ihrer Komplexität jeweils sehr spezifische Akteurkonstellationen und Interaktionskulturen hervorbringen und oft mit ganz eigenen Rahmenbedingungen konfrontiert sind. Theorien können somit nicht einfach als „objektiv" und „wahr" übertragen werden, sondern beweisen den Grad ihrer Geltung erst in der Praxis und im Alltagshandeln (vgl. Sedlacek 1989: 15; Jessen/Reuter 2006: 42ff.). Deshalb ist der Forschungsprozess der Arbeit iterativ angelegt, um sich sukzessive durch die abwechselnde Beschäftigung mit Theorie und Praxis dem Verstehen der Realität anzunähern.

Iterative Forschungskonzeptionen oder Erkenntniswege sind gängige Forschungspraxis, wie z.B. in der Konzeption einer angewandten Sozialgeographie von Hilpert (vgl. 2002: 133-182) oder vielfach in Kontexten der Stadt-, Regional oder Raumplanung (vgl. Ritter 2006: 129ff.; Selle 1994) zu sehen ist. Foucault stellt bei seiner Analyse der Produktion von Wahrheit fest, dass „die Wahrheit [.]

zirkulär an Machtsysteme gebunden [ist], die sie produzieren und stützen" (Foucault 1978: 53f.). Es reicht also nicht, sich nur mit den Theorien in den Köpfen der Menschen auseinanderzusetzen. Um sich dem Erkennen der Realität möglichst weit anzunähern, muss man fortlaufend die Praxis konsultieren. Die Wechselbeziehung zwischen theoretischem Vorverständnis und aus der Beschäftigung mit der Praxis hervorgehenden empirischen Material sowie das sich daraus ergebende schrittweise Klären und Modifizieren von Begriffen, Annahmen und Interpretationen sollte konstitutiv für jeden Forschungsprozess qualitativer Arbeiten sein (vgl. Hopf 1993: 29).

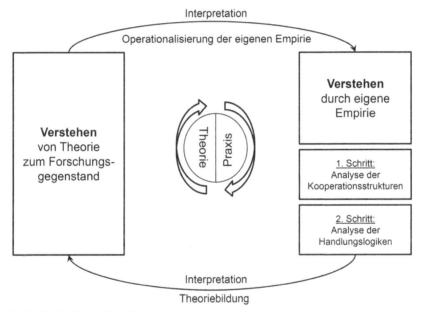

Quelle: Quelle: Eigene Darstellung.

Abb. 6 Iterativer Forschungsprozess zwischen Theorie und Praxis

Bei der vorliegenden Arbeit (siehe Abbildung 6) stand am Anfang die Auseinandersetzung bzw. das Verstehen von vorhandener Literatur zu Kooperation, soziale Stadtentwicklung und Steuerung, um den Forschungsgegenstand zu begreifen und auf der bestehenden Forschung aufzubauen. Die Literatursammlung und -lektüre umfasste hauptsächlich Arbeiten aus der Sozialgeographie, den Planungswissenschaften, der Soziologie, den Politikwissenschaften und der Organisationslehre. Mit den dadurch gewonnenen Erkenntnissen und ihrer Interpretation durch den Forscher wurden die Erhebungsdesigns für die beiden empirischen Forschungsschritte operationalisiert und im Rahmen von Pretests weiterentwickelt. Die Empirie war durch eine Kombination von deduktivem und induktivem Vorgehen gekennzeichnet (vgl. Flick 2004: 266). Auf der einen Seite wurden zielgerichtet bei der Literaturrecherche erkannte Kategorien, Hypothesen, Begriffe und Beziehungen in den Interviews abgefragt. Auf der anderen Seite wurde der Forschungsgegenstand möglichst offen hinterfragt und aus dem Text der Interviews heraus eigene Kategorien, Hypothesen, Begriffe und Sichtweisen über Beziehungen entwickelt. Der erste Schritt der Empirie befasste sich in Form von semi-standardisierten Interviews mit der Analyse der Kooperationsstrukturen und der zweite untersuchte mithilfe von leitfadengestützten Interviews die Handlungslogiken von beteiligten Akteuren in der sozialen Stadtentwicklung.

Der Analyse und Dokumentation der empirischen Ergebnisse folgte die Interpretation durch den Forscher, um Antworten auf die Fragestellungen der Arbeit zu finden und eine „integrierte Prozessraumtheorie" zu formulieren. Den Abschluss des Zyklus bildete wiederum die Auseinandersetzung mit den Theorieansätzen vom Beginn des Forschungsprozesses vor dem Hintergrund der eigenen theoretischen Ergebnisse.[17]

2.3.2 Analyse der Kooperationsstrukturen

Um der Frage nach der Steuerbarkeit der Qualität von Kooperationen nachzugehen, wurden im ersten Schritt der Empirie strukturelle Einflussfaktoren in Kooperationen untersucht. Als Erhebungsmethode diente das problemzentrierte Experteninterview (vgl. Reuber/Pfaffenbach 2005: 133ff.; Flick 2004: 134ff.; Meuser/Nagel 1997: 481ff.). Dieses war semi-standardisiert angelegt, um die vielfältige Literatur zu Kooperationen zu integrieren. Darin geschilderte Operationalisierungsversuche von Kooperation fanden sowohl in Form von offenen als auch geschlossenen Fragestellungen Eingang in die Befragung. Das Erhebungsdesign war jedoch so flexibel angelegt, dass zu jeder Zeit offen auf neue Perspektiven eingegangen werden konnte. Die Interviewten wurden ermutigt, eigene Sichtweisen darzustellen, wobei das theoretische Vorwissen des Interviewers in den

---

[17] Der ganze Forschungsprozess war überdies fortlaufend von kleineren Reflexionsphasen durchzogen, um Theorien im Gespräch mit Praktikern oder die Praxis aus theoretischer Perspektive zu reflektieren. Außerdem wurden die Ergebnisse der Analyse der Kooperationsstrukturen noch während dem Forschungsprozess im Rahmen einer prozessbegleitenden Evaluation der „Sozialen Stadt" in München angewendet (vgl. Werner 2009b).

Hintergrund gerückt wurde und das Nachfragen zu Meinungen und Erfahrungen der Interviewten Priorität hatte. Der Erhebungsbogen ist somit ein Leitfaden, dessen Konzeption eine Kombination aus deduktivem und induktivem Denken darstellt.

Die Fragebogenerstellung verlief in drei Schritten. Zuerst wurde eine grobe Gliederung der für relevant erachteten Literatur anhand der drei Grobkategorien des „Prozessraummodells" von Hilpert erstellt: Akteurraum, Projektraum, Kooperationsraum (siehe Kapitel 3.4.1.2). Dieses Modell erwies sich als hilfreich, eine erste Ordnung der vielen Theoriefragmente vorzunehmen. Dem folgte die Zusammenstellung einer ersten Version von offenen und geschlossenen Fragen. Den Abschluss der Konzeptionsphase stellten zwei Pretests und die damit verbundene Anpassung des Fragebogens dar. Tabelle 4 zeigt einen Überblick der theoretischen Bausteine, die in das Fragebogendesign eingeflossen sind:

Kategorie	Titel	Theoriefragment
Akteurraum (Akteure)	Bieker et al. 2004; Selle 1994; Knieling 2006	Konstellationstypen von Akteuren
	Zimmermann 2007; Mohr 1997; Huber 2004; Fuchs et al. 2002	Rollentypen von Akteuren
	Staehle 1999	Beteiligungsbarrieren
Projektraum (Inhalte)	Krucewicz 1993; Fuchs et al. 2002; Selle 1994; Kestermann 1997; Zimmermann 2007	Gegenstände, Inhalte und Intensität von Kooperationen
	Lindloff 2003; Selle 2000; Staehle 1999	Differenzierung von Phasen in denen Kooperation vorkommt
	Selle 1994; Staehle 1999	Aufgaben- und Problemtypen
Kooperationsraum (Strukturen)	Mohr 1997; Huber 2004; Staehle 1999	Typen von Kommunikationssystemen
	Mohr 1997; Huber 2004; Hatzfeld 2006; Selle 1994; Staehle 1999	Strukturtypen von Kooperationen
	Staehle 1999; Knieling 2006; Danielzyk et al. 2003; Scharpf 2000; Staehle 1999; Selle 2000	Führungs- und Steuerungsstile
	Staehle 1999; Scharpf 2000; Knieling 2006; Kestermann 1997; Ritter 2006; Fuchs et al. 2002; Klein-Hitpaß 2006	Interaktionskultur (Umgang, Konflikthandhabung, Orientierung, Vertrauen)
	Fuchs et al. 2002	Finanzierung von Kooperationen

Quelle: Eigene Darstellung.

Tab. 4 Theoriebausteine zur Analyse der Kooperationsstrukturen

Gemäß dieser Vorarbeit wurde der Fragebogen in drei Teile untergliedert: Akteure, Inhalte, Strukturen (siehe Anhang). Die Fragen nach Akteuren mit Zugangsproblemen zur Kooperation und der dafür verantwortlich zu machenden Beteiligungsbarrieren im Abschnitt zu den Akteuren dienten vor allem dem Zweck, bei der Sample-Auswahl und Konzeption des zweiten Schrittes der Empirie zu helfen.

2.3.3 Analyse der Handlungslogiken

Nachdem im ersten Schritt der Empirie der Schwerpunkt auf die Analyse etablierter Strukturen von Kooperationen gelegt wurde, konzentrierte sich der zweite empirische Erhebungsschritt auf die Handlungslogiken von ausgewählten Akteuren im Prozess der sozialen Stadtentwicklung. Zuvorderst wurde damit die Intention verfolgt, Veränderbarkeiten auf der Handlungsebene von Akteuren zu identifizieren und zusammen mit den strukturellen Erkenntnissen des ersten Erhebungsschrittes Machtverhältnisse und Steuerungsmöglichkeiten in der sozialen Stadtentwicklung besser zu verstehen. Als Erhebungsmethode wurde hierfür das leitfadengestützte problemzentrierte Interview gewählt (vgl. Flick 2004: 134ff.). Der Interviewverlauf wurde sehr offen gestaltet und orientierte sich stark an den jeweiligen Handlungsschwerpunkten und -situationen der Interviewpartner in ihrem Alltag. Die Rahmensetzung für das Interview durch den Leitfaden geht auf das Modell der „logischen Ebenen" (Dilts 2006) zurück[18]. In diesem Modell werden verschiedene logische Ebenen des menschlichen Denkens begründet (siehe Abbildung 7), auf denen Handlungslogiken Veränderung erfahren können.

Diese Ebenen sind hierarchisch gegliedert und beeinflussen sich gegenseitig. Das bedeutet, dass die jeweils höhere Ebene die Informationen auf den darunterliegenden Ebenen organisiert. Wenn sich nun eine Veränderung auf einer hierarchisch höheren Ebene einstellt, so beeinflusst dies unweigerlich auch die niedriger verorteten Ebenen. Das Gegenteil trifft nicht unbedingt zu.

Die erste logische Ebene ist die Umwelt, z.B. die Örtlichkeit mit ihrer Umgebung, an der sich ein Mensch befindet. Darüber befindet sich die Ebene des Verhaltens, also der beobachtbaren und wahrnehmbaren Tätigkeiten eines Menschen. Die nächsthöhere Stufe sind die Fähigkeiten eines Menschen. Sie beinhalten ihm eigene kognitive und emotionale Prozesse, die ein bestimmtes Verhalten erzeugen können, aber von außen nicht unmittelbar wahrnehmbar sind. Da Fähigkeiten einer Person helfen können, ein bestimmtes Ziel zu erreichen, kann

---

[18] Dieses Modell bezieht sich auf die „logischen Kategorien des Lernens" von BATESON (1981), welcher sich in seiner Arbeit wiederrum auf die „Typentheorie" der Mathematik von RUSSEL (1908) stützt. DILTS überträgt diese Forschungsarbeiten auf den therapeutischen Kontext.

man hier auch von internen Strategien sprechen. Die vierte logische Ebene beschreibt die Werte und Glaubenssätze bzw. Annahmen, die dem menschlichen Handeln zugrunde liegen. Die letzte für die Leitfadenkonzeption relevante und hierarchisch am höchsten positionierte Ebene ist die Identität, also die Rollen, in denen sich der Mensch selbst sieht (vgl. Dilts 2006: 15ff.).

Quelle: Eigene Darstellung nach Dilts 2006: 15ff.

Abb. 7 „Logische Ebenen" des menschlichen Denkens

Dilts beschreibt auch noch eine überindividuelle Ebene des Selbstverständnisses (vgl. ebenda: 69ff.), welche jedoch nicht explizit im Leitfadendesign berücksichtigt wurde, aber im Gesprächsverlauf automatisch mit eingeflossen ist, wenn es um eigene Rollenbilder, Zugehörigkeitsgefühle zu Gruppen oder Ähnliches ging.

Exkurs:

Die „Logischen Ebenen" im Bezug auf einen Akteur im Prozess der sozialen Stadtentwicklung

Ein Akteur beklagt sich darüber, dass seine Meinung bei der Neugestaltung eines öffentlichen Platzes nicht genügend gewürdigt wird. Ein Außenstehender hat nun verschiedene Möglichkeiten der Interpretation bzw. des Nachfragens:
1. Der Faktor Umwelt hat die Teilhabe verhindert (z.B. zu viel Lärm, falscher Ort)
2. Das Verhalten des Akteurs ist dafür verantwortlich (z.B. hat sich nicht artikuliert)
3. Der Akteur hat nicht die Fähigkeit zur Teilhabe (z.B. hat keine Methodenkenntnis – z.B. Pläne lesen)
4. Die Einstellung des Akteurs verhindert Teilhabe (z.B. der Glaube, dass die Verwaltung kein Interesse an seiner Meinung hat oder dass er zu wenig Fachwissen für mehr Beteiligung besitzt)
5. Die Identität des Akteurs lässt Teilhabe nicht zu (z.B. Ich bin ein „Macher" und kein „Theoretiker")
Letztendlich ist der betreffende Akteur der Experte, wo tatsächlich das Problem für seine fehlende Teilhabe liegt. Wenn es jedoch seine Identität betrifft, so hat dies natürlich viel weitreichendere Konsequenzen für sein Handeln, als wenn nur die Örtlichkeit bzw. die Umwelt dafür verantwortlich war.

Die Systematik der „logischen Ebenen" erwies sich in den Pretests und während der Interviews als außerordentlich effektiver Orientierungsrahmen, um in relativ kurzer Zeit sehr tiefgreifende Informationen über die Handlungslogiken der Interviewten erhalten zu können. Das Gespräch begann mit einem allgemeinen Kennenlernen und der Frage nach den Örtlichkeiten, wo die Interviewten ihren Alltag verbringen. Diese Ortsbezeichnungen, teilweise auch abstraktere Kooperationsbeziehungen wie beispielsweise örtlich nicht eindeutig festzumachende Gremien- oder Arbeitsgruppensitzungen, wurden durch den Interviewer gesprächsbegleitend und für alle Gesprächsteilnehmer sichtbar visualisiert und gegliedert. Auf Grundlage dieser Zusammenstellung wurde flexibel über die verschiedenen Örtlichkeiten gesprochen und dabei mittels einer hauptsächlich offenen Fragetechnik versucht, alle logischen Ebenen abzudecken:

- Was machen Sie dort genau?
- Wie können Sie dort Einfluss nehmen oder etwas bewegen?
- Warum machen Sie das so? Was ist Ihnen dabei wichtig? Was denken Sie darüber?
- Wie würden Sie Ihre Rolle in diesem Kontext selbst benennen?
- Etc… (siehe auch Leitfaden im Anhang)

Das Gespräch verlief stets entlang der von den Interviewten gesetzten Schwerpunkte. Das Raster der „logischen Ebenen" ermöglichte es dem Interviewer dabei, ohne einen Themenwechsel detaillierte Nachfragen zu stellen und dem

Interviewpartner dadurch eine tiefere Reflexionsebene der gerade besprochenen Thematik anzubieten. Die Visualisierung der Örtlichkeiten wurde je nach Bedarf im Gespräch ergänzt oder modifiziert und half dabei, den roten Faden nicht zu verlieren. Falls nicht ohnehin schon Thema im Interviewverlauf, wurde am Ende des Gesprächs eine konkrete Nachfrage nach eventuell festgestellten Zugangsbarrieren zu öffentlichen Institutionen oder Aushandlungsprozessen gestellt, die für den Interviewten selbst oder für ihm bekannte Personen oder Personengruppen von Relevanz sind.

2.3.4 *Vorgehen bei der Sample-Auswahl*

Bei Auswahlentscheidungen „wird die untersuchte Wirklichkeit auf spezifische Weise konstruiert – bestimmte Ausschnitte und Aspekte werden hervorgehoben, andere werden ausgeblendet" (Flick 2004: 115). Deshalb wird der Prozess der Auswahlentscheidung der Untersuchungsgegenstände und des Samples für die Interviews offengelegt und ausführlich begründet.

Für den ersten Schritt der Empirie, der Analyse der Kooperationsstrukturen, wurden zunächst zehn Stadtentwicklungsgebiete ausgesucht[19], in denen integriertes Arbeiten und kooperative Ansätze zentraler Bestandteil sind. Die öffentlich viel diskutierten Programme „Soziale Stadt" und „LFIS" boten sich dafür an, weil sie beide Bedingungen erfüllen und zudem gut aufbereitete Informationen darüber verfügbar sind. Der Umstand, dass beide Programme der Städtebauförderung entstammen, gab ihnen einen vergleichbaren institutionellen Kontext. Zudem wurde sich bei der Auswahl der einzelnen Gebiete auf Bayern beschränkt und zur besseren Vergleichbarkeit darauf geachtet, dass jedes Gebiet drei Kriterien erfüllt: Es sollte sich um multilaterale Kooperationen[20] handeln, die Kooperationen sollten sich bereits etabliert haben und in die Arbeitsphase[21] eingetreten sein und die Kooperationen sollten die Merkmale von Verhandlungsregimen[22]

---

[19] „Soziale Stadt"-Gebiete: Ramersdorf/Berg-am-Laim in München, Südstadt in Nürnberg, Erlangen, Regensburg, Piusviertel in Ingolstadt, Markt Manching; „LFIS"-Gebiete: Passau, Bamberg, Erlangen, Langquaid (siehe auch Anhang).

[20] „Auf Seiten der öffentlichen Hand sind z.B. Politik und Verwaltung zu unterscheiden, auf Seiten der Wirtschaft örtliche und externe Investoren, auf Seiten der Bürger Anwohnende, Bauinteressierte und KundInnen des Einzelhandels. Wir bezeichnen deshalb solche Kooperationen, die versuchen, Bürgerbeteiligung und Public-Private-Partnerships zu verbinden, als multilaterale Kooperationen" (Stein/Stock 2006, 514).

[21] „In dieser Phase entwickelt sich die Struktur des Prozessraumes mit festgelegten Regeln, Normen und Rollen der beteiligten Akteure sowie einer gewissen Arbeitsteilung im Netzwerk" (Huber 2004: 227).

[22] „Verhandlungsregime sind absichtsvoll geschaffene normative Bezugsrahmen, welche die Verhandlungen zwischen einer formell festgelegten Anzahl von Akteuren steuern, die sich explizit dazu

erfüllen. Durch Dokumentenanalyse und Internetrecherche konnte leicht herausgefunden werden, ob es sich in den Projektgebieten um multilaterale Kooperationen - also Kooperationen zwischen Akteuren aus den drei gesellschaftlichen Sphären Öffentliche Hand, Wirtschaft und Zivilgesellschaft - handelt. Ebenso verhielt es sich beim Klären der Frage, ob sich in der Kooperation bereits Regeln und Normen herausgebildet haben oder sie sich erst in der Aufbauphase befindet. Das Kriterium des Verhandlungsregimes sollte Fälle ausschließen, in denen kein politischer Wille gegeben ist, Kooperationen zu institutionalisieren. Es sollten also bewusst und willentlich verbindliche Strukturen geschaffen worden sein, um Aushandlungsprozesse zu organisieren. Spätestens im Interview selbst konnte auch dies geklärt werden. Für die Interviews wurden gezielt Programmverantwortliche in den Gebieten kontaktiert, da angenommen wurde, dass sie in ihrer Funktion über detailliertes Wissen zu den Kooperationsstrukturen verfügen. Dieses Sonderwissen machte sie aus Sicht des Forschers zu Experten (vgl. Meuser/Nagel: 481ff.).

Durch diese Herangehensweise wurde gewährleistet, dass das Sample Rückschlüsse auf unterschiedliche strukturelle Gestaltungsmöglichkeiten von Kooperationen in einem vergleichbaren Kontext zulässt. Diese Unterschiede wurden in einem ersten Schritt als veränderbare Strukturvariablen betrachtet, als potentielle strukturelle Veränderbarkeiten in Kooperationen.

Für den zweiten Schritt der Empirie, die Analyse der Handlungslogiken, wurden gemäß dem „theoretischen Sampling" (vgl. Flick 2004: 102ff.) sukzessiv 23 Interviewpartner ausgewählt. Die Beschränkung lag auf Akteure im Gebiet der „Sozialen Stadt RaBal" in München, um einen gemeinsamen Kontext zu wahren. Zum Einen sollten Personen befragt werden, denen wichtige Funktionen im Prozess der „Sozialen Stadt" zugeschrieben werden. Zum Anderen wurde nach schwer zu aktivierenden Akteuren gesucht. Es konstituierten sich im Forschungsprozess sechs Fallgruppen:

- Verwaltung: Der Prozess der „Sozialen Stadt RaBal" wird maßgeblich durch Verwaltungsmitarbeiter getragen. Es wurden fünf Personen aus unterschiedlichen Verwaltungsressorts ausgewählt, die ihre Referate in der Koordinierungsgruppe oder Lenkungsgruppe vertreten.
- Lokale Politik: Vertreter der Bezirksausschüsse sind stark in der Koordinierungsgruppe vertreten und an vielen Entscheidungsprozessen beteiligt. Es wurden zwei Personen ausgewählt, die ihren Bezirksausschuss in der Koordinierungsgruppe repräsentieren.

---

bereit erklärt haben, bestimmte Interessenpositionen anderer Parteien zu respektieren, bestimmte Ziele gemeinsam zu verfolgen und bei ihren zukünftigen Interaktionen bestimmte Verfahren zu beachten" (Scharpf 2000, 241).

- Schulen: Schulen haben für die Bildungs- und Sozialpolitik lokal eine große Bedeutung, gelten aber gemäß der bundesweiten Zwischenevaluation allgemein als zu wenig in den Prozess der „Sozialen Stadt" integriert (vgl. Häußermann 2006: 295f.). Es wurden vier Schulleiter aus dem Gebiet ausgewählt.

- Migrantenorganisationen: In der Literatur zur „Sozialen Stadt" werden Bürger mit Migrationshintergrund als schwer zu aktivierende Gruppe dargestellt (vgl. ebenda: 296f.). Es wurden fünf Vertreter von Organisationen mit türkischem Hintergrund ausgewählt. Drei davon sind eindeutig dem islamisch-sunnitischen Bereich zuzuordnen und alle Organisationen sind im Bildungsbereich tätig.

- Soziale Einrichtungen: In der „Sozialen Stadt" werden viele Projekte durch soziale Träger durchgeführt. Oft besitzen sie viel lokales Wissen und verfügen über Zugangsmöglichkeiten zu schwer zu aktivierenden Zielgruppen. Es wurden vier Vertreter von sozialen Trägern ausgewählt, die im Gebiet aktiv sind und deren Klientel zum großen Teil aus Bürgern mit Migrationshintergrund besteht.

- Wohnungsbaugesellschaften: Ein großer Teil des Wohnungsbestandes im Gebiet der „Sozialen Stadt RaBal" ist Eigentum von städtischen Wohnungsbaugesellschaften (vgl. Bruns 2006: 41). Das macht sie zu wichtigen Akteuren im Prozess der „Sozialen Stadt". Es wurden drei Vertreter ausgewählt, die für ihre Organisationen in der „Sozialen Stadt RaBal" eingebunden sind.

Die gebildeten Fallgruppen bestehen somit jeweils aus Repräsentanten einer spezifischen Professionalisierung oder eines bestimmten institutionellen Kontextes (Verwaltung, Lokalpolitik, Schulen, soziale Einrichtungen, Wohnungsbaugesellschaften). Das verbindende Element bei der Gruppe der Migrantenorganisationen ist ihr Engagement im Bildungsbereich und ihr in Deutschland als fremd oder anders wahrgenommener kultureller Kontext (vgl. Flick 2004: 112f.). Ziel der Auswahl war es ebenso, möglichst unterschiedliche Handlungslogiken zu untersuchen, die für den Prozess der „Sozialen Stadt" relevant sind. Der gesamte Alltag der Interviewten war somit Gegenstand der Befragung, also ein wesentlich umfassenderer Teil der Persönlichkeit als bei der Erhebung zu den Kooperationsstrukturen. Da die Befragten „im Bereich ihrer Umwelt und ihres Alltags in der Regel wissender sind als der Forscher" (vgl. Struck 2000: 14) kann man auch sie als Experten klassifizieren (vgl. Meuser/Nagel: 481ff.).

2.3.5 Zugang zum Feld

Viele Interviewpartner konnten mithilfe von Dokumentenanalyse und über das Internet ausfindig gemacht und kontaktiert werden. Oft wurden jedoch auch weitere Interviewpartner in Gesprächen mit anderen Personen empfohlen. Hier wurde also nach dem Schneeballverfahren vorgegangen. Bei einigen Institutionen oder Organisationen war es nötig, sich vermitteln zu lassen, da Zuständigkeiten und Kontaktdaten nicht vorab recherchierbar waren oder die Genehmigung der Interviews von anderen Entscheidungsebenen abhängig war. In diesen Fällen musste der Zugang über Schlüsselpersonen oder sogenannte „Gatekeeper" erfolgen (vgl. Flick 2004: 86ff.; Reuber/Pfaffenbach 2005: 150ff.).

Um eine möglichst vertrauensvolle Beziehung zu den Befragten zu schaffen, wurde in den Interviews darauf geachtet, Transparenz herzustellen und die Intentionen hinter der Untersuchung offenzulegen. Außerdem wurde versucht, den Gesprächspartnern grundlegend zu vermitteln, dass sie als Experten konsultiert werden und der Forscher darauf angewiesen ist, von ihnen zu lernen. Aus dieser grundlegenden Rollendefinition des Forschers als „Unwissender" und „Hilfesuchender" heraus war es leichter, von den Interviewten geäußerte Selbstverständlichkeiten genau zu hinterfragen und viele Alltagserfahrungen detailliert geschildert zu bekommen (vgl. Flick 2004: 93ff.; Meuser/Nagel 1997: 481ff.).

2.4 Dokumentation

Über den gesamten Forschungsprozess hinweg wurde ein Tagebuch geführt, um jeden Forschungsschritt sowie aufkommende Gedanken und Ideen zu dokumentieren und die Reflexion darüber zu erleichtern. Die Interviews wurden auf Tonband mitgeschnitten und aufgrund ihrer hohen Inhaltsdichte vollständig transkribiert[23]. Bei der Transkription kam es vorwiegend auf die Wiedergabe der Sachinhalte an und es wurde weitgehend darauf verzichtet, sprachliche Eigenheiten zu dokumentieren. Dialekt und sprachliche Fehler wurden insofern in Schriftdeutsch umgewandelt. Lediglich auffällige Sprechpausen oder Störungen aus der Umgebung wurden notiert. Außerdem wurde nach jedem Interview ein kurzes Protokoll zur Interviewsituation angefertigt (vgl. Reuber/Pfaffenbach 2005: 153ff.; Flick 2004: 243ff.). Die dadurch entstandenen Texte bildeten die empirische Grundlage für die Interpretation durch den Forscher: Sie „konstruieren die untersuchte Wirklichkeit auf besondere Weise und machen sie als empirisches Material interpretativen Prozeduren zugänglich" (ebenda: 256). Des Weiteren

---

[23] 465 Seiten: 151 Seiten für die Analyse der Kooperationsstrukturen und 314 Seiten für die Analyse der Handlungslogiken.

wurde jeder Schritt der Auswertung der Texte dokumentiert, um den Vorgang der Interpretation nachvollziehbarer zu machen.

2.5 Auswertungsmethodik

Die Texte des ersten Schrittes der Empirie, der Analyse der Kooperationsstrukturen, wurden gemäß dem „thematischen Codieren" (vgl. Kuckartz 2007: 83 ff.; Hopf 1995: 29f.) ausgewertet (siehe Abbildung 8).

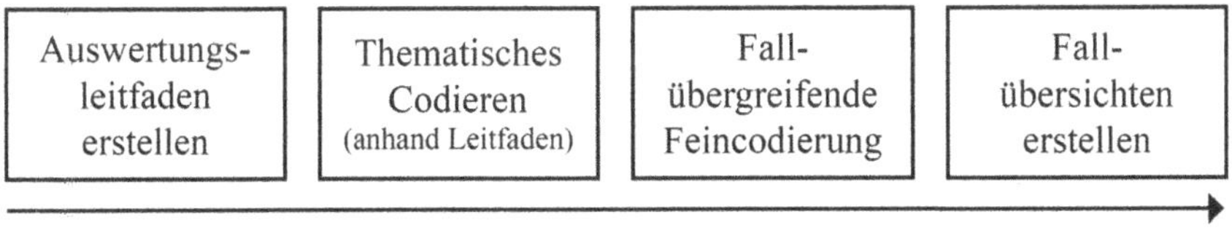

Auswertungs-leitfaden erstellen	Thematisches Codieren (anhand Leitfaden)	Fall-übergreifende Feincodierung	Fall-übersichten erstellen

Quelle: Eigene Darstellung.

Abb. 8 Thematisches Codieren

Das relativ theorieorientierte Verfahren eignete sich gut, um die in die Befragung eingeflossenen Theoriefragmente (siehe Kapitel 2.3.2) zu überprüfen und weiterzuentwickeln. Bei der Anwendung soll der Forscher „sensitiv auf theoretische Widersprüche und Ungereimtheiten" (Kuckartz 2007: 85) reagieren und für neue Erkenntnisse offen sein.

In einem ersten Schritt wurden Auswertungskategorien entwickelt, die auf theoretischen Vorannahmen basieren. Dieser Vorgang setzte bereits zeitgleich mit der Entwicklung des Fragebogens ein. Die gebildeten Kategorien haben Entwurfscharakter und konnten jederzeit durch die empirischen Erkenntnisse verändert werden oder es konnten aus dem Text neue Kategorien entstehen. Tabelle 5 zeigt die anfangs entwickelten Auswertungskategorien. Sie stellen auch den ersten groben Codierleitfaden dar. Anhand dieses Codierleitfadens wurden in einem zweiten Schritt alle Texte codiert, indem alle inhaltlich relevanten Textstellen einer oder mehrerer Kategorien zugeordnet wurden.

Nach dem Codieren war sehr deutlich erkennbar, dass der Codierleitfaden noch nicht differenziert genug war und viele Aussagen nicht eindeutig oder nur schwer zugeordnet werden konnten. Deshalb wurde fallübergreifend nochmal eine Feincodierung aller Codings[24] durchgeführt. Das Ergebnis wird in Kapitel

---

[24] Codings sind Textaussagen, die einem bestimmten Code zugeordnet sind.

4.1 dargestellt und bildet die strukturellen Veränderbarkeiten in Kooperationen ab.

Oberkategorie	Unterkategorie	Code
Trägerschaft in der Kooperation:	Kooperations-konstellation	•Öffentlich-privat •Öffentlich-extern
Hier geht es um die verantwortungs-tragenden Rollen und die Trägerschaft im Generellen bei der Gestaltung der Kooperation. Es können Akteure der öffentlichen Hand, der Privat-wirtschaft, der Zivilgesellschaft oder jemand Externes als Träger auftreten oder dominant sein. Meist verteilt sich die Trägerschaft auf mehrere Sphären, stets jedoch unter Beteiligung öffent-licher Akteure. Dies kann sich auch in den finanziellen Beiträgen zeigen.	Dominanz von Akteuren	•Verwaltung •Politik •Soziale Fachbasis und Intermediäre •Unternehmen •Bürgerinitiativen...etc.
	Enthaltung / Exklusion / Fehlen	•Bürger mit Migrationshintergrund •Schulen...etc.
Inhalt der Kooperation:	Aufgaben-schwerpunkte	•Problembestimmung / Konsultation •Zielbestimmung / Mitgestaltung •Entscheidung / Auftraggeber •Umsetzung / Mitgestalter
Hier geht es um den Bewusstseins-grad, mit dem ein integrativer Prozess von den Öffentlichen in Kooperation mit anderen Akteurgruppen umgesetzt wird. Man erkennt dies dadurch, dass einerseits Kompetenzen in die Koope-ration konzeptionell verlegt werden und anderseits integriertes Handeln in der Kooperation eine große Akzeptanz aufweist.	Integrierte Handlungskultur	•Akzeptierende Einstellung •Problematische Einstellung
	Ziel & Motivation	•Baulich-investive Ziele •Nicht-investive Ziele •Partikularinteressen
Interaktionsregeln:	Qualität der Kommunikation	•Offen •Informell-personenbezogen •Intransparent •Geregelt •Zentral
Hier zeigt sich, wie die Absicht zum integrierten Handeln in den konkre-ten Strukturen umgesetzt wird. Der Zentralitätsgrad und die Offenheit hinsichtlich der Gestaltung der Ko-operation können unterschiedlich sein. Dies drückt sich in der etablierten Kommunikation und der Ablauf- und Aufbauorganisation in der Koopera-tion aus.	Ablauforganisation	•Zentralisiert •Partizipativ-offen
	Aufbauorganisation	•Zentral •Dezentral

Quelle: Eigene Darstellung.

Tab. 5 Codierleitfaden für die Analyse der Kooperationsstrukturen

In einem dritten Schritt wurde eine tabellarische Fallübersicht (siehe Tabelle 6) erstellt (vgl. Schmidt 1997: 560ff.), die einen groben Überblick über die Merkmalskonstellationen der Gebiete zulässt. Die Tabelle soll zur Transparenz der Untersuchung beitragen.

	Gebiet 1	Gebiet 2	Gebiet 3	Gebiet 4	Gebiet 5
Kooperationskonstellation	öffentlich-extern	öffentlich-privat	öffentlich-privat	öffentlich-extern	öffentlich-extern
Dominanz	Verwaltung	Verwaltung / Verein	Verein	Verwaltung / Quartiersm.	Politik / Quartiersm.
Integrierte Handlungskultur	problematisch	akzeptierend	akzeptierend	akzeptierend	akzeptierend
Ziele und Motivation	baulich-investiv	baulich-investiv	baulich / nicht-investiv	baulich-investiv	nicht-investiv
Aufgabenschwerpunkt	Mitgestaltung	Auftraggeber	Auftraggeber	Mitgestaltung	Auftraggeber
Qualität der Kommunikation	relativ intransparent	offen-geregelt	offen-informell	offen-informell	offen-informell
Ablauforganisation	zentralisiert	partizipativ-offen	partizipativ-offen	partizipativ-offen	zentralisiert
Aufbauorganisation	relativ zentral	dezentral	dezentral	relativ dezentral	relativ dezentral
	Gebiet 6	**Gebiet 7**	**Gebiet 8**	**Gebiet 9**	**Gebiet 10**
Kooperationskonstellation	öffentlich-extern	öffentlich-privat	öffentlich-extern	öffentlich-privat	öffentlich-extern
Dominanz	Verwaltung	Verwaltung / Verein	Politik	Verwaltung / Wohnungsbau	Verwaltung
Integrierte Handlungskultur	problematisch	problematisch	problematisch	problematisch	relativ problematisch
Ziele und Motivation	baulich-investiv	nicht-investiv	Partikular-interessen	partikular / baulich-inv.	nicht-investiv
Aufgabenschwerpunkt	Mitgestaltung	Mitgestaltung	Mitgestaltung	Mitgestaltung	Auftraggeber
Qualität der Kommunikation	intransparent-geregelt	geregelt-offen	offen-informell	offen-informell	offen-informell
Ablauforganisation	zentralisiert	relativ offen	relativ zentral	relativ zentral	relativ zentral
Aufbauorganisation	zentral	dezentral	relativ dezentral	zentral	relativ dezentral

Quelle: Eigene Darstellung.

Tab. 6 Fallübersicht - Analyse der Kooperationsstrukturen

Diese Fallübersicht lässt zwar noch keine gesättigte Typenbildung zu, weil dafür nicht ausreichend Fälle untersucht werden konnten, aber sie eignet sich sehr gut, Auffälligkeiten zu erkennen und weitere Analyseschritte zu planen. In einem vierten Schritt könnten nun ausgewählte Fälle vertiefend analysiert werden. Für die Zielsetzung dieser Untersuchung war die fallübergreifende Analyse jedoch bereits ausreichend.

Die produzierten Texte des zweiten Schrittes der Empirie, der Analyse der Handlungslogiken, wurden mit der Methode der zusammenfassenden qualitativen Inhaltsanalyse (siehe Abbildung 9) ausgewertet (vgl. Mayring 2008). Bei der Inhaltsanalyse wird das Ziel verfolgt, in Texten fixierte Kommunikation systematisch und regelgeleitet zu analysieren und dabei vor dem Hintergrund von bestimmten Fragestellungen und theoretisch begründeten Vorüberlegungen Rückschlüsse zu ziehen (vgl. ebenda: 12f.).

Ausgangsmaterial genau bestimmen
1. Festlegung des Materials
2. Analyse der Entstehungssituation
3. Formale Charakteristika des Materials

Fragestellung der Analyse definieren
1. Richtung der Analyse
2. Theoriegeleitete Differenzierung
der Fragestellung

Analyse regelgeleitet durchführen
1. Bestimmung der Analyseeinheit
2. Erster Analysedurchgang (Einzelfall)
- Paraphrasieren
- Generalisieren
- Reduzieren
- Kategorienbildung
- Rücküberprüfung
3. Zweiter Analysedurchgang (Fallgruppe)
- Offenes Codieren
- Axiales Codieren
- Selektives Codieren

Weitere Interpretationen vornehmen

Quelle: Eigene Darstellung nach Mayring (2008: 60) mit Ergänzungen.

Abb. 9 Zusammenfassende Qualitative Inhaltsanalyse

Am Anfang der Auswertung wurde das zu analysierende Ausgangsmaterial grundlegend bestimmt. Es handelt sich hier um 23 Interviews mit Repräsentanten von sechs Fallgruppen (siehe Kapitel 2.3.4). All diese Gespräche führte der Forscher selbst, wobei er die Interviewten in ihrer Alltagsumgebung aufsuchte. In der Regel liefen die Gespräche unter vier Augen ab. Details zu der jeweiligen Entstehungssituation und den sozio-kulturellen Hintergründen zu den Befragten wurden in Protokollen festgehalten. Formal besteht das Material aus Transkriptionen, die auf Basis von Tonbandaufnahmen eigenhändig durch den Forscher erstellt worden sind (siehe auch Kapitel 2.4).

Nach der Bestimmung des Materials folgte die Spezifizierung der Fragestellung der Analyse. Richtungsweisendes Anliegen bei der Analyse war es, etwas über die emotionalen und kognitiven Hintergründe des Alltagshandelns der Befragten zu erfahren. Dazu gehört vor allem, ihren Befindlichkeiten im Alltag nachzugehen, die Art und Weise ihrer kognitiven Verarbeitung von Alltagssituationen zu verstehen und etwas über ihr eigenes Selbstverständnis und ihre Rollenbilder im Alltag zu ermitteln. Als grundlegende Fragen für den Analyseprozess und für das Erkennen von inhaltlich relevanten Textstellen orientierte sich der Forscher an allgemeinen W-Fragen zu den verschiedenen „logischen Ebenen" des menschlichen Denkens (siehe Kapitel 2.3.3):

- Wo? (Umgebung des Handelnden)
- Was? (Verhalten und Tätigkeit des Handelnden)
- Wie? (Fähigkeiten des Handelnden)
- Warum? (Überzeugungen und Einstellungen des Handelnden)
- Wer? (Selbstbild des Handelnden)

Mit den so gewonnenen Erkenntnissen konnten Rückschlüsse auf die Handlungslogiken von Akteuren im Prozess der sozialen Stadtentwicklung gezogen werden. Außerdem haben sie auch dabei geholfen, Machtverhältnisse zu rekonstruieren und zu erklären. Für ihre Interpretation bot die „Analyse der Machtverhältnisse" (Foucault 1987) einen wichtigen theoretischen Orientierungsrahmen (siehe Kapitel 3.4.5.2):

- Was sind die sozio-kulturellen Rahmenbedingungen für das Handeln der Befragten? (System der Differenzierungen)
- Welche Motivation steckt hinter ihrem Handeln? (Typen von Zielen)
- Mit welchen Mitteln und Fähigkeiten können sie ihre Ziele durchsetzen? (Instrumentelle Modalitäten)
- In welchen institutionalisierten Interaktionsbeziehungen sind sie integriert? Wo nicht? Wenn ja, warum? (Formen der Institutionalisierung)

- Wie sicher können sie sich sein, mit ihrem Handeln ein bestimmtes Ziel zu erreichen? (Grad der Rationalisierung)

Bei qualitativer Forschung wird oft die Ansicht vertreten, ein theoriegeleitetes Forschungs- bzw. Auswertungsdesign würde „den Blick zu sehr verengen" (Mayring 2008: 52). Das stimmt, wenn der Forscher aufgrund von theoretischen Prämissen nicht offen gegenüber neuen Erkenntnissen bleibt. Es darf bei dieser Forschungsanschauung jedoch nicht außer Acht gelassen werden, dass der Forscher im Prozess des Verstehens und des Interpretierens den Forschungsgegenstand immer kontextabhängig rekonstruiert. Der Forscher ist keine unabhängige Größe und orientiert sich stets an theoretischen Überzeugungen und Vorüberlegungen. Sein „Theoriekonzept deutet an, aus welcher Perspektive der Forscher den Blick auf seinen Gegenstand richtet, es bildet, etwas schablonenhaft ausgedrückt, die „Interpretationsanleitung" für das Nachvollziehen der Rekonstruktionen des Forschers" (Reuber 2007: 156). Zudem ermöglicht ein theoriegeleitetes Vorgehen und dessen Offenlegung, an verdichteten Erfahrungen zu einem Forschungsgegenstand „anzuknüpfen, um einen Erkenntnisfortschritt zu erreichen" (Mayring 2008: 52).

Nachdem die Vorüberlegungen zum Analysematerial und der konkreten Fragestellungen abgeschlossen waren, wurde mit der technischen und sehr regelgeleiteten Umsetzung der Analyse begonnen. Bei der Analysetechnik der Zusammenfassungen wird ein Text auf seine Kerninhalte reduziert. Als Codiereinheit wurde jede vollständige Aussage bestimmt. Im ersten Analysedurchgang war der einzelne Fall und im zweiten Durchgang die ganze Fallgruppe Kontext- bzw. Auswertungseinheit. Im ersten Analysedurchgang wurde jede inhaltlich relevante Aussage in einer Tabelle zunächst paraphrasiert, nummeriert und entsprechend der Fundstelle im Text gekennzeichnet. Danach wurden alle Paraphrasen in einer weiteren Spalte gemäß dem gewünschten Abstraktionsniveau generalisiert und sprachlich vereinheitlicht. Unter diesen generalisierten Umschreibungen wurden nun alle inhaltsgleichen Paraphrasen gestrichen. Zudem wurden in einer neuen Spalte zueinander in Beziehung stehende Aussagen nach Möglichkeit gebündelt. Das Material wurde dadurch reduziert. Aus diesem Ergebnis reduzierter Paraphrasen wurden daraufhin in einer letzten Tabellenspalte Kategorien gebildet, die den Kerninhalt des Textes hinsichtlich der Handlungslogiken des Interviewten repräsentieren. Abschließend wurde noch die Angemessenheit der gebildeten Kategorien am Ausgangsmaterial rücküberprüft (vgl. ebenda: 42ff.).

Der zweite Analysedurchlauf bezweckte, generalisierte Kategorien für die gesamte Fallgruppe zu entwickeln. Die Kategorien der Einzelfälle wurden verglichen und mittels offenem, axialen und selektiven Codierens entstanden sukzessiv fallgruppenspezifische Kategorien (vgl. Flick 2004:259ff.).

Unterstützt wurde der gesamte Auswertungsprozess durch die Anwendung von MAXQDA, ein Programm zur computergestützten Analyse qualitativer Daten.

3 Grundlagen und Weg zu einem neuen Steuerungsansatz

3.1 Integrierte und soziale Stadtentwicklung

3.1.1 Integrierte Stadtentwicklung und Beteiligung

Integrierte Stadtentwicklungsstrategien zielen darauf ab, ökologische, wirtschaftliche und soziale Politikbereiche zusammen zu bearbeiten, weil nur so den sozialen Polarisierungstendenzen in unserer Gesellschaft entgegengewirkt und eine Politik des sozialen Ausgleichs effektiv betrieben werden kann. Die Beispiele der „Sozialen Stadt" und „LFIS" zeigen zentrale Praxiselemente von integrierter Stadtentwicklung auf. Diese umfassen die Integration verschiedener Politik- und Verwaltungsebenen[25], die ressortübergreifende Mittelbündelung[26], die Kooperation zwischen politisch-administrativen Repräsentanten und Gebietsakteuren[27], dezentrale Steuerungsformen[28] und integrierte Handlungskonzepte als integrierte Gesamtstrategiepapiere[29] (vgl. BMVBS 2007: 17ff.).

Bei der Definition von integrierter Stadtentwicklung muss zwischen einer instrumentellen Sichtweise und einer ganzheitlichen Perspektive unterschieden werden. Rein instrumentell betrachtet, ist integrierte Stadtentwicklung ein Instrument zur Umsetzung feststehender politischer Ziele, mit dem alle Aspekte eines Problems intersektoral und partizipativ bearbeitet werden. Wenn jedoch differente Handlungslogiken und Lebenswelten bei integrierter Stadtentwicklung wirksam miteinbezogen werden sollen und ein ganzheitliches Vorgehen angestrebt wird, so ist ihr Erfolg unmittelbar an eine effektive Beteiligung auch bei Problem- und Zieldefinition gekoppelt. Danach ist integrierte Stadtentwicklung

---

[25] z.B. EU, Bund, Länder und Kommunen.

[26] z.B. die ressortübergreifende Zusammenlegung von EU-, Bundes-, Landes- und kommunalen Fördermitteln.

[27] z.B. zwischen Repräsentanten der verschiedenen Referate und der lokalen Politikgremien und Vertretern von Bewohnergruppen und im Gebiet ansässigen Organisationen.

[28] z.B. durch ein lokales Quartiersmanagement und eine gebietsbezogene Koordinierungsgruppe.

[29] Ein stetig zu überarbeitendes Handlungskonzept, welches Einzelmaßnahmen in einen Gesamtkontext bettet und Ziele unter Berücksichtigung der verschiedenen Politikfelder und Lebenswelten formuliert.

als kooperative und gemeinschaftliche Leistung zu verstehen, die neben der partizipativen und intersektoralen Bearbeitung von Problemen auch die gemeinsame und themenübergreifende Problem- und Zieldefinition beinhaltet, was nur durch eine effektive Beteiligung zu realisieren ist.

In der „Leipzig Charta zur nachhaltigen europäischen Stadt" ist ein instrumentelles Verständnis von integrierter Stadtentwicklung herauszulesen:

> „Allgemein kann unter integrierten Ansätzen eine räumliche, zeitliche und sachliche Abstimmung und Vernetzung unterschiedlicher politischer Handlungsfelder und Fachplanungen verstanden werden, bei der unter Vorgabe bestimmter (finanzieller) Instrumente definierte Ziele erreicht werden sollen. Dabei spielt die frühzeitige und umfassende Einbindung aller auch außerhalb von Politik und Verwaltung stehender, für nachhaltige Stadtentwicklung relevanter Akteure eine herausragende Rolle" (BMVBS 2007: 15).

In diesem Definitionsversuch spiegelt sich die große Bedeutung intersektoraler Handlungsstrategien und der kontinuierlichen Beteiligung eines breiten Akteurspektrums wieder. Wie und durch wen die verfolgten Ziele in der damit verbundenen kooperativen Praxis zustande kommen und Probleme definiert werden, bleibt jedoch undeutlich. Es wird nicht klar, welche Rolle den außerhalb der politisch-administrativen Strukturen stehenden Akteuren zugestanden wird. Es wird offen gelassen, welche Intensität und Qualität von Beteiligung angestrebt wird. Der Unterschied ist jedoch sehr groß, je nachdem ob Bürger als Auftraggeber Probleme und Ziele aktiv mit definieren können, lediglich bei der Umsetzung mitgestalten sollen oder nur als Adressaten informiert oder einbezogen werden (vgl. Gehne/Strünck 2005: 343ff.). Angesichts gesellschaftlicher Veränderungen ist es für das Gelingen von integrierter Stadtentwicklung von elementarer Bedeutung, hier eine klare Position zu beziehen. Wenn ein staatlich-hoheitliches Deutungsmonopol von Problemdefinitionen und adäquaten Lösungen beibehalten wird, so geraten integrative Stadtentwicklungsbemühungen schnell in einen Unvereinbarkeitskonflikt mit unserer fragmentierten und pluralisierten Gesellschaft. Die unterschiedlichen Lebenswelten und damit verbundenen Handlungslogiken müssen bereits bei Problem- und Zieldefinitionen aktiv eingebunden werden, um dem Problem der selektiven Wahrnehmung vorzubeugen (vgl. Schridde 2005: 145ff.; Alisch 2001a: 9ff.; Fürst 2005: 22ff.). Integrierte Stadtentwicklung ist somit als kooperative und gemeinschaftliche Leistung zu verstehen, die neben der kooperativen Umsetzung auch die gemeinsame Problem- und Zieldefinition beinhaltet (siehe Abbildung 10).

Quelle: Eigene Darstellung nach Grossmann et al. 2007: 43.

Abb. 10 Integrierte Stadtentwicklung als kooperative Leistung

Beteiligung, verstanden als „Teilhabe Dritter am Entscheidungsprozess innerhalb des politisch-administrativen Systems" (Selle 1997: 36) ist somit nicht mehr punktuell, sondern kontinuierlich und prozessbegleitend zu verstehen (vgl. ebenda: 36ff.). Das politisch-administrative System muss sich folglich öffnen und alle Beteiligten und Betroffenen von Stadtentwicklungsvorhaben können je nach Situation und Relevanz als Auftraggeber, Mitgestalter oder Adressaten teilhaben. Ihre aktive Mitwirkung ist sogar notwendig, um der Pluralität von Lebenswelten und Handlungslogiken gerecht zu werden und ganzheitliche Strategien zu ermöglichen. Beteiligung und Aktivierung wird also zu einem Imperativ in der integrierten Stadtentwicklung.

Die Realisierung einer solchen Qualität von Beteiligung ist jedoch schwer zu erzielen (siehe Kapitel 1). Die stärkere Integration der neuen Akteure in den politischen Prozess kann nicht nur diesen Akteuren selbst überlassen werden, sondern es muss auch zugelassen und gefördert werden (vgl. Huning 2005: 253ff.). Oft stehen nämlich einer systematischen Einbindung von Akteuren verfestigte Strukturen und etablierte Raumrepräsentationen im Politikprozess entgegen. Der Zugang zu und die Aneignung von solch einem politischen Raum setzt bestimmte Ressourcen und Kompetenzen voraus, was selbstverständlich auch ausschließend wirken kann. Dadurch können leicht eine strukturelle Ungleichbehandlung und soziale Hierarchisierung entstehen, im Rahmen dessen einzelne Akteure oder bestimmte Organisationen dominieren (vgl. Alisch/Herrmann 2001: 95ff.; Dangschat 2005: 296ff.; vgl. Geiling 2005: 284). Beteiligung kann jedoch auch durch ganz pragmatische Gesichtspunkte, wie z.B. schrumpfende

Kommunalfinanzen, bedroht werden, weil eine rein hierarchische Steuerung, wenn auch wahrscheinlich bei komplexen Problemlagen in eine Sackgasse führend, kurzfristig gesehen effizienter und kostengünstiger erscheint (vgl. Kodolitsch 2002: 19f.). Ebenfalls sind sicherlich noch eine Reihe subjektiver Gründe denkbar, warum bestimmte Akteure am Politikprozess nicht teilhaben, sich also enthalten oder ausgeschlossen werden. Aufgrund der Vielfalt an unterschiedlichen Beteiligungsbarrieren ist es wichtig, mehrere Perspektiven einzunehmen und sie gemeinsam zu denken. Es interessieren einerseits nicht nur handlungs- und strukturtheoretische Gründe für Exklusion, sondern auch dieselbigen für Enthaltung. Andererseits trifft es nicht unbedingt zu, dass alle, die nicht aktiv partizipieren, nicht beteiligt werden. Gegebenenfalls werden sie auf andere Weise repräsentiert. Exklusion, Enthaltung, Partizipation und Repräsentation sind folglich bei der Beschäftigung mit Beteiligung gemeinsam zu betrachten (vgl. Häußermann/Wurtzbacher 2005: 308ff.).

3.1.2   Soziale und demokratische Stadtentwicklung

Im wissenschaftlichen Diskurs werden, genauso wie es auch im §171e BauGB betont wird (siehe Kapitel 2.2.1), unter sozialer Stadtentwicklung im Allgemeinen „Handlungsansätze [...] [verstanden], um soziale und ökonomische Benachteiligung auf der Ebene des Wohnquartiers stadtpolitisch zu bearbeiten" (Alisch 2005: 128). Es handelt sich dabei also um ein normatives politisches Ziel, soziale Integration auf der Ebene des Quartiers zu realisieren. Was dieses Ziel konkret beinhaltet und wie diese Inhalte ausgehandelt werden müssen, bleibt bei dieser abstrakten Beschreibung von sozialer Stadtentwicklung jedoch offen. Die Qualität der politischen Aushandlungsprozesse, im Rahmen derer die Ziele der sozialen Stadtentwicklung formuliert und dementsprechende Maßnahmen umgesetzt werden, ist jedoch das wesentliche Element bei der Beschäftigung mit sozialer Stadtentwicklung. Wenn man dies berücksichtigt, dann ist soziale Stadtentwicklung ein als soziales System zu verstehender Prozess, in dem in Form von demokratischer Politikgestaltung und integrierten Handlungsansätzen das Wissen und die Ressourcen von beteiligten und betroffenen Akteuren integriert werden müssen, um Probleme, Ziele und deren Umsetzung kooperativ zu erarbeiten und damit soziale und ökonomische Benachteiligung auf der Ebene des Wohnquartiers stadtpolitisch entgegenzuwirken.

In der Debatte über soziale Nachhaltigkeit finden sich hierzu Parallelen, weil dieser Begriff anfänglich nur inhaltlich-normativ geprägt war und später um eine prozessuale Komponente ergänzt wurde. Der Ursprung des Nachhaltigkeitsbegriffs liegt in der Forstwirtschaft, wo er die zeitlich unbegrenzte Nutzbarkeit von sich erneuernden natürlichen Ressourcen beschreibt. Im gesellschaftlichen Kontext gewinnt der Begriff durch die Brundtland-Kommission 1986 international an Bedeutung. Eine nachhaltige Entwicklung wird hier am anthropozentrischen Maßstab der Möglichkeit, die (Grund-)Bedürfnisse aller Menschen zu befriedigen, gemessen. Die intergenerationale Gerechtigkeit wird dabei im Besonderen thematisiert, weil Bedürfnisse nicht auf Kosten nachfolgender Generationen gestillt werden sollen. Aus dieser Grundlage ist letztendlich die heute sehr gebräuchliche Sicht der drei sich aufeinander beziehenden Säulen von Nachhaltigkeit hervorgegangen: Ökonomie, Ökologie, Soziales (vgl. Ott/Döring 2007: 26ff.; Deutscher Bundestag 1998: 17ff.). Um dem integrativen Charakter der drei Nachhaltigkeitsdimensionen Nachdruck zu verleihen, wird die vierte Säule der integrierenden institutionellen Mechanismen in der Nachhaltigkeitsdiskussion eingeführt (vgl. Spangenberg 2002: 24). Diese vierte Säule lässt erkennen, dass soziale Nachhaltigkeit wesentlich mehr als das normative Ziel der Sicherung von Grundbedürfnissen beinhalten muss. Die Bedeutung von sozialer Nachhaltigkeit hängt maßgeblich von lokalen Interessenskonstellationen oder Machtverhältnissen ab, die diesbezüglich Normen setzen (vgl. ebenda: 24ff.; Dangschat 2001: 72ff.). Eine nachhaltige soziale Entwicklung ist somit als normativer und diskursiver Prozess zu verstehen, in dem fortwährend bestimmt wird, was sozial nachhaltig ist (vgl. Alisch/Herrmann 2001: 95ff.; Fuhrich 2006: 366ff.; Heins 1998: 12). Dieser Prozess ist wenig erfolgversprechend, wenn durch soziale Exklusion bzw. selektive Beteiligung wichtige Akteure eines Sozialraums ausgeschlossen und auch nicht repräsentiert werden. In einem derartigen Fall ist die Wahrscheinlichkeit groß, dass sich Elitenmeinungen zu sozialer Nachhaltigkeit durchsetzen, notwendiges Wissen nicht integriert werden kann und sich die soziale Spaltung in Städten dadurch nur noch verstärkt (vgl. Baum 2007: 145; Alisch 2007: 310ff.; Siebel 2007: 123ff.):

> „Soziale Nachhaltigkeit hat gerade zum Kern, den Menschen auf dieser Erde [...] immer wieder neue Inklusionschancen zu eröffnen, statt die Exklusion auf die Spitze zu treiben" (Paech/Pfriem 2007: 123).

Operationalisierungsversuche von sozialer Nachhaltigkeit führen als Kriterien neben der Befriedigung von Grundbedürfnissen, auch ein damit verbundenes gesellschaftliches Sicherungssystem, die Sicherung der gesellschaftlichen Funktions- und Entwicklungsfähigkeit, soziale Akzeptanz und selbstbestimmte Lebensführung auf. Zudem ist auch Gerechtigkeit und gleichberechtigte Teilhabe an der Gesellschaft und die Möglichkeit sozialer Innovation und der demokratischen Regulierung gesellschaftlicher Verhältnisse Bestandteil in diesen Operationalisierungsversuchen (vgl. Heins 1998: 25ff.; Spangenberg 2002: 25ff.). Wesentliches Element sozialer Nachhaltigkeit ist demnach die individuelle und kollektive Entwicklungsfähigkeit von Menschen in einer Gesellschaft (vgl. Paech/Pfriem 2007: 121ff.).

Im Sinne einer sozial nachhaltigen Entwicklung muss soziale Stadtentwicklung also eine ganzheitliche und integrierte Strategie verfolgen, in der die Qualität des Politikprozesses und die Entwicklung von ergebnisoffenen, flexiblen und demokratischen Regulationsformen von zentraler Bedeutung sind:

> „Das Politikfeld soziale Stadtentwicklung zeichnet sich durch die Betonung neuer Regulations-
> formen aus. Integrierte Lösungen anzubieten sowie offene und flexible Instrumente entwickeln
> zu wollen, gelten als wesentlicher Anspruch" (Alisch 2001b: 178).

Es geht bei sozialer Stadtentwicklung darum, Potenziale, Wissen und Ressourcen von Akteuren aus Wirtschaft, Zivilgesellschaft, Politik und verschiedenen Verwaltungsressorts zur sozialen Stabilisierung von Quartieren zu nutzen und zu aktivieren. Dafür muss ein tragfähiger institutioneller Rahmen geschaffen werden (vgl. ebenda: S.178ff.; Alisch 2005: S.125ff.; Herrmann/Lang 2001: S.29ff.). Die Suche nach integrierten Politikformen und die Integration unterschiedlichster Kooperationspartner ist in der sozialen Stadtentwicklung nötig, weil viele Probleme, wie z.B. Integrationsschwierigkeiten bildungsferner Bevölkerungsgruppen oder Defizite in der sozialen Infrastruktur, unterschiedlich wahrgenommen und definiert werden und ebenfalls verschiedene Lösungsansätze dafür existieren. Hinzu kommt, dass auch die Umsetzung von Problemlösungen selten von einzelnen Akteuren alleine bewerkstelligt werden kann. Das Wissen, sowohl von hoheitlichen Akteuren, als auch von anderen Beteiligten und Zielgruppen, muss integriert werden, um Probleme überhaupt korrekt zu erkennen und die richtigen Lösungen dafür zu entwickeln. Des Weiteren benötigt man für die Umsetzung in der Regel auch die Mitwirkungsbereitschaft von einer Vielzahl an Akteuren, z.B. Teilnahme von Zielgruppen an sozialen Angeboten, die Kooperation von Eigentümern für Umbauten, motivierte Projektträger, informierte Entscheidungsträger etc. In diesem Kontext ist soziale Stadtentwicklung als soziales System zu begreifen, in dem die meisten Probleme nur durch kooperative Leistungen unter Mitwirkung von Akteuren aller Sphären der Gesellschaft gelöst werden können (Grossmann et al.2007: 17). Die damit verbundenen komplexen Kooperationsverhältnisse erfordern vielfältige Interaktionen zwischen und innerhalb der gesellschaftlichen Teilbereiche (vgl. Schridde 2005: 144ff.).

Diese Vielfalt an Interaktion und Integration von diversen Wissens- und Ressourcenbeständen sind nur über einen demokratischen Politikprozess zu realisieren. Unter einem demokratischen Politikprozess sind Aushandlungsprozesse zu verstehen, an denen Betroffene und Beteiligte gleichsam teilhaben (vgl. Scharpf 1992a: 11ff.). Hierzu müssen geeignete Foren geschaffen werden, in denen die „Probleme der Betroffenen [und Beteiligten] in ihrem tatsächlichen

Zusammenhang [...] verarbeitet werden können" (vgl. Scharpf 1973: 31f.). Selektive Beteiligung ist ein Indikator dafür, dass über die vorhandenen Foren nicht
genügend Integrationskraft mobilisiert wird.

3.1.3 Komplexität von sozialer Stadtentwicklung

Viele Probleme der sozialen Stadtentwicklung sind unmöglich durch einen einzigen Akteur zu bearbeiten. Es existieren parallel unterschiedliche Wahrnehmungen von Problemen und deren Lösungsmöglichkeiten und die Umsetzung
von Lösungen kann zudem meist nur in Kooperation realisiert werden. Da solche
Probleme nicht eindeutig bestimmbar sind und deren Lösungsansätze weitreichende und unkalkulierbare räumliche, zeitliche und soziale Wirkungen haben
können, bezeichnet man sie in der Literatur auch als „komplex"[30] (vgl. Kestermann 1997: 53f.). Auch der gesellschaftliche Kontext in der sozialen Stadtentwicklung ist als komplex zu betrachten, da er aus einer Vielzahl verschiedener,
stark spezialisierter Bestandteile besteht, die darüberhinaus zueinander in Abhängigkeit stehen (vgl. Willke 2006: 19ff.). Zur Bearbeitung der Probleme in der
sozialen Stadtentwicklung müssen unterschiedliche Politikfelder berücksichtigt
werden, die jeweils einer anderen Logik folgen. Durch diese funktionale Differenzierung wächst die sachliche Komplexität, weil unterschiedliche gesellschaftliche Bereiche nebeneinander existieren und sich voneinander durch spezifische
Ziele und Arbeitsweisen abgrenzen. Im Rahmen dessen existieren unterschiedliche Akteurkonstellationen von Beteiligten und Betroffenen, deren Handlungsrationalitäten in Politikprozesse integriert werden müssen, um zu einer repräsentativen Definition und kooperativen Umsetzung von Zielen zu gelangen. Dies
erzeugt eine soziale Komplexität, weil Interaktionszusammenhänge und differente Handlungslogiken immer unüberschaubarer werden. Des Weiteren nimmt
auch die zeitliche und kognitive Komplexität zu, weil in den verschiedenen Poli-
tikbereichen von den jeweiligen Akteuren unterschiedliche Zeithorizonte und
Vorstellungen bei der Bearbeitung eigener Projekte verfolgt werden. In Kooperationen kann dies zu Konflikten führen, weil die verschiedenen zeitlichen Vorstellungen, Gewohnheiten und die Wahrnehmungen von beteiligten Akteuren miteinander in Konflikt geraten können. Außerdem kann man auch das Anwachsen
operativer Komplexität beobachten. Damit ist das Entstehen von differenzierten
Organisationsformen gemeint, um mit der immer unübersichtlicheren Umwelt
zurechtzukommen. Die Komplexität der operativen Abläufe selbst kann schließlich zum Problem werden (vgl. ebenda: 85ff.). Die Folge dieser Entwicklung ist

---

[30] Diese Art der Probleme werden in der Planungsliteratur auch als „bösartig" (vgl. Reuter 2006:
214ff.) oder „wicked" (vgl. Schridde 2005: 141ff.) bezeichnet.

die intensive Verflechtung und Interdependenz in Politikprozessen (vgl. Benz 1992: 149ff.; Jacobs 1962: 376; Willke 2001: 121; Münch 2001: 192ff.).

Jeder Versuch, im Sinne der Operationalisierbarkeit diese komplexen Verhältnisse zu reduzieren, ist gleichzeitig auch ein Ausschluss von Wissen (vgl. Reuter 2006: 219). Wenn ein Problemfeld räumlich, zeitlich oder inhaltlich begrenzt wird, dann kann zwar besser projektbezogen mit Innovationen experimentiert werden, aber die Entwicklung des Projekts läuft Gefahr, sich von benachbarten Räumen oder Inhalten zu isolieren oder sich nur kurzfristig zu orientieren (vgl. Ibert 2003: 124ff.). Die Alternative, Freiräume zu schaffen, in denen sich sämtliches Wissen selbstgesteuert integrieren kann, wirft jedoch das Problem der Selektivität durch Machtverhältnisse auf. Problem- und Lösungsdefinitionen werden höchstwahrscheinlich zu Gunsten von einflussreichen Akteuren ausfallen (vgl. Mayntz 2001: 27). Um dem damit verbundenen Demokratiedefizit vorzubeugen, werden viele Programme der sozialen Stadtentwicklung sehr verwaltungs- bzw. politikzentriert oder zentral durch ein Quartiersmanagement gesteuert (vgl. Eckardt 2005: 237ff.). Diese Steuerungsinstanzen sind jedoch erwartungsgemäß überfordert mit der Integration der vielfältigen Wissens- und Ressourcenbestände (vgl. Gawron 2005: 165ff.). Die Folge sind Demokratiedefizite, da das Wissen und die Handlungslogiken von allen Betroffenen nicht im Politikprozess berücksichtigt werden können (vgl. Scharpf 1973: 53ff.).

3.1.4 Folgeprobleme

Das eben erläuterte Komplexitätsproblem in der sozialen Stadtentwicklung verdeutlicht die Notwendigkeit, verschiedenartige Handlungslogiken von Akteuren und spezifische voneinander divergierende Abläufe und Routinen in den gesellschaftlichen Teilbereichen zur Kenntnis zu nehmen. In der sozialen Stadtentwicklung existiert ein pluralisiertes Spektrum an Lebenswelten. Die dahinter verborgenen differenten Interessen und Belange müssen erst erkannt und verstanden werden, um sie in Folge berücksichtigen zu können. Hinzu kommen die verflochtenen komplexen Problemlagen. Sie sind schwer zu bestimmen und bleiben oft unscharf, weil die dafür konstitutiven Kausalketten nicht umfassend festzulegen und die Wirksamkeit der hervorgebrachten Lösungen dafür auch nicht endgültig überprüfbar sind. Das liegt an den tiefreichenden Interdependenzen in der sozialen Stadtentwicklung und den vielfältig einnehmbaren, an unterschiedliche Wertesysteme gekoppelten Perspektiven der Beteiligten und Betroffenen. Eine Maßnahme, die für einen Akteur zur Lösung eines Problems gut erscheint, wird aus der Sicht von anderen Akteuren möglicherweise als schlecht und schädlich beurteilt. Letztendlich gibt es immer viele Erklärungs- und Lösungsmöglichkeiten nebeneinander und der Beschluss und die Umsetzung eines Lösungsweges ist ein einmaliger Versuch, da die komplexen Akteur- und Wertekonstellationen und der situative Kontext jeweils einzigartig sind (vgl. Reuter 2006: 210ff.).

Ein Verständigungsproblem ist damit eng verbunden und tritt auf, wenn diese vielfältigen Wertesysteme und Handlungslogiken zusammentreffen und eine gemeinsame Kooperation angestrebt wird. Der Einbezug dieser den Raum gestaltenden Akteure stellt hohe Ansprüche an das Prozessmanagement und die Informationspolitik (vgl. Stein/Stock 2006: 514ff.), da eine Vielfalt an Interessens- und Verteilungskonflikten berücksichtigt werden müssen (vgl. Schöning 2002: 108ff.; Selle 2007: 17ff.). Die Verständigung zwischen diesen unterschiedlichen Interessen und Handlungslogiken erfordert die sorgfältige Auseinandersetzung mit den präsenten Machtverhältnissen, weil die Handlungslogiken beteiligter und betroffener Akteure darauf basieren. Zudem beinhaltet das Verständigungsproblem auch noch ein Legitimationsproblem. Wenn nicht mehr einzig zentral durch legitimierte Entscheidungsträger entschieden und Entscheidungskompetenzen in einen kooperativen Prozess verlegt werden, so werden sich auch neue Anforderungen daran ergeben, wie Legitimation und Akzeptanz erzeugt werden können. Man wird sich über unterschiedliche Legitimationszugänge und auf eine Mischung dieser verständigen und einigen müssen (vgl. Rösener/Selle 2005: 290ff.; Fürst 1996: 91ff.). In der sozialen Stadtentwicklung ist es wichtig, Kommunikationsprozesse zwischen verschiedenen Akteurgruppen zu organisieren und zu verstetigen und für Legitimation und Akzeptanz zu sorgen, um die raumgestaltenden Akteure in den Kooperationsprozess zu integrieren.

Darüberhinaus existiert ein Strukturproblem, weil die verschiedenen beteiligten und zu beteiligenden Akteure mit ihren unterschiedlichen Handlungslogiken jeweils andere Handlungsmöglichkeiten mitbringen. Etablierte Strukturen berücksichtigen nicht unbedingt die Handlungsressourcen von neuen Akteuren. Um diese Akteure nicht auszuschließen, müssen Strukturen hinterfragbar und modifizierbar sein. Der Kooperationsprozess muss also die Alltagsstrukturen der Akteure berücksichtigen (vgl. Ritter 2006: 129ff.). Erschwerend ist in diesem Zusammenhang, dass Strukturen zur Persistenz tendieren, das heißt Beharrungstendenzen gegenüber Veränderungsbemühungen aufweisen (vgl. Maier et al. 1977: 79f.). Auch hierbei ist die Auseinandersetzung mit den bestehenden Machtstrukturen bzw. Machtverhältnissen zentral. In der sozialen Stadtentwicklung müssen Strukturen an die Lebenswelten der raumgestaltenden Akteure angepasst werden.

3.2 Kooperation in der Stadtentwicklung

3.2.1 Kooperation

Der Kooperationsbegriff (lat. Zusammenarbeit; kirchenlat. Mitwirkung) wird in der Geographie bislang wenig thematisiert. Die interaktive und prozessorientierte Sozialgeographie stellt hier die Ausnahme dar, weil Kooperation bei der Beschäftigung mit sozialräumlichen Gestaltungsprozessen zumindest implizit eine Rolle spielt (vgl. Schaffer et al. 1999; Hilpert 2002; Bauer 2005). Die explizite Klärung und Abgrenzung dieses Begriffs bleibt jedoch aus. Unter den betrachteten Fachlexika in der Geographie verweist alleine das Lexikon der Geographie bei Kooperation auf Kommunikation in der Raumplanung (vgl. Brunotte et al. 2002: 250). Kooperation wird hier als technischer Ansatz in der Raumplanung vorgestellt, um die Akzeptanz der Planung und die Verfahrensgeschwindigkeit durch Bottom-up-Methoden und die Aktivierung möglichst vieler Akteure zu erhöhen. In den Planungswissenschaften und den steuerungsorientierten Sozialwissenschaften lassen sich jedoch zahlreiche Arbeiten zu Kooperation in Planungs- oder Politikprozessen finden. In ihnen werden bei der Analyse von Kooperationen allerdings sehr unterschiedliche Schwerpunkte gesetzt und dementsprechend auch verschiedene Definitionen vorgeschlagen (vgl. Kruzewicz 1993: 35ff.; Selle 1994: 61ff.; Kestermann 1997: 75; Scharpf 2000: 29; Fuchs et al. 2002: 1ff.; Knieling et al. 2003: 13; Bieker et al. 2004: 15; Bischoff et al. 2005: 10; Knieling 2006: 76; Zimmermann 2007: 16f.). Deshalb ist vor der Beschäftigung mit diesem Thema eine gewissenhafte Klärung des Bedeutungsspektrums des Begriffs notwendig, damit eine ganzheitliche Sicht auf Kooperation möglich ist. Vor diesem Hintergrund lässt sich folgende umfassende Definition von Kooperation formulieren:

Kooperation ist ein auf ein gemeinsames Ziel gerichteter Prozess mehrerer hin-sichtlich der Qualität ihrer Beteiligung freiwillig mitwirkender Partner, der die Lösung von Aufgaben, die ein einzelner nicht bewältigen könnte, ermöglicht. Dieser Kooperationsprozess horizontaler oder vertikaler Zusammenarbeitsbeziehungen bedient sich kommunikativer Techniken und besteht aus einer Akteurebene, einer Inhalts- und Einstellungsebene und einer Institutionenebene, die durch das alltägliche Handeln der Kooperationsteilnehmer und die vorherrschenden Machtverhältnisse definiert werden.

In Kooperationen einigen sich die beteiligten Akteure auf ein gemeinsames Ziel. Es besteht also die Möglichkeit von verbindlichen Vereinbarungen zwischen den Kooperationspartnern. Diese beinhalten sowohl Übereinkünfte über Inhalte, als auch über Normen und Regeln der Interaktion (vgl. Scharpf 2000: 29). Darüberhinaus beruht die Qualität der Beteiligung an Kooperationen auf

Freiwilligkeit bzw. einer „zwangsfreien Zusammenarbeit" (Kestermann 1997: 75). In Politikprozessen der sozialen Stadtentwicklung kann ein Verwaltungsmitarbeiter zwar von einem Vorgesetzten gezwungen werden, sich an einer Kooperation zu beteiligen, aber unter den Kooperationspartnern untereinander existieren in der Regel keine Weisungsbefugnisse. Die Qualität der Beteiligung von einzelnen Akteuren ist kaum zu kontrollieren und beruht hauptsächlich auf Eigenmotivation, weil nicht bei jedem Fehlverhalten die Vorgesetzten in der Heimatorganisation des jeweiligen Akteurs konsultiert werden können. Kooperationen weisen des Weiteren eigene Strukturen auf, die im Zuge von Verhandlung und der alltäglichen Interaktion emergieren (vgl. ebenda 75; Kruzewicz 1993: 35ff.; Selle 1994: 80ff.). Diese neu entstandenen Strukturen eröffnen Zusammenarbeitsbeziehungen, durch die Probleme und Aufgaben bewältigt werden können, was einzelnen Kooperationspartnern alleine in ihren Heimatorganisationen nicht gelingen würde. Im Rahmen von Kooperation können sowohl auf gleicher Hierarchieebene bzw. horizontaler Ebene neue Verknüpfungen zwischen Akteuren hergestellt, als auch Verbindungen zwischen unterschiedlichen Hierarchieebenen bzw. in Form von vertikaler Kooperation geschaffen werden. Die emergierten Strukturen von Kooperationen, in denen sich die neu entstandenen Zusammenarbeitsbeziehungen manifestieren, sind im Allgemeinen in eine Akteurebene, eine Inhalts- und Einstellungsebene und eine Institutionenebene differenzierbar. Es entstehen in jeder Kooperation eigene Konstellationen von Akteuren aus den Sphären Staat, Wirtschaft und Zivilgesellschaft. Die Kooperationspartner einigen sich auf gemeinsame Ziele und es setzen sich Einstellung zu kooperativem Arbeiten subjektübergreifend durch, woran sich die Beteiligten orientieren. Zudem etablieren sich institutionalisierte Regeln und Normen der Zusammenarbeit (vgl. Scharpf 2000: 73ff.). Kooperation ist als offener Prozess zu verstehen, weil die emergierten Kooperationsstrukturen durch die alltägliche Interaktion der Kooperationsbeteiligten produziert und reproduziert werden und viel von Verhandlung bzw. Aushandlungsprozessen abhängen (vgl. Selle 1994: 61ff.). Dieser dynamische und wandlungsfähige Prozess wird maßgeblich durch die bestehenden Machtverhältnisse geprägt.

Wenn man Kooperationsprozesse ganzheitlich erfassen möchte, müssen demnach handlungs- und strukturtheoretische Komponenten berücksichtigt werden. Auf der einen Seite müssen die intentionalen Handlungen, die für den dynamischen Kooperationsprozess konstitutiv sind, untersucht werden. Auf der anderen Seite müssen die bereits emergierten Strukturen auf der Akteurebene, Inhalts- und Einstellungsebene und Institutionenebene analysiert werden, weil diese das Handeln der Kooperationsbeteiligten beeinflussen. Mit dieser ganzheitlichen Perspektive können Machtverhältnisse rekonstruiert und potentielle Veränderbarkeiten für die Steuerung von Kooperationsprozessen identifiziert werden (vgl. Werner 2009a: 239ff.).

3.2.2 Veränderte Rahmenbedingungen in der Stadtentwicklung

Die gesellschaftlichen Verhältnisse in unserer heutigen Zeit sind zunehmend von Unübersichtlichkeit gekennzeichnet (vgl. Habermas 1985). Individuelles Handeln wird in diesem Zusammenhang zu einer Risikoentscheidung, weil die Wirkungen bzw. die Handlungsfolgen im Voraus schwer einzuschätzen sind (vgl. Beck 1986). Verantwortlich für diese gesellschaftliche Entwicklung ist in erster Linie eine Transformation von Raum und Zeit, die auf sogenannten „entflechtenden Mechanismen"[31] gründet (vgl. Giddens 1992: 25ff.). Soziale Beziehungen werden aus konkreten räumlichen Gegebenheiten herausgelöst und über unbestimmte Zeit-Raum-Distanzen rekombiniert. Auf die Alltagswelt in der Stadtentwicklung bezogen, kann man sich hier auch eine Pluralisierung der Lebensstile und eine Erweiterung der Aktionsradien von Individuen in unserer Gesellschaft vorstellen. Aufgrund der Vielfalt dieser pluralisierten Lebensstile sind aus planender Perspektive subjektübergreifende Strukturen in zunehmendem Maße schwer zu erkennen. Strukturen lösen sich deswegen jedoch nicht auf, sondern sind lediglich dynamischer. Sie sind von einer institutionellen Reflexivität gekennzeichnet, was bedeutet, dass sich Strukturen durch das soziale Leben ständig rekonstituieren. Es existieren also weiterhin intersubjektive Regeln und Normen in unserer Gesellschaft. Sie werden jedoch fortlaufend durch das pluralisierte Handeln aller Mitglieder rekonstituiert und sind aufgrund dieser komplexen Einflüsse nur sehr schwer zu kontrollieren.

In der Literatur über Stadt- und Regionalentwicklung werden gesellschaftliche Veränderungsprozesse umfassend thematisiert. Der demographische Wandel und das Schrumpfen von Städten wird diesbezüglich von vielen Seiten als große Herausforderung beschrieben (vgl. Bühler 2004: 61ff.; Becker 2006: 474ff.; Kil 2006: 485ff.; Rösener/Selle 2005: 290f.; Selle 2005b: 327ff.; Selle 2005a: 153ff.; Selle 2006c: 32). Diese demographische Veränderung zeigt sich in vielen Städten als genereller Bevölkerungsrückgang, als Anstieg des Migrantenanteils und des Anteils an alten Menschen, als Sinken der Haushaltsgrößen und als Zunahme der Binnenwanderung. (vgl. Selle 2005b: 329f.; Selle 2005a: 153ff.). Mit der Abnahme der Bevölkerung und der Alterung der Gesellschaft gewinnen Rückbau und Umbau von vorhandenem Bestand gegenüber der Entwicklung von neuen Flächen an Bedeutung. Des Weiteren stellt auch der ökonomische Strukturwan-

---

[31] Diese Mechanismen werden in der deutschsprachigen Literatur auch oft als Entankerungsmechanismen bezeichnet (vgl. Reutlinger 2007: 141).

del einen wichtigen Veränderungsfaktor dar. Wir befinden uns heute in einem Prozess der Deindustrialisierung und gleichzeitiger Tertiär- und Quartiärisierung, der durch internationalen Standortwettbewerb, Marktflexibilisierung und massiven Umstrukturierungen geprägt ist. Dies bietet auf der einen Seite eine Fülle an Optionen und fordert auf der anderen Seite ein hohes Maß an Flexibilität und vernetztem Denken (vgl. Fürst 1996: 91ff.; Selle 2005b: 329f.). Diese wirtschaftliche Situation und die damit verbundene Binnenwanderung erzeugen zunehmende interregionale, interkommunale und intrakommunale Ungleichheiten und Konkurrenzen (vgl. Klemme/Selle 2006: 267; Selle 2005b: 329f.; Selle 2005a: 153ff.). Außerdem befinden sich die kommunalen Finanzen angesichts hoher Schuldenlasten, der hohen Kosten von Arbeitslosigkeit, sinkenden Gewerbesteueraufkommen und steigenden Infrastrukturkosten pro Kopf in einer äußerst prekären Lage (vgl. Selle 2006c: 32f.; Selle 2005a: 153ff.; Schöning 2002: 108ff.; Ritter 2006: 129ff.; Klemme/Selle 2006: 262ff.; Boll 2006: 541ff.).

Nachdem bis in die 90er Jahre hinein der „Perspektivische Inkrementalismus"[32] in der Stadt- und Regionalentwicklung richtungsweisend war (vgl. Ganser 1991: 54ff.) wird seit den 90er Jahren wieder mehr strategische Planung und Koordination von Stadtentwicklung gefordert. Der Grund hierfür sind die wachsende Unübersichtlichkeit der gesellschaftlichen Entwicklungen und Unsicherheiten aufgrund von Finanzmittelknappheit, Privatisierung und Verlagerung von Aufgaben auf Seiten der öffentlichen Hand (vgl. Ritter 2006: 131ff.). Planerische Problemlagen sind zunehmend gleichzeitig mit unterschiedlichen Handlungsfeldern verflochten, betreffen viele Adressaten und haben zahlreiche Ursachen. Die Entscheidungsstrukturen sind in der Regel jedoch sektoral organisiert, was mit dem Ziel ressortübergreifender Zusammenarbeit bei der Bearbeitung der komplexen Problemlagen in Konflikt gerät. Zudem sind im Zuge der Pluralisierungsentwicklung auch politische Mehrheiten immer schwerer zu mobilisieren. Die Individualisierungstendenzen und die Differenzierung von Lebensstilen stellen einen bislang stabilen gesellschaftlichen Grundkonsens immer wieder in Frage. Dies macht Politikprozesse störungsanfälliger und fördert Institutionenverdrossenheit. (vgl. Fürst 1996: 91ff.; Kestermann 1997: 53f.). In diesem komplexen, von Veränderungen gezeichneten gesellschaftlichen Kontext herrscht ein akuter Handlungsbedarf. Für den Zeitraum zwischen 2000 und 2009 wurde beispielsweise für die kommunalen Haushalte ein infrastruktureller Investitionsbedarf von 400 Mrd. Euro geschätzt (vgl. Heinz 2006: 146).

---

[32] Unter Berücksichtigung einer relativ abstrakten, auf dem Niveau von gesellschaftlichen Grundwerten befindlichen Zielvorgaben werden parallel viele unterschiedliche Projekte verfolgt und gebündelt. Die Vorgehensweise ist sehr stark an Einzelprojekten orientiert und zielt nicht auf eine flächendeckende Realisierung in Form von einheitlichen Programmen ab.

Es ist mittlerweile breiter Konsens in der Planungsliteratur, dass öffentliche Akteure in der Stadt- und Regionalentwicklung an Gestaltungskraft eingebüßt haben (vgl. Klemme/Selle 2006; Rösener/Selle 2005; Schöning 2002; Selle 2007, 2005a, 2005b, 2006d; Van den Berg 2005; Heinz 2006). Angesichts der komplexen Problemlagen und der pluralisierten Lebensstile in der Gesellschaft sind sie auf Kooperation mit einer Vielfalt an Akteuren angewiesen. Außerdem haben die öffentlichen Akteure durch Mittelkürzungen, Personalabbau und Privatisierungen Steuerungsressourcen abgeben müssen (vgl. Selle 2005b: 330; Selle 2005a: 72ff.; Klemme/Selle 2006: 276ff.). Deshalb erreichen sie bei Zielen, die über die bloße Strategieentwicklung hinausgehen, schnell ihre Kapazitäts-grenzen (vgl. Heinz 2006: 146f.). Die öffentlichen Akteure müssen sich also einen Wandel ihrer eigenen Rolle eingestehen und entdecken zunehmend die Potentiale der Zivilgesellschaft, um die eigenen Leistungsgrenzen zu kompensie-ren (vgl. Selle 2007: 17ff.; Selle 2006c: 25ff.; Selle 2006d: 497ff.; Heinz 2006: 146ff.). Sie sind bei der Realisierung von Stadtentwicklungsaufgaben auf Verän-derungskoalitionen mit Akteuren aus Wirtschaft, Zivilgesellschaft und der eige-nen öffentlichen Sphäre – Politik und Verwaltung – angewiesen, um ausreichend Steuerungsressourcen zu vereinen (vgl. Kil 2006: 485ff.; Van den Berg 2005: 75f.).

Es hat also eine Verschiebung der Gestaltungsmacht vom Staat zu den Märkten und zur Zivilgesellschaft stattgefunden (vgl. Rösener/Selle 2005: 291; Selle 2007: 17ff.; Klemme/Selle 2006: 262ff.). Die Folge dieser Entwicklung ist, dass öffentliche Akteure einen hoheitlich-imperativen Steuerungsanspruch un-möglich durchsetzen können. Die Alternative ist die Idee eines kooperativen und informalen Staates, der sich auf die Lenkung von Rahmenbedingungen konzent-riert (vgl. Ritter 2006: 129ff.). Auch wenn hierarchische Steuerung an Wichtig-keit zu verlieren scheint, wird sie jedoch keineswegs bedeutungslos. Eine Kom-bination verschiedener Steuerungsformen scheint sich durchzusetzen (vgl. Knie-ling 2006: 72ff.; Fürst 1996: 91ff.; Selle 2005a: 72ff.). Dies bedeutet für öffentli-che Akteure sowohl die Wahrnehmung von Aufgaben, wie Moderation von bür-gerschaftlichen Prozessen und dezentrale Netzwerksteuerung, als auch die ge-zielte, gegebenenfalls auch präventive, Intervention auf Grundlage einer soliden Datenbasis und eigenen Zielen (vgl. Schöning 2002: 108ff.; Fürst 1996: 91ff.; Fuhrich 2006: 366ff.).

3.2.3   Gründe für Kooperation in der Stadtentwicklung

Kooperation ist in der Stadtentwicklung zur Realisierung von Zielen notwendig. Ihre Umsetzung in Form von kooperativen und demokratischen Stadtentwicklungsprozessen ist, genauso wie es im Kapitel 3.1.4 für den Kontext von sozialer Stadtentwicklung beschrieben wurde, aufgrund von Komplexitäts-, Verständigungs- und Strukturproblemen ein kompliziertes Unterfangen. Durch die Bewältigung dieser Herausforderungen sind für die Stadtentwicklung jedoch viele Vorteile zu erzielen.

Aus rechtlicher Perspektive ist Kooperation eine Art Verfahrensrechtsschutz. Verfahrensgefährdende Faktoren werden frühzeitig erkannt und können in Folge bearbeitet werden. Das ist beispielsweise auch die Idee des §3 BauGB, in dem die möglichst frühzeitige Information und Konsultierung der Bürger über Neugestaltungs- oder Entwicklungsvorhaben von Gebieten vorgeschrieben wird. In diesem Zusammenhang kann Kooperation verfahrensbeschleunigend und kosteneinsparend wirken. Das Gegenteil ist natürlich der Fall, wenn die Qualität von Kooperationsprozessen derart schlecht ist, dass Verfahren von Akteuren blockiert werden, weil sie sich aufgrund von selektiver Beteiligung ausgeschlossen fühlen. Aus Perspektive der Planung und Umsetzung in Stadtentwicklungsprozessen erhöht Kooperation die Planungssicherheit. Erforderliche Ressourcen bzw. für die Umsetzung von Maßnahmen wichtige Akteure sind durch Kooperation mobilisierbar. Des Weiteren werden durch die Beteiligung verschiedener Akteure wertvolle Informationen zugänglich, die als Frühwarnsystem für mögliche Konflikte und zu deren Vermeidung oder Lösung dienen können. Die Aktivierung von Ressourcen und Wissen im Rahmen von Kooperation erhöht die Chancen der tatsächlichen und effektiven Umsetzung von Stadtentwicklungszielen und trägt zur Entwicklung von hochwertigen, repräsentativen und ökonomisch umsetzbaren Lösungen bei. Außerdem wird durch Kooperation die Akzeptanz von Maßnahmen erhöht. Die frühe Einbindung von Akteuren bei Abstimmungs- und Umsetzungsprozessen von Maßnahmen fördert deren Identifikation damit und erhöht deren Mitwirkungsbereitschaft daran. In der Bevölkerung können so leichter Unterstützer und zusätzliche Steuerungsressourcen mobilisiert werden. Ebenso verhält es sich bei der Sicherung von stabilen politischen Mehrheiten in Form von Ratsbeschlüssen, wenn die politischen Entscheidungsträger im Rahmen von Kooperation frühzeitig mit einbezogen werden. Aus politischer Perspektive kann Kooperation durch die breite Beteiligung betroffener Belange und die Herstellung von Transparenz die Legitimation von Stadtentwicklungsprozessen erhöhen. Es werden konsensorientierte Vorgehensweisen und mehr direkte Demokratie gefördert. Dies ist jedoch mit Einschränkungen zu betrachten, da eine selektive Beteiligung und die Dominanz von einzelnen Akteuren oder Gruppen in der Kooperation gegebenenfalls auch weniger Demokratie bedeutet. Außerdem ist es möglich, die Politik durch mehr lokale Selbstverantwortung zu entlasten. Aus gesellschaftlicher Perspektive macht Kooperation durch den gesteigerten Fluss von Informationen Handlungsbedarfe sichtbar und hat das

Potential, innovative Arbeitsformen zu entwickeln und traditionelle Arbeits- und Interaktionsformen zu verändern. Kooperation ist dadurch eine Möglichkeit, sozialen Wandel aktiv zu gestalten (vgl. Selle 2005a: 394ff.; Stein/Stock 2006: 516ff.).

Kooperation birgt die Aussicht auf viele Vorteile in Stadtentwicklungsprozessen. Ob sich diese Potentiale jedoch verwirklichen lassen, hängt davon ab, wie der Kooperationsprozess gestaltet ist (vgl. Selle 2005a: 407ff.) und welche Qualität die darin verfolgten Ziele haben. Wenn selektive Beteiligung in Kooperationen die Entwicklung von repräsentativen Problemdefinitionen und Lösungen und die demokratische Umsetzung von Maßnahmen verhindert, dann ist Kooperation zwangshalber ineffektiv.

3.3 Steuerung

3.3.1 Definition und Abgrenzung von Governance und Planung

Unter Steuerung wird die „Konstruktion politischer Gestaltungsprozesse" (Görlitz/Bergmann 2001: 29) verstanden. Im Bereich der sozialen Stadtentwicklung ist Steuerung durch eine einzige Instanz wegen der großen Interdependenzen nicht zielführend. Die Konsequenz ist eine abnehmende Handlungsfähigkeit des Staates und die Notwendigkeit kooperativer Steuerungsformen (vgl. Scharpf 1992b: 93ff.).

Systemtheoretische Positionen tendieren dazu, dem Staat nur die Fähigkeit einer Kontextsteuerung zuzugestehen, da gesellschaftliche Teilsysteme als operational geschlossen, eigenen Handlungslogiken weitgehend autonom folgend und gleichwertig mit anderen Subsystemen verstanden werden. Neben der externen Kontextsteuerung ist nach diesem Verständnis nur noch die interne Selbststeuerung möglich, um die Funktionsfähigkeit und Eigenständigkeit der gesellschaftlichen Teilbereiche nicht zu gefährden (vgl. Willke 2001: 358f.). Moderatere Ansichten erkennen zwar systemische Realitäten an, gestehen dem Staat jedoch eine herausgehobene Rolle zu. Hier soll der Staat aktiv zwischen unterschiedlichen Prozesslogiken mit Hilfe von medialer Steuerung (vgl. Gsänger 2001: 338ff.) oder kooperativem Konfliktmanagement (vgl. Münch 2001: 218ff.) vermitteln. Dem Staat kommt somit zunehmend die Rolle einer intermediären Instanz zwischen unterschiedlichen gesellschaftlichen Akteuren zu, die für eine „gute" Kommunikation, eine „gute" Kultur oder die demokratische Qualität von Aushandlungsprozessen (vgl. Kreibich 2001: 243; Voigt 2001: 133ff.; Altrock/Huning 2006: 415ff.) sorgen soll. Das Ziel ist dabei, eine dynamische Verhaltenskoordination (vgl. Görlitz/Bergmann 2001: 45) über die Organisation intersystemischer Diskurse (vgl. Braun 2001: 101ff.) zu erreichen.

In der Realität beschränkt sich der Staat jedoch nicht nur auf die Organisation von intersystemischen Diskursen, sondern er muss sich auch an der kooperativen Produktion von Leistungen beteiligen (vgl. Blanke 2001: 159ff.). Er ist aktiver Bestandteil der komplexen kooperativen Produktionsprozesse in der sozialen Stadtentwicklung. Steuerungsversuche dieser hochgradig interdependenten und von vielfältigen Interaktionsbeziehungen gekennzeichneten Politikprozesse und die Herstellung kollektiver Handlungsfähigkeit können nur gelingen, wenn der Kreis der Kooperationspartner mitwirkt. Steuerungsinterventionen sollten daher als soziales System begriffen werden (vgl. Grossmann et al.: 17).

Politische Steuerung, als unilateraler Steuerungsversuch, kann in diesem Zusammenhang nur als eine von vielen Perspektiven auf den Interaktionsprozess in diesem sozialen System betrachtet werden. Konkrete politische Steuerungsversuche, z.B. in Form der Inszenierung einer öffentlichen Beteiligungsaktion im Rahmen eines Straßenfestes, sind lediglich als mediale Inputs zu verstehen. Sie haben keine determinierende Wirkung auf das soziale System. Sie sind vielmehr Abbild der Rationalität hinter konkreten politisch-administrativen Maßnahmen und werden hinsichtlich der Steuerungswirkung Bestandteil eines größeren Wirkungszusammenhangs. In diesem Wirkungszusammenhang sind auch die anderen Rationalitäten von beteiligten und betroffenen Akteuren enthalten, die aus jeweils eigenen Kontexten von Strukturen und Handlungslogiken hervorgehen. Die unterschiedlichen Rationalitäten nehmen die jeweilige Situation aus ihrer eigenen Perspektive wahr und agieren bzw. reagieren dementsprechend (vgl. Burth 1999: 290ff.).

Die pluralisierten und weitgehend autonomen gesellschaftlichen Teilbereiche und die dort raumprägenden Akteure müssen mit ihren Eigenheiten berücksichtigt werden, damit Steuerungsintentionen Aussicht auf Erfolg haben:

> „Maßnahmen politischer Steuerung müssen geeignet sein, den motivationalen und kognitiven Filter der adressatenspezifischen Definition der Situation zu passieren, um für die Adressaten handlungsrelevant zu werden" (Burth 1999: 294).

Das Verständnis von Steuerung als soziales System verdeutlicht den Bedeutungsunterschied zum Planungsbegriff. Planung kann sehr wohl zentral erfolgen. Außerdem ist Planung handlungsvorbereitend und Steuerung handlungsbegleitend (vgl. Fürst 2006: 117). Steuerung in diesem Sinne vom Governance-Begriff zu trennen, gestaltet sich wesentlich schwieriger. Governance, als „zielgerichtete Regelung gesellschaftlicher Prozesse" (Voigt 2001: 142) ist hinsichtlich des Bedeutungsinhalts fast deckungsgleich mit der am Anfang des Kapitels formulierten Steuerungsdefinition. Auch in der Governance-Diskussion geht die Tendenz dazu, dass die Regelung gesellschaftlicher Prozesse das „Ergebnis interagierender und intervenierender Kräfte aller beteiligten Akteure darstellt" (König 2001: 305). Steuerung und Governance sind deshalb in dem in dieser Arbeit verwendeten Bedeutungszusammenhang tatsächlich synonym verwendbar und beschreiben beide die Art und Weise, wie soziale Ordnung hergestellt wird. Der Vorteil des Steuerungsbegriffs ist jedoch, dass er im Deutschen sehr gebräuchlich ist, während der Governance-Begriff den Vorteil der Unverwechselbarkeit mit einem einzigen Steuerungssubjekt birgt und Interaktionsbeziehungen von vorne herein in den Fokus rückt (vgl. Selle 2005a: 101ff.).

3.3.2 Steuerung als soziales System

> „Zur Zeit steht keine einheitliche politische Steuerungstheorie zur Verfügung, die die Voraussetzungen und Folgen für politisch intendierte Handlungskoordinationen zur Gestaltung sozialer Verhältnisse in den Griff bekommen könnte" (Görlitz/Bergmann 2001: 39).

Die Steuerungsdebatte ist ein interdisziplinäres Unterfangen. Es existieren systemtheoretische, sozialtheoretische, policyorientierte und staats- und gesellschaftstheoretische Erklärungsansätze, die jeweils Teilantworten für die Realisierung effektiver Steuerung in komplexen Verhältnissen, wie sie in der sozialen Stadtentwicklung anzutreffen sind, anbieten (vgl. Burth/Görlitz 2001: 10ff.; Burth 1999: 60ff.). Sie behandeln Steuerung aus jeweils spezifischen Blickwinkeln, reichen jedoch alleine für sich nicht aus, um die Art und Weise der Steuerbarkeit von sozialer Stadtentwicklung zu erklären (vgl. Werner 2010b).

Im „Theoriemodell soziopolitischer Steuerung" (vgl. Burth 1999) wird versucht, diese unterschiedlichen Erklärungsansätze zu einer integrierten Sozialtheorie zu kombinieren. Grundlegend basiert das Modell auf dem Konzept der Autopoiesis und dem systemtheoretischen Prinzip struktureller Kopplung. Es wird allerdings durch handlungstheoretische Komponenten ergänzt. Im Konzept der Autopoiesis wird davon ausgegangen, dass alle lebenden Systeme autopoietisch organisiert sind. Das bedeutet, dass sie durch die Einheit eines sozialen Systems definiert werden. Jede autopoietische Organisation besteht aus Bestandteilen und Relationen zwischen den Bestandteilen, die sich gegenseitig als Elemente des jeweiligen Systems erzeugen. Das soziale System Schule wird zum Beispiel durch Schüler, Lehrer, Eltern und weitere dort vorzufindende Beteiligte konstituiert und entwickelt auf Grundlage dieser Bestandteile eine in sich geschlossene Eigenlogik. In dieser Eigenlogik werden all jene Akteure als Bestandteil des Systems berücksichtigt und in die systeminternen Beziehungen integriert, die zum Funktionieren des Systems notwendig sind. Die organisationell geschlossenen sozialen Systeme können sich jedoch nur in einem Medium, einer

Umwelt, verwirklichen und existieren. Systeme höherer Ordnung, z.B. die Gesellschaft, können auch selbst als Medium für andere soziale Systeme fungieren. Zwischen Medium und sozialem System findet ein wechselseitiger Anpassungsprozess statt, der als strukturelle Kopplung bezeichnet wird. Strukturelle Kopplung führt eine Zustandsveränderung im sozialen System herbei, die jedoch durch die Struktur des jeweiligen Systems determiniert ist. Dies ist jedoch nur der Fall, wenn Umwelteinflüsse auf ein System durch die Systemrationalität wahrgenommen und als handlungsrelevant erachtet werden. Sofern wahrgenommen, werden diese Umwelteinflüsse als Störungen bzw. Perturbationen systemintern bearbeitet. Aus dauerhaften Interaktionen zwischen System und Medium bilden sich konsensuelle Bereiche heraus. Wenn sich mehrere soziale Systeme in einem Medium befinden, so können sie durch strukturelle Kopplung untereinander Systeme höherer Ordnung bilden (vgl. Burth 1999: 234ff.).

Auf Steuerung in der sozialen Stadtentwicklung übertragen bedeutet das, dass Steuerung ein konsensueller Bereich vieler Einzelsysteme ist und somit als ein System höherer Ordnung verstanden werden kann. Das gemeinsame Medium der Einzelsysteme und des Steuerungssystems ist die Gesellschaft und räumlich der betreffende Stadtteil. Hier werden Steuerung und die Rationalitäten der an sozialer Stadtentwicklung Beteiligter und Betroffener verwirklicht. Zwischen den einzelnen Rationalitäten, dem Steuerungssystem, der Gesellschaft und dem Stadtteil laufen permanent wechselseitige Anpassungsprozesse ab, was mit struktureller Kopplung gemeint ist. Diese Kopplung ist deshalb als strukturell bezeichnet, weil die Qualität der Anpassung bzw. Zustandsveränderung eines sozialen Systems, z.B. einer sozialen Einrichtung im Stadtteil, davon abhängt, wie die dortige Rationalität strukturiert ist. Dieser Umstand zeigt die organisationelle Geschlossenheit der sozialen Einrichtung oder anderer sozialer Systeme auf, weil die Bestandteile und die Relationen zwischen den Bestandteilen bestimmen, ob etwas handlungsrelevant ist oder nicht.

Diese systemtheoretische Sichtweise auf Steuerung von sozialer Stadtentwicklung zeichnet ein sehr makroorientiertes Bild von dort ablaufenden Politikprozessen, die automatisiert und strukturdeterminiert wirken. Die Beziehungen und Kausalitäten zwischen Bestandteilen und Systemen und die Bedeutung von Handlungslogiken und intentionalem Handeln von Individuen bleiben unklar. Die Mikroebene und ihr Wechselverhältnis zur Makroebene müssen mehr thematisiert werden (siehe Abbildung 11). Dies ist durch die gleichzeitige Berücksichtigung von drei handlungs- und strukturorientierten Logiken möglich. Die subjektive Vorstellung von Akteuren bezüglich konkreter Situationen konstituiert eine bestimmte Logik der Situation. Sie hängt davon ab, wie die jeweilige Situation wahrgenommen und interpretiert wird. Natürlich findet dieser Prozess auch in einem bestimmten strukturellen Kontext statt, hier wird also eine Verbindung zwischen Makro- und Mikroebene hergestellt. Der Auswahlprozess des Akteurs aus diversen Handlungsalternativen beschreibt die Logik der Selektion. Selbstverständlich auch unter dem Einfluss der Interpretation der Situation stehend, findet dieser Prozess auf der Mikroebene statt. Die Auswirkung des darauffolgenden Handelns des Akteurs auf die Makroebene in Form von kollektiven Phänomenen, wie z.b. die Produktion oder Reproduktion institutioneller Regeln oder ein bestimmtes Abstimmungsergebnis, wird durch die Logik der Aggregation thematisiert. Hier zeigt sich also wieder eine Verbindung zwischen Mikro- und Makroebene (vgl. ebenda: 242ff.).

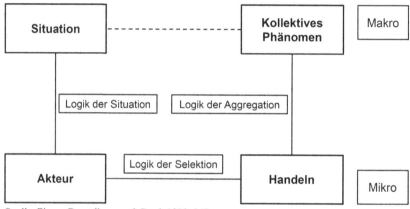

Quelle: Eigene Darstellung nach Burth 1999: 247.

Abb. 11 Makro-Mikro-Makro-Verbindung

Aufgrund der Tatsache in der sozialen Stadtentwicklung, dass Situationen aus der Perspektive verschiedenster Rationalitäten interpretiert werden, unterschiedlichste Handlungslogiken parallel existieren und die Pluralität von Handlungen jeweils auf die Makroebene einwirkt, wird nochmal verdeutlicht, dass exakte Prognosen von Ergebnissen sozialer Prozesse unmöglich sind. Es können nur Möglichkeitsräume aufgezeigt werden. Um dieser Vielfalt an Möglichkeiten und der Multiperspektivität in der sozialen Stadtentwicklung Rechnung zu tragen muss ein dementsprechendes Menschenbild zugrunde gelegt werden. Das „homo generalis-Konzept" (Lindenberg 1985) ist hierfür gut geeignet, weil in ihm von einem kognitiv autonomen Individuum ausgegangen wird, das zu bewussten Selektionsprozessen fähig ist. Diese Selektion ist nicht nur restriktiv durch die Handlungsbedingungen in einer Situation, z.B. Normen, determiniert (restricted), sondern kann unabhängig davon auch andere Formen annehmen und einer bewussten subjektiven Intention folgen (ressourceful). Des Weiteren spielen im Selektionsprozess auch individuelle Erwartungswerte hinsichtlich der Möglichkeit der Zielerreichung (expecting) und in der Vergangenheit gemachte oder in der Zukunft antizipierte Erfahrungen (evaluating) eine Rolle. Durch die Verwendung des „homo generalis"-Konzeptes wird Reduktionen durch eine einseitige Orientierung am „homo oeconomicus" (Pareto 1916), „homo sociologicus" (Dahrendorf 1960) oder „homo symbolicus" (Blumer 1938) oder rein verhaltensorientierten Ansätzen vorgebeugt (vgl. Burth 1999: 251ff.).

Die Ergänzung der autopoietischen Terminologie durch das „homo generalis"-Konzept auf der einen Seite und die soziologische Erklärung der Wechselbeziehung zwischen Mikro- und Makroebene auf der anderen Seite bieten einen vielschichtigen theoretischen Analyserahmen für die Untersuchung von Steuerung in der sozialen Stadtentwicklung (siehe Abbildung 12).

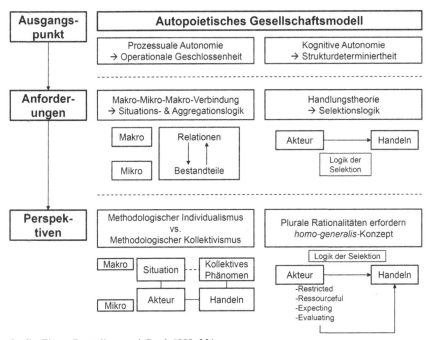

Quelle: Eigene Darstellung nach Burth 1999: 254.

Abb. 12 Integrativer Analyserahmen für soziopolitische Steuerung

Das „homo-generalis"-Konzept lässt die Berücksichtigung einer weiten Bandbreite von Handlungsrationalitäten von Akteuren zu. Das Erklärungsmodell des
Verhältnisses zwischen Mikro- und Makroebene lässt ebenfalls ein weites Ana-
lysespektrum vom methodologischen Individualismus bis hin zum methodologischen Kollektivismus offen. Für die Untersuchung der Steuerbarkeit von sozialer
Stadtentwicklung ist jedoch eine integrative Perspektive dieser zwei Pole zielführend.

    Steuerung ist in diesem Zusammenhang ein soziales System und zugleich
ein Medium für die verschiedenen Rationalitäten von beteiligten und betroffenen
Akteuren (siehe Abbildung 13).

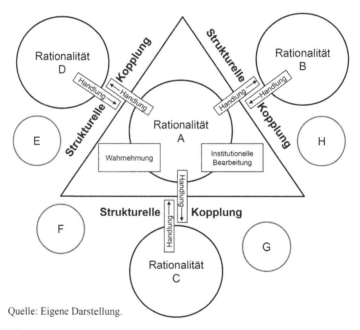

Quelle: Eigene Darstellung.

Abb. 13 Steuerungssystem

Das Steuerungssystem geht aus den dauerhaften Interaktionsbeziehungen der
Beteiligten und Betroffenen in der sozialen Stadtentwicklung hervor. Es verwirk-
licht sich selbst in den gesellschaftlichen Verhältnissen und in dem betreffenden
Stadtgebiet. Dabei manifestiert es sich in formalisierten Gremien, wie z.B. der
Koordinierungsgruppe oder Lenkungsgruppe in der „Sozialen Stadt", und infor-

mellen Institutionen. Kollektive Handlungsfähigkeit im Politikprozess der sozialen Stadtentwicklung kann durch strukturelle Kopplung zwischen dem Steuerungssystem und den verschiedenen Rationalitäten erzeugt werden. Das bedeutet, dass jedes unilaterale Steuerungsbemühen bzw. -handeln nur die gewünschte Steuerungswirkung erzielen kann, wenn die davon betroffenen Akteure es wahrnehmen und die gewünschte Wirkung durch ihr eigenes Handeln ermöglichen. Außerdem ist soziale Stadtentwicklung nur zu erzielen, wenn das etablierte Steuerungssystem tatsächlich auch Produkt aller für soziale Stadtentwicklung relevanter Akteure ist, d.h. alle beteiligten und betroffenen Akteure müssen darüber erreichbar sein bzw. Zugang dazu haben. Damit ist jedoch nicht gemeint, dass jeder Akteur bei jeder Maßnahme im selben Maße teilhaben muss. In der Konstellation von Abbildung 13 sind beispielsweise die Akteure E, F, G und H nicht beteiligt. Für jede Steuerungsintervention muss lediglich gewährleistet werden, dass eine kollektive Problem- und Lösungsdefinition und die gemeinschaftliche Umsetzung von Maßnahmen möglich wird. Das Steuerungssystem spannt also einen Möglichkeitsraum auf, innerhalb dessen Aushandlungsprozesse stattfinden, Akteure aktiviert werden können und Maßnahmen bearbeitbar sind. Für die einzelnen Problem- und Maßnahmenbereiche sind jeweils unterschiedliche Kreise an Akteuren relevant. Sie erzeugen durch ihre spezifischen Interaktionsbeziehungen jeweils eigene Steuerungssubsysteme.

In diesem Möglichkeitsraum für Steuerung kann jeder Akteur zum Steuerungssubjekt werden, indem er durch sein Handeln entweder selbst einen Steuerungsimpuls setzt oder auf das Steuerungshandeln von anderen respondiert und dadurch bestimmte Steuerungswirkungen ermöglicht. Die Steuerungssubjekte verfügen über jeweils spezifische Steuerungsmittel, die sich zum Einen aus den individuellen Handlungsmöglichkeiten und zum Anderen aus den institutionellen und allgemeinen gesellschaftlichen Verhältnissen heraus ergeben. Sie werden durch die in diesem Spektrum konstituierten Machtverhältnisse determiniert.

Exkurs:
Ein Beispiel für Steuerungshandeln in der sozialen Stadtentwicklung

Der Anteil an Jugendlichen in einem Stadtgebiet, die ohne Abschluss die Schule abbrechen, wird innerhalb der Steuerungsgremien der „Sozialen Stadt" als zu hoch wahrgenommen. Daraufhin werden als eine Maßnahme unter vielen die Aktivitäten der Schulsozialarbeit ausgeweitet. Das Sozialreferat und die Schulsozialarbeit treten aus dem Kreis von Beteiligten der „Sozialen Stadt" hier als Steuerungssubjekte auf, indem sie federführend zielgruppenspezifische Angebote entwickeln oder intensivieren. Im Kern sind die Jugendlichen selbst, die Schulen und die Eltern davon betroffen bzw. daran beteiligt. Sie werden ebenfalls zu Steuerungssubjekten, weil die intendierte Steuerungswirkung nur durch ihre aktive Mitwirkung und ihr dementsprechendes Handeln erzielt werden kann.

Im Laufe der Umsetzung zeichnet sich folgendes hypothetisches Bild ab: Die Schulsozialarbeit bietet an allen Schulen in dem betreffenden Stadtgebiet zielgruppenspezifische Workshops für die Jugendlichen und Beratungs- und Unterstützungsangebote für die Eltern an. Die meisten Schulen integrieren die Angebote bereitwillig und umfassend in ihren Schulalltag. Allerdings bleibt die Resonanz bei den Eltern fast vollständig aus und die Jugendlichen nehmen die Angebote nur teilweise an.

Jeder dieser Akteure folgt in seinem Handeln einer eigenen Logik bzw. Rationalität. Es könnte z.B. passieren, dass der Rektor einer Schule die Situation als ideale Möglichkeit ansieht, sein mehr als ausgelastetes Personal und seine eigenen Kapazitäten zu schonen. Er integriert infolgedessen die neuen Angebote intensiv ins Unterrichtsgeschehen. Genauso wäre denkbar, dass Eltern in ihrem Arbeitsalltag oder aufgrund von Sprachbarrieren, die Wichtigkeit ihrer Mitwirkung nicht realisieren und Informationsangebote oder Beteiligungsaufrufe nicht einmal wahrnehmen. Ebenso sind auf der Seite der Jugendlichen viele unterschiedliche Handlungsweisen vorstellbar.

Alle Beteiligten und Betroffenen verfügen also über bestimmte Steuerungsmittel, die Gestalt und die Wirkung der Maßnahmen zu beeinflussen. Die finale Steuerungswirkung ist im Vorhinein nicht prognostizierbar. Sie ist das Ergebnis mehrfacher und wechselseitiger Anpassungsprozesse zwischen den Betroffenen und Beteiligten, ihrem jeweiligen Umfeld und der Steuerungsintervention.

3.3.3 Mediale Steuerungsmittel und Steuerungsmodi

Es wurde bereits mehrmals erwähnt, dass ein einzelner Akteur unmöglich die Handlungen aller Betroffenen und Beteiligten im Sinne einer gemeinwohlorientierten Lösung direkt bestimmen kann. Ihm fehlt nicht nur das Wissen dafür, sondern auch die Handlungskapazität und -reichweite. Allerdings kann er indirekt über bestimmte gesellschaftlich etablierte mediale Mittel Handlungskoordination anstreben. So ist er über das mediale Mittel der politischen Entscheidungsmacht fähig, bestimmte Entscheidungen vorzugeben. Geld als mediales Mittel befähigt ihn, Einfluss zu üben, Maßnahmen zu ermöglichen und bewusst konkrete Anreize zu setzen. Außerdem hat er die Möglichkeit, Einfluss als mediales Mittel anzuwenden und Unterstützer für die eigenen Interessen zu generieren und zu aktivieren. Zuletzt ist es ihm möglich, über das mediale Mittel der Deutungshoheit über Wahrheit und Glaubwürdigkeit Handlungskoordination zu betreiben (Organisation von Akzeptanz), indem er andere von der Richtigkeit und Notwendigkeit einer bestimmten politischen Handlungsstrategie überzeugt (vgl. Münch 2001: 197ff.; Willke 2001: 151ff.).

Darüberhinaus werden in der Literatur drei Idealformen bzw. Modi unterschieden, wie Handlungskoordination von komplexen Akteurkonstellationen verfolgt wird. Zum Einen ist es möglich, über Hierarchie und die Anwendung oder die Androhung von Zwang zu intervenieren. Dies funktioniert, wenn eine einseitige Abhängigkeit zwischen Akteuren und Weisungsbefugnisse des Einen über den Anderen bestehen. Der hierarchische Koordinationsmodus ist effizient. Probleme und Strategien werden zentral entwickelt und Interessenskonflikte im Rahmen von bilateralen Abstimmungen dadurch vermieden. Der Nachteil daran ist jedoch, dass nur sehr selektiv Handlungsoptionen und Wissensressourcen berücksichtigt bzw. konsultiert werden, weil jegliche Koordination über eine zentrale Instanz organisiert wird und den Kapazitäten dieser Instanz, beispielsweise der Verwaltung, klare Grenzen gesetzt sind. Mit dieser paternalistischen Logik alleine ist soziale Stadtentwicklung nicht erzielbar, weil dort Problem- und Lösungsdefinitionen und die Umsetzungspraxis kooperativ erfolgen müssen. Aufgrund dieses Nachteils wird diese Form der Koordination auch als „negative Koordination" (Scharpf 1973) bezeichnet. Zum Anderen kann Koordination über den Markt erfolgen. Hier sind Akteure grundsätzlich unabhängig voneinander und regeln ihre Interaktion frei über Verträge. Bei dieser Form besteht jedoch in besonderem Maße die Gefahr, durch einseitiges Handeln und fehlende Abstimmung gemeinwohlorientierte Ziele aus dem Blick zu verlieren. Handlungskoordination ist darüberhinaus auch über Verhandlung im Rahmen von institutionalisierten Verhandlungssystemen zu realisieren. Das Besondere daran sind die wechselseitige Abhängigkeit zwischen den Akteuren und der fortdauernde Austausch über längere Zeit hinweg. Bei diesem Modus wird durch multilaterale Aushandlungsprozesse das Ziel verfolgt, möglichst alle Wissensressourcen und gemeinsamen Handlungsoptionen in den Politikprozess zu integrieren. Der Nachteil daran ist, dass die kommunikativen Prozesse aufgrund der großen Anzahl an Beteiligten schnell Gefahr laufen, ineffizient zu werden oder sich in Endloskonflikten zu verlaufen. Diese multilaterale Form der Koordination wird in der Literatur auch als „positive Koordination" (Scharpf 1973) beschrieben (vgl. Scharpf 1993: 68ff.; Willke 2001: 94 u. 146; Scharpf 2000: 197ff.).

Durch die Anwendung eines der Koordinationsmodi alleine ist das Ziel einer sozialen Stadtentwicklung nicht zu realisieren. Mit Blick auf die Praxis hat sich in der sozialen Stadtentwicklung eine Mischung aus egalitär-kooperativen und hoheitlich-hierarchischen Koordinationsformen etabliert (vgl. Walther 2005:

116). Während die egalitär-kooperative Komponente Akteure animiert, ihre Ressourcen in Verhandlungsprozessen einzubringen, ermöglicht letztere Koordinationsform das direkte Eingreifen bei Interessenskonflikten und eine gemeinwohlorientierte Ausgleichspolitik. Man kann hier auch von „Verhandlungen im Schatten der Hierarchie" (vgl. Scharpf 1992a: 25) sprechen.

3.4 Zugänge zur Steuerung der Qualität von Kooperationsprozessen

> „Die Qualität der Verfahren, in deren Rahmen die vielen Einzelinteressen zusammengeführt, Konflikte ausgetragen und Belange abgewogen werden, gewinnen erheblich an Bedeutung" (Selle 2006d: 513).

Die Qualität von kooperativen bzw. kommunikativen Verfahren und Prozessen hat in der sozialen Stadtentwicklung eine herausragende Bedeutung. Das liegt daran, dass die komplexen Problemlagen nicht durch zentrale Planung oder Steuerung angemessen definiert und gelöst werden können. Die breite Mitwirkung oder Beteiligung von raumprägenden Akteuren ist dafür notwendig. Es müssen also ergebnisoffene Kooperationen organisiert werden, um Ziele sozialer Stadtentwicklung zu bestimmen und umzusetzen. Weil man den Ausgang dieser Kooperationsprozesse vorab nicht kennt und nur sehr bedingt planen kann, man jedoch auf sie angewiesen ist, so bleibt nur, sich auf die Gewährleistung der Qualität dieser Kooperationsprozesse zu konzentrieren. Die Qualität des Prozesses bemisst sich daran, ob es gelingt, die raumgestaltenden Akteure in einem Gebiet und deren Steuerungsressourcen, also die endogenen Potentiale, zu mobilisieren (vgl. Fassbinder 1996: 147). Dies kann nur funktionieren, wenn die betreffenden Akteure Zugang zum Kooperationsprozess finden oder für den Kooperationsprozess aktivierbar sind. Die Qualität ist folglich suboptimal, sobald wichtige Akteurgruppen vom Kooperationsprozess ausgeschlossen bleiben oder sich enthalten. Die effektive Steuerung einer sozialen Stadtentwicklung erfordert also das Denken in Prozessen, eine kooperative Vorgehensweise und die Gewährleistung von Beteiligung.

Um die Frage nach Wegen der Steuerbarkeit von Kooperationen in der integrierten und sozialen Stadtentwicklung zu beantworten, muss man die darin ablaufenden politischen Prozesse und Möglichkeitsräume für Steuerung und Veränderung verstehen. Das Erkennen der Machtverhältnisse ist hierbei der wesentliche Schlüssel, da „Politik im Kontext der unterschiedlichen Formen sozialer Machtausübung räumlich repräsentiert wird" (Massey 2003: 46). Idealtypische theoretische Überlegungen zur Steuerung in komplexen Verhältnissen sind auf die Praxis nicht übertragbar, wenn Machtverhältnisse außer Acht gelassen werden. Das Bekenntnis von steuernd tätigen Akteuren dazu, Probleme und

Lösungen kooperativ zu definieren und gemeinschaftlich umsetzen zu wollen, bleibt ohne Wirkung, wenn die bestehenden Machtverhältnisse ein dementsprechendes Handeln verhindern. In einem derartigen Fall besteht die Gefahr, dass selektive Praxen sowie Meinungs- und Machtkämpfe eine konstruktive Steuerungspolitik unterminieren und positive Ansätze von Akteuren instrumentalisiert werden. Es ist nicht selbstverständlich, dass die vermeintlich „Mächtigen" ein Interesse an problemlösungsorientiertem bzw. gemeinwohlorientiertem Handeln haben. Wenn also der Staat Wissens- und Handlungsressourcen in der Gesellschaft mobilisieren soll und möchte, dann muss akteurorientiert darüber nachgedacht werden, welche Spielräume oder Handlungs- und Entscheidungsfähigkeiten die entsprechenden Akteure überhaupt mitbringen oder innerhalb des Politikprozesses inne haben. Es ist bei der Auseinandersetzung mit Steuerung im Kontext der sozialen und integrierten Stadtentwicklung also notwendig, die Machtfrage stets zu berücksichtigen, da mit abnehmender Inklusion die Problemwahrnehmung einseitiger und die Lösungen ungenügender werden.

Die „integrierte Prozessraumtheorie", die in dieser Arbeit entwickelt wird, ermöglicht die Rekonstruktion und Reflexion dieser Machtverhältnisse und liefert somit die Grundlage, um die Möglichkeitsräume für Steuerung zu erkennen. Die Rekonstruktion der Machtverhältnisse erfolgt über die Integration einer struktur- und handlungsorientierten Perspektive. Die strukturtheoretische Sicht dient dazu, den Einfluss von etablierten Regeln und Normen im Kooperationsprozess zu erkennen. Die handlungstheoretische Perspektive ermöglicht, aus der Sicht verschiedener Akteure deren Aneignungsmöglichkeiten vorhandener Strukturen zu hinterfragen und Bedingungen an einen demokratischen Politikprozess festzustellen. Zwischen diesen beiden Polen, den Strukturen in Kooperationen und den alltäglichen Lebenswelten der handelnden Subjekte, konstituieren sich die Machtverhältnisse und spannt sich der „integrierte Prozessraum" auf.

Zur Entwicklung der „integrierten Prozessraumtheorie" und zur Darstellung ihrer struktur- und handlungsorientierten Bestandteile wird auf verschiedene Theorieansätze zurückgegriffen. Dies ist notwendig um den Produktionsprozess von Kooperationsstrukturen und von Handlungsrationalitäten beteiligter und betroffener Akteure zu erklären, damit auf dieser Grundlage Machtverhältnisse nachvollziehbar rekonstruiert sowie effektive Steuerungsstrategien formuliert werden können. In den folgenden Kapiteln werden die Theorieansätze, die zur Entwicklung der „integrierten Prozessraumtheorie" notwendig waren, vorgestellt, bevor in Kapitel 3.5 die „integrierte Prozessraumtheorie" als Synthese der theoretischen Vorüberlegungen und der empirischen Ergebnisse dieser Forschungsarbeit erläutert wird.

3.4.1 Prozessorientierte Sozialgeographie

Die prozessorientierten sozialgeographischen Ansätze zu „Lernenden Regionen"
(Schaffer et al. 1999) und zum „Prozessraummodell" (Hilpert 2002) liefern
grundlegende Überlegungen zu Strukturelementen in Kooperationsprozessen. In
der „integrierten Prozessraumraumtheorie" finden sie sich bei der Beschreibung
der Produktion von Kooperationsstrukturen wieder (siehe Kapitel 3.5.1). Vom
Konzept der „Lernenden Regionen" wurde die Darstellung des institutionellen
Kontextes der Politikumwelt in Kooperationen übernommen. Die Grundkatego-
rien des „Prozessraummodells" sind mithilfe der Empirie dieser Arbeit weiterentwickelt und ausdifferenziert worden, um die verschiedenen Ebenen von neu
entstehenden Strukturen in Kooperationsprozessen aufzuzeigen. Die von beiden
Ansätzen vorgeschlagenen Erklärungsversuche zur handlungsorientierten Mikroebene in kooperativen Politikprozessen sind hingegen epistemologisch nicht
übertragbar, weil bei ihnen soziale Gruppen bzw. Institutionen, also kollektive
Akteure, und nicht Subjekte als Funktionsträger sozialräumlicher Gestaltungsprozesse definiert werden (vgl. Schaffer 1970: 455; Hilpert 2002: 54ff.).

3.4.1.1 Konzept der „Lernenden Regionen"

Im Konzept der „Lernenden Regionen" werden grundlegend zu beachtende
Komponenten und Leitziele zur Organisation von kooperativen Politikprozessen
zur sozialräumlichen Gestaltung thematisiert. Der Ansatz ist in den 90er Jahren
in der angewandten Sozialgeographie für das Regionalmanagement entwickelt
worden. Zur effektiven Gestaltung von Sozialraum werden darin Kooperationen
und lernende und selbstorganisierte Strukturen angestrebt (vgl. Thieme 2004:
45ff.). Bei der Realisierung dieses Ziels wird dem intermediärem Bereich zentrale Bedeutung zugeschrieben, weil dort die Vermittlung zwischen verschiedenen
Akteuren, Aktivitäten, Lebenswelten und Prozessen stattfinden soll (vgl. Schaffer 2000: 17ff.). Dadurch sollen integrative Politikprozesse gefördert werden, um
die vorhandenen sozialen Kräfte und ihr Wissen für die regionale Entwicklung
zu mobilisieren (vgl. Schaffer 2004: 189; Klemm 2004: 81ff.).

   Mit dem Konzept der „Lernenden Regionen" wird versucht, Organisationsformen für das Regionalmanagement zu etablieren, die sich an den lokalen sozialen Gegebenheiten orientieren und sich möglichst flexibel an Veränderungen
anpassen können. Diese Organisationsformen konstituieren einen Raum (siehe
Abbildung 14), der Strukturen in der Gesellschaft wiedergibt, die bei der Gestaltung von Kooperationsprozessen grundlegend zu beachten sind.

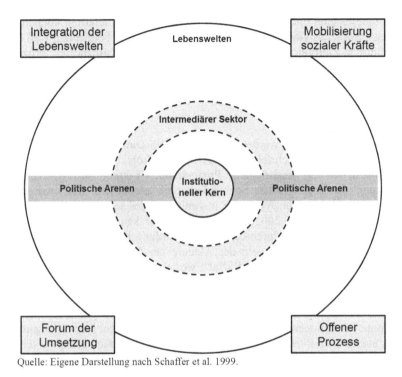

Quelle: Eigene Darstellung nach Schaffer et al. 1999.

Abb. 14 Raum „Lernender Regionen"

Auf der Makroebene beinhaltet dieser Raum den institutionellen Kernbereich der Gesellschaft mit seinen Verfassungsorganen, Institutionen, Behörden und Einrichtungen. Auf der Mikroebene befinden sich die in der Zivilgesellschaft vorhandenen Lebenswelten mit ihren jeweils spezifischen Interessen und Aktionsräumen. Das verbindende Element zwischen diesen beiden Ebenen ist zum Einen der intermediäre Sektor, in welchem intermediäre Organisationen, wie Universitäten, Wohlfahrtsverbände, Quartiersmanagements, Kirchen etc., die Bearbeitung von gesellschaftlichen Problemen und Interessen vorantreiben. Zum Anderen existieren quer durch die gesamten gesellschaftlichen Teilbereiche hindurch politische Arenen mit unterschiedlicher Reichweite, in denen Öffentlichkeit hergestellt wird, Interessen artikuliert und diskutiert werden sowie Entscheidungen vollzogen und durch demokratische Institutionen legitimiert werden. In diesem gesellschaftlichen Raum müssen nun Organisationsstrukturen etabliert werden, die die verschiedenen Lebenswelten integrieren, die vorhandenen sozialen

Kräfte mobilisieren und ein effektives Umsetzungsforum schaffen können. Der Planungsprozess als Ganzes ist dabei als ergebnisoffen zu betrachten, weil Problemdefinition, Zielfindung und Vollzug Gegenstand von Aushandlungsprozessen sind (vgl. Schaffer et al. 1999: 13ff.; Hilpert 2002: 81ff.).

3.4.1.2 „Prozessraummodell"

Im „Prozessraummodell" werden drei strukturelle Dimensionen von kooperativen Politikprozessen beschrieben: Kooperations-, Projekt- und Aktionsraum. Sie konstituieren den dort beschriebenen Prozessraum. Es wurde zur reflexiven Neuausrichtung der angewandten Sozialgeographie entwickelt. Als Prozessraum wird die „territoriale Dimension der Inszenierung des sozialräumlichen Gestaltungsprozesses" (Hilpert 2002: 55) bezeichnet. Er kann „als ,Raum für sich' bezeichnet werden, da er durch die Bewusstwerdung für ein konkretes strategisches und intentionales Handeln der Akteure vor Ort […] charakterisiert ist" (ebenda: 78). Die „Soziale Stadt RaBal", wo mittels spezifischer Organisationsstrukturen und Beteiligter bewusst die Reduzierung der Benachteiligung im Quartier angestrebt wird, wäre demnach ein solcher Prozessraum. Die Funktionsträger von sozialräumlichen Gestaltungsprozessen sind nach dem hier vorgestellten Ansatz Institutionen, wie z.B. Wohlfahrtsorganisationen, Verwaltungsreferate, das Stadtteilparlament, Unternehmen etc. Der Prozessraum selbst besteht aus drei räumlichen Dimensionen (siehe Abbildung 15): dem Kooperationsraum, dem Projektraum und dem Aktionsraum (vgl. ebenda: 54ff.).

Der Kooperationsraum ist der intermediäre Bereich, in dem Akteure aus verschiedenen gesellschaftlichen Sphären zusammenarbeiten, um Sozialraum zu gestalten. Er ist auf einer Achse zwischen unilateraler rein hoheitlicher Planung und von umfassender Partizipation gekennzeichneter Kooperation klassifizierbar (vgl. ebenda: 58f., 87ff.). In ihm manifestieren sich formelle und informelle Handlungsstrukturen, die Austauschbeziehungen stabilisieren, den Entscheidungsfindungsprozess regulieren und allgemeine Interaktionsregeln festlegen (vgl. ebenda: 90ff.).

Der Projektraum wird durch die verfolgten Ziele konstituiert. Er wird klassifiziert über den Bewusstseinsgrad dieser Ziele auf einer Achse zwischen unbewussten Veränderungsprozessen und bewusst angestrebten Gestaltungsprozessen (vgl. ebenda: 58f., 87ff.). Der Projektraum spiegelt sich in den konkreten Planungsgegenständen und Zielen im sozialräumlichen Gestaltungsprozess, aber auch in den Bedeutungen, die das gemeinsame Handeln für die Beteiligten hat und deren Reflexionsfähigkeit darüber wieder (vgl. ebenda: 114ff.).

Zuletzt umfasst der Aktionsraum die Aktionsradien der Akteure, die als gestaltende Kräfte im Prozessraum wirken. Er ist wiederum klassifizierbar auf einer Achse zwischen einem lokalen und einem globalen Aktionsradius (vgl. ebenda: 58f., 87ff.). Der Aktionsraum beschreibt die Handlungsreichweiten, Zuständigkeitsgrenzen und Wirkungspotentiale der im Prozess beteiligten Akteure. Auch wenn Institutionen als Gestaltungsträger im Prozessraum angesehen werden, so sind es natürlich reale Personen, die diese durch ihr Handeln vertreten (vgl. ebenda: 120ff.).

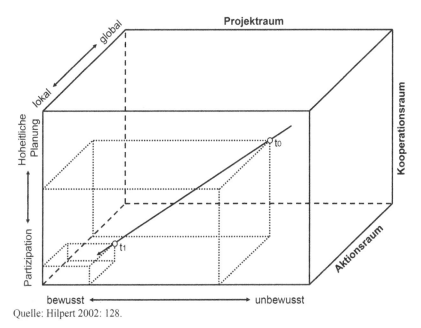

Quelle: Hilpert 2002: 128.

Abb. 15 Das „Prozessraummodell"

Als Aufgabe eines effektiven Managements von sozialräumlichen Gestaltungsprozessen wird die Optimierung dieser drei strukturellen Dimensionen des Prozessraums gefordert. Aufgrund ihres hohen Abstraktionsgrades bieten die drei Strukturdimensionen jedoch nur einen groben Orientierungsrahmen für eine mögliche Steuerung von Kooperationen. Zur Optimierung des Kooperationsraums sollen Interaktionsstrukturen gefördert werden, die die relevanten Akteure vernetzen können, sie beteiligen und die Integration der verschiedenen Lebenswelten ermöglichen. Hin-sichtlich der Bearbeitung des Projektraumes wird die

Entwicklung von konkreten Veränderungsstrategien propagiert, die durch den Kreis der Beteiligten auch möglichst bewusst zu verfolgen sind. Beim Aktionsraum ist es erforderlich, die Qualität des sozialräumlichen Kräftefeldes in den Blick zu nehmen, um zu gewährleisten, dass diejenigen Akteure im Prozess vertreten und aktiv sind, die vor Ort und hin-sichtlich der angestrebten Ziele etwas bewegen können (vgl. ebenda: 60, 126ff.). Je konsistenter die Beziehungen und internen Abläufe im Prozessraum sind und dadurch sein Fortbestand gesichert wird, desto effektiver ist die Arbeit im Prozessraum (vgl. Huber 2004: 299).

3.4.2 Handlungsorientierte Sozialgeographie

Im Gegensatz zu den Ansätzen der prozessorientierten Sozialgeographie werden bei der „Sozialgeographie Alltäglicher Regionalisierungen" (Werlen 1988, 1995, 1997, 2007) kooperative Politikprozesse in der sozialen und integrierten Stadtentwicklung aus mikroanalytischer und subjektivistisch-handlungsorientierter Perspektive analysiert. Die Ausrichtung dieses Ansatzes an der „Strukturationstheorie" (Giddens 1988) thematisiert zudem das Wechselverhältnis zwischen Struktur- und Handlungsebene. Durch die „Sozialgeographie Alltäglicher Regionalisierungen" wurde die handlungsorientierte Perspektive in das theoretische und methodische Repertoire der Sozialgeographie integriert.

Dieser Ansatz bildet die Grundlage für die Erläuterung der Produktion von Handlungsrationalitäten (siehe Kapitel 3.5.2) in der „integrierten Prozessraumtheorie". Er eignet sich, um Handlungslogiken von Akteuren in kooperativen Politikprozessen der sozialen Stadtentwicklung zu untersuchen und Hinweise auf potentielle Veränderungsmöglichkeiten auf der Handlungsebene zu liefern. Allerdings sind Machtfragen mit diesem Theorieansatz nur unzureichend zu erklären, weil Macht lediglich als transformatives Potential behandelt wird, das die handelnden Subjekte durch Ressourcen inne haben (vgl. Werlen 1995: 77ff.). Dadurch wird ein eindimensionales Bild von Machtverhältnissen suggeriert, wo manche Menschen Macht haben und andere weniger oder gar nicht. Dies reicht für die Entwicklung der „integrierten Prozessraumtheorie" nicht aus, weil die in der sozialen Stadtentwicklung durch Machtverhältnisse aufgespannten Möglichkeitsräume wesentlich komplexere und vieldimensionale Formen annehmen (siehe Kapitel 3.4.4). Außerdem fällt es mit diesem rein subjektivistischen Forschungsansatz schwer, institutionalisierte und emergierte Steuerungsarrangements im kooperativen Prozess der sozialen Stadtentwicklung zu greifen und einen normativen Handlungsrahmen für Steuerung zu setzen.

In der „Sozialgeographie Alltäglicher Regionalisierungen" steht hinsichtlich der Bearbeitung von Stadtentwicklungsproblemen die Handlung von Subjekten im Vordergrund: „Alle Arten von Raumproblemen erweisen sich bei genauerer Betrachtung letztlich als Probleme des Handelns" (Werlen 2005: 33). Für den Alltag der sozialen Stadtentwicklung bedeutet dies, dass in einem konkreten Stadtgebiet vorfindbare Missstände nur durch die Veränderung von Handlungsweisen der dort handelnden und raumprägenden Akteure beseitigt werden können. Es genügt keinesfalls diesen Raum nur planerisch neu zu gestalten, z.B. durch Grünplanung und Neugestaltung des öffentlichen Raumes oder die Schaffung von neuen Institutionen, sondern es kommt darauf an, wie dieser Raum durch handelnde Individuen angeeignet, genutzt und mit Bedeutungen versehen wird. Eine Fixierung auf materielle oder strukturelle räumliche Gegebenheiten bei Steuerungsvorhaben wird demnach den in unserer Gesellschaft vorhandenen komplexen sozialen Beziehungen nur schwer gerecht. Strukturen sind zwar das Produkt von Handlungen, aber über sie alleine lassen sich die dynamischen sozialen Verhältnisse in unserer Gesellschaft nicht erklären. Diese sind immer auch aus subjektiver und handlungsorientierter Perspektive zu hinterfragen.

Ein Subjekt hat im Lebensalltag stets zahlreiche parallele Handlungsalternativen. Das zeigt sich zum Beispiel anhand der vielen technischen Möglichkeiten, soziale Beziehungen über Distanzen hinweg individuell zu gestalten. Diese „entflechtenden Mechanismen" (siehe Kapitel 3.2.2) organisieren das soziale Leben hinsichtlich der Strukturierung von Zeit und Raum fortlaufend neu. Ebenso verhält es sich mit den zur Verfügung stehenden individuellen Freiheiten, das eigene Leben selbst zu beeinflussen und bestimmte soziale Positionen in der Gesellschaft anzustreben (vgl. Werlen 1998c: 114ff., 1995: 132ff.). Strukturen werden deshalb nicht unbedeutender als vorher, sondern heterogener, pluralisierter und dynamischer. Lokal entstandene Strukturen und Institutionen sind nun dem Druck ausgesetzt, sich in diesen komplexen und dynamischen sozialen Verhältnissen ständig zu rekonstituieren, um Alltagsrelevanz für die Menschen in einem Stadtgebiet zu behalten (vgl. Giddens 1992: 25ff.). Unter diesen Umständen ist es logisch, materielle und strukturelle Aspekte von Raum vornehmlich im Bezug auf handlungstheoretische Überlegungen zu thematisieren und nicht andersherum. Der physische Raum ist weiterhin als Medium sozialen Handelns von großer Bedeutung, doch die Analyse von Handlungen steht im Vordergrund (vgl. Werlen 2005: 15ff.; Hermann/Leuthold 2007: 213ff.).

In der „Sozialgeographie Alltäglicher Regionalisierungen" wird Handlung als „das „Atom" des sozialen Universums betrachtet […], über das sich die Gesellschaft als primär sinnhafte Wirklichkeit konstituiert und derart in ihrer kleinsten Untersuchungseinheit erforscht werden kann" (Werlen 1998b: 90). Handelnde sind Individuen bzw. Subjekte. Ihre Handlungen werden durch sozial-kulturelle Rahmenbedingungen, den subjektiven Wissensbeständen des Handelnden und der physisch-materiellen Umwelt beeinflusst (siehe Abbildung 16). Allerdings ist das Handeln nicht durch diese Aspekte fremddeterminiert, sondern es wird maßgeblich durch die Intentionalität, Wahrnehmung und Reflexivität der handelnden Subjekte bestimmt. Durch ihr Handeln erschaffen oder reproduzieren sie alltäglich Geographien bzw. Regionalisierungen, die wiederum ermöglichend oder einschränkend auf zukünftige Handlungen einwirken können. Diese räumlichen Konsequenzen können unter den spätmodernen gesellschaftlichen Bedingungen sowohl auf lokaler als auch auf regionaler und globaler Ebene wirken, sowie in körperlicher Abwesenheit oder Präsenz des handelnden Subjektes erfolgen (vgl. Werlen 1998a: 28ff.).

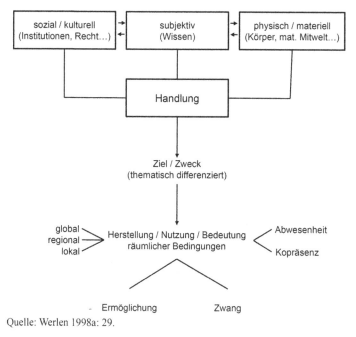

Quelle: Werlen 1998a: 29.

Abb. 16 Handlungszentrierte Geographie

In diesem Zusammenhang kann unter Regionalisierung, einerseits die gesellschaftliche Konstruktion von Handlungskontexten verstanden werden, die von Subjekten […] vorgenommen wird und die den Alltag auf verschiedenste Weise raum-zeitlich strukturiert" (vgl. Arber 2007: 254). Andererseits beschreiben alltägliche Regionalisierung auch, wie sich Subjekte die physisch-materielle Welt aneignen bzw. sich darin zurechtfinden (vgl. Werlen 1999: 264ff.). Jedes Individuum bringt dafür andere Voraussetzungen mit, je nachdem über welche Handlungsressourcen es verfügt. Hier kommt in dem vorgestellten Ansatz der Machtaspekt zum tragen. Autoritative Ressourcen beschreiben die Fähigkeit, Kontrolle über Menschen auszuüben und allokative Ressourcen sagen darüber etwas aus, inwieweit jemand Zugang zu materiellen Objekten hat und sie nutzen oder sich aneignen kann (vgl. Werlen 1995: 77ff.; Giddens 1988: 315ff.). Die zur Verfügung stehenden Handlungskapazitäten spielen für Subjekte eine wichtige Rolle im Handlungsprozess.

Dieser Handlungsprozess kann analytisch stets in vier Schritte unterteilt werden: Handlungsentwurf, Situationsdefinition, Handlungsverwirklichung und Handlungsfolgen (siehe Abbildung 17).

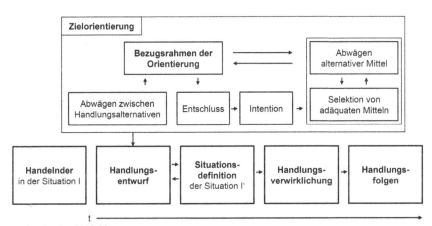

Quelle: Werlen 1988:13.

Abb. 17 Handlungsprozess

Beim Handlungsentwurf plant das jeweilige Subjekt, welches sich in der Situation I befindet, sein Handeln gemäß der eigenen Intention bzw. Ziele. Begleitend wird antizipierend die erwünschte Situation I' definiert. Im Rahmen eines kognitiven Prozesses wird ein Entschluss gefasst, welche Handlungsalternative der Zielerreichung am zuträglichsten ist und mit welchen Mitteln sie verfolgt werden soll. Schließlich folgt der Schritt der Handlungsrealisierung, der die Situation verändert oder ihren Status bewahrt. Die Handlungsfolgen, die entweder beabsichtigt oder unbeabsichtigt sein können, beenden die Prozesssequenz. Den Bezugsrahmen der Orientierung bilden die sozial-kulturellen Rahmenbedingungen, die subjektiven Wissensbestände und die physisch-materielle Umwelt (siehe Abbildung 16). Aufgrund dieses Bezugsrahmens sind Handlungen nie ausschließlich individuell, auch wenn nur Individuen handeln können (vgl. Werlen 2004: 319ff.; Schmidt 2004: 6ff.).[33]

Der eben beschriebene Handlungsprozess ist den handelnden Individuen in unterschiedlichem Maße bewusst bzw. wird verschieden intensiv von ihnen reflektiert. Bei einer bewussten Abwägung der eigenen Handlung spielt sich der kognitive Prozess der Handlungsselektion im diskursiven Bewusstsein eines Individuums ab. Wenn jedoch im Alltag gewisse Handlungen zur Routine geworden sind und darüber kaum noch nachgedacht werden muss, so spricht man von kognitiven Abläufen im praktischen Bewusstsein. Allgemeine und vollkommen unbewusste Handlungsorientierungen werden dem Unterbewusstsein zugeschrieben (vgl. Giddens 1988: 54ff.). Für die Analyse von Handlungslogiken hat dies besondere Bedeutung, weil Handlungen nur über die sie ausführenden Subjekte verstanden werden können. Je bewusster jemanden seine Handlungsweisen sind, desto leichter fällt es dem Forscher, Informationen darüber zu erhalten (vgl. Werlen 1998b: 92ff.).

Analog zu den sozialwissenschaftlichen Handlungstheorien wird bei der „Sozialgeographie Alltäglicher Regionalisierungen" zwischen drei verschiedenen Handlungsrationalitäten differenziert, die auch die Teilbereiche dieser Forschungskonzeption markieren (vgl. Werlen 1997). Sofern bei der Analyse von Handlungen das Ziel als feststehend angenommen wird, wird auf zweckrationale Handlungstheorien (vgl. Pareto 1916) Bezug genommen. Wenn allerdings die Wahl von Zielen und Zwecken vor dem Hintergrund von sozialer und normativer Gültigkeit untersucht werden soll, so wird auf normorientierte Handlungstheorien (vgl. Parsons 1937) zurückgegriffen. Gesetzt den Fall, dass subjektive Bedeutungszuweisungen und Sinnbildungsprozesse als konstitutiv für die Handlungswahl angesehen werden, sind verständigungsorientierte Handlungstheorien (vgl. Schütz/Luckmann 1979) richtungsweisend bei der Handlungsanalyse (vgl. Werlen 1998b: 96; 1988: 112ff.). Zur Analyse von Prozessen der sozialen Stadtentwicklung ist ein verständigungsorientiertes Vorgehen zielführend, weil es in der sozialen Stadtentwicklung vielfältige Meinungen zu Problemen und hinsichtlich zu verfolgenden Zielen gibt und die Beteiligten und Betroffenen ihr Handeln an sehr unterschiedlichen Normen und Sinnkonstruktionen orientieren.

---

[33] Ein ähnliches Handlungsmodell wird ebenfalls in den 80er Jahren von WEICHHART vorgeschlagen (vgl. 1986: 85).

Das Wechselverhältnis zwischen Struktur- und Handlungsebene wird bei der „Sozialgeographie Alltäglicher Regionalisierungen" in Anlehnung an die „Strukturationstheorie" (Giddens 1988) spezifiziert. Strukturen sind darin „Regeln und Ressourcen, die an der sozialen Reproduktion rekursiv mitwirken" (ebenda: 45). Durch Strukturen werden regelmäßige Beziehungen zwischen Akteuren und Kollektiven organsiert und somit soziale Systeme reproduziert. Strukturen selbst werden durch soziale Praktiken produziert. Sie existieren also nicht unabhängig von dem Wissen, was Menschen über ihr Handeln haben. Gleichzeitig fungieren Strukturen auch als Medium für die Handlungen von Subjekten. In dieser medialen Funktion können Strukturen sowohl einschränkend als auch ermöglichend für subjektive Handlungen wirken. Regeln stellen hierbei einen Rahmen von Deutungsschemata und Normen dar. Ressourcen beschreiben hingegen Transformationspotentiale in Form von allokativen und autoritativen Ressourcen. Diejenigen Strukturmomente, die die weitesten und persistentesten Ausdehnungen in Raum und Zeit aufweisen, werden als Institutionen bezeichnet: „Institutionen sind definitionsgemäß die dauerhaften Merkmale des sozialen Lebens" (ebenda: 75f.). Strukturierung wird unter diesen Bedingungen als Prozess verstanden, der „die Kontinuität oder Veränderung von Strukturen und deshalb die Reproduktion sozialer Systeme" (ebenda: 77) bestimmt (vgl. ebenda: 335ff.; Werlen 1995: 77ff.).

3.4.3 Steuerungstheorie

Aus steuerungstheoretischer Perspektive sind zwei weitere Ansätze zur Konzeption des „integrierten Prozessraums" heranzuziehen: der „Akteurzentrierte Institutionalismus" (Mayntz/ Scharpf 1995; Scharpf 2000) und der medientheoretische Ansatz von Münch (1995, 1996, 2001). Im Hinblick auf die Entwicklung der „integrierten Prozessraumtheorie" erklären diese Ansätze die Entstehung und die Bedeutung von institutionalisierten und emergierten Steuerungsarrangements in kooperativen Politikprozessen (siehe Kapitel 3.5.1) und zeigen darüberhinaus einen normativen Handlungsrahmen für Steuerung auf (siehe Kapitel 3.5.4). In beiden Ansätzen finden sich zwar wertvolle Informationen zu potentiellen Steuerungsmöglichkeiten in kooperativen Politikprozessen wieder, allerdings fehlt die erforderliche Detailtiefe, um konkrete Veränderbarkeiten auf der Handlungs- oder Strukturebene zu formulieren. Die empirischen Ergebnisse dieser Arbeit stellen diese fehlenden Informationen zur Verfügung. Zudem werden auch Machtverhältnisse in unzureichendem Maße berücksichtigt. Macht wird lediglich als Kapazität von Akteuren, politischer Entitäten oder Akteurkonstellationen thematisiert. Diese eindimensionale Konzeption von Macht reicht für die Anforderungen einer „integrierten Prozessraumtheorie" nicht aus. Machtverhältnisse werden nicht durch subjektive Kapazitäten determiniert, sondern spannen einen überindividuellen Raum von Handlungsmöglichkeiten auf (siehe Kapitel 3.4.4). Sie bilden ein komplexes und interdependentes Beziehungsgefüge ab, das nicht nur durch einseitig von Individuen besessenen Kapazitäten und Ressourcen beschrieben werden kann.

3.4.3.1 Ansatz des „Akteurzentrierten Institutionalismus"

Durch den „Akteurzentrierten Institutionalismus" ist erklärbar, wie Institutionen produziert werden und wie sie auf die Handlungen von Beteiligten und Betroffenen in einem kooperativen Politikprozess wirken können. Der Ansatz integriert akteur- und institutionenorientierte Theoriekonzepte, um Interaktionen in Kooperationsprozessen zu untersuchen und bestimmte Politikergebnisse zu erklären. Unterschiedliche Akteurkonstellationen entwickeln gemäß ihren Akteuren, Handlungsressourcen und Handlungsorientierungen eigene Formen der Interaktion und weisen spezifische Problemlösungsfähigkeiten auf. Probleme sollten demnach durch entsprechend zusammengesetzte Akteurkonstellationen bearbeitet werden. Außerdem werden im „Akteurzentrierten Institutionalismus" noch Hinweise darauf gegeben, wie effizient oder effektiv verschiedene Steuerungsmodi unter bestimmten institutionellen Bedingungen sind. Dabei wird betont, dass in kooperativen Politikprozessen eine Kombination verschiedener Steuerungsmodi notwendig ist.

Der Ansatz des „Akteurzentrierten Institutionalismus" wurde in der netzwerkorientierten Policy-Forschung in den 90er Jahren entwickelt (vgl. Mayntz/Scharpf 1995) und erörtert insbesondere die Möglichkeit, durch kooperative Organisationsformen gemeinwohlorientierte Politik zu betreiben (vgl. Burth 1999: 80ff.; Pütz 2004: 49). Der Ansatz findet in Forschungsarbeiten über kooperative Formen der Stadt- oder Regionalentwicklung häufig Anwendung (vgl. Stegen 2006; Knieling et al. 2003; Fuchs et al. 2002; Fürst 2001).

Interaktionen als zentraler Forschungsgegenstand im „Akteurzentrierten Institutionalismus" finden zwischen intentional handelnden Akteuren statt. Durch ihr strategisches Handeln und die damit verbundenen Interaktionen konstituieren sich Regelsysteme, die aus formalen und rechtlichen Regeln und sozialen Normen bestehen. Solche Regelsysteme werden als Institutionen bezeichnet. Sie strukturieren und beeinflussen als institutioneller Kontext wiederum Handlungen und Interaktionen. Obwohl der institutionelle Kontext zeitlich und räumlich variabel ist, ist er im konkreten Politikprozess eine relativ stabile Konstante.

Aufgrund dieser Regelmäßigkeit eignet er sich besonders gut zur Erläuterung von Politikprozessen (vgl. Pütz 2004: 49f.; Scharpf 2000: 17ff.).

Bei der Analyse von kooperativen Politikprozessen stehen neben dem beobachtbaren institutionellen Kontext drei variable Einflussgrößen im Fokus der Betrachtung: die Akteure, die Akteurkonstellationen und die Interaktionsformen (siehe Abbildung 18). Zudem sind zur Erklärung von bestimmten politischen Entscheidungen auch die behandelte Problemsituation und die Politik-Umwelt von Interesse (vgl. Scharpf 2000: 73ff.).

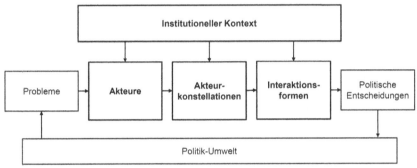

Quelle: Scharpf 2000: 85.

Abb. 18 Interaktionsorientierte Policy-Forschung

Die Akteure sind differenzierbar in individuelle, kollektive und korporative Akteure. Jeder einzelne Akteur verfügt über spezifische Fähigkeiten, Wahrnehmungen und Präferenzen, die er als Handlungsressourcen einsetzen kann, um den Politikprozess in seinem Sinne zu beeinflussen. Die Quelle dieser Handlungsressourcen sind persönliche Merkmale, z.B. physische Stärke, Intelligenz etc., materielle Ressourcen, wie Geld, Land, Technologie etc., und institutionelle Regeln, durch die einem bestimmte Rechte und Kompetenzen zugewiesen werden. Die institutionellen Regeln werden in diesem Ansatz als die wichtigsten Handlungsressourcen erachtet. Aus allen eben beschriebenen Komponenten ergeben sich jeweils eigene Handlungsorientierungen von am Politikprozess beteiligten Akteuren (vgl. Pütz 2004: 50; Scharpf 2000: 95ff.).

Die Akteurkonstellationen sind von großer Relevanz, weil politische Prozesse kaum durch einzelne Akteure bestimmt werden. Je nach Zusammensetzung und den Eigenschaften und Zielen der beteiligten Akteure variieren das Konfliktniveau und die Problemlösungsfähigkeit im Politikprozess. Auf welche Art und Weise Konflikte bzw. Probleme bewältigt werden, ergibt sich aufgrund der

Interaktionsformen, die sich zwischen den Beteiligten etablieren. Die vier grundlegenden Interaktionsformen sind einseitiges Handeln, Verhandlung, Mehrheitsentscheidung und hierarchische Steuerung. Der institutionelle Kontext begrenzt die Möglichkeit der Interaktionsform. Die am meisten auftretenden institutionellen Kontexte sind anarchische Felder mit minimalen Institutionen, Netzwerke bzw. Regime oder Zwangsverhandlungssysteme, Verbände bzw. repräsentative Versammlungen und hierarchische Organisationen bzw. der Staat. Während in anarchischen Feldern hierarchische Steuerung und Mehrheitsentscheidungen relativ schwer umsetzbar scheinen, ist das Auftreten von allen vier Interaktionsformen in Organisationen und dem Staat ein alltägliches Phänomen. In Verbänden und Netzwerken ist allerdings wiederum Erfolg durch hierarchisches Vorgehen unwahrscheinlich. Des Weiteren bringen die unterschiedlichen Interaktionsformen bei bestimmten Akteurkonstellationen Vor- und Nachteile mit sich. Bei einem hohen Konfliktpotenzial sind zum Beispiel einseitiges Handeln oder Mehrheitsentscheidungen wenig erfolgsversprechend. Verhandlungen hingegen können unter diesen Umständen mehr bewegen, tendieren jedoch leicht zu Blockaden oder schlechten Kompromisslösungen. Außerdem sind Verhandlungen in der Regel mit recht hohen Transaktionskosten verbunden. Mit hierarchischer Steuerung können zwar in ziemlich allen Problemsituationen effiziente und effektive Lösungen bewirkt werden, allerdings sind dafür beträchtliche Fähigkeiten und Wissensressourcen beim betreffenden Steuerungssubjekt nötig. In einem so komplexen Politikfeld, wie es die soziale Stadtentwicklung ist, ist es jedoch sehr unwahrscheinlich, dass ein einzelner Akteur diese Voraussetzung erfüllt. Im Falle von Blockaden im Rahmen von Verhandlungen kann die Gegenwart von hierarchischen Steuerungsmöglichkeiten allerdings sehr hilfreich sein. Die bloße Möglichkeit einer hierarchischen Intervention kann bereits die an der Verhandlung beteiligten Akteure dazu bewegen, sich auf einen konstruktiven Lösungsweg einzulassen. Eine solche Situation auch „Verhandlung im Schatten der Hierarchie" genannt (vgl. Pütz 2004: 50ff.; Scharpf 2000: 123ff.).

3.4.3.2 Mediale Mittel zur Herstellung politischer Handlungsfähigkeit

Ausgehend von der „Medientheorie" von Parsons (1969) behandelt der medientheoretische Ansatz von Münch (1995, 1996, 2001) die Herstellungsbedingungen von Handlungsfähigkeit in kooperativen Politikprozessen. Er bietet eine Orientierungshilfe, wie problemadäquate Akteurkonstellationen bestimmt werden können. Es müssen Netzwerke gebildet werden, in denen ausreichend mediale Steuerungsmittel mobilisierbar sind, um ein bestimmtes Politikergebnis durchsetzen und erreichen zu können. (vgl. Burth 1999: 105ff.).

In jeder Gesellschaft sind stets bestimmte Strukturmerkmale identifizierbar. Sie sind prinzipiell in vier interdependente Teilsysteme zu differenzieren: Wirtschaft, Politik, gesellschaftliche Gemeinschaft (Zivilgesellschaft) und Kultur. In diesen gesellschaftlichen Teilbereichen haben sich bestimmte Medien etabliert, die die Kommunikation in ihnen regeln. In der Wirtschaft nimmt diese Funktion das Geld ein, in der Politik die Entscheidungsmacht, in der gesellschaftlichen Gemeinschaft der Einfluss und in der Kultur die Wertebeziehungen. Außerdem haben diese Medien in der Gesellschaft auch eine integrative Funktion, da über sie die ausdifferenzierten gesellschaftlichen Teilbereiche in einen Gesamtzusammenhang integriert werden können. Die Relevanz von den Medien ist also nicht lediglich auf ihr originäres Teilsystem begrenzt, sondern sie zirkulieren durch die gesamte Gesellschaft. Einzelne Individuen können sich ihrer bedienen, um ihre Interessen in der Gesellschaft durchzusetzen (vgl. Willke 2006: 203ff.; Münch 1995: 159ff.; Parsons 1969: 5ff.).

In diesem gesellschaftlichen Kontext entstehen in kooperativen Politikprozessen zur Herstellung von Handlungsfähigkeit spezifische institutionelle Regeln und Kulturen. Die Analyse dieser institutionellen Regeln und Kulturen steht im Zentrum des hier vorgestellten Ansatzes: „In ihnen drückt sich aus, wie Politik legitimerweise gemacht wird. Soweit es sich dabei um demokratische Politik handelt, kommen in der politischen Kultur und in den institutionellen Regeln gemeinsame Vorstellungen gelebter Demokratie zum Ausdruck" (Münch 2001: 190).

Zum Erreichen von Handlungsfähigkeit in kooperativen Politikprozessen braucht es grundlegend die Mobilisierung politischer Macht, von Geldmitteln, von Unterstützern und die Generierung von ausreichend Sachverstand in Kombination mit der Auseinandersetzung darüber, was wahr und rechtens ist (Organisation von Akzeptanz). Die daraus entstehenden Verflechtungen zwischen Politik, Wirtschaft, Zivilgesellschaft und Kultur konstituieren einen sozialen Handlungsraum für Politikgestaltung (siehe Abbildung 19). Der soziale Handlungsraum fungiert einerseits als symbolweltliche Orientierung für das Handeln und spiegelt andersseits die Kontingenz des Handelns im Sinne von Handlungsmöglichkeiten wieder. Politische Entscheidungen schränken Handlungsmöglichkeiten ein, während diese jedoch symbolisch präsent bleiben. Andererseits werden die Handlungsmöglichkeiten durch die Mobilisierung ökonomischer Ressourcen symbolisch und faktisch erweitert. Traditionell gewachsene Normen in der Zivilgesellschaft wirken hingegen einschränkend auf Vorstellungen und Handlungsmöglichkeiten. Zuletzt wird die Symbolwelt durch kulturelle Reflexion auf grundlegende Werte reduziert, was jedoch eine Vielfalt an Handlungsalternativen zur Disposition stellt.

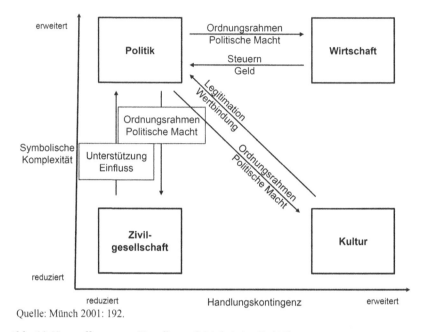

Quelle: Münch 2001: 192.

Abb. 19 Herstellung von Handlungsfähigkeit im Politikprozess

In diesem sozialen Handlungsraum ist die Kultur der Ort der Mobilisierung von Wertbindung und Wahrheit (Organisation von Akzeptanz), die Zivilgesellschaft der Ort der Einflussgenerierung, die Wirtschaft der Ort der Geldschöpfung und die Politik der Ort der Ausübung von politischer Entscheidungsmacht. Diese vier Bereiche sind als Handlungsfelder zu verstehen, die jeweils eigene Rationalitäten hervorbringen. Diese Rationalitäten manifestieren sich in Institutionen. Zur Herstellung von Handlungsfähigkeit in kooperativen Politikprozessen müssen diese Institutionen berücksichtigt werden, um die notwendigen medialen Steuerungsmittel dort zu generieren, wo sie beheimatet sind (vgl. ebenda: 190ff.; Münch 1996: 165ff.):

> „Wenn wir sagen, die Politik müsse Ressourcen in Form von Macht, Geld, Einfluss und Wertbindung (Wahrheit) mobilisieren, um die Gesellschaft gestalten zu können, dann gehört dazu auch, dass die entsprechenden Ressourcen nur dort und nur nach den jeweiligen institutionellen Regeln gewonnen werden können, wo sie beheimatet sind: politische Macht im institutionellen Komplex der Politik selbst, Geld in der Wirtschaft, Einfluss in der Zivilgesellschaft und Wertbindung (Wahrheit) in der Kultur (Wissenschaft)" (Münch 2001: 192).

Der Wert der medialen Mittel – politische Entscheidungsmacht, Einfluss, Geld und Wahrheit (Organisation von Akzeptanz) – kann im Laufe des Politikprozesses beträchtlich variieren. Wenn politische Entscheidungsmacht in Form von hoheitlichen Entscheidungen übermäßig ausgeübt wird, so kann es geschehen, dass Beteiligte und Betroffene sich übergangen fühlen und ihre aktive Unterstützung entziehen. Das Resultat ist die inflationäre Entwertung des medialen Mittels politischer Entscheidungsmacht. Unter diesen Umständen muss immer mehr legitimierte Gewalt für die Umsetzung von Gesetzen und politischen Programmen gleichen Umfangs eingesetzt werden. Ebenso kann es sich bei den anderen medialen Mitteln verhalten. Zur Mobilisierung von genügend Einfluss müssen immer mehr Beziehungen geknüpft werden, immer mehr Geld wird zum Erzielen des gleichen Ergebnisses benötigt und immer mehr fachliche Zustimmung ist erforderlich, um bestimmte Programme konsensfähig zu machen. Deflationäre Tendenzen können den Wert von medialen Steuerungsmitteln auch in die Höhe treiben. Dies geht einher mit einer abnehmenden Verfügbarkeit des jeweiligen medialen Mittels. Diese Möglichkeit der Wertfluktuation führt zu einer grundlegenden Fragilität von Steuerungsstrategien. Kooperative Politikprozesse müssen ausreichend flexibel und integrativ sein, um dies zu kompensieren (vgl. ebenda: 193ff.).

3.4.4 Macht und Machtverhältnisse

In den vorgestellten geographischen und steuerungstheoretischen Ansätzen wird Macht entweder gar nicht oder nur eindimensional thematisiert. Die Möglichkeitsräume für Steuerung und Veränderung im „integrierten Prozessraum" werden allerdings durch die in Kooperationsprozessen bestehenden Machtverhältnisse determiniert (siehe Kapitel 3.5.3). Deshalb ist die grundlegende Auseinandersetzung mit sozialwissenschaftlichen Perspektiven auf Macht im Rahmen dieser Forschungsarbeit notwendig.

Die verschiedenen Sichtweisen auf Macht (siehe Kapitel 3.4.4.1) lassen insgesamt vier Machtbegriffe erkennen. Macht über jemanden oder etwas drückt die Möglichkeit aus, den eigenen Willen in einer sozialen Beziehung durchzusetzen (power over). Ein weiterer Machtbegriff thematisiert die dispositionale Fähigkeit eines Akteurs, etwas zu tun oder zu unterlassen (power to). Der kollektive Machtbegriff lässt Macht als etwas erscheinen, dass in einem sozialen System mobilisiert werden muss, um ein bestimmtes Ziel erreichen zu können. Zuletzt wird Macht als Möglichkeitsraum von Handlungen und ein multidimensionales Kräftefeld beschrieben, welches auf Handlungen einwirkt und darauf beruht (vgl. Berndt 1999: 305ff.; Imbusch 1998: 9ff.).

Die „Analyse von Machtverhältnissen" von Foucault (1987) lässt die Integration dieser verschiedenen sozialwissenschaftlichen Sichtweisen auf Macht zu (siehe Kapitel 3.4.4.2). Die multidimensionale und integrative Herangehensweise bei der „Analyse von Machtverhältnissen" ist das zentrale Element zur Entwicklung der „integrierten Prozessraumtheorie" (siehe Kapitel 3.5.3). Durch sie lassen sich Möglichkeitsräume für die aktive Gestaltung von kooperativen Politikprozessen identifizieren. Auf Grundlage der existierenden Machtverhältnisse entstehen spezifische, sich unter Umständen überlappende Orientierungsrahmen für subjektive Handlungen. Diese Orientierungsrahmen bzw. Möglichkeitsräume müssen in der sozialen Stadtentwicklung berücksichtigt werden, um ausreichend Kapazitäten für die Herstellung von politischer Handlungsfähigkeit zu mobilisieren.

3.4.4.1 Perspektiven auf Macht

> „Einerseits manifestiert sich Macht in manifestem Akteurshandeln und ist als solche [...] in Einfluß-, Willensbildungs-, Machterwerbs- bzw. „Machtverlustanalysen zu untersuchen. Andererseits sind diese Machtbeziehungen strukturell und/oder sinnhaft vorbestimmt" (Rieger/Schultze 2002: 494).

In den Sozialwissenschaften wird zwischen handlungstheoretisch-instrumentellen und funktional-strategischen Machtansätzen differenziert. Sie unterscheiden sich im Wesentlichen darin, ob Macht als Kapazität von Einzelnen, als interdependentes Handeln Mehrerer oder als überindividuelle, omnipräsente und dynamische Eigenlogik betrachtet wird (vgl. Weiß 2002: 486f.).

Instrumentell-handlungstheoretische Ansätze behandeln Macht als Mittel, den eigenen Willen durchzusetzen und Bedürfnisse zu befriedigen („power to" und „power over"). Dabei wird beim Auftreten von Macht von einer unilinearen Kausalität ausgegangen, wobei Individuen oder der staatliche Souverän diese Macht durch zweckrationale Handlungen ausüben und eine bestimmte Wirkung dadurch erzeugen können. Macht wird aus dieser Sicht zu einer Kapazität oder Fähigkeit eines Individuums: „Macht bedeutet jede Chance, innerhalb einer sozialen Beziehung den eigenen Willen auch gegen Widerstreben durchzusetzen, gleichviel worauf diese Chance beruht" (Weber 1976: 28). In Machtanalysen mit diesem Fokus besteht die Tendenz dazu, dass Interdependenzen und Qualitäten aus dem Blick geraten und Macht als quantifizierbares Attribut von Individuen untersucht wird. Jeder Mensch verfügt dabei über unterschiedlich viel Macht, wodurch sich Machtasymmetrien manifestieren (vgl. Rieger/Schultze 2002: 488ff.; Hindess 1996: 23ff.; Burkolter-Trachsel 1981: 13ff.).

In funktional-strategischen Machtansätzen werden hingegen solch mechanistische Kausalitätsannahmen abgelehnt und ein mehrdimensionales Machtverständnis bevorzugt. Allerdings sind hier wiederum strukturalistische, systemtheoretische und postmoderne Machtansätze zu unterscheiden. Strukturalistische Ansätze betonen im Verborgenen liegende Machtstrukturen, die auch bei Nicht-Handeln wirken und eine bestimmte Ordnung herstellen oder bewahren. Träger von Macht bleiben jedoch Individuen oder Gruppen, wobei deren Handlungen und deren Bedürfnisse durch die latenten Machtstrukturen beeinflusst werden. Systemische Ansätze betrachten soziale Systeme als Träger von Macht, also nicht mehr Individuen oder Gruppen. Macht hat die Funktion eines Kommunikationsmediums, welches die Handlungsmöglichkeiten bzw. die Kontingenz in einem System reguliert. Mit dieser ausschließlich systemischen Sicht auf Macht ist es jedoch schwer, konkrete, im Alltag erfahrbare, politische oder andere individuelle Machthandlungen in angemessenem Maße zu erklären. Postmoderne Ansätze verneinen ebenfalls individualisierte Machtkonzepte, weil Macht nicht von Einzelnen oder Gruppen besessen werden kann. Macht ist allgegenwärtig und die Machtverhältnisse zwischen Subjekten produzieren Effekte, die durch die Analyse von Handlungen untersucht werden können (vgl. Pütz/Rehner 2007: 37ff.; Rieger/Schultze 2002: 491ff.).

Zur Rekonstruktion der Machtverhältnisse (siehe Kapitel 3.5.3) in der „integrierten Prozessraumtheorie" stellt die „Analyse von Machtverhältnissen" von Foucault (1987) die theoretische Grundlage dar. In ihr wird die individuell-instrumentelle Perspektive vollständig aufgegeben und der Fokus auf die Analyse von Machtverhältnissen gelegt (siehe Kapitel 3.4.4.2). Sie wird den postmodernen Ansätzen zugeordnet (vgl. Rieger/Schultze 2002: 493). Macht wird darin als „ein Ensemble von Handlungen, die sich gegenseitig hervorrufen und beantworten" (Foucault 1987: 251) behandelt. Die Effekte von Macht materialisieren sich zwar in den handelnden Körpern von Subjekten, aber Macht ist deswegen nicht als Attribut oder Privileg von Personen, Gruppen oder Institutionen zu verstehen. Macht ist vielmehr ein multidimensionales Kräfteverhältnis. Sie ist immer und überall in der Gesellschaft präsent. Der Staat kann diese Machtverhältnisse nicht kontrollieren oder beherrschen, sondern wird auf Grundlage von ihnen erst handlungsfähig (vgl. Foucault 1976: 105ff., 1980: 109ff.; Kneer 1998: 241ff.). In diesem Zusammenhang stellt Macht eine produktive Komponente des sozialen Lebens dar, weil sie Individuen ein Spektrum an Handlungsoptionen gewährt. Machtbeziehungen zwischen handelnden Individuen sind insofern wie ein strategisches Spiel zwischen individuellen Handlungsfreiheiten zu verstehen. Wenn die Handlungsfreiheit von Individuen nicht mehr gegeben ist, so ist auch nicht mehr von Macht die Rede, sondern von Dominanz. Regieren ist eine

Mischform zwischen Dominanz und den auf Machtverhältnissen basierenden Handlungsfreiheiten (vgl. Hindess 1996: 96ff.).

Zur Operationalisierung des Systems der Differenzierungen bei der Rekonstruktion der Machtverhältnisse (siehe Kapitel 3.5.3) wird in dieser Arbeit die Terminologie der „Geographie Alltäglicher Regionalisierungen" (siehe Kapitel 3.4.2) und des Kapitalansatzes von Bourdieu (1987) verwendet. Durch die Verwendung beider Ansätze bei der Deutung von Machtverhältnissen, ist es möglich, sowohl subjektivistische als auch kollektivistische Interpretationsschwerpunkte zu setzen.

In der „Sozialgeographie Alltäglicher Regionalisierungen" bzw. in der „Strukturationstheorie" (siehe Kapitel 3.4.2) liegt der Schwerpunkt auf einer individuell-instrumentellen Sicht auf Macht, es werden jedoch auch strukturelle Aspekte von Macht berücksichtigt. Macht ist ein elementarer Bestandteil von Handeln und Interaktion und drückt dabei die subjektive Fähigkeit aus, etwas durch das eigene Handeln zu gestalten. Allerdings ist dieses Gestaltungspotenzial in einem interaktiven Kontext vom Handeln anderer abhängig. Insofern impliziert Macht auch die Fähigkeit, die Handlung anderer zu beeinflussen (vgl. Giddens 1984: 133ff., 1998: 145ff.). Das Vermögen von Akteuren zur Ausübung von Macht hängt von den ihnen zur Verfügung stehenden Ressourcen ab. Allokative Ressourcen umfassen materielle Machtquellen, wie z.B. Geld, Technologie oder Güter. Autoritative Ressourcen drücken die Regeln in einer Gesellschaft aus, wie Raum und Zeit organisiert sind. Diese Regeln können es Einzelnen ermöglichen, z.B. in einer bestimmten Position in der Politik, Macht über Andere auszuüben (vgl. Giddens 1988: 313ff.). Ressourcen werden als Strukturmomente verstanden, auf die die Handelnden sich beziehen (vgl. ebenda: 67ff.). Machtpotenziale sind also letztlich institutionell begründet, weshalb in der „Sozialgeographie Alltäglicher Regionalisierungen" Aspekte einer strukturellen Sicht auf Macht zu identifizieren sind. Durch diese institutionelle Begründung von Macht geraten persönliche Eigenschaften von Handelnden in den Hintergrund, wie z.B. Weit-blick oder Kontakte. Sie sollten deshalb explizit als dritte Säule neben den institutionell begründeten allokativen und autoritativen Ressourcen berücksichtigt werden (vgl. Reuber 1999: 319ff.).

Um die subjektivistische Interpretation von Macht der „Sozialgeographie Alltäglicher Regionalisierungen" um eine kollektivistische Perspektive zu ergänzen, eignet sich die Machtkonzeption von Bourdieu (1987). Auch hier finden sich sowohl Elemente einer individuell-instrumentellen als auch funktional-strukturellen Sicht auf Macht wieder, der Schwerpunkt liegt jedoch auf letzterem. Das Machtpotenzial von Handelnden bemisst sich daran, über wie viel Kapital bzw. Machtmittel sie verfügen und wie sich die verschiedenen Kapitalsorten zusammensetzen (vgl. Bourdieu 1987: 195ff., 298ff.; Wayard 1998:

227ff.). Es werden vier Kapitalformen unterschieden. Ökonomisches Kapital umfasst Geld oder Güter, die direkt in Geld konvertierbar sind. Es kann gut über Eigentumstitel institutionalisiert werden. Das kulturelle Kapital beschreibt inkorporiertes Wissen, objektivierte Kulturgüter wie Bücher und institutionalisierte Bildungszertifikate und Titel. Das soziale Kapital umschreibt alle Handlungsressourcen, die jemanden durch soziale Beziehungen und Kontakte zuteil werden. Dieses soziale Netzwerk kann in unterschiedlichem Umfang institutionalisiert sein und spiegelt neben Beziehungen auch soziale Verpflichtungen wieder. Die letzte Kapitalform ist das symbolische Kapital, durch welches bestimmt wird, was für Kapitalsorten in welcher Zusammensetzung dem Handelnden in einem bestimmten sozialen Feld Prestige und Anerkennung verleihen. Kapital kann von Individuen und Gruppen angeeignet werden und ihnen dadurch soziale Wirkungsmacht verleihen. Es drückt also eine Kraft aus, die sowohl subjektive Handlungspotenziale begründet, als auch objektive Regelmäßigkeiten der sozialen Welt konstituiert (vgl. Bourdieu 2005: 49ff.). Ganzheitlich betrachtet ist die Gesellschaft ein sozialer Raum mit Strukturen von Unterschieden. Diese Unterschiede werden generiert durch die „Distributionsstruktur der Machtformen oder Kapitalsorten, die in dem betrachteten sozialen Universum wirksam sind – und also nach Zeit und Ort variieren" (Bourdieu 1998: 49). Aufgrund der zeit-räumlichen strukturellen Unterschiede und deren Wandelbarkeit bilden sich unterschiedliche soziale Felder heraus, in denen Gruppen um Vorherrschaft konkurrieren. Im sozialen Raum entsteht so ein aus verschiedenen Machtmitteln und Zwecken zusammengesetztes Kräftefeld, ein „Feld der Macht" (ebenda: 51):

> „Es ist der Raum der Machtverhältnisse zwischen verschiedenen Kapitalsorten oder, genauer gesagt, zwischen Akteuren, die in ausreichendem Maße mit einer der verschiedenen Kapitalsorten versehen sind, um gegebenenfalls das entsprechende Feld beherrschen zu können, und deren Kämpfe immer dann an Intensität zunehmen, wenn der relative Wert der verschiedenen Kapitalsorten [...] ins Wanken gerät."

Durch das „Feld der Macht" wird die Relevanz von interdependenten Machtverhältnissen betont. Macht ist somit nicht nur ein als instrumentell anzusehendes Machtmittel, sondern strukturiert auch die Handlungspotenziale von Akteuren (vgl. ebenda: 48ff., 66ff.).

In der Sozialgeographie gibt es einige Arbeiten, die sich mit machtbezogenen Raumproduktionen auseinandersetzen und unterschiedliche Herangehensweisen an Macht dokumentieren und praktizieren (vgl. Scheller 1995; Berndt 1999; Reuber 1999; Allen 2003; Hafner 2003; Pütz 2004; Gregory 2008). Die zentrale Herausforderung bleibt jedoch, eine ganzheitliche Sicht auf Macht einzunehmen, um die vielfältigen Dimensionen des sozialen Lebens angemessen abzubilden:

„It matters because if we fail to recognize the diverse ways in which power puts us in place, we disempower ourselves" (Allen 2003: 193).

Auch für die Steuerung von kooperativen Politikprozessen ist es von elementarer Wichtigkeit, die sie beeinflussenden Machtverhältnisse so umfassend wie möglich zu verstehen.

3.4.4.2 Analyse der Machtverhältnisse

Machtverhältnisse beschreiben einen Möglichkeitsraum von Handlungen. Sie existieren auf Grundlage von Handlungen und wirken auch in erster Linie auf sie ein. Da Handlungen durch Subjekte ausgeführt werden, sind die Effekte von Machtverhältnissen aus der Perspektive handelnder Subjekte zu analysieren und die Untersuchung von Institutionen nicht als vorderste Priorität zu betrachten. Machtverhältnisse werden zwar durch Institutionen strukturiert, Handlungen sind jedoch ihr konstitutives Element. Machtausübung ist weder Individuen oder Kollektiven noch institutionellen Gegebenheiten oder Strukturen zuzuordnen, sondern ist als Effekt von Machtverhältnissen zu begreifen, die auf die frei handelnden Subjekte einwirken:

> „Sie ist ein Ensemble von Handlungen in Hinsicht auf mögliche Handlungen; sie operiert auf dem Möglichkeitsfeld, in das sich das Verhalten der handelnden Subjekte eingeschrieben hat: sie stachelt an, gibt ein, lenkt ab, erleichtert oder erschwert, erweitert oder begrenzt, macht mehr oder weniger wahrscheinlich; im Grenzfall nötigt oder verhindert sie vollständig; aber stets handelt es sich um eine Weise des Einwirkens auf ein oder mehrere handelnde Subjekte, und dies, sofern sie handeln oder zum Handeln fähig sind. Ein Handeln auf Handlungen" (Foucault 1987: 255).

Fertigkeiten oder instrumentelle Mittel, die ein Subjekt zur eigenen Zielerreichung anwendet, bezeichnet Foucault nicht als Machtausübung, sondern als Ausübung sachlicher Fähigkeiten. Unter Regieren versteht er den Versuch, „das Feld eventuellen Handelns der anderen zu strukturieren" (ebenda: 255). In dieser Arbeit wird solch eine Intention mit Steuerung beschrieben.

Die „Analyse von Machtverhältnissen" nach Foucault umfasst fünf Komponenten. Zuerst wird das System der Differenzierungen untersucht, um grundlegende Faktoren der Einwirkung auf Handlungen zu erkennen. Damit sind materielle Ressourcen, gesellschaftliche Positionen und persönliche Eigenschaften von Subjekten gemeint. Anhand dieser Aspekte manifestieren sich Unterschiede zwischen Subjekten und können Handlungen begründet werden. In Folge werden die Typen von Zielen, die auf das Handeln einwirken betrachtet. Über sie lassen sich unterschiedliche Handlungsrationalitäten erklären. Der nächste Analyseschritt beschäftigt sich mit den instrumentellen Modalitäten, also den sachlichen Fähigkeiten der Subjekte, ihre Ziele durchzusetzen. Dies kann beispielsweise mit Waffengewalt, Überzeugungsgabe, kraft der eigenen Stellung in der Gesellschaft und vielem anderen mehr passieren. Daraufhin werden die Formen der Institutionalisierung beleuchtet, in Rahmen derer die Subjekte handeln. Institutionalisierungen können beispielsweise durch Traditionen, Rechtsstrukturen, Gewohnheiten, hierarchische Organisationsformen etc. beschrieben werden. Zuletzt nimmt die Analyse der Machtverhältnisse noch den Grad der Rationalisierung in Augenschein. Damit ist gemeint, mit wie großer Sicherheit ein Subjekt davon ausgehen kann, dass es mit seinem Handeln ein bestimmtes Ergebnis erzielt (vgl. ebenda: 256ff.).

Im Ganzen betrachtet ermöglichen diese fünf Analyseschritte einen vielseitigen Blick auf die Machtverhältnisse, an denen sich das Handeln von Subjekten orientiert. Dieser Orientierungsrahmen kann subjektiv und in unterschiedlichen gesellschaftlichen Teilbereichen sehr verschiedenen ausfallen. Die einzelnen Konzeptionen sind „vielfältig, sie überlagern sich, kreuzen sich, beschränken und annullieren sich bisweilen, verstärken sich in anderen Fällen" (vgl. ebenda: 258).

3.5 „Integrierte Prozessraumtheorie" - ein neuer Steuerungsansatz

Die „integrierte Prozessraumtheorie" ist eine Synthese der in dieser Arbeit erläuterten theoretischen Vorüberlegungen und der in Kapitel 4 dargestellten empirischen Ergebnisse. Durch sie ist es möglich, die Machtverhältnisse in den interdependenten Beziehungsverhältnissen von Kooperationen zu rekonstruieren und angemessene Steuerungsimpulse und Interventionen zu erkennen.

3.5.1 Produktion von Kooperationsstrukturen

Jede Kooperation in der sozialen Stadtentwicklung ist geprägt durch spezifische Strukturen (siehe Abbildung 20 und Kapitel 4.1). Sie emergieren im Zuge der Interaktion der verschiedenen beteiligten und betroffenen Akteure. Die bereits bestehende Politik-Umwelt wird dadurch ergänzt. Dies führt dazu, dass die Art und Weise, wie Probleme bearbeitet werden, gleichzeitig durch den traditionellen institutionellen Kontext der Politik-Umwelt und die neu entstandenen Kooperationsstrukturen beeinflusst wird.

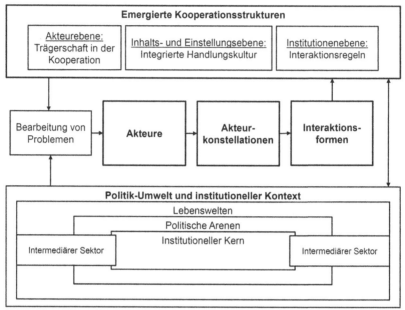

Quelle: Eigene Darstellung.

Abb. 20 Produktion von Kooperationsstrukturen

Emergierte Kooperationsstrukturen bestehen aus einer Akteurebenen, einer In-
halts- und Einstellungsebene und einer Institutionenebene. Auf der Akteurebene
kristallisieren sich, entweder formell festgelegt (z.B. Federführung des Planungs-
referats) oder informell gewachsen (z.B. lokale Gewerbetreibende in einem Ge-
werbeverein), Trägerschaften und dominant auftretende Akteure heraus. Auf der
Inhalts- und Einstellungsebene entwickelt sich eine bestimmte Kultur, wie integriertes Arbeiten verstanden und gelebt wird (z.B. problematisch wäre ein Klima
der Konkurrenz, positiv eine enge Abstimmungspraxis). Zudem etablieren sich
auf der Institutionenebene Interaktionsregeln, wie die Zusammenarbeit praktiziert wird (z.B. Qualität der Kommunikation).

Strukturen, als formelle und informelle Regeln und Normen in Kooperationsbeziehungen, entstehen durch die alltägliche kooperative Praxis in der sozialen Stadtentwicklung. Sie bilden sich sukzessive im Zuge der Beschäftigung mit
diversen Problemlagen in bestehenden institutionellen Kontexten und der etablierten Politik-Umwelt heraus und werden durch Reproduktion verfestigt. Zwischen den Akteuren und in den Akteurkonstellationen von Kooperationen entste-

hen so kooperationsspezifische Interaktionsformen, die eine Regelmäßigkeit aufweisen und als solches auch einen Orientierungsrahmen für alle Beteiligten in der Kooperation bieten (siehe Kapitel 3.4.3.1).

Die schon vorher etablierte Politik-Umwelt und die institutionellen Kontexte, in denen sich Kooperationsstrukturen entwickeln, funktionieren auf Grundlage von vielfältigen gesellschaftlichen Lebenswelten. Die Träger dieser Lebenswelten organisieren sich in politischen Arenen unterschiedlicher Qualität. Während die Familie eine sehr exklusive Arena darstellt, weil sie nur ganz bestimmten Menschen zugänglich ist, wird in Arenen wie den lokalen Bezirksausschüssen die Integration eines repräsentativen Querschnitts der Stadtteilbevölkerung angestrebt. Den Kern der institutionalisierten Politik-Umwelt bilden die verfassten rechtstaatlichen Institutionen. Für die „Soziale Stadt RaBal" sind dies der Bund, die Länder, die Bezirksregierung, der Stadtrat, die Kommunalverwaltung, die lokalen Bezirksausschüsse und die lokal verankerten Bürger- und Einwohnerversammlungen. Akteure (z.B. das Quartiersmanagement) oder Organisationsformen (z.B. REGSAM), die eine Vermittlungsfunktion zwischen verschiedenen politischen Arenen ausfüllen oder die Verbindung zwischen unterschiedlichen Hierarchieebenen (z.B. zwischen Bürger und Fachverwaltung) flexibel herstellen können, bilden einen intermediären Sektor (siehe Kapitel 3.4.1.1).

In diesem Kontext der bereits etablierten und institutionalisierten Politik-Umwelt und der ergänzenden Kooperationsstrukturen wird in der sozialen Stadtentwicklung versucht, in einem offenen Prozess die unterschiedlichen Lebenswelten zu integrieren, alle sozialen Kräfte zu mobilisieren und ein kooperatives Forum der Umsetzung zu schaffen. Die Qualität dieses Prozesses bemisst sich daran, ob es gelingt, Probleme und Lösungen demokratisch zu definieren und zu entwickeln und Lösungsmaßnahmen unter Mitwirkung der Betroffenen umzusetzen.

3.5.2 Produktion von Handlungsrationalitäten

Jeder Mensch bzw. jeder Akteur im Prozess der sozialen Stadtentwicklung repräsentiert eine spezifische Handlungsrationalität (siehe Abbildung 21 und Kapitel 4.2). Die Vielfalt der unterschiedlichen Lebenswelten im Politikprozess der integrierten und sozialen Stadtentwicklung drückt sich durch die unterschiedlichen Handlungsrationalitäten der beteiligten und betroffenen Akteure aus. Die eigene Handlungsrationalität eines Akteurs stellt einen Orientierungsrahmen für sein Handeln dar. Dieser Bezugsrahmen manifestiert sich in Orten, die sich ein Akteur alltäglich aneignet, in seinen Tätigkeiten und Fähigkeiten, die er alltäglich praktiziert, seinen Einstellungen, die maßgeblich die Ziele seines Handelns prägen, und seinem eigenen Rollenverständnis, über das er sich identifiziert. Jeder Akteur orientiert sein Handeln somit gleichzeitig an physisch-materiellen (z.B. Orte, an denen man sich bewegt), sozial-kulturellen (z.B. Fähigkeiten, die man aufgrund seiner beruflichen Position innehat) und subjektiven (z.B. Wissen über Tätigkeiten und Themen) Bedingungen des Lebens. Die persönliche Handlungs-rationalität eines Akteurs führt in konkreten Situationen zu einer Selektionsent-scheidung zwischen diversen Handlungsalternativen (siehe Kapitel 3.4.2).

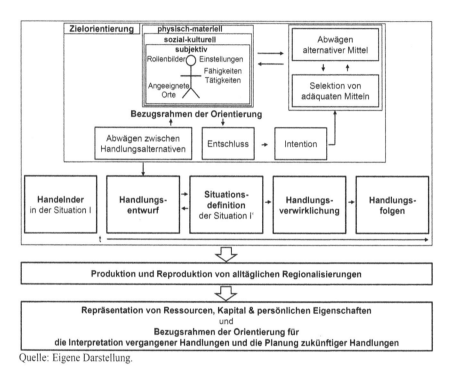

Quelle: Eigene Darstellung.

Abb. 21 Produktion von Handlungsrationalitäten

Das Ergebnis der Handlungswahl und die darauffolgende Handlungsverwirkli-chung produzieren Bedeutungen, Nutzungen und Produkte. Dies kann entweder eine Reproduktion bereits bestehender Verhältnisse sein oder gänzlich neue Bedingungen herstellen. Dieser reproduktive oder produktive Prozess hat wieder-um Auswirkungen auf zukünftige Handlungen; auch für andere Akteure. Er wirkt als Regionalisierung des Alltags wie ein Orientierungsrahmen für die

Interpretation vergangener Handlungen oder die Planung zukünftiger Handlungen. Wenn ein Akteur jeden Tag mit seinen Arbeitskollegen mittags bei einem Kaffee Probleme konstruktiv besprechen kann, so bekommen dieser Ort und diese Zeit höchstwahrscheinlich eine dementsprechende Bedeutung. Der Akteur und seine Kollegen wissen, dass dort Probleme gut besprochen werden können und planen dies bewusst in ihrem Arbeitsalltag ein. Alltägliche Regionalisierungen können neben Möglichkeiten jedoch auch Einschränkungen für zukünftiges Handeln bedeuten. Wenn beispielsweise ein normaler Bürger eines Stadtviertels die Erfahrung macht, dass seine Ideen oder artikulierten Bedürfnisse in Gremien der „Sozialen Stadt" oder im direkten Kontakt mit der Verwaltung nicht ernst genommen werden, so wird er möglicherweise Abstand davon nehmen, sich auf diese Weise zu beteiligen. Eine Alternative könnte für ihn sein, dass er sich in eigene soziale Netzwerke zurückzieht (z.B. einen Moscheeverein) und sich von politischen Aushandlungsprozessen in der sozialen Stadtentwicklung distanziert.

Persönliche Handlungsrationalitäten und damit einhergehende alltägliche Regionalisierungen spiegeln somit auch Ressourcen, Eigenschaften oder Kapital von Akteuren wieder. Sie stellen die Kapazitäten dar, auf Grundlage derer soziale Stadtentwicklung ablaufen kann und muss. Als allokative Ressource oder ökonomisches Kapital könnte zum Beispiel der Zugang zu und die Verfügbarkeit von bestimmten Finanzmitteln (z.B. Fördermittel) in Frage kommen. Eine autoritative Ressource wäre hingegen unter anderem die Einflussmöglichkeit, die Verteilung von Fördermitteln oder die Besetzung von Gremien zu bestimmen. Soziales Kapital könnten Kontakte oder enge Beziehungen zu verschiedenen Akteuren und Netzwerken sein, was dem jeweiligen Akteur weitreichende Einflussmöglichkeiten eröffnen kann. Kulturelles Kapital kann sich beispielsweise in inkorporierten Wissensbeständen und objektivierten Bildungszertifikaten offenbaren, was einem Akteur eine gewisse Akzeptanz und Einfluss verleihen kann. Persönliche Eigenschaften sind grundlegende Attribute von Personen, wie zum Beispiel eine per Geburt gegebenen Zugehörigkeit zu einer Gruppe, eine hohe Auffassungsgabe oder cholerische Charakterzüge.

3.5.3 Rekonstruktion von Machtverhältnissen

Die etablierten Kooperationsstrukturen und einzelnen Handlungsrationalitäten (re)produzieren Machtverhältnisse in Kooperationen der sozialen Stadtentwicklung. Diese Machtverhältnisse sind richtungsweisend für Steuerungsmöglichkeiten von demokratischen Politikprozessen. Sie müssen analysiert und rekonstruiert werden, um effektive Steuerungsinterventionen planen zu können (siehe Abbildung 22). Die Kombination von struktur- und handlungsorientierten Aspekten bei der Rekonstruktion von Machtverhältnissen trägt der Tatsache Rechnung, dass Macht als multidimensionales Kräfteverhältnis und als strategisches Spiel zwischen individuellen Freiheiten zu verstehen ist (siehe Kapitel 3.4.4). Die hier präsentierte Darstellung von Machtverhältnissen (siehe Abbildung 22) integriert die Ergebnisse der beiden empirischen Untersuchungsphasen dieser Arbeit zu Strukturen in Kooperationen und den Handlungslogiken von Akteuren.

Die Deskription von Machtverhältnissen in Kooperationen bedarf zuvorderst einer grundlegend relativistischen Darstellungsweise (*Ebene A* in Abbildung 22). In sozialer Stadtentwicklung werden eine Vielzahl an unterschiedlichen Aufgaben, Problemstellungen und Maßnahmen bearbeitet. Je nach Inhalt und Situation sind dabei bestimmte Akteure in verschiedenem Maße beteiligt oder betroffen. Die Rekonstruktion von Machtverhältnissen betont in diesen Zusammenhängen jeweils andere Aspekte und zeichnet spezifische Bilder von Möglichkeitsräumen für Handlungen. Bei der Neuplanung eines Platzes beispielsweise gestalten sich die Machtverhältnisse vollkommen anders, als es bei Konfliktlösungsvorhaben in Nachbarschaften der Fall ist.

In ersterem Fallbeispiel der Neugestaltung eines öffentlichen Platzes werden in der Regel Verwaltungsmitarbeiter aus dem Planungs- und Baureferat den Prozess tragen und ihn mit ihren alltäglichen Regionalisierungen maßgeblich prägen. Diese Regionalisierungen orientieren sich stark an gesetzlichen Verfahrensregeln. In ihnen spiegelt sich deutlich der institutionelle Kern der städtischen Gesellschaft wieder. Der hohe Formalisierungsgrad dieser Verfahren wirft jedoch leicht das Problem auf, dass Gruppen, die den neugestalteten Platz später nutzen und bespielen sollen, beim Planungsprozess wenig Teilhabemöglichkeit haben. Die im formalisierten Planungsverfahren vorgesehenen Fenster für Öffentlichkeits- oder Beteiligungsphasen sind oft zu eng gefasst, um den Handlungsrationalitäten vieler Akteure genügend Raum zu bieten. Dies gefährdet natürlich unmittelbar das vorausschauende Erkennen von Planungsdefiziten, die die gewünschte Umsetzung oder die spätere Nutzungsvielfalt auf dem Platz in der Zukunft behindern oder einschränken.

Im anderen genannten Fallbeispiel der Implementierung von Maßnahmen zur nachbarschaftlichen Konfliktlösung gestalten sich die Situation und die damit verbundenen Machtverhältnisse sicherlich vollkommen anders. In der Regel wird dieser Prozess durch intermediäre Akteure, wie z.B. soziale Träger oder das Quartiersmanagement, getragen. Auch hier können jedoch organisationsspezifische Regionalisierungen gegenüber Zielgruppen aus der Bevölkerung ausschließend wirken. Auch wenn es gelingt, alle betroffenen Gebietsakteure im Prozess zu repräsentieren, so ist die Realisierung dennoch akut gefährdet, wenn die Mitwirkung der politisch-administrativen Repräsentanten im Bezirksausschuss, dem Stadtrat und den Fachreferaten nicht zu erzielen ist.

In beiden eben exemplarisch vorgestellten Situationen ist es wahrscheinlich, dass unterschiedliche Handlungsrationalitäten in Konflikt miteinander geraten oder etablierte Strukturen die einen Akteure begünstigen und andere benachteiligen. Die Darstellung der zugrundliegenden Machtverhältnisse offenbart situationsspezifisch mögliche Beteiligungsprobleme und Ansatzpunkte für deren Bearbeitung. Bei der Darstellung bzw. Rekonstruktion von Machtverhältnissen können diese Ansatzpunkte für das Erkennen und Lösen von Problemen auf verschiedenen zu differenzierenden Ebenen liegen.

Quelle: Eigene Darstellung.

Abb. 22 Rekonstruktion von Machtverhältnissen

Die Summe aller beteiligten und betroffenen Akteure bei bestimmten Inhalten bzw. in konkreten Situationen konstituiert zuvorderst ein System von Differenzierungen (*Ebene B* in Abbildung 22). Damit sind die Verschiedenheit der einzelnen Akteure und das damit verbundene vielfältige Spektrum an Handlungsmöglichkeiten und alltäglichen Regionalisierungen gemeint. Diese Bandbreite an Differenzen lässt sich auf der einen Seite gut durch die allokativen Ressourcen (z.b. Geld, Räume), autoritativen Ressourcen (z.b. Stellung als Führungsperson, Weisungsbefugnisse) und persönlichen Eigenschaften (z.b. Alter, Charisma), über die die verschiedenen Akteure verfügen, beschreiben (siehe Kapitel 3.4.2 und 3.4.4). Weil hier jedoch eine stark subjektivistische Perspektive eingenommen wird, ist für eine ganzheitliche Betrachtung die ergänzende Interpretation dieser Differenzen mithilfe der kollektivistischen Systematik der verschiedenen Kapitalformen (siehe Kapitel 3.4.4) notwendig: soziales Kapital (z.b. Mitglied eines Netzwerkes, Beziehungen), ökonomisches Kapital (z.b. Eigentumstitel, Verfügungsgewalt über bestimmte Produkte), kulturelles Kapital (z.b. Wissen über die Geschichte des Stadtteils, Verfügbarkeit von Archivmaterial). Aufgrund der Heterogenität der beteiligten und betroffenen Akteure in der sozialen Stadtentwicklung ist mit einer großen Vielfalt an unterschiedlichen und parallel existierenden Regionalisierungen, Ressourcen, Eigenschaften und Kapital zu rechnen. Diese Vielfalt deutet auf einen reichhaltigen Fundus von Kapazitäten und Potentialen und den großen Bedarf an Koordinations- und Aktivierungsarbeit im kooperativen Politikprozess hin.

Eine weitere Ebene der bestehenden Machtverhältnisse stellen die Typen von Zielen dar (*Ebene C* in Abbildung 22), die von den Kooperationspartnern vertreten werden und an denen sich ihr Handeln orientiert. Diese Ziele spiegeln sich aus struktureller Sicht in der „Integrierten Handlungskultur" (siehe Kapitel 4.1.2) wieder. Dies sind jene Ziele, die in der Kooperation eine erhöhte Popularität oder Akzeptanz erfahren und von subjektübergreifender Relevanz sind. Neben vielen anderen Aspekten kommt in der „Integrierten Handlungskultur" beispielsweise zum Ausdruck, wie stark kooperatives Handeln durch den Kreis an Beteiligten Akzeptanz erfährt. Der Grad an Akzeptanz prägt maßgeblich die verfolgten Ziele, die sich in der Zusammenarbeit durchsetzen. Aus handlungsorientierter Perspektive ist außerdem die Mannigfaltigkeit von Einstellungen der einzelnen Beteiligten und Betroffenen hinzuzufügen (siehe z.B. Kapitel 4.2.1.4). In ihr drücken sich Annahmen zu Kooperation, Themen, Akteuren und zur individuellen Situation und Wertvorstellung zu Arbeitsprozessen und Prinzipien genereller Art aus.

Die diversen Ziele können mittels unterschiedlicher instrumenteller Modalitäten umgesetzt werden (*Ebene D* in Abbildung 22). Diese offenbaren sich auf struktureller Ebene in den „Interaktionsregeln" (siehe Kapitel 4.1.3). Die „Interaktionsregeln" umfassen formell und informell etablierte Umgangsformen, wie in der Kooperation kommuniziert wird, wie Abläufe organisiert sind und wie die Aufbauorganisation gestaltet ist. Auf der Handlungsebene sind die instrumentellen Modalitäten in den Tätigkeiten und Fähigkeiten der beteiligten und betroffenen Akteure zu erkennen (siehe z.B. Kapitel 4.2.1.3). Diese sind wiederum differenzierbar in unmittelbare Mitgestaltungsmöglichkeiten (z.B. Netzwerk- und Projektarbeit), Möglichkeiten der mittelbaren Einflussnahme (z.b. durch Implementierungsarbeit in Form von Stadtratsvorlagen), Handlungsoptionen zur Finanzmittelgenerierung (z.b. Erheben von Mitgliedsbeiträgen) und der Fähigkeit zur Generierung von Akzeptanz (z.b. Veröffentlichung von Analysen).

Des Weiteren sind bestehende Machtverhältnisse auch anhand von Formen der Institutionalisierung zu rekonstruieren (*Ebene E* in Abbildung 22). Jeder Akteur hat durch Reproduktionsprozesse teil an solchen Institutionen. Allerdings repräsentieren bestimmte Institutionen nur einen kleinen Ausschnitt der Handlungslogiken aller Betroffenen und Beteiligten. Die Handlungsrationalitäten einzelner Akteure finden sich vielmehr in unterschiedlichen sich überlappenden oder parallel und unabhängig von-einander existierenden Institutionen wieder. Auf der Strukturebene sind Formen der Institutionalisierung an der „Trägerschaft in der Kooperation", der „Integrierten Handlungskultur" und den „Interaktionsregeln" zu erkennen (siehe Kapitel 4.1). Darin drücken sich Regelmäßigkeiten aus, welche Akteure tragende Funktionen und Verantwortung übernehmen, mit welchem Selbstverständnis zusammengearbeitet wird und auf welchen etablierten Umgangsformen die Kooperation basiert. Auf der Handlungsebene sind ebenfalls Formen der Institutionalisierung zu beobachten. Sie sind an festen Partnerschaften, angeeigneten Örtlichkeiten, routinisierten Tätigkeiten und dem in Rollenbildern verfestigten Selbstverständnis der Akteure sichtbar (siehe Kapitel 4.2). Diese Konstanten geben Akteuren in ihrem Alltag Sicherheit, weil feste Partnerschaften sich in der Vergangenheit bereits bewährt haben und bestimmte Orte, Tätigkeiten, Abläufe und Rollen vertraut sind.

Zuletzt finden die Machtverhältnisse auch Ausdruck in unterschiedlichen Rationalisierungsgraden (*Ebene E* in Abbildung 22). Sie beschreiben, mit welcher Erwartungssicherheit in einem bestimmten Kontext mit konkreten Handlungen und Ergebnissen zu rechnen ist. Mit anderen Worten zeigt sich darin, mit wie großer Gewissheit ein bestimmter Akteur sein Ziel mit einer konkreten Handlung erreichen kann. Der Grad der Rationalisierung hängt maßgeblich davon ab, wie vertraut, gewohnt, zugänglich und berechenbar ein bestimmter Aktionsraum für beteiligte und betroffene Akteure ist. Für eine deutsche Christin, die noch nie im näheren Kontakt mit islamischen Glaubensgemeinschaften stand, wird es sicherlich eine erhebliche Herausforderung darstellen, einen Moscheeverein zu besuchen und ein bestimmtes Anliegen vorzutragen. Dieser Aktionsraum ist für die genannte Person fremd und deshalb nicht berechenbar. Ganz im Gegensatz dazu geht ein Verwaltungsmitarbeiter mit einer viel größeren Erwartungssicherheit in Gremiensitzungen, weil er dies in seinem Arbeitsalltag regelmäßig erlebt und daher gut einschätzen kann.

Diese Darstellung bzw. Rekonstruktion von Machtverhältnissen spannt ein Spektrum an Möglichkeiten für Steuerungshandeln in Kooperationen auf. Jeder einzelne Aspekt auf der Struktur- oder Handlungsebene bietet eine potentielle Erklärung für Aktivierungsprobleme oder ist ein möglicher Ansatzpunkt für die Behebung selektiver Beteiligung.

3.5.4 „Integrierter Prozessraum" - Möglichkeitsraum für Steuerung

Die Rekonstruktion von Machtverhältnissen ist das grundlegende Element der „Integrierten Prozessraumtheorie". Wird eine selektive Beteiligungssituation festgestellt und treten Aktivierungsprobleme von bestimmten Akteuren in der Kooperation auf, so lassen sich in den Machtverhältnissen Erklärungsansätze dafür finden. Diese Erklärungsansätze weisen auch auf Möglichkeiten für Steuerungsinterventionen hin, um selektive Beteiligung effektiv zu beheben (siehe Kapitel 5.1).

Fühlt sich zum Beispiel ein Akteur nicht ausreichend wertgeschätzt, so könnte diese Einstellung ein Grund für seine Enthaltung in der Kooperation sein. Ein möglicher Ansatzpunkt für seine Aktivierung für die Kooperation wäre nun, ihm diese Wertschätzung zu vermitteln. Der zu aktivierende Akteur und andere an der Kooperation beteiligte Akteure müssen dafür gegebenenfalls ihr Handeln modifizieren. Es kann zudem auch notwendig sein, Kooperationsstrukturen bewusst anzupassen, um Veränderungen und neuen Handlungsweisen Raum und Entwicklungsmöglichkeiten in der Kooperation zu verschaffen.

In dem eben skizzierten Beispiel lässt sich das Gefühl der mangelnden Wertschätzung des zu aktivierenden Akteurs als zentrales Steuerungsobjekt identifizieren. Um dieses Gefühl der Wertschätzung als Basis für die eigene Partizipation bei dem betreffenden Akteur herzustellen, bedarf es unter Umständen gleichzeitig der Beschäftigung mit anderen damit verbundenen Steuerungsobjekten. Alle in der Darstellung der verschiedenen Ebenen der Machtverhältnisse aufgeführten struktur- und handlungsorientierten Aspekte können zum Steuerungsobjekt werden. Sie sind Gegen-stand von auf Veränderung abzielenden Steuerungsinterventionen.

Jegliche Steuerungsintervention bedarf jedoch der Mitwirkung verschiedener Personen. Eine Veränderung muss einerseits durch einen oder mehrere Akteure angestoßen werden. Andererseits muss sie ebenso durch betroffene und beteiligte Personen mitgetragen, realisiert und reproduziert werden. Es gibt also immer mehrere Steuerungssubjekte. Dieses interdependente Beziehungsverhältnis macht Steuerung zu einem sozialen System (siehe Kapitel 3.3.2). In diesem sozialen System müssen nun ausreichend mediale Steuerungsmittel generiert werden, um die intendierte Steuerungsintervention zu implementieren und effektiv umzusetzen. Als mediale Steuerungsmittel kommen die Sicherung politischer Entscheidungsgewalt, die Bereitstellung von Finanzmitteln, die Generierung von Unterstützern und die Organisation von Akzeptanz in Frage (siehe Kapitel 3.3.3 und 3.4.3.2). Die drei zentralen Steuerungsmodi kennzeichnen die unterschiedlichen Möglichkeiten, die jeweiligen medialen Steuerungsmittel zu generieren: Hierarchie, Markt und Verhandlung (siehe Kapitel 3.3.3 und 3.4.3.1).

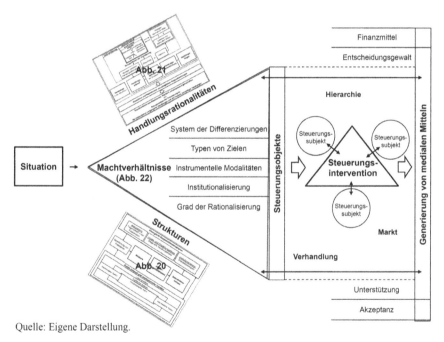

Quelle: Eigene Darstellung.

Abb. 23 Der „Integrierte Prozessraum"

Der „integrierte Prozessraum" (siehe Abbildung 23) beschreibt mögliche Steuerungsoptionen in Kooperationen und ist als Möglichkeitsraum für Steuerung anzusehen. Dieser Möglichkeitsraum wird durch die bestehenden Machtverhältnisse aufgespannt. Die emergierten Kooperationsstrukturen und die einzelnen Handlungsrationalitäten im „integrierten Prozessraum" konstituieren diese Machtverhältnisse. Sie finden situationskonkret Ausdruck im System der Differenzierungen der beteiligten und betroffenen Akteure, den ihrem Handeln zugrundeliegenden Typen von Zielen, den für sie verfügbaren instrumentellen Modalitäten, ihrem institutionellen Bezugsrahmen und dem Rationalisierungsgrad ihres Handlungskontextes (siehe Kapitel 3.5.3).

Jedes in den Machtverhältnissen subsumierte handlungs- oder strukturorientierte Merkmal in der Kooperation ist potentiell veränderbar und somit Teil einer breiten Palette an möglichen Steuerungsobjekten. Die Veränderbarkeit hängt jedoch davon ab, ob die Mitwirkung von ausreichend Steuerungssubjekten realisiert und genügend mediale Steuerungsmittel dadurch generiert werden können. Steuerungssubjekte sind all jene Akteure, die eine Steuerungsintervention initiieren, daran beteiligt oder davon unmittelbar betroffen sind. Eine Betroffenheit ergibt sich daraus, dass ein Akteur bestimmte Veränderungen mittragen muss, um sie wirksam werden zu lassen. Die Vermittlung von Wertschätzung gegenüber einem bestimmten Akteur lässt sich beispielsweise nicht zentral verordnen, sondern ist nur durch die Mitwirkung des betroffenen Akteurs und höchstwahrscheinlich auch diverser anderer Beteiligter in der Kooperation zu bewerkstelligen. Durch die Generierung medialer Steuerungsmittel wird Handlungsfähigkeit im Rahmen dieses interdependenten sozialen Systems hergestellt. Träger dieses Herstellungsprozesses sind die Steuerungssubjekte, also beteiligte und betroffene Akteure. Durch ihr Handeln können sie zum Einen politische Entscheidungen zur Implementierung bestimmter Veränderungsinterventionen herbeiführen und gegebenenfalls nötige Finanzierungsquellen bereitstellen. Zum Anderen können sie durch ihr Engagement andere Akteure zur Mitwirkung und Unterstützung animieren, eigene Netzwerke aktivieren und dazu beitragen, dass die Veränderungsintention Glaubwürdigkeit und Akzeptanz erfährt. Ansatzpunkte zur Bereitstellung medialer Steuerungsmittel bzw. zur Aktivierung der sie generierenden Steuerungssubjekte sind wiederum in den bestehenden Machtverhältnissen zu suchen. Hier wird deutlich, wie wichtig es bei der Steuerung von Kooperationen in der sozialen Stadtentwicklung ist, die etablierten Machtverhältnisse zu analysieren und sie als multidimensionale Grundlage für Steuerung anzuerkennen. Dies bestätigt sich erneut bei der Wahl eines angemessenen Steuerungsmodus. Der Generierungsprozess von medialen Steuerungsmitteln kann über unterschiedliche Steuerungsmodi organisiert werden. Er kann sowohl hierarchisch als auch markt- oder verhandlungsorientiert geprägt sein. Die Erfolgsaussicht eines Steuerungsmodus hängt von den bestehenden Machtverhältnissen ab. Eine Kombination verschiedener Modi ist jedoch sehr wahrscheinlich, weil die diversen Steuerungssubjekte über unterschiedliche Handlungsrationalitäten verfügen und sich in verschiedenen Handlungskontexten bewegen. Während beispielsweise in der Verwaltung ein hierarchischer Steuerungsmodus durchaus zielführend sein kann, könnte dieselbe Vorgehensweise im Umgang mit Bürgern Blockadehaltungen hervorrufen und auf Unverständnis treffen.

3.5.5 Der „integrierte Prozessraum" in der Raumdebatte

Der „integrierte Prozessraum" ist eine soziale Raumproduktion (vgl. Foucault 1991; Harvey 2008; Läpple 1991; Lefebvre 1974; Soja 2009, Bourdieu 1998). In ihm manifestieren sich gleichzeitig materiell-physische, mental-subjektive und sozial-kulturelle Aspekte des sozialen Lebens. Aufgrund der Interdependenz und des verschränkten Charakters dieser „drei Welten" (Popper 1973) ist bei der Beschreibung von Praxisphänomenen eine integrierte Perspektive nötig. In Kooperationen der integrierten und sozialen Stadtentwicklung offenbaren sich physisch-materielle Aspekte unter anderem durch die körperliche Präsenz der Beteiligten und Betroffenen. Konkrete Örtlichkeiten, an denen sie ihre Tätigkeiten und Fähigkeiten im Alltag in die Praxis umsetzen, sind wichtige Orientierungspunkte für die eigene Handlungsrationalität oder repräsentieren intersubjektiv etablierte Kooperationsstrukturen. Außerdem werden Diskussionen über inhaltliche Ziele in den verschiedenen Handlungsfeldern auch stark durch die physisch-bauliche Beschaffenheit in dem entsprechenden Gebiet beeinflusst. Eine geringe Aufenthaltsqualität im öffentlichen Raum behindert dort unter Umständen die Entwicklung von Nutzungsvielfalt, die nachbarschaftliche Begegnungen und Verständigung fördern könnte. Mental-subjektive Aspekte im „integrierten Prozessraum" kommen zuvorderst durch die Rolle des Subjekts bei der Konstitution von Machtverhältnissen zum Ausdruck. Machtverhältnisse stellen ein multidimensionales Kräfteverhältnis dar, welches im Spannungsfeld zwischen individuellen Freiheiten entsteht. Die subjektive Deutung der eigenen Umwelt von Akteuren und deren Einschreibung in alltäglichen Regionalisierungen ist ein wesentliches Element bei der Erklärung von kooperativen Politikprozessen. Sozial-kulturelle Aspekte lassen sich ebenso in allen Bereichen des Kooperationsalltags finden. Zum Einen repräsentieren etablierte Kooperationsstrukturen intersubjektiv verstetigte Regeln und Normen des Miteinanders. Zum Anderen bewegen sich beteiligte und betroffene Akteure in Kooperationen in jeweils spezifischen sozialen Kontexten, die wichtige Orientierungspunkte für ihr Handeln markieren. Diese verschiedenen Aspekte dürfen bei der Beschäftigung mit Kooperationsprozessen nicht isoliert bzw. ontologisch getrennt von einander betrachtet werden, wenn praxistaugliche Ergebnisse hinsichtlich Steuerungsmöglichkeiten von Kooperationen angestrebt werden.

Bezüglich der in der Sozialgeographie verwendeten Raumkonzepte (vgl. Weichhart 1999, 2008) kann der „integrierte Prozessraum" als Mischform verschiedener Raumkonzeptionen bezeichnet werden. Aufgrund des konkreten Gebietsbezuges von Programmen der integrierten und sozialen Stadtentwicklung, hier „Soziale Stadt" und „LFIS", beinhaltet der „integrierte Prozessraum" immer auch eine Adressangabe, die auf einen konkreten Raumausschnitt der Erdoberfläche, z.B. ein Stadtviertel, verweist. Diese Adressangabe hat jedoch nur eine sprachliche Orientierungsfunktion und es darf nicht der Fehler begangen werden, dem adressierten Gebiet im Sinne eines substantiellen Containers eine bestimmte Wirkungskraft zuzuschreiben. Die Wirkungskräfte im „integrierten Prozessraum" entfalten sich auf Grundlage der darin vorzufindenden Machtverhältnisse und orientieren sich nicht an formell festgelegten Gebietsgrenzen oder administrativen Einheiten. In diesem Zusammenhang ist der „integrierte Prozessraum" vielmehr als relativistisches Raumkonzept zu sehen, weil er durch das Handeln von Subjekten konstituiert wird. Ihr Handeln produziert diverse alltägliche Regionalisierung, die in ihrem Zusammenspiel Machtverhältnisse hervorbringen und reproduzieren. Der „integrierte Prozessraum" als relativistisches Konstrukt existiert nur auf Grundlage dieser Beziehungsverhältnisse.

Des Weiteren ist der „integrierte Prozessraum" auch ein Ordnungsraum. Er ist ein analytisches Instrument, dessen Kategorien zu Kooperationsstrukturen und den verschiedenen Ebenen der Handlungsrationalitäten es ermöglichen, Kooperationsprozesse und darin vorherrschende Machtverhältnisse nachvollziehbar zu beschreiben und darauf aufbauend Steuerungsinterventionen zu planen. Er stellt also eine logische Struktur bereit, beobachtete und gedachte Relationen und Beziehungen in Kooperationen zu systematisieren.

Zuletzt ist der „integrierte Prozessraum" noch als erlebter Raum zu bezeichnen. Um Steuerungsinterventionen gegen selektive Beteiligung in Kooperationen zu erkennen, müssen die bestehenden Machtverhältnisse zuerst durch die unterschiedlichen beteiligten Subjekte interpretiert werden. Die Qualität der Steuerungsintervention und die Umsetzung der damit verknüpften Maßnahmen hängen maßgeblich von der Wahrnehmung und Bewertung durch die diversen Steuerungssubjekte   ab.

4 Veränderbarkeiten in Kooperationsprozessen

Die empirischen Ergebnisse dieser Forschungsarbeit zeigen Interventions- und Veränderungsmöglichkeiten auf der Struktur- und Handlungsebene in Kooperationen der integrierten und sozialen Stadtentwicklung auf. Beide Ebenen werden im Folgenden zwar zunächst getrennt von einander thematisiert (siehe Kapitel 4.1 und 4.2), wenn es jedoch um die Darstellung von Machtverhältnissen geht, müssen sie gemeinsam betrachtet werden (siehe Kapitel 3.5.3). Jedes für die Realisierung von kooperativen Austauschbeziehungen installierte Gremium funktioniert nur dann, wenn die relevanten Akteure sich diese Struktur aneignen. Ebenso können Fähigkeiten und Wissen von einzelnen Akteuren in sozialer Stadtentwicklung nur dann zu vollständiger Geltung gelangen, wenn sie in den etablierten Strukturen des Politikprozesses wahrgenommen und integriert werden. Beide Perspektiven liefern Erklärungsmöglichkeiten, weshalb sich bestimmte Akteure in Kooperationen enthalten, beteiligen oder ausgeschlossen werden. Dieses Wissen ist essentiell, um selektiver Beteiligung entgegenzuwirken.

4.1 Veränderbarkeit von Strukturen in Kooperationen

Die strukturellen Unterschiede bei den Kooperationsstrukturen der untersuchten Stadtentwicklungsgebiete werden hier als Veränderbarkeiten auf struktureller Ebene interpretiert. Sie werden im Folgenden als strukturelle Einflussfaktoren bezeichnet. Der strukturelle Einflussfaktor „Trägerschaft in der Kooperation" betitelt die Akteur-ebene, der Einflussfaktor „Integrierte Handlungskultur" die Inhalts- und Einstellungsebene und der Faktor „Interaktionsregeln" die Institutionenebene.

4.1.1 Akteurebene: Trägerschaft in der Kooperation

Der strukturelle Einflussfaktor „Trägerschaft in der Kooperation" beschreibt, welche Akteure die verantwortungstragenden Rollen bei der Gestaltung des Kooperationsprozesses übernehmen und am einflussreichsten bzw. dominantesten darin auftreten (siehe Übersicht Abbildung 24).

Die ausgewählten Beispiele zeigen, dass Akteure aus allen Sphären der Gesellschaft – öffentlicher Bereich, Wirtschaft, Zivilgesellschaft – dominante Rollen in der Kooperation einnehmen können. Diese Verteilung von tragenden Rollen variiert je nach Thema und Situation und kann formell festgeschriebener oder informell etablierter Natur sein. Ganz gleich, auf welchem der beiden Wege dominante Rollenzuschreibungen zustande kommen, es sollten in der sozialen Stadtentwicklung diejenigen Akteure im Politikprozess tragende Rollen innehaben, die auch die dafür notwendigen medialen Mittel generieren können (siehe Kapitel 3.3.3 und 3.4.4.2). Damit sind folglich jene Akteure gemeint, die politische Entscheidungen herbeiführen können, die Geldmittel generieren können, die genügend Unterstützer für die effektive Umsetzung von Maßnahmen aktivieren können und die für die demokratische Deutung von Problemen und die Organisation von Akzeptanz bezüglich Inhalten benötigt werden.

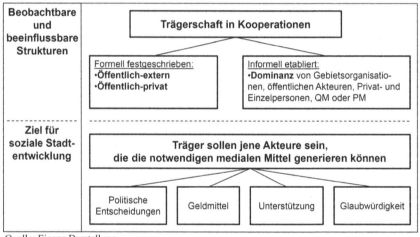

Quelle: Eigene Darstellung.

Abb. 24 Veränderbare Strukturen auf der Akteurebene

4.1.1.1 Formell festgeschriebene Trägerschaft

Formell werden die betrachteten Kooperationen durch einen kleinen Steuerungszirkel, bestehend aus einer öffentlich-externen oder öffentlich-privaten Akteurkonstellation, getragen. Mit öffentlichen Akteuren sind Vertreter aus Politik oder Verwaltung gemeint. Externe Akteure sind eigens für die Koordination der Kooperation beauftragte Akteure, die nicht aus dem Gebiet stammen, wie z.B. ein externes Büro oder anerkannte Experten. Private Akteure, die im engeren Steuerungszirkel formell miteinbezogen werden, sind bei den betrachteten Untersuchungsgebieten Vereine oder städtische Wohnungsbaugesellschaften[34] aus dem betreffenden Gebiet. Die öffentliche Hand ist immer in der tragenden Akteurkonstellation vertreten. Diese zentrale Rolle lässt sich dadurch erklären, dass Mittel der Städtebauförderung durch die öffentliche Hand abgewickelt und Sanierungsmaßnahmen im politisch-administrativen System genehmigt und legitimiert werden müssen. Die externen oder privaten Partner der öffentlichen Hand treten durchwegs als koordinierende oder ausführende Instanz auf der Gebietsebene auf, als Quartiers- oder Projektmanagement.

4.1.1.2 Informell etablierte Trägerschaft

Die formell festgeschriebene Trägerschaft in der Kooperation spiegelt jedoch nicht unbedingt wieder, welche Akteure im Kooperationsprozess informell tatsächlich dominant sind. Eine solche Dominanz lässt sich an einer gesteigerten Einflussmöglichkeit von bestimmten Akteuren erkennen. Dies kann beispielsweise bei der Deutung von Problemen bzw. bei der Definition von Zielen und Lösungsmaßnahmen, bei der konkreten Umsetzung und Gestaltung, bei Finanzierungsfragen oder bei notwendigen sonstigen Unterstützungsleistungen zum Vorschein kommen. Situativ und themenspezifisch können beteiligte und betroffene Akteure in unterschiedlichem Maße dominant wirken.

Oft nehmen einzelne Verwaltungsmitarbeiter tragende Rollen ein, indem sie eine zentralisierte Genehmigungs- und Kontrollfunktion ausüben. Die Realisierbarkeit von Maßnahmen in der sozialen Stadtentwicklung kann in diesem Fall davon abhängen, *„dass die Referatsvertreter Stadtratsbeschlüsse formulieren und das kapieren, dass sie das bald und schnell und gut machen müssen, sonst geht gar nichts"* (I1: 4). Oder es kommt vor, dass die Arbeit eines lokalen Gremiums zur Vergabe eines Quartiersbudgets nur unter Anwesenheit der Verwaltung operieren darf: *„da ist jemand von der Projektsteuerung drin, also von der Verwaltung, ohne dürfen wir das gar nicht"* (I4: 64). Diese zentrale Funktion von einzelnen Verwaltungsmitarbeitern führt dazu, dass Prozesse verlangsamt werden. Außerdem besteht die Gefahr, dass traditionell hierarchisch ablaufende Verwaltungsprozesse die ganze Kooperation dominieren. Integrierte Vorge-

---

[34] Diese Akteure sind natürlich nur bedingt als privat zu bezeichnen, weil sie gegenüber der öffentlichen Hand weisungsgebunden sind.

hensweisen werden dadurch erschwert. Die zentrale Rolle der öffentlichen Hand kann jedoch auch positiv gedeutet werden. Insbesondere bei festgefahrenen Verteilungskonflikten können durch die Verwaltung gemeinwohlorientierte Entscheidungen und Impulse gesetzt werden. In diesem Fall ist natürlich zu hoffen, dass die Verwaltungsmitarbeiter auch wissen, was dem Gemeinwohl entspricht. Hier sind sie selbstverständlich auf Informationen von den durch Maßnahmen betroffenen Personen angewiesen.

Auf Seiten der öffentlichen Hand kommt es auch vor, dass hochrangige Entscheidungsträger aus der Politik Themen persönlich vorantreiben: *„Ich denk, der Oberbürgermeister spielt sicher auch ne sehr zentrale Rolle, weil er versucht da eben auch immer präsent zu sein bei den ganzen Themen, die da wichtig sind und die Themenstellungen auch selber vorne ran zu stellen. Also das heißt, er ist da ein Sprachrohr auch für die Stadt"* (I6: 90). Das persönliche Engagement von Entscheidungsträgern kann schwierige Prozesse erheblich beschleunigen und bei Problemsituationen wichtige Anstöße geben. Allerdings passiert es auch, dass das politische Kalkül eines Oberbürgermeisters suboptimale Lösungen favorisiert. Eine große Aufmerksamkeit von Politikern, insbesondere vor Wahlen, kann jedoch auch den positiven Effekt haben, dass großer Wert darauf gelegt wird, *„dass das was da gemacht wird auch akzeptiert wird von der Öffentlichkeit"* (I8: 138). Dabei ist wiederum zu hoffen, dass die wahrgenommene öffentliche Meinung repräsentativ ist, sonst wäre dies selbstverständlich als problematisch anzusehen.

Eine dominante Rolle nehmen in bestimmten Situationen auch Schulen und soziale Einrichtungen ein, weil sie durch ihre operative Arbeit viele Menschen erreichen und dadurch im Viertel viel Einfluss besitzen: *„[...] wenn man nicht kooperieren kann mit den Schulrektoren, dann ist ganz viel einfach nicht abgedeckt, weil [...] die können so viel Schaden oder Segen anrichten, also das ist wirklich phänomenal"* (I1: 6). Oft sitzen diese Akteure auch in Gremien, wo sie aufgrund ihrer vermeintlichen Nähe zur Basis, Problemanalysen im Viertel in starkem Maße mitbestimmen: *„[...] es gibt zum Beispiel ein Kooperationstreffen, daran nehmen teil der Rektor der Grundschule, die Leitungen der Kindergärten, um sich da abzusprechen, was soll hier im Viertel passieren"* (I10: 166). Diese Akteure können viel zu einer demokratischen Problemdefinition und Lösungssuche beitragen und als Multiplikatoren zu bestimmten Zielgruppen eine Menge leisten. Allerdings repräsentieren diese Organisationen nur die Interessen ihrer oft sehr spezifisch ausgelegten Zielgruppen und selbst in diesem Kontext haben sie teilweise selbst massiv mit Aktivierungsproblemen zu kämpfen. So fällt es zum Beispiel Schulen oft sehr schwer, Kontakt zu den Eltern von Schülern mit Migrationshintergrund aufzubauen. Urteile von Schulen oder zielgruppenspezifisch arbeitenden sozialen Einrichtungen stellen zwar eine wichtige

Informationsquelle dar, dürfen jedoch in ihrer Bedeutung nicht überhöht werden. Das Wissen und die Meinung-en von wichtigen Akteurgruppen sind sonst schnell in Problem- und Lösungsdefinitionen nicht repräsentiert, was auch deren Mitwirkung an Umsetzungsprozessen unwahrscheinlich macht.

Als letztes Beispiel sind noch möglicherweise dominant auftretende Einzelpersonen und Organisationen aus der Wirtschaft und der allgemeinen Bevölkerung anzusprechen. Wohnungsbauunternehmen üben alleine durch ihr Wohnungseigentum in einem Gebiet großen Einfluss aus: *„[...] wenn wir die nicht in die Projektentwicklung mit reinnehmen, wäre das natürlich fatal."* (I1: 1). Andere Organisationen bzw. Organisationsvertreter oder Einzelpersonen übernehmen wichtige Funktionen als Multiplikatoren zu Beteiligten und Betroffenen. So kann der Vorstand eines Vereins die Funktion übernehmen, *„[...] dass er einfach nur mal diese Brücke herstellt zu den Mitgliedern, zu den andern, das ist auch sehr wichtig"* (I2: 23). Eine solche Funktion übernehmen jedoch auch Persönlichkeiten, *„die einfach hier in der Siedlung ein bisschen raus stechen, aber auch einen Namen haben, also nicht direkt zur Zielgruppe gehören, sondern meinetwegen der Sohn im Gemeinderat ist oder solche Sachen und das Sprachrohr bildet"* (I5: 71). Eine weitere Möglichkeit ist, dass Unternehmen regelmäßig als Sponsor auftreten und somit Maßnahmen ermöglichen: *„Also wir haben einen relativ wichtigen Kooperationspartner, das ist die Sparkasse, die einerseits die Stadtteilzeitung immer durch Werbung mitfinanziert und andererseits auch immer wieder bei Projekten uns Geld zur Verfügung stellt"* (I3: 43). Die Übernahme von tragenden Rollen durch Private stellt einen sehr konstruktiven Gegenpol zu Prozessen dar, die durch öffentliche Akteure dominiert werden. Allerdings besteht dadurch auch die Gefahr, dass Partikularinteressen an Gewicht gewinnen und eine gemeinwohlorientierte Politik in den Hintergrund tritt.

Fallbeispiel:
„Soziale Stadt RaBal"

Die Trägerschaft in der Kooperation ist öffentlich-extern, weil die strategische und die Entscheidungsebene durch öffentliche Akteure, dem zustimmungspflichtigen Stadtrat bzw. die jeweiligen Ausschüsse und die ausführende Verwaltung bestimmt werden und auf der Gebietseben zentral die Prozesse durch ein externes Quartiersmanagement moderiert werden. Dominanzen kommen u.a. dem Quartiersmanagement zu, das eine wichtige *„intermediäre Rolle"* (I1: 18) einnimmt. Die Verwaltung und der städtische Sanierungstreuhänder treten als Auftraggeber auf. Die verschiedenen Referate haben hinsichtlich der Erarbeitung der Stadtratsbeschlüsse die letzte Entscheidungsgewalt, wovon die Gebietsebene abhängig ist. Es ist daher besonders wichtig für die Gebietsebene, gute und unterstützende Kontakte in die jeweiligen Referate zu haben: *„die Person, die da sitzt ist im Grunde unser Sprachrohr zu unserem Auftraggeber"* (I1: 5). Dies ist nur teilweise gegeben. Die Politik nimmt auf drei Ebenen eine dominante Rolle ein. Alle Maßnahmen sind zustimmungspflichtig durch den Stadtrat. Außerdem müssen bei Stadtratsvorlagen auch die betroffenen Bezirksausschüsse beteiligt werden. Als Mittelverwalterin ist die

Bezirksregierung als dritte Politikebene ein wichtiger Akteur. Weitere dominante Akteure auf der Gebietsebene sind erstens die städtischen Wohnungsbaugesellschaften aufgrund ihres umfassenden Eigentums im Gebiet, zweitens die Schulen durch ihre zentrale Rolle in der Bildungspolitik („*[...] die können so viel Schaden oder Segen anrichten, das ist wirklich phänomenal.*" (I1: 6)), drittens die soziale Fachbasis aufgrund ihres Potentials als Projektträger und Antragsteller von Fördermitteln, viertens Bürgerinitiativen als *„Multiplikatoren"* (I1: 1), Antragsteller für Fördermittel und insbesondere die 50 bis 70jährigen in ihrer Qualität als *„Kulturträger"* (I1: 8) im Stadtviertel und fünftens die Einzelhändler und Gewerbevereine aufgrund ihres großen Einflusses auf *„eine mutmachende Stimmung"* (I1: 3) und die ökonomische Infrastrukturentwicklung im Viertel.

Fallbeispiel:
„LFIS Passau":

Die Trägerschaft in der Kooperation ist öffentlich-privat, bestehend aus einem privaten Projektmanagement, der Geschäftsführung eines bürgerschaftlichen Marketingvereins, und der Stadtverwaltung. Dominante Rollen nehmen erstens Einzelpersonen aus Verwaltung und Projektmanagement im Rahmen eines kleinen Steuerungskreises ein. Hier wird miteinander *„gut harmoniert"* (I2: 22) und eine Brückenfunktion innerhalb der Verwaltung und zwischen Stadt und privaten Akteuren hergestellt. Bei Bedarf kann hierüber bei Konflikten im Kooperationsprozess *„glättend eingegriffen"* (I2: 23) werden. Zweitens sind die Eigentümer wichtig, weil sie mitentschieden haben, *„wie der Umbau aussehen sollte"* (I2: 21) und gemeinsam mit der Stadt einen großen Teil der Kosten übernommen haben. Außerdem ist eine Einbindung von Landesregierung als Oberaufsicht und der Stadtpolitik als Verbindung zu den unterschiedlichen Fraktionen von Bedeutung. Eine zentrale Rolle nehmen auch *„Händler und Gastronomen"* (I2: 22) ein, die zum großen Teil Mitglieder des Marketingvereins sind und das Projektmanagement somit beauftragen und finanzieren. Ein großes Unternehmen außerhalb des Projektgebietes strahlt zudem eine besondere Dominanz aus, weil es durch seine Präsenz Einfluss auf die gegebenen Verhältnisse hat und dadurch aktivierend wirkt: *„Also Hauseigentümer jetzt kommt [...] nehmt Geld in die Hand und investiert"* (I2: 32).

4.1.2 Inhalts- und Einstellungsebene: Integrierte Handlungskultur

Der strukturelle Einflussfaktor „Integrierte Handlungskultur" beschreibt einerseits die Einstellung der beteiligten und betroffenen Akteure zum integrierten und kooperativen Handeln. Andererseits werden mit ihm auch die vorherrschenden Handlungsmotive in der Kooperation ausgedrückt (siehe Übersicht Abbildung 25).

Im Ganzen ist beim strukturellen Einflussfaktor „Integrierte Handlungskultur" festzuhalten, dass es für die Umsetzung von sozialer Stadtentwicklung förderlich ist, wenn eine möglichst breite Akzeptanz hinsichtlich kooperativen und integrierten Handeln angestrebt wird und die vorherrschenden Handlungsmotive sich ausgewogen darstellen. Diese Ausgewogenheit von verfolgten Inhalten und die Akzeptanz kooperativen Handelns muss aktiv gefördert und prozessbegleitend reflektiert und hinterfragt werden.

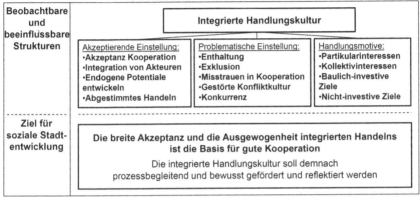

Quelle: Eigene Darstellung.

Abb. 25 Veränderbare Strukturen auf der Inhalts- und Einstellungsebene

4.1.2.1 Akzeptierende Einstellung zu Kooperation

In den betrachteten Gebieten zeigen sich eine akzeptierende Haltung bezüglich Kooperation zuvorderst am Grad der Anerkennung, Wertschätzung und einer generellen Offenheit (Akzeptanz Kooperation) hinsichtlich kooperativen Handeln und der Aufbau- und Ablauforganisation der Zusammenarbeit. Zu erkennen ist dies beispielsweise an einem erhöhten Vertrauensgrad gegenüber den etablierten Institutionen der Zusammenarbeit vor Ort: *„Also die Strukturen vor Ort, glaube ich, werden ganz vertrauensvoll angesehen, dass man da mitreden kann und mitmachen kann, und dass man da erfährt, was man erfahren muss"* (I1: 19). Anerkennung kommt auch dadurch zum Ausdruck, dass die produzierten Ergebnisse in der Kooperation durch hierarchisch höher gestellte Gremien des Politikbetriebes unterstützt und in den verschiedenen Entscheidungsinstanzen Ziele gemeinsam verfolgt werden: *„Wir haben alle Entscheidungen in der Arbeitsgruppe, in der Lenkungsgruppe oder im Stadtrat getroffen und es musste immer [...] das gleiche Ergebnis her"* (I2: 34). Eine generelle Offenheit gegenüber der Kooperation zeigt sich unter Umständen auch dadurch, wenn der Stadtrat den Beteiligten in der Kooperation für einen bestimmten Zeitraum Eigenverantwortung in Form von Ressourcen und Kompetenzen überträgt: *„[...] der Stadt-rat hat sozusagen einmal seinen Segen dazu gegeben, und jetzt können die Bür-ger machen, mit dem Geld, was sie in irgendeiner Form zusammenschaufeln, können sie damit Projekte machen"* (I3: 40). Wenn Kooperation Anerkennung, Wertschätzung und Offenheit seitens der Beteiligten entgegengebracht wird, so fällt es leichter, die unterschiedlichen medialen Steuerungsmittel zu generieren. Handlungsfähigkeit wird dadurch in der sozialen Stadtentwicklung hergestellt.

Die Akzeptanz von integrierten und kooperativen Handeln ist zudem auch an dem aktiven Streben danach zu erkennen, Akteure im Sinne einer demokrati-schen Stadtentwicklung in den Kooperationsprozess zu integrieren (Integration von Akteuren). In einem der betrachteten Gebiete zeigte sich dies zum Beispiel daran, dass ein Straßenumbau nur dann realisiert werden sollte, *„wenn 100% der Hauseigentümer freiwillig mit bezahlen. Also mussten wir alle erreichen und wir haben auch alle erreicht"* (I2: 26). Für die Umsetzbarkeit einer umfassenden funktionellen und baulichen Aufwertung dieser Straße war in diesem Fall die Mitwirkung aller Eigentümer essentiell. Ebenso zeigen sich aktive Integrations-bemühungen an dem Stellenwert von Beteiligungsverfahren, beispielsweise bei der Neugestaltung von Plätzen: *„[...] da sind wir sehr massiv rein und haben Partizipationsverfahren installiert, haben quasi einen Workshop gemacht mit dem Stadtplanungsausschuss, sehr politisch, die haben sich nicht gescheut und im zweiten Planungsprozess dann mit den Beteiligten aus dem Stadtteil"* (I4: 61). Hier scheint ein allgemeines Interesse an diesem Beteiligungsverfahren zu exis-tieren. Dies ist keinesfalls selbstverständlich, weil solch ein Verfahren Zeit, Geld und Engagement vieler Akteure erfordert und dies gegebenenfalls in Konflikt zu politisch-administrativen Interessen oder anderen Partikularinteressen steht. Die Bereitschaft, betroffene Akteure aktiv zu beteiligen, offenbart sich darin, inwie-weit Gebietsgremien an wichtigen Entscheidungsprozessen ernsthaft beteiligt werden: *„Der Quartiersbeirat ist ein Bewohnergremium, tagt einmal im Monat, [...]. Und dort wird besprochen alles, was die Bewohner selber vorbringen. Am Anfang ging es sehr stark um das integrierte Handlungskonzept, um überhaupt das erstmal zu entwickeln. Da gab es auch eine gemeinsame Sitzung mit der Lenkungsgruppe und eine Einigung über die wesentlichen Punkte vom integrier-ten Handlungskonzept"* (I9: 147). Dieses Beispiel spricht für aktive Integrations-bemühungen, weil die Lenkungsgruppe das quartiersbezogene Bewohnergre-mium bei wichtigen strategischen Entscheidungen aktiv zu konsultieren scheint. Generell ist die intensive und fortlaufende Integration von Betroffenen und Be-teiligten in Entscheidungs- und Umsetzungsprozessen der sozialen Stadtentwick-lung von großer Wichtigkeit, weil nur so Probleme und Lösungen repräsentativ erkannt und die Umsetzung von vielen Maßnahmen erst ermöglicht werden.

Als weiteres Kriterium einer akzeptierenden Einstellung stellen sich die angestellten Bemühungen dar, die endogenen Potentiale im Gebiet zu entwickeln. Ressourcen im Stadtteil sollen dabei aktiviert und gefördert werden. Dadurch wird auch deutlich, dass Kooperation als Weg zum Erfolg einer sozialen Stadtentwicklung erkannt und verinnerlicht worden ist. Dies ist möglicherweise daran zu erkennen, dass angesichts eines nur temporär installierten Quartiersmanagements in der „Sozialen Stadt" frühzeitig großer Wert darauf gelegt wird, *„ein tragfähiges Netzwerk zu schaffen. Ein Netzwerk, was weiterhin bestehen bleibt, auch wenn es Soziale Stadt nicht mehr gibt, wenn es uns als Stadtteilbüro nicht mehr gibt, dass trotzdem diese Verknüpfungen erhalten bleiben"* (I10: 171). Es wird Priorität darauf gelegt, *„[...] dass sich alle engagierten Kräfte zusammentun und miteinander arbeiten"* (I7: 121). Dies erfordert natürlich, erhöhte Aufmerksamkeit darauf zu legen, *„[...] Ressourcen zu entdecken, die vielleicht im Moment noch schlummern, also auch zu gucken, wo könnte man, wenn man was zusammenspannt, Gewinnperspektiven entwickeln"* (I1: 9). Die Entwicklung und Aktivierung endogener Potentiale in einem konkreten Gebiet ist die Grundlage für das Gelingen von sozialer Stadtentwicklung. Es ist jedoch auch sehr arbeitsintensiv, solch einen Prozess anzustoßen und zu begleiten. Deshalb ist in der integrierten und sozialen Stadtentwicklung gegebenenfalls die Verlockung für die verantwortungstragenden Personen groß, sich auf bereits erkannte Potentiale aus dem Kreis der Beteiligten, beispielsweise von professionell arbeitenden sozialen Einrichtungen, zu beschränken, um möglichst schnell erkennbare Ergebnisse zu produzieren. Die Kehrseite dieser effizienzorientierten Vorgehensweise ist jedoch, dass dadurch selektive Beteiligung verhärtet wird und die repräsentative Problemdefinition, die Lösungsfindung und die kooperative Umsetzung und Verstetigung vieler Maßnahmen in weite Ferne rücken.

Zuletzt wird eine akzeptierende Einstellung an den Anstrengungen sichtbar, die für abgestimmtes Handeln in der Kooperation angestellt werden. Dies ist beispielsweise daran zu beobachten, dass Aushandlungsprozessen zwischen den vielen verschiedenen Perspektiven der beteiligten Akteuren viel Raum gegeben wird: *„So hat halt jeder eine andere Auffassung und davon lebt das. Eine lebendige Auseinandersetzung einfach. Und diese lebendige Ausein[andersetzung, Anm. d. Ver.], [...] muss sich auch in den Arbeitskreis oder da mit rein tragen, weil sonst kommen wir nicht vorwärts, ja. [...] Und jeder hat sein Ziel, jeder meint das, und dann wird aber auch Konsens gefunden"* (I5: 85). Konfliktfälle sind ebenfalls bezeichnende Situationen, an denen eine Abstimmungskultur zu erkennen ist: *„Wenn es einen Konflikt gibt, gibt es ein Gremium, wo dieser Konflikt im Endeffekt auf das Tableau kommt und dann werden verschiedene Lösungen angestrebt, also da wird er diskutiert, wird verhandelt bis man zu einer Lösung kommt"* (I4: 66). Eine solche abstimmungsorientierte Arbeitseinstellung schafft gute Voraussetzungen für gemeinsames Lernen: *„Also es war ein Lernen, ein Lernen während des Prozesses. Aber ein gemeinsames Lernen und das fand ich eigentlich das Interessante"* (I7: 122). Die Kultivierung einer effektiven Abstimmungskultur ist ebenfalls sehr wichtig in der sozialen Stadtentwicklung. Ohne sie ist die dafür notwendige Kommunikation nicht zu realisieren.

4.1.2.2 Problematische Einstellung zu Kooperation

Eine problematische Einstellung zu kooperativem Handeln ist deutlich an der Enthaltung von konkreten Akteuren zu erkennen. Viele Akteure haben kein Interesse, zu partizipieren oder verfügen nicht über ausreichend Kapazitäten dazu:

> *„Die Zusammenarbeit mit den Schulen ist schwierig, weil die in der Regel sich immer erst dann melden, wenn das Kind schon in den Brunnen gefallen ist."* (I9: 156)

> *„Unser Projektleiter ist eigentlich nicht greifbar, weder per Email noch per Telefon. Der ist immer alle zwei drei Monate mal bei einem Jour-Fixe-Termin, wo er dann recht wenig Zeit hat."* (I10: 177)

> *„Aber also wenn man des jetzt mal vereinfacht sagt. Die Gruppe der Migranten ist die, die am schwierigsten zu kriegen ist."* (I4: 61)

Ebenso deutlich kommt eine problematische Haltung durch Exklusionsphänomene zum Vorschein. Oft führt einseitiges Handeln zum Ausschluss von Akteuren. Beispielsweise äußert sich dies durch eine restriktive Vorgehensweise von öffentlichen Entscheidungsträgern hinsichtlich der Besetzung von Gremien: *„Also es hängt sicherlich auch damit zusammen, dass von Seiten der Stadtverwaltung da ein relativ restriktiver Kurs gefahren wird, wer da in solchen Gremien sitzt"* (I6: 91). Oder es kommt vor, dass Vertreter von Akteuren aus dem Gebiet nicht an Entscheidungsprozessen teilhaben dürfen: *„Also es werden nicht viele Entscheidungen von den Delegierten getroffen, das wird schon meistens von oben gemacht und die machen dann mit oder nicht. [...] Das ist dann eher zentral"* (I8: 145). Die Realisierung von in dem Gebiet entwickelten Ideen und Maßnahmen scheitert in solch einem Fall leicht an fehlender Unterstützung aus der Verwaltung und Politik: *„Aber schlussendlich, wenn wir uns irgendwie ein nettes Projekt an der Basis ausdenken, kann es uns passieren, dass innerhalb der Verwaltungshierarchie jemand sagt, wir machen das nicht zu einem Stadtratsbeschluss, wir wollen das nicht"* (I1: 18). Enthaltung oder Exklusion von Akteuren gefährden zum Einen das Erkennen von repräsentativen Problemen und Lösungen in der sozialen Stadtentwicklung. Zum Anderen können diese Phänomene die Generierung von erforderlichen medialen Mitteln zur Umsetzung von Maßnahmen behindern oder sogar unmöglich machen.

Außerdem zeigt sich eine problematische Haltung durch offenkundiges Misstrauen in Kooperation. Viele Akteure glauben nicht an die Kapazitäten und Potentiale kooperativen Handelns. Sie halten beispielsweise Strukturen im privaten Bereich für weniger arbeitsfähig als Strukturen in der Verwaltung: *„Das hat sich so irgendwie gezeigt, dass man sich halt finden muss und, sag ich mal so salopp, die Verwaltung doch manchmal zu Unrecht in Misskredit gerät. Also dass da durchaus schon gute arbeitsfähige Strukturen da sind, die teilweise im privaten Bereich fehlen"* (I7: 123). Diese Sichtweise führt dazu, dass verwaltungsinternen Problemlösungsverfahren gegenüber prozessoffenen Kooperationen und integrierten Ansätzen der Vorzug gegeben wird. Die Arbeit einer gebietsbezogenen und integriert arbeitenden Koordinierungsgruppe, wird dadurch abgewertet. Dies hat gegebenenfalls zur Folge, dass das das Gremium nicht ernst genommen wird: *„Wie in der Koordinierungsgruppe die Person F immer noch nicht verstanden hat, dass wir kein Abnickgremium sind, sondern ein Gremium, dass Entscheidungen im Kommunikationsprozess trifft und das findet er immer noch Kaffeekränzchen"* (I1: 10). Ein ähnlicher Effekt kann einsetzen, wenn kooperative Prozesse sehr lange dauern und Akteure deshalb den Glauben daran verlieren: *„[...] Dann ist man unzufrieden, weil man eigentlich gedacht hat, nach einem halben Jahr ist das alles vorbei"* (I8: 142). Bei gesteigertem Misstrauen in die Kooperation häufen sich Alleingänge von Akteuren, was integrierte Ansätze mit großer Wahrscheinlichkeit unterwandert.

Eine gestörte Konfliktkultur lässt ebenfalls auf fehlende Akzeptanz kooperativen Handelns schließen. Es wird entweder die Auseinandersetzung mit Konflikten bewusst vermieden oder es gelingt nicht, sich darüber innerhalb der Kooperation angemessen auszutauschen: *„Also die Konflikte gibt es schon, also die bleiben einfach. Die werden nicht aus der Welt geräumt"* (I10: 177). Dies mag einerseits daran liegen, dass generell Austausch in der Kooperation zu wenig praktiziert wird: *„Also ich denk mal, da gäb es durchaus Bedarf, da noch mehr Kultur reinzubringen. Also den direkten Austausch zu fördern"* (I6: 105). Andererseits kann es auch *„einfach an den Personen [liegen, Anmerk. d. Ver.], die, wie gesagt, da haben sie anscheinend noch keine Übung drin, die es jetzt irgendwie anscheinend noch nicht gelernt haben oder es noch nie praktiziert haben irgendwo auch mal einen Konflikt wirklich durchzufechten"* (I8: 145). Bei so vielen parallel involvierten Interessenlagen, wie in der sozialen Stadtentwicklung, ist ein bewusster und aktiver Umgang mit Konflikten sehr wichtig. In Konflikten zeigen sich nicht nur Begehrlichkeiten und persönliche Ambitionen von einzelnen Akteuren, sondern auch Unstimmigkeiten im Kooperationsprozess und in der Maßnahmenplanung auf. Eine Konfliktkultur sollte als konstruktives

Instrument zur Strategieentwicklung und demokratischen Aushandlung bewusst gefördert werden.

Schließlich ist eine problematische Einstellung noch an einer gesteigerten Konkurrenz innerhalb der Kooperation sichtbar. Konkurrenz besteht zum Beispiel zwischen verschiedenen Verwaltungsreferaten: *„Herausforderungen, ja – sind, dass die Verwaltung so kooperiert, dass sie sich nicht ständig im Weg steht und miteinander konkurriert [...]“* (I1: 10). Sie zeigt sich jedoch auch in Form von *„Neiddebatten, wo man dem anderen den Erfolg nicht gönnt, ne, also wo immer schon auch darauf geachtet wird, dass keiner am Ende zu kurz rauskommt oder komisch dasteht“* (I3: 45). Das Konkurrenzverhalten einzelner Akteure kann zudem die Kooperation als Ganzes prägen: *„Ein schwieriger Kooperationspartner ist auch die Organisation B, allerdings in der Person seines Chefs. Da klappt auch weder die Informationspolitik noch die Zusammenarbeit wirklich gut. Die lassen sich auch nicht gerne in die Karten schauen [...]“* (I9: 157). Kooperation wird durch Konkurrenzverhalten zwischen Akteuren erschwert. Es führt dazu, dass Informationen bewusst zurückgehalten werden oder nicht aktiviert werden können und dadurch suboptimale Ergebnisse zustande kommen. Ein gewisses Maß an Konkurrenz kann jedoch auch konstruktiv sein, sofern mit offenen Karten gespielt und um die besten Ideen konkurriert wird.

4.1.2.3   Handlungsmotive in der Kooperation

Des Weiteren geben die vorherrschenden Handlungsmotive Aufschluss darüber, welche Inhalte in den Kooperationen verfolgt werden. Partikularinteressen, sofern nur auf den eigenen Vorteil bedacht, behindern gemeinschaftliche und integrierte Lösungen. Solche Partikularinteressen lassen sich beispielsweise erkennen, wenn Akteure sich an gemeinwohlorientierten Initiativen nicht finanziell beteiligen wollen, obwohl sie zumindest indirekt davon profitieren: *„Wir hatten auch schon Leute, die Mitglied sind und wieder ausgetreten sind und sagen, die 30 Euro spare ich mir, weil ihr tut eh nichts für mich. Die sehen sich selber als, also sehen nicht das Quartier oder den Stadtteil, sondern die sehen sich selbst“* (I3: 46). In diesem Fall handelt es sich um einen Gewerbetreibenden, der wohl nicht anerkennt, dass die gemeinschaftlich finanzierten Aufwertungsinvestitionen für das Viertel auch für sein Geschäft von Vorteil sind. Deshalb enthält er sich. Ein Überhang von Partikularinteressen ergibt sich jedoch auch im Kreise der Beteiligten eines gebietsbezogenen Gremiums, wenn jeder dort nur auf die Umsetzung der eigenen Projekte schaut: *„Also am Anfang war das alles sehr diffus und jeder wollte eher seine eigenen Interessen, auch seine eigenen, teilweise auch persönlichen Interessen umsetzen“* (I7: 127). Die Orientierung am Eigeninteresse ist nicht grundsätzlich schlecht. Sie ist sogar als Quelle intrinsischer Motivation zu begrüßen. Bei komplexen Problemen, die einzelne Akteure nicht mehr alleine bewältigen können, können jedoch durch rein einseitiges Handeln die notwendigen medialen Steuerungsmittel nicht mehr generiert werden. Der Einzelakteur braucht nun die Unterstützung anderer. Der Vorteil von institutionalisierten Kooperationen und Netzwerken ist in diesem Kontext, dass Akteure über längere Zeit hinweg enger zusammenarbeiten und sich darüber ein reziproker Ausgleich von Inanspruchnahme von Unterstützung und „selbstloser" Leistung von Unterstützung einstellen kann. Förderlich für integriertes Handeln und soziale Stadtentwicklung ist natürlich, wenn sich subjektübergreifende Kollektivinteressen in Kooperationen etablieren und gemeinschaftliche Ziele verfolgt werden:

„Ich habe das Gefühl, wir ziehen zu 99% an einem Strang, die wollen die Verbesserung der Lebenslage hier im Viertel." (I10: 174)

„[...] in dem Ziel, dieses Gebiet aufzuwerten, da Maßnahmen bereitzustellen, dass das attraktiver wird, dass da Leute hinkommen, dass da andere Leute hinkommen, da sind sich alle einig." (I3: 45)

Die beiden gewählten Zitate erwecken den Eindruck, dass sich die Beteiligten mit dem Ziel der Aufwertung des gemeinsamen Quartiers identifizieren. Die Partikularinteressen werden dadurch durch eine gemeinschaftliche Dimension ergänzt. Unter diesen Umständen sind für das Allgemeinwohl erforderlich mediale Steuerungsmittel leichter zu generieren.

Ein Schwerpunkt auf baulich-investiven Zielen und Maßnahmen lässt ebenfalls vermuten, dass ein integrierter Ansatz in der Kooperation schwer umzusetzen ist. Die Regularien der Städtebauförderung begünstigen in den Augen vieler Akteure bauliche Projekte: *„Also maximal für die nicht-investiven Kosten dürfen maximal 5% der investiven Kosten und zwar der förderungsfähigen investiven Kosten bezahlt werden"* (I9:156). Für die Politik sind bauliche Projekte oft besonders attraktiv, weil relativ schnell sichtbare und bleibende Ergebnisse erzielt werden können: *„Das gemeinsame oder das Voranbringen von Innenstadtentwicklung auf der baulichen Seite, baulich-kulturellen Seite. Ich denke, da ist der Schwerpunkt"* (I6: 93). Baulich-investive Projekte sind zwar ein wichtiger Bestandteil von sozialer und integrierter Stadtentwicklung, sie können jedoch unmöglich nicht-investive Ziele und Maßnahmen ersetzen. Im nicht-investiven Bereich – also soziale, kulturelle und wirtschaftliche Maßnahmen und die Förderung von Selbsthilfestrukturen und Netzwerken – liegt sogar die zentrale Herausforderung von sozialer und integrierter Stadtentwicklung. Bauliche Projekte, wie z.B. die Schaffung neuer Gewerbeflächen, entfalten nur eine positive Wirkung für den Stadtteil, wenn sich dort entsprechenden Nutzungen ansiedeln und die

Bevölkerungen sie als Nachfrager in Anspruch nehmen. Viele nicht-investive Maßnahmen zielen deshalb auf die Imageverbesserung des Quartiers ab: *„Also, ich mein das ist so, dass wir verschiedenste Maßnahmen fördern zur Aufwertung des Ortes A, also das ist im Bereich, wie gesagt, das kann sein, dass es im Bereich Marketing ist, es kann sein dass es im Bereich Imagebildung ist, also wir machen einen kleinen Adventsmarkt"* (I3: 39). Im sozialen Bereich visieren nicht-investive Projekte jedoch beispielsweise auch an, nachbarschaftliche Netzwerke zu knüpfen oder die soziale Infrastruktur mit benötigten Angeboten zu ergänzen. Im kulturellen Bereich werden zum Beispiel Ausstellungen von lokalen Künstlern zur Stärkung der Stadtteilidentität organisiert.

Fallbeispiel:
„Soziale Stadt RaBal":

Die integrierte Handlungskultur ist problematisch. Allgemein existieren das Ideal und das Bekenntnis zu integriertem Handeln, was auch der beauftragten Strategie des Quartiersmanagements entspricht. Die Rolle des Quartiersmanagements und die geschaffenen neuen Institutionen werden mittlerweile anerkannt. Im Kooperationsprozess gibt es jedoch auch spürbare Konkurrenz, Profilierungsbestrebungen und Verteilungskonflikte; dies trifft insbesondere auf das Verhältnis zwischen lokaler Politik und den Strukturen der Sozialen Stadt zu: *„vielleicht ziehen wir in die gleiche Richtung aber nicht am gleichen Strang"* (I1: 6) Außerdem existieren Vorbehalte gegenüber integriertem Handeln innerhalb der Verwaltungs- und Politikstrukturen aufgrund persönlicher Animositäten *(„Politik, Verwaltung - tiefes Misstrauen"* (I1: 19)), tradierten Vorstellungen, machtpolitischen Interessen und hierarchischen Entscheidungswegen. Hinsicht-lich der Ziele in der Kooperation wird zwar ein integriertes Vorgehen postuliert, es scheinen jedoch gleichzeitig Barrieren bei der Genehmigung von nicht-investiven Mitteln zu bestehen: *„ Was, nicht-investive Maßnahmen, was ist denn das überhaupt für ein Schmarrn?"* (I1: 13).

Fallbeispiel:
„LFIS Passau":

Die integrierte Handlungskultur ist eindeutig akzeptierend: Der *„ Umbau eines öffentlichen Raumes geht nur in Kooperation"* (I2: 27). Die baulichen Maßnahmen wurden durch einen *„einstimmigen Beschluss"* (I2: 21) gemeinsam mit den Hauseigentümern beschlossen. Mit den Projektbeteiligten werden regelmäßig die *„Maßnahmen durchgesprochen"* (I2: 22). Außerdem sprechen die Zusammensetzung des Vorstands des besagten Marketingvereins, der Lenkungsgruppe und die Arbeitsteilung zwischen den tragenden Personen in der Kooperation für eine integrierte Handlungskultur. Die Führungspersonen verstehen sich als *„Zusammenführer"* (I2: 30) und zentrale Entscheidungen wurden in der Lenkungsgruppe oder im Stadtrat immer einstimmig beschlossen: *„Ja wir hatten immer einstimmige Beschlüsse im Stadtrat. Das gibt es in Ort A normal gar nicht"* (I2: 34). Konflikte und strukturelle Barrieren werden mit *„gaaanz viel Diplomatie aus dem Weg geräumt"* (I2: 31). Ziele und die Problemdefinition wurden vertraglich festgeschrieben, jedoch mit der Option auf Modifizierung im Projektablauf: *„Keiner wusste worauf er sich einlässt und wir haben einfach mal das reingeschrieben in den Vertrag, was wir dachten, dass auf uns zukommt; haben aber immer gesagt, wenn sich irgendwas ergibt, kann es sein, dass wir den Vertrag auch mal ändern müssen"* (I2: 24). Baulich-investive Maßnahmen sind relativ vorherrschend in der Kooperation, was jedoch mit dem nicht-investiven Ziel der Netzwerkbildung einhergeht: *„Also mussten wir alle erreichen und wir haben auch alle erreicht"* (I2: 26).

4.1.3 Institutionenebene: Interaktionsregeln

Der strukturelle Einflussfaktor „Interaktionsregeln" behandelt die Art und Weise, wie integriertes Handeln in Form von konkreten Arbeitsstrukturen umgesetzt wird. In den betrachteten Gebieten war dies an der Qualität der Kommunikation, der Ablauforganisation und der Aufbauorganisation in der Kooperation zu erkennen (siehe Übersicht Abbildung 26).

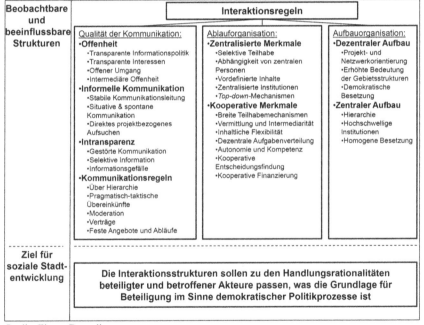

Quelle: Eigene Darstellung.

Abb. 26 Veränderbare Strukturen auf der Institutionenebene

Im Allgemeinen ist beim strukturellen Einflussfaktor „Interaktionsregeln" anzustreben, dass die geschaffenen und emergierten Strukturen zu den Handlungsrationalitäten der beteiligten und betroffenen Akteure passen. Nur so kann umfassende Beteiligung im Sinne demokratischer Politikprozesse realisiert werden. Es gibt also nicht die ideale Komposition von Interaktionsregeln, sondern dies ist abhängig von der jeweilig vorhandenen Akteurkonstellation.

4.1.3.1 Qualität der Kommunikation in der Kooperation

Die Qualität der Kommunikation zeigt sich unter anderem an der Offenheit der Kommunikation, was wiederum an einer transparenten Informationspolitik, transparenten Interessen, offenen Umgangsformen und einer intermediär produzierten Offenheit zu beobachten ist.

Eine transparente Informationspolitik zeichnet sich dadurch aus, dass Informationen zwischen den Akteuren weitergeleitet werden und sich diese gegenseitig informieren, sodass Informationsstrukturen entstehen, die trotz Komplexität Transparenz ermöglichen: „[...] aber trotzdem erfährt jeder alles, was abgestimmt worden ist" (I1: 13). Eine transparente Informationspolitik wird zum Teil durch vorausschauende Verträge und Regeln unterstützt und geplant, sie kommt jedoch nicht ohne eine informelle und spontane Austauschpraxis zwischen den Akteuren aus: „Also es wäre sogar im Vertrag geregelt gewesen, dass wir alles was wir entscheiden an die Kommune weitergegeben werden muss. [...] Wir haben täglich telefoniert oder wir haben täglich zusammen gesessen. Also eins von beiden. Und deswegen hatten wir da immer die Kommunikation sehr stark da" (I2: 28). In diesem Beispiel haben täglicher Austausch und formelle Regeln dazu geführt, dass ein steter Informationsfluss zwischen Verwaltung und den Vertretern der Gebietsakteure gewährleistet ist. Besonders bei Schwierigkeiten im Kooperationsalltag, kann beobachtet werden, wie funktionsfähig bzw. stabil eine derartige Informationspolitik ist: „Das war jetzt auch die positive Erfahrung, also das man einfach sagt, dass man Schwierigkeiten kommuniziert [...]" (I3: 51). Zu einer effektiven Informationspolitik gehört nämlich ebenfalls, dass die Akteure Bereitschaft zeigen, auch unangenehme Informationen weiter zu geben. Eine transparente Informationspolitik vermindert nicht nur Informationsgefälle, sondern fördert auch einen vertrauensvollen Umgang zwischen den Beteiligten.

Transparente Interessen setzen voraus, dass Akteure ihre Interessen artikulieren und untereinander mitteilen: „100 Prozent transparent, eigentlich gibt es keine Geheimnisse" (I3: 51). Dies ist beispielsweise darüber erkennbar, dass sich Beteiligte sehr gut kennen und einschätzen können: „Die kennen sich alle. [...]

Da sind vielleicht ein zwei drei Leute dabei die jetzt Outsider sind, die da reinkommen und vielleicht vom Namen her bekannt sind. Der Rest sitzt sowieso drei Mal die Woche in irgendeinem Gremium oder in irgendeiner Veranstaltung oder bei irgendwas anderem zusammen. [...] Außerdem können sich die gegenseitig auch ziemlich gut einschätzen [...]" (I8: 142). Eine transparente Interessenlage wird jedoch auch durch eine öffentlichkeitswirksame Inszenierung von Gremiensitzungen, z.b. mittels Beteiligung der Presse, gefördert: *„Also ich habe das Gefühl, dass hier sehr offen kommuniziert wird. Also dass wir hier ein Gremium haben, wo klar ist, also da sitzt die Presse mit drin, das was hier kommuniziert wird, soll zielführend sein und es wird wenig gewünscht, dass da irgend jemand seine eigene Suppe kocht"* (I4: 65). Die Presse hier ein Stück weit gewährleisten, dass artikulierte Interessen den Beteiligten und Betroffenen leichter zugänglich gemacht werden. Allerdings könnte die Präsenz der Presse auch dazu führen, dass Akteure bestimmte Interessen nicht aussprechen, weil die entsprechende Gremiensitzung nicht mehr vertraulich genug erscheint. In bestimmten Situationen, wie zum Beispiel bei politisch brisanten Themen oder in sensiblen Verhandlungsprozessen, ist ein vertraulicher Gesprächsrahmen sehr wichtig. Abgesehen davon sind transparente Interessen in der Kooperation sehr erstrebenswert, weil sich die beteiligten Akteure so der Absichten der anderen bewusst werden. In dem interdependenten Beziehungsgeflecht in sozialer und integrierter Stadtentwicklung ist dies von Vorteil, da auf unterschiedliche Handlungslogiken besser eigegangen werden kann und potentielle Konflikte zwischen Handlungslogiken oder zwischen Handlungslogiken und Strukturen frühzeitig erkannt werden können.

Ein offener Umgang zwischen den Kooperationsbeteiligten ist an der Vertrautheit, Ungezwungenheit und Flexibilität in der Zusammenarbeit zu sehen. Dies ist beispielsweise an der vorherrschenden Diskussionskultur in der Kooperation zu beobachten: *„Das sind schon gute Diskussionen die stattfinden, um zur Entscheidungsfindung oder zur Zielfindung zu kommen"* (I5: 84). Ein weiteres Indiz für einen offenen Umgang ist, wie gut sich die beteiligten Akteure untereinander leiden können: *„Also ich hatte schon den Eindruck, dass wir also Offenheit, das ist ja vielleicht auch ein bisschen so die menschliche Ebene, dass wir da ganz gut klarkamen"* (I7: 132). Offenheit kommt jedoch auch im Verhältnis der Beteiligten zu Zielgruppen und anderen Betroffenen zum Ausdruck: *„Und genauso halten wir das jetzt auch auf unserer Mitarbeiterebene für eine ganz wichtige Sache, die Menschen als Ganzes anzunehmen und noch wichtiger ist es bei den Bewohnerinnen und Bewohnern. Also die, da gilt die Regel, die man auch für den Umgang mit Migranten lernt, aber die gilt auch für die deutsche Unterschicht, so personenorientiert und so wenig sachorientiert wie möglich. Also sich auch einlassen, die Leute dürfen auch über mich über mein Privatleben und wie* *ich lebe was wissen uns sowas, das halte ich für notwendig"* (I9: 161). Wenn in einer Kooperation keine Offenheit gegenüber den Belangen der Betroffenen erkennbar ist, so ist stark in Zweifel zu ziehen, dass deren Interessen und Wissen repräsentiert sind. Ein offener Umgang im Kreise der beteiligten Akteure und zwischen Beteiligten und Betroffenen erleichtert den Transfer von Wissen und die Bearbeitung und Lösung von Konflikten in der Kooperation erheblich.

Intermediäre Offenheit offenbart sich daran, inwiefern über intermediäre Akteure Transparenz und Offenheit produziert wird. Ein Quartiersmanagement kann zum Beispiel diese Funktion zwischen Bürgern und politisch-administrativen Akteuren ausüben: *„[...] wenn es einfach auch Probleme in der Stadtverwaltung gibt, die nicht offen sind für den Bürger, dann haben wir die Offenheit das weiter zu kommunizieren [...]"* (I3: 51). Im Gebiet selbst können Quartiersmanagements es jedoch in der Regel nicht leisten, Kontakt zu allen Bürgern selbst herzustellen. Hier sind sie auf unterstützende Multiplikatoren angewiesen: *„Und deswegen ist es für uns, finde ich, auch oft nicht so zentral jetzt jeden Bewohner erreicht zu haben, sondern für uns ist es eher zentral die Multiplikatoren erreicht zu haben [...]"* (I1: 3). Intermediäre Akteure können jedoch nicht alleine für Offenheit sorgen. Ihre Kapazitäten sind dafür zu begrenzt. Alle Beteiligten müssen dazu beitragen.

Des Weiteren wird die Qualität der Kommunikation an der informellen Kommunikation deutlich. Hier sind stabile Kommunikationsleitungen, situative und spontane Kommunikation und direktes projektbezogenes Aufsuchen zu differenzieren.

Stabile Kommunikationsleitungen beschreiben persönliche Netzwerke und Kommunikationsbeziehungen, die bewusst und verlässlich genutzt werden können. Dies ist zum Beispiel erkennbar an stabilen Austauschbeziehungen zwischen Akteuren: *„Was aber bei uns sowieso kein Problem war, weil wir durch dieses Dreierteam in der Lenkung wusste immer jeder was gerade los war"* (I2: 28). Über stabile Kommunikationsleitungen kann jedoch auch flexibel Unterstützung für bestimmte Maßnahmen angefordert werden: *„[Die, Anmerk. d. Ver.] Kleiderkammer habe ich aufgemacht. Dann haben wir Klamotten gebraucht für die Kleiderkammer. [...] Ja, aber jetzt hat zum Beispiel die Person A, die war bei der Sparkasse damals, hat eine Email an alle Kollegen geschickt, wir bräuchten Kleidung"* (I5: 83). Verlässliche Kontakte sind eine sehr wertvolle Ressource, um mediale Steuerungsmittel zu generieren.

Situative und spontane Kommunikation findet beispielsweise bei sich zufällig ergebenden Gesprächen auf der Straße oder bei Veranstaltungen statt. Diese Form der Kommunikation ist zwar kaum planbar, aber ist für das Verbreiten von Informationen sehr wichtig: *„Das ist so diese informelle Kommunikation, also wird sehr viel, sag ich jetzt mal, nebenbei kommuniziert die Mitglieder infor-*

miert; also einfach wenn man im Gebiet ist und einen Kaffee trinkt" (I3: 50). In diesem Zusammenhang wird auch oft Mundpropaganda hoch gepriesen: *„Also diese Mundpropaganda hat da viel mit beigetragen"* (I5: 84). Diese Form der Kommunikation eignet sich auch sehr gut, um Informationen zu erfahren: *„Wir haben Kundenbefragungen in den Geschäften gemacht und da konnte natürlich der Kunde die Fragen beantworten und dann gibt es immer die Standardfrage, was man sonst noch so auf dem Herzen hat, und da kommt natürlich alles Mögliche [...]"* (I2: 25). Bei der Vielzahl an unterschiedlichen Lebenswelten in der sozialen Stadtentwicklung ist situative und spontane Kommunikation sehr hilfreich, um verschiedene Menschen zu erreichen. Menschen, die den ganzen Tag arbeiten und zudem noch eine Familie haben, nehmen gegebenenfalls formalisierte Gremien gar nicht als Option wahr, um sich Informationen zu holen oder eigene Interessen zu artikulieren. Ihnen fehlt schlichtweg die Zeit. Es ist viel wahrscheinlicher, ihnen durch Zufall auf der Straße oder beim Einkaufen zu begegnen.

Schließlich werden beim direkten und projektbezogenen Aufsuchen je nach themenspezifischer Relevanz bei Projekten bestimmte Akteure gezielt konsultiert. So können konkrete Prozesse und Maßnahmen vorangebracht werden, weil potentielle Unterstützer direkt und persönlich angesprochen werden: *„Hier läuft unheimlich viel über informelle Wege. Das ist so wie ich halt anrufe, Person A wie macht man das"* (I5: 73). Neben der Anfrage von Mithilfe kann beispielsweise ein Projekt- oder Quartiersmanager auf diesem Wege auch Projekte unterstützen: *„Ich bin einfach viel im Stadtteil unterwegs, suche Projektpartner auf und befördere diese kreativen Entwicklungsprozesse"* (I4: 65). Oft ist es so, dass *„[...] Kooperationspartner auf informellem Weg viel leichter zu erreichen sind als wenn man da versucht, die offiziell zu erreichen. Also auf dem normalen Weg"* (I6: 99). Direktes und projektbezogenes Aufsuchen ist eine effektive Möglichkeit, um mediale Steuerungsmittel zu generieren. Es ist jedoch auch unmittelbar mit der Herausforderung verbunden, Akteure von dem jeweiligen Anliegen glaubhaft zu überzeugen.

Intransparenz ist darüberhinaus ebenfalls ein Erkennungsmerkmal der Qualität der Kommunikation. Sie ist sichtbar durch eine gestörte Kommunikation, der selektiven Streuung von Information und dem Vorhandensein von Informationsgefällen zwischen den Beteiligten.

Für gestörte Kommunikation sind oft Einzelpersonen verantwortlich. Sie können den Kooperationsprozess durch ihr Verhalten beträchtlich behindern: *„Also, zum Beispiel in Sitzungen, wo die Person F nicht da ist, da wird relativ offen diskutiert und in Sitzungen wo die Person F da ist wird ganz ganz viel verschluckt und unterm Tisch gelassen"* (I1: 14). Viele Störfaktoren gehen auch von *„Sympathien und Antipathien zwischen den Leuten"* (I10: 174) aus. Es ist nicht erforderlich, dass sich alle Kooperationsbeteiligten untereinander mögen. Allerdings sollte zumindest auf sachlicher Ebene eine gesunde Kommunikation möglich sein, um jedem Beteiligten Respekt bezüglich seiner Anliegen zu vermitteln und Themen voranzubringen. Sobald Antipathien im Kooperationsprozess in den Vordergrund treten, werden Blockadehaltungen, Enthaltungen und Exklusion von bestimmten Akteuren wahrscheinlich. Dies ist existenziell für die Kooperation, wenn deshalb benötigte mediale Steuerungsmittel nicht mobilisiert werden können.

Selektive Streuung von Information fördert ebenfalls Intransparenz. Es kommt häufig vor, dass bei verwaltungsinternen Planungsverfahren, zum Beispiel zur Gestaltung des öffentlich Raums, prozessbegleitend zu wenig Informationen verbreitet werden: *„Und das ist zum Beispiel auch ein Punkt, wo wir uns mehr Transparenz erhoffen würden, dass man gegenüber den Bürgern immer Aussagen treffen kann"* (I10: 174). Dies gefährdet nicht nur die Glaubwürdigkeit der Verwaltung in der Bevölkerung, sondern auch die Akzeptanz der Kooperation im Gebiet. Es wirft kein gutes Licht auf ein Quartiersmanagement, wenn es dem Bürger gegenüber keine Aussagen zu baulichen Projekten liefern kann. Dadurch entsteht Misstrauen und dies schafft Distanz zwischen Akteuren.

Das letzte Erkennungsmerkmal einer intransparenten Kommunikation sind Informationsgefälle zwischen Beteiligten. In gebietsbezogenen Koordinierungsgremien ist dies oft sehr gut beobachtbar, weil die Zusammensetzung der Mitglieder sehr heterogen ist: *„Da sagen die einen, haben wir schon hundert Mal diskutiert, was soll der Scheiß und die anderen sagen, was ist denn das überhaupt, ich habe gar keine Ahnung um was es eigentlich hier geht und ich bin ganz schlecht informiert und so [...]"* (I1: 7). Informationsgefälle sind ein Problem, wenn Prozesse von der Unterstützung von bestimmten Akteuren abhängig sind. Wenn diese Akteure von der Bedeutung ihrer Mitwirkung nicht im Bilde sind oder sich aufgrund fehlender Informationen nicht ernst genommen fühlen, so gefährdet ihre Enthaltung die erfolgreiche Umsetzung einer Maßnahme: *„Und dann erreicht es uns vielleicht zu einem Zeitpunkt, wo es vielleicht zu spät ist"* (I8: 141).

Zuletzt ist die Qualität der Kommunikation an der Festlegung von Kommunikationsregeln beobachtbar. Dies findet entweder durch hierarchische Eingriffe, pragmatisch-taktische Übereinkünfte, Moderation, Verträge oder feste Angebote und Abläufe statt.

Es kommt vor, dass Kommunikation stark durch politisch-administrative Entscheidungsträger und hierarchische Eingriffe, z.B. durch das Setzen der Tagesordnungspunkte in einem Gremium, geregelt wird: *„Regeln tut in dem Fall hauptsächlich eigentlich das Stadtplanungsamt"* (I6: 98). Hier liegt die Gefahr auf der Hand, dass jene Themen, die das Stadtplanungsamt nicht im Blick hat, unter den Tisch fallen können.

Pragmatisch-taktische Übereinkünfte regeln die Kommunikation insofern, dass Personen und Gremien in einer bestimmten Reihenfolge informiert werden: *„Was da natürlich wichtig war, ist dass der Stadtrat informiert war, in der richtigen Reihenfolge - zuerst Oberbürgermeister, dann Stadtrat, dann der Rest - und deswegen immer zuerst Lenkungsgruppe und dann die anderen Kollegen. Ganz wichtig"* (I2: 28). Eine solche Regelung kann durchaus förderlich für die Kooperation sein, um hierarchischen Abläufen im politisch-administrativen System Rechnung zu tragen oder sicherzustellen, dass Führungspersonen die Kooperation durch das Vertreten einer bestimmten Position nach außen unterstützen.

Die Kommunikation wird des Weiteren durch Moderation geregelt: *„Es gab einen Lenkungsgruppenvorsitzenden, der Wirtschaftsreferent. Also recht hochkarätig eigentlich besetzt. Der das Ganze moderiert, also der die Lenkungsgruppensitzungen moderiert hat. Und dabei aber schon sehr auf eine ausgewogene Situation geachtet hat"* (I7: 124). Eine gute Moderation kann sehr viel bewirken, um einen demokratischen Austausch zwischen verschiedenen Akteuren zu ermöglichen.

Wie bereits beim Thema „transparente Informationspolitik" ganz zu Anfang des Kapitels angeklungen, kann Kommunikation auch durch Verträge geregelt werden: *„Also es wäre sogar im Vertrag geregelt gewesen, dass wir alles, was wir entscheiden, an die Kommune weitergegeben werden muss"* (I2: 28). Vorausschauende Verträge tragen zur Herstellung von Transparenz bei und beugen offenkundigen Konfliktpotentialen vor. Wenn solche Verträge jedoch sehr viel Bedeutung in der alltäglichen Kommunikation besitzen, so besteht auch die Gefahr, dass sie ausschließend wirken. Sie verhindern gegebenenfalls, dass Kommunikation flexibel situativen Anforderungen angepasst wird. Das kann wichtige Akteure zur Realisierung von bestimmten Projekten informationstechnisch benachteiligen und verärgern.

Zuletzt wird Kommunikation auch noch durch feste Angebote und Abläufe geregelt. Dies sind beispielsweise feste Bürgersprechstunden oder regelmäßige Abstimmungsrunden: *„Dann gibt es, eine nächste Ebene wären die Bürgersprechstunden, wo dann einfach, wo man über Probleme angehen kann und wo die Leute konkret zu uns kommen können und dann gibt es als nächstes die Vorstandsebene, also die Vorstandsebene, die dann über, wo man sozusagen alles zusammenträgt und über alles spricht und die Entscheidungen trifft, wie weiter vorgegangen wird"* (I3: 50). Problematisch an solchen festen Strukturen ist, dass damit wichtige Akteure nicht erreicht werden können. Ihre Angemessenheit sollte also fortlaufend im Kooperationsprozess reflektiert werden.

4.1.3.2 Ablauforganisation in der Kooperation

Die Ablauforganisation unterscheidet sich von der Qualität der Kommunikation insofern, dass es hier nicht nur um Austauschwege von Informationen geht, sondern der Ablauf von konkreten Arbeitsprozessen im Vordergrund steht. In den betrachteten Gebieten ist die Ablauforganisation an zentralisierten und kooperativen Merkmalen zu erkennen.

Zentralisierte Merkmale zeigen sich unter anderem durch selektive Teilhabe an den Ablaufstrukturen. Selektive Teilhabe entsteht beispielsweise, wenn Beteiligte themenspezifisch von zentraler Stelle bestimmt werden. Dies ist in vielen Planungsverfahren der Fall, wo die Verwaltung gezielt Personen konsultiert: *„Also im Moment läuft gerade zum Beispiel eine Planung zu zukünftigen Entwicklungen kultureller, also Gebäude in der Stadt. Und dazu sind dann entsprechende Fachplaner nochmal dazu eingeladen und auch in begrenztem Umfang, muss man sagen, private Akteure"* (16: 87). In diesem Fall hängt die Repräsentation von beteiligten und betroffenen Akteuren maßgeblich von der Einschätzung der auswählenden Personen aus der Verwaltung ab. Oft etablieren sich auch Gruppen von Verantwortungsträgern, die den Kooperationsprozess dominieren: *„Es hängt zu sehr an wenigen Personen, die dann eben auf allen Ebenen agieren müssen. Auf der Umsetzungsebene, auf der Entwicklungsebene, auf der Entscheidungsebene und auf der Zielebene"* (17: 130). Diese Personen sind in vielen Fällen sehr engagiert und wichtig für den Kooperationsprozess. Ihre Perspektive auf Probleme, Lösungen und Maßnahmen ist jedoch nur selektiv. Sie sollten sich immer wieder zurücknehmen, um Platz für die Repräsentation anderer Akteure zu lassen. Oft ergibt sich selektive Teilhabe auch aufgrund von fehlenden Kapazitäten. Gerade bei schwer zu aktivierenden Akteuren ist es nicht immer möglich, jede einzelne Gruppierung direkt anzusprechen oder mit einzubeziehen: *„Also die Bürger waren sicherlich schwer zu aktivieren, aber den Anspruch jetzt jeden Bürger zu aktivieren den hat man nicht. Also wir haben gesagt wir wollen die einfach informieren und wenn sich jemand mit einbringen möchte, dann wäre das gut"* (18: 140). Die Sichtweisen von Betroffenen im Kooperationsprozess aufzunehmen und zu repräsentieren ist jedoch wichtig, um die Effektivität und Umsetzbarkeit von Maßnahmen nicht zu gefährden.

Ein weiteres Merkmal für einen zentralisierten Ablauf ist die Abhängigkeit von zentralen Personen. In diesem Fall bestimmen bzw. dominieren zentrale Personen auf strategischer oder operativer Ebene die Abläufe. Kooperationsprozess sind beispielsweise von einzelnen Entscheidungsträgern abhängig: *„Das gibt also noch zwei Personen mit denen wir immer wieder zu tun haben und die eigentlichen Entscheidungsbefugnisse haben [...]"* (19: 151). Ebenso treten auch koordinierende Instanzen, z.B. das Projekt- oder Quartiersmanagement, in solch einer zentralen Funktion auf: *„Es läuft zwar viel schräg und quer aber am Ende läuft alles hier zusammen"* (I10: 175). Dies führt dazu, dass sich Kooperationsbeteiligte selbst von verantwortungstragenden Rollen distanzieren und sich auf diese zentralen Personen verlassen: *„Mein Kollege und ich machen die Geschäftsführung, also offiziell. Wir sind eigentlich die Straßenmanager, also bei uns läuft alles zusammen und wir verteilen dann sozusagen wieder, und organisieren, moderieren, koordinieren"* (I3: 37). Zentrale Verantwortungspersonen sind so leicht überfordert, die Erwartungen aller Beteiligten zu erfüllen und kompensierend bei Fehlentwicklungen einzugreifen.

Ebenfalls zentralisiert wirken Abläufe mit vordefinierten Inhalten. Dies geschieht beispielsweise durch Voruntersuchungen: *„Wir haben die Problemdefinition schon vorher gemacht in der Bewerbungsphase und haben die im Grunde genommen nur noch umgesetzt"* (I2: 27). Die bei Voruntersuchungen festgestellten Problemlagen, können sich im Verlauf der Kooperation jedoch verändern. Oft sind die vordefinierten Inhalte auch auf politische Entscheidungen zurückzuführen: *„Also ich würd sagen, über hochgradig, nicht ganz definierte Ziele, weil wir hier nach einer Prioritätenliste vorgehen, die schon bevor das Quartiersbüro die Arbeit aufgenommen hat, vom Stadtrat beschlossen worden ist"* (I6: 96). Sie können jedoch genauso gut durch die Meinung von dominanten Einzelpersonen zustande kommen. Vordefinierte Inhalte wieder in Frage zu stellen, kann sehr aufwändig sein. Allerdings ist dies die bessere Alternative, als wenn Maßnahmen ins Leere laufen, weil die zu Grunde liegenden Probleme nicht richtig erkannt wurden und Zielgruppen sich davon nicht angesprochen fühlen.

Darüberhinaus weisen zentralisierte Institutionen ebenfalls auf zentralisierte Abläufe hin. Bereits etablierte und formalisierte Zusammenarbeitsstrukturen prägen hierbei maßgeblich den Arbeitsprozess. Dies sind zum Beispiel zentrale Gremien, in denen alle Abstimmungsprozess ablaufen: *„Wenn wir halt sagen, wir arbeiten eher strukturell als das wir wie so viele Quartiersmanagements so die unmittelbare Bewohnerarbeit machen, dann sind natürlich Koordinierungsgruppe und Lenkungsgruppe für uns wichtige Gremien [...]"* (I1: 2). Zentrale Institutionen sind jedoch auch Einrichtungen im Gebiet, in denen Angebote im Gebiet organisiert werden: *„Ich würde sagen, wir sind Dreh- und Angelpunkt, aber natürlich denke ich durch die Erweiterung, die wir gemacht haben, viele Leute haben ja das Bürgerhaus gar nicht gekannt und unsere Angebotsstruktur und durch ja durch das ganze Geschehen, was hier stattfindet [...]"* (I5: 83). Ein weiteres Beispiel für zentrale Institutionen sind Akteure, die in verantwortlicher und entscheidungstragender Funktion auftreten: *„Natürlich ist bei uns der Zentralisationsgrad ist der hoch, aber das ist jetzt, sag ich jetzt mal die Ebene der Aufgabenverteilung. Vorstand, Projektmanagement"* (I3: 54). Hier kommt dem

Vorstand eines Vereins eine zentrale Koordinationsfunktion zu. Zentrale Institutionen sind zwar gute Orientierungspunkte in komplexen Kooperationszusammenhängen, allerdings wirken sie auch leicht exklusiv. Nicht jeder Akteur findet im selben Maße Zugang zu ihnen.

Zuletzt sind zentralisierte Abläufe an Top-down-Mechanismen sichtbar. Dies sind von oben nach unten organisierte Arbeitsabläufe, die sich zur Gewohnheit entwickelt haben und als solches wie tradierte hierarchische Abläufe wirken. Im schlimmsten Fall werden demokratische Aushandlungsprozesse durch hierarchische Abläufe vollkommen ausgehebelt: *„Aber schlussendlich, wenn wir uns irgendwie ein nettes Projekt an der Basis ausdenken, kann es uns passieren, dass innerhalb der Verwaltungshierarchie jemand sagt, wir machen das nicht zu einem Stadtratsbeschluss, wir wollen das nicht. Aus. Ende. Amen. Das kann passieren"* (I1: 18). Dies ist sehr frustrierend für Kooperationsbeteiligte, die in Projekten sehr viel eigenes Engagement einbringen. Gegebenenfalls wird ihnen dadurch auch vermittelt, dass ihre Sichtweise, zum Beispiel als Bürgervertreter, nicht sonderlich viel zählt: *„Also es werden nicht viele Entscheidungen von den Delegierten getroffen, das wird schon meistens von oben gemacht und die machen dann mit oder nicht"* (I8: 145). Viele Akteure wollen nicht nur Erfüllungsgehilfen für politisch-administrative Ziele sein und ziehen es unter diesen Bedingungen vor, sich zu enthalten. Oft gestalten sich die Präsenz von Top-down-Mechanismen zu unterschiedlichen Zeitpunkten verschieden, nämlich *„für langfristigere Ziele hierarchisch, für die Teilarbeit hat es viel mit Verhandlung zu tun"* (I6: 105). Sofern die langfristigen Ziele abstrakt genug sind, um möglichst viele Perspektiven zu subsumieren steht dies nicht in Konflikt zueinander. Eine hierarchische Kodifizierung, zum Beispiel durch den Stadtrat, von langfristigen Zielen ist aufgrund der Legitimierungsfunktion sogar förderlich. Im operativen Bereich sind jedoch konkretere Zielsetzungen notwendig, die auch die tatsächliche Problemlage im Viertel repräsentieren. Hier laufen Top-down-Verfahren oft ins Leere, weil sie das Wissen von Beteiligten und Betroffenen nur ungenügend integrieren.

Kooperative Merkmale der Ablauforganisation offenbaren sich im Gegensatz zu den zentralisierten Abläufen unter anderem in breiten Teilhabemechanismen. Teilhabe ist durch ausdifferenzierte Instrumente und Abläufe auf breiter Basis möglich. Dazu tragen beispielsweise dezentrale Gremien, die regelmäßige Konsultation von Beteiligten und Betroffenen und eine transparente Informationspolitik bei. Viele unterschiedliche Abläufe sind in der Regel förderlich, um den heterogenen Ansprüchen, Bedürfnissen und alltäglichen Regionalisierungen der Akteure gerecht zu werden. Diese damit verbundenen, parallel existierenden und anerkannten Teilhabemöglichkeiten im Kooperationsprozess beugen selektiver Beteiligung vor. Wichtige Verantwortungs- und Entscheidungsträger in der

Kooperation können unter Umständen an abendlich stattfindenden Gremiensitzungen nicht immer teilnehmen. Für sie ist es gegebenenfalls einfacher, sich auf informellerer Ebene während der eigenen Arbeitszeit auszutauschen: *„[...] wir haben ganz regelmäßigen ganz engen Austausch, also wir haben alle 14 Tage einen Jour Fixe, telefonieren mindestens vier Mal die Woche irgendwie miteinander, wenn irgendwelche Sachen anstehen"* (14: 59). Für andere Akteure ist jedoch das gebietsbezogene Austauschgremium die richtige Gelegenheit, selbst an der Kooperation teilzuhaben: *„Und im Projektgebiet war es halt so, dass man sich natürlich immer wieder getroffen hat, so in 4 bis 6 Wochen Abständen. Hat alle Maßnahmen durchgesprochen, hat die Neuerungen immer wieder vorgestellt und hat natürlich auch die Pläne durchgesprochen [...]"* (12: 22). Es kommt jedoch auch vor, dass sich bestimmte Akteure hauptsächlich mit konkreten Projekten identifizieren. Hier liegt der Schwerpunkt ihres Engagements und ihrer Teilhabe. Gesamtversammlungen von gebietsbezogenen Beteiligten und Betroffenen sind für sie möglicherweise von geringerer Bedeutung: *„Und wir haben kein Gremium aber doch gelegentlich eine gemeinsame Veranstaltung für alle Gruppenverantwortlichen, häufig kombiniert mit dem Quartiersbeirat, das sind fast 20 Ehrenamtliche die bei uns mitarbeiten, wir haben also 20 Gruppen hier und die meisten Gruppen werden nicht von einer sondern von zwei Personen geführt"* (19: 147). Es sind sicherlich noch viele weitere Präferenzen hinsichtlich Teilhabe aus der Sicht von Akteuren zu finden. Eine Vielschichtigkeit von Teilhabemöglichkeiten in der Kooperation erhöht die Chance, dass alle Beteiligten und Betroffenen einen eigenen Zugang zur Kooperation finden und letztlich repräsentiert sind.

Zudem weisen Formen der Vermittlung und Intermediarität auf eine kooperative Ablauforganisation hin. Intermediäre Akteure, wie z.B. ein Quartiersmanagement oder Moderatoren, können für eine ausgeglichene Beteiligung und einen ergebnisoffenen Ablauf sorgen: *„[...] wir versuchen halt möglichst immer einmal ringsrum zu kommunizieren – Organisation B, Politik, Verwaltung was denkt ihr, wo sind wir gerade, wie können wir's zusammenführen - also das ist eher so dieser Stil"* (11: 16). Um als intermediäre Instanz nicht überfordert zu sein, ist es besonders effektiv, auf dezentrale und selbst verwaltete Strukturen aufzubauen. Beispielsweise Projektgruppen können ihre Angelegenheit meist sehr gut selber lösen, benötigen jedoch hin und wieder einen intermediären Vermittler, der ihre erarbeiteten Positionen verstärkt und ihre Interessen gegenüber Entscheidungsgremien oder -trägern unterstützt: *„Wir versuchen das jetzt eher, wir versuchen Interessen zu bündeln; also wenn jemand in der Organisation A eine Idee hat oder von den Mitgliedern eine Idee hat, und die an uns heranträgt, dann versuchen wir andere, die interessiert dran sind, mit einzubinden und die sollen dann sozusagen, bilden dann keine Arbeitsgruppen, sondern eher so eine*

Projektgruppe nenne ich es jetzt mal und dann erarbeiten sie selber ihre Ideen [...]" (I3: 37). Innerhalb Gremien übernimmt eine ähnliche Funktion der jeweilige Moderator: *„Der Wirtschaftsreferent und seine Aufgabe der Waage"* (I7: 129). Im Idealfall sorgt er dafür, dass alle Beteiligten ausgewogen in den Diskussion repräsentiert sind.

Inhaltliche Flexibilität ist ebenfalls ein Anzeichen für kooperative Abläufe. Ziele werden im Zuge dessen immer wieder überarbeitet und Inhalte bleiben dadurch diskutierbar. Je konkreter und operativer Ziele werden, desto flexibler wird der Umgang mit ihnen: *„Das Oberziel ist total vorgegeben gewesen, die Unterziele wie ich zu dem Hauptziel komme, die waren, die sind auch immer wieder modifiziert worden"* (I8: 145). Während ein Oberziel, wie z.B. die Verbesserung der nachbarschaftlichen Beziehungen, aufgrund der abstrakten Formulierung in vielen Situationen angemessen erscheint, müssen auf der Ebene konkreter Projekte zur Umsetzung dieses Ziels, operative Ziele stetig an die aktuelle Situation angepasst werden, z.B. müssen neu aufgetretene Konflikte miteinbezogen werden. Ebenso kann es sein, dass innerhalb der Projektgruppen von engagierten Personen neue Ideen entstehen, die vielleicht nicht ganz zur ursprünglichen Zielsetzung des Projekts passen, aber andere Ziele der Kooperation bedienen. Unter diesen Umständen wäre es destruktiv, das Engagement der Beteiligten einzuschränken: *„Da hat einer ne gute Idee, dann wäre es blöd zu sagen, die Idee ist so gut, aber die passt jetzt nicht 100 Prozent auf das Ziel [...]. Das machen wir nie, wenn die Idee gut ist, dann machen wir die [...]"* (I3: 50). Inhaltliche Flexibilität ist ebenfalls daran zu erkennen, ob Beteiligte das Gefühl haben, an einem offenen Prozess teilzuhaben: *„Aber insgesamt war es ein sehr, sehr offener Prozess"* (I7: 125). Die Offenheit eines Prozesses kann sich jedoch bei unterschiedlichen Themen jeweils anders gestalten. Bauliche Projekte sind zum Beispiel oft wesentlich mehr vordefiniert als die Organisation von Stadtteilfesten.

Eine kooperative Ablauforganisation ist des Weiteren an einer dezentralen Aufgabenverteilung zu erkennen. Aufgaben verteilen sich unter diesen Umständen auf verschiedene Akteure und Akteurgruppen. Dies zeigt sich möglicherweise daran, dass nicht nur das Projektmanagement, sondern auch viele andere Akteure bei Projekten die Hauptverantwortung übernehmen: *„Also einerseits meint man, das ist klar, dass es einfach in unserer Ebene liegt, also im Projektmanagement und dann ist es wieder klar, dass es einer der privaten Akteure übernimmt. Also, oder ob das in die städtische Ebene geht"* (I3: 52). Die Realisierbarkeit von Maßnahmen hängt in vielen Fällen davon ab, dass sich lokale Träger im Gebiet zur Umsetzung des Projkts finden, da die Kapazitäten von tragenden Akteuren im Kooperationsprozess sehr begrenzt sind: *„Also das haben wir damals initiiert, haben erste Projekte initiiert, war aber klar, wir können des auf-*

grund unserer Personalausstattung und auch aufgrund unserer Funktion und Aufgabe überhaupt nicht leisten, also hier ein Seniorennetzwerk zu pflegen, zu betreuen und ja aufzubauen, sondern wir haben dann einen Träger gesucht, der das in Kooperation mit einer Kooperationsvereinbarung mit dem Seniorenamt gemeinsam macht [...]" (I4: 60). Ähnlich verhält es sich in den Gremien. Nicht alle Themen können in der nur begrenzt zur Verfügung stehenden Zeit erschöpfend diskutiert werden. Deshalb sind dezentrale Arbeitsgruppen entlastend, die hier themenspezifisch Vorarbeiten leisten: *„Also in der Lenkungsgruppe waren wir meistens alle dabei, in einer, wenn es jetzt Untergruppen gab, wie jetzt Gastrogruppe oder sonst was, haben wir das aufgeteilt"* (I8: 143). In einer Arbeitsgruppe kann zudem auch viel individueller auf die einzelnen Mitglieder eingegangen werden als es im Großgremium der Fall ist.

Ein weiteres Merkmal einer kooperativen Ablauforganisation ist der Grad von Autonomie und Kompetenz in der Kooperation. Das ist abhängig davon, wie viele Entscheidungskompetenzen innerhalb der kooperativen Abläufe verortet sind und inwieweit die dort beteiligten Akteure autonom agieren können. Ein hoher Grad an Autonomie und Kompetenz ist sichtbar, wenn einem Gebietsgremium tatsächlich Entscheidungskompetenzen übertragen werden: *„Und zudem ja also im Quartiersbeirat entscheiden wir auch über das gesamte Programm"* (I9: 147). Hierzu gehört auch finanzielle Verantwortung in Form von Freiheiten, über ein Budget nach eigenen Maßstäben zu verfügen: *„Wenn ich sage, ich möchte jetzt ein Frauenfest machen und das kostet soundso viel im Rahmen meines Etats darf ich da schon entscheiden. Ja, also ich habe es noch nie erlebt, nein, dass geht jetzt nicht. Also in den fünf Jahren mit Sicherheit nicht"* (I5: 74). Autonomie hinsichtlich der Finanzmittelverwendung steigert die Bedeutung von Kooperation beträchtlich, weil die beteiligten Akteure bei der Umsetzung ihrer Ideen handlungsfähiger werden: *„Wir sind hier einfach wesentlich stärker handlungsfähig. Wir sind nicht mit jedem einzelnen Projekt auf die Politik und den Stadtrat angewiesen"* (I4: 57). Bei diesem Beispiel genehmigt der Stadtrat alljährlich ein Jahresbudget. Jedes Jahr besteht natürlich die Möglichkeit, das Budget fortzuschreiben oder nicht, eine öffentliche Kontrolle ist also weiterhin gegeben. Durch solch eine Budgetautonomie werden Genehmigungsverfahren erheblich verkürzt und zudem wird Prozessverantwortung an die Beteiligten im Gebiet übertragen.

In ähnlichem Maße lässt anhand von Formen kooperativer Entscheidungsfindung innerhalb der Zusammenarbeit auf kooperative Abläufe schließen. Eine kooperative Entscheidungsfindung zeigt sich, wenn Entscheidungen mit anderen Akteuren abgestimmt und nicht top-down getroffen werden oder eine konsensuelle Praxis erkennbar ist. In einem Fall wurden beispielsweise viele Ressourcen darauf verwandt, alle Eigentümer entlang einer Straße an der Aufwertungsentscheidung zu beteiligen: *„[...] und es mussten ja 40 Hauseigentümer entscheiden, wie der Umbau aussehen sollte"* (I2: 21). In aufgrund ihrer heterogenen Mitgliederschaft koordinierend tätigen Vereinen wird eine kooperative Entscheidungsfindung über ein Vertreterprinzip gewährleistet. Die Mitglieder kontrollieren ihre Repräsentanten und können sie auch abwählen: *„Unsere Mitglieder wiederum, nicht nur Vorstand, ein Großteil der Mitglieder, gerade Gastronomen und so weiter sind ja auch wieder Selbstständige, die alle ein Geschäft haben, Interessen haben, man kann die nicht von oben herab steuern. Es ist eine kooperative Steuerung, wenn man überhaupt von Steuerung sprechen kann"* (I3: 52). Eine kooperative Entscheidungsfindung ist jedoch auch daran zu erkennen, dass sich überzeugende Ideen von jedem Beteiligten sich durchsetzen: *„Also man kann sagen, das wird ganz selten erlebe ich da irgendeine Dominanz. Sondern das ist wirklich sehr kooperativ das Ganze. Manchmal hat einfach irgendjemand eine gute Idee"* (I9: 162). Dafür müssen Aushandlungsprozesse durchlässig genug sein, um die Teilhabeversuche von unterschiedlichen Akteuren zu registrieren.

Abschließend weist noch eine kooperative Finanzierung auf kooperative Abläufe hin. Finanzierungsanstrengungen verteilen sich hierbei auf Akteure aus den verschiedenen gesellschaftlichen Sphären. Als Beispiel ist hier die Beteiligung von Hauseigentümern durch private Investitionen zu nennen: *„Ja natürlich, jeder Eigentümer, der hier Geld in die Hand nimmt, um sein Gebäude zu sanieren und, das ist sicher ein Akteur, der privates Geld in die Hand nimmt und das nicht in geringem Maße, muss man sagen"* (I6: 97). Dies entlastet die öffentliche Hand und ihr Sanierungsbudget. Bei „LFIS" sind die Strukturen sogar so angelegt, dass Summe von privaten und öffentlichen Investitionen aneinander gekoppelt sind: *„Also, das heißt, eigentlich wir haben ein Modell, dass man sagt, es ist immer ganz einfach zu erklären, es ist ja eine öffentlich-private Kooperation und das heißt, wenn der Bürger, also ein Mitglied, ein Euro investiert, bekommen wir 2 Euro öffentliche Gelder dazu"* (I3: 40). *„Das ganze Projekt war so ausgeschrieben, dass die Finanzierung gedrittelt ist, das heißt ein Drittel trägt das Innenministerium, ein Drittel die Kommune, ein Drittel kommt von der privaten Seite"* (I2: 28). Die finanzielle Beteiligung der privaten Akteure unterstützt auch deren Teilhabe und Teilnahme an den Abläufen in der Kooperation.

4.1.3.3 Aufbauorganisation in der Kooperation

Bei der Aufbauorganisation liegt das zentrale Augenmerk auf den formell geschaffenen Organisationsformen in der Kooperation, die sich in der Regel auch auf offiziellen Organigrammen wiederfinden. Auch hier sind eine dezentrale und eine zentrale Aufbauorganisation grundlegend zu unterscheiden.

Ein dezentraler Aufbau lässt sich unter anderem an Projekt- und Netzwerkorientierung in der Kooperation nachvollziehen. Bei Projekt- und Netzwerkorientierung wird ein Schwerpunkt auf projektorientiertes Arbeiten und variable Netzwerkkonstellationen gelegt: *„Wir arbeiten nie mit, also das kann ich prinzipiell sagen, die ganzen Netzwerke arbeiten projektbezogen und nicht strukturbezogen"* (I4: 58). Der Vorteil einer solch flexiblen Handhabung ist, dass persistente Strukturen die Entwicklung von Projekten nicht behindern. Bei jedem Projekt entstehen je nach Bedarf eigene Strukturen.

Eine erhöhte Bedeutung der Gebietsstrukturen in einer Kooperation repräsentiert ebenfalls einen dezentralen Aufbau. Den geschaffenen Strukturen im Gebiet wird große Bedeutung beigemessen, was die Arbeit der Gebietsakteure aufwertet und deren Teilhabe in der Kooperation unterstützt: *„Also, wir kontrollieren uns selbst und wie gesagt der Stadtrat hätte de facto keine Möglichkeit uns zurückzuhalten. Er kann uns im nächsten Jahr einfach das Geld entziehen, wenn wir Mist bauen, sage ich jetzt einfach mal flapsig"* (I3: 42). Eine erhöhte Bedeutung der Gebietsstrukturen ist auch daran zu beobachten, ob ein verhandlungsorientierter Steuerungsmodus dominiert: *„[...] innerhalb des Stadtteils brauchst Du natürlich nicht hierarchisch entscheiden, weil ich habe nichts zu entscheiden. Niemand hat über den anderen zu entscheiden. Es kann Mehrheitsentscheidungen geben in der Koordinierungsgruppe, die sind aber dann nicht hierarchisch, sondern es ist halt eine Mehrheitsentscheidung. Da gibt's eigentlich keine Hierarchie, da ist niemand über dem anderen"* (I1: 17). In der Regel gibt es auf Gebietsebene keine Handhabe, hierarchisch zu agieren, weil die meisten Akteure gegenüber hoheitlichen Akteuren nicht weisungsgebunden sind. Auch wenn die Verwaltung gewisse instrumentelle Druckmittel hat, z.B. Fördermittel, so bleibt das Verhältnis zwischen öffentlichen Akteuren und Personen aus dem Gebiet ein strategisches Spiel zwischen individuellen Freiheiten. Der Akteur kann sich auch um alternative Fördertöpfe bemühen oder er kann trotz eines bestehenden Förderverhältnisses die Umsetzung eines Projektes weitgehend selbst bestimmen. Die Verwaltung hätte gar nicht die Kapazitäten, die Arbeit von Trägern bis ins Detail zu regulieren und ist somit von deren Eigeninitiative abhängig.

Außerdem zeigt sich ein dezentraler Aufbau noch an einer demokratischen Besetzung der Gremien. Bei einer demokratischen Besetzung sind sowohl Beteiligte als auch Betroffene der Kooperation in den Gremien repräsentiert: *„Die Kommission kommt vier Mal im Jahr zusammen. Die besteht aus Vertretern des Stadtrates, der Oberbürgermeister ist dabei und einzelne Vertreter aus dem Viertel"* (I10: 166). Eine Repräsentation erfolgt entweder direkt oder über Vertreter. In dem beispielhaft aufgeführten Zitat ist eine recht heterogene Besetzung eines Gremiums auf strategischer Ebene nachzuvollziehen. Selbiges kann natürlich auch bei Gremien der operativen Ebene betrachtet werden. Meist sind Gremien der operativen Ebene demokratischer besetzt als Gremien auf der strategischen Ebene. Dies kann jedoch trotzdem im Sinne einer demokratischen Stadtentwicklung sein, solange die Arbeitsergebnisse der operativen Ebene ausreichend auf der strategischen Ebene repräsentiert sind.

Ein zentraler Aufbau ist hingegen an Hierarchie, hochschwelligen Institutionen und einer homogenen Besetzung der Gremien zu erkennen. Hierarchie lässt sich anhand des Vorherrschens eines hierarchischen Organisationsaufbaus ermitteln: *„Ja total. Ja klar, Verwaltung agiert von oben nach unten [...]"* (I1: 16). Aufgrund der Federführung von Verwaltungsreferaten in Programmen der Städtebauförderung auf kommunaler Ebene überträgt sich deren hierarchischer Aufbau leicht auf die gesamte Kooperation. Unter diesen Umständen ist es sehr wahrscheinlich, dass aus hierarchischer Perspektive Probleme falsch gedeutet werden, angemessene Lösungen nicht erkannt werden und zu wenige Unterstützer unter den Betroffenen für die Umsetzung von Maßnahmen aktivierbar sind.

Ein weiteres Merkmal eines zentralen Aufbaus sind hochschwellige Institutionen. Hochschwellige Institutionen zeichnen sich dadurch aus, dass Akteure, insbesondere aus dem Gebiet, Schwierigkeiten haben, Zugang zu den wichtigen Institutionen zu finden bzw. sich diese Räume anzueignen: *„Also private Akteure finden relativ schwer Zugang zu den Kooperationsstrukturen. Das muss man sagen. Und auch die Beteiligung innerhalb der Arbeitsgruppen ist mäßig"* (I6: 91). Auch durch aufsuchende Ansätze und direkte Ansprache der betreffenden Akteure ist diese Situation oft nicht zu verbessern: *„Die sagen, da gibt es immer verbal artikuliert ein ganz starkes Interesse: Wir wollen uns beteiligen, wir machen mit, wir sind dabei. Wenn es um die konkrete Umsetzung geht, dann ist keiner mehr dabei, dann haken wir nach, gehen nach, dann gibt es wieder verbal bekundetes Interesse, aber dann verpufft es wieder"* (I4: 61). Für viele Bürger existiert eine relativ große Hemmschwelle, an Gremiensitzungen teilzunehmen. Die oft formalisierte Arbeitsweise entspricht nicht ihren Handlungsgewohnheiten: *„Naja, ich meine für die Bewohner schaut es ein bisschen schlecht aus, weil für sie ist die Koordinierungsgruppe zu hochschwellig, da ist die Barriere einfach zu groß, das merkt man ja auch, die halten ja diese Sitzungen ganz schlecht aus und kommen dann oft einfach auch nach kurzer Zeit nicht mehr"* (I1: 2). Viele Bürger ziehen es deshalb vor, ihre Ansichten in eigenen sozialen Netzwerken, wie z.B. dem Moscheeverein, zu diskutieren und einzubringen. Die in solchen Kreisen ablaufenden Debatten sind oft nicht in offiziellen Gremien repräsentiert.

Schließlich offenbart sich ein zentraler Aufbau noch durch eine homogene Besetzung der Gremien. Eine homogene Besetzung zeichnet sich dadurch aus, dass diese einseitig besetzt wirken und darin nicht alle beteiligten und betroffenen Akteure repräsentiert werden: *„Es hängt zu sehr an wenigen Personen, die dann eben auf allen Ebenen agieren müssen"* (I7: 130). Es liegt auf der Hand, dass in solch einem Rahmen demokratische Aushandlungsprozesse schwer zu führen sind.

Fallbeispiel:
„Soziale Stadt RaBal"

In den Gremien ist die <u>Kommunikation</u> formal geregelt, was allgemein akzeptiert wird. Darüber hinaus läuft jedoch vieles im direkten Austausch auf informell-persönlicher Ebene und insbesondere auf Gebietsebene über das Quartiersmanagement ab. Es herrscht daher ein gewisses Informationsgefälle unter den KooperationsteilnehmerInnen. Obwohl relativ viel Klarheit über unterschiedliche Absichten der Akteure besteht, wird nicht sehr offen kommuniziert und es kann eine *„totale Machtpolitik"* (I1: 14) in den Vordergrund treten. Verdeckte Kommunikationsformen zeigen sich besonders in Konfliktsituationen. Es ist ein gewisses Maß an gegenseitigem Misstrauen festzustellen. Diese Verhältnisse lassen die Kommunikation relativ intransparent erscheinen. Dem Quartiersmanagement kommt die Rolle zu, dem entgegenzuwirken und *„möglichst immer einmal ringsum zu kommunizieren"* (I1: 16).

Die <u>Ablauforganisation</u> wirkt zentralisiert. Der grundlegende Ansatz des Quartiersmanagements ist die Unterstützung und Entwicklung von Strukturen: *„Wir arbeiten eher strukturell als das wir, wie so viele Quartiersmanagements, so die unmittelbare Bewohnerarbeit machen"* (I1: 2). Aus diesem Ansatz heraus hat sich eine starke Ausrichtung auf die bestehenden Gremien, die für viele Bewohner jedoch zu *„hochschwellig"* (I1: 2) sind, ergeben. Die Verwaltung *„agiert von oben nach unten"* (I1: 16). Dort liegen die Entscheidungsmacht und die zentrale Kontrollinstanz. Das Quartiersmanagement hat Einfluss über Definitions- und Informationsmöglichkeiten, die sehr effektvoll sein können. Für die Realisierung von kooperativen Aushandlungsprozessen sind die bestehenden Gremien oft zu *„schwerfällig"* (I1: 3), informelle und projektbezogene Arbeitsstrukturen sind hier wichtig. Das Quartiersmanagement ist der akzeptierte Dreh- und Angelpunkt im Kooperationsprozess, um ein möglichst hohes Maß an Transparenz und Offenheit zu erzielen. Auf Gebietsebene dominieren Mehrheitsentscheidungen, da keine determinierenden Hierarchien innerhalb dieser Ebene bestehen: *„[...] da ist niemand über dem anderen"* (I1: 17).

Die <u>Aufbauorganisation</u> wirkt in der Gesamtschau relativ zentral. Es gibt Bevölkerungsgruppen und Institutionen, die in den Strukturen entweder kaum bzw. nicht vertreten sind oder sich enthalten. Obwohl Beteiligungsmöglichkeiten auf Gebietsebene zahlreich bestehen (*„formal ist es demokratisch"* (I1: 12f.)), so sind die Strukturen trotzdem relativ zen-tral, weil viele Akteure sich die Gremien nicht aneignen und die strategische Entscheidungsebene verwaltungsdominiert gestaltet ist.

Fallbeispiel:
„LFIS Passau"

Die Interaktionsregeln in der Kooperation sind u.a. durch eine offen-geregelte Kommunikation geprägt. Eine rege Austauschkultur zwischen den privaten Akteuren bestand bereits: *„da war es jetzt nichts neues, weil da gibt es die Kooperationen so"* (I2: 22). Die Absprachen zwischen den Lenkungspersonen sind sehr rege: *„Also, wir haben uns drei immer über alles informiert"* (I2: 28). Der Umgang der Akteure untereinander ist *„sehr offen"* (I2: 29) und *„korrekt"* (I2: 32). Wichtige Punkte der Kooperation wurden in mehreren Verträgen niedergeschrieben: *„Also es wäre sogar im Vertrag geregelt gewesen, dass wir alles, was wir entscheiden an die Kommune weitergeben müssen"* (I2: 28). Zudem wird großen Wert darauf gelegt, dass Informationen *„in der richtigen Reihenfolge - zuerst Oberbürgermeister, dann Stadtrat, dann der Rest - und deswegen immer zuerst Lenkungsgruppe und dann die anderen Kollegen. Ganz wichtig"* (I2: 28) - gestreut werden. An die Öffentlichkeit wird nur gegangen, *„wenn die Lenkungsgruppe das Ganze abgesegnet hat"* (I2: 33). Außerdem wird stark darauf geachtet, dass wichtige informelle Gespräche, *„diese informellen Strukturen oder die informelle Kommunikation ist das wichtigste überhaupt"* (I2: 28), in kurzen Protokollen dokumentiert werden, die dann den Lenkungspersonen und Gesprächsteilnehmern geschickt werden.

Die Ablauforganisation wirkt im Ganzen kooperativ, beinhaltet jedoch auch zentralisierte Aspekte, da der normale Bürger außer über Information und punktuelle Befragungen hinaus nicht institutionalisiert beteiligt wurde, die Kooperation zentral über drei Personen gesteuert wird und Ziele durch einen kleinen Kreis vordefiniert wurden. Dennoch ist die Kooperation partizipativ-offen, weil Ziele trotz Verträge zur Disposition gestellt werden können, ein breiter und kontinuierlicher Austausch gepflegt wird und die Kontrolle kooperativ über Verträge geregelt ist: *„da waren so viele [ausgleichende, Anmerk. d. Ver.] Mechanismen drinnen, dass sich keiner als Kontrolleur gefühlt hat"* (I2: 23). Die Meinungen von normalen Bürgern wurden durch Passanten- und Kundenbefragungen und in persönlichen Gesprächen eingeholt: *„Wir haben immer [...] in den Medien [...] unsere Telefonnummer [...] dabei gehabt und da sind auch zahlreiche Anrufe gekommen"* (I2: 25). Außerdem wird viel Wert auf Konsensentscheidungen (siehe oben) und den finanziellen Beitrag aller Beteiligten gelegt: *„[...] ein Drittel kommt von der privaten Seite"* (I2: 28). Die Lenkung der Kooperation wird *„eher als Kooperation, also als Gemeinschaftsaktion und nicht als Führung"* (I2: 30) verstanden.

Der kooperative Ablauf spiegelt sich auch in der dezentralen Aufbauorganisation wieder. Die *„Lenkungsgruppe war relativ gleichmäßig aufgebaut: Stadtrat, Verwaltung, Privat"* (I2: 31). *„Der Vorstand [des Marketingvereins, Anmerk. d. Ver.] besteht aus 5 gewählten Mitgliedern und Person C als Vertreter der Stadt"* (I2: 23). Auch in den Arbeitsgruppen sind *„immer Vertreter der Stadt und der Privaten mit dabei"* (I2: 21).

4.2 Veränderbarkeit von Handlungslogiken in Kooperationen

Bei der Interpretation der Handlungslogiken werden die Handlungsrationalitäten der sechs Fallgruppen dieser Untersuchung dargestellt. Grundsätzlich werden alle Aspekte der dargestellten Handlungsrationalitäten als veränderbar betrachtet, wohlwissend, dass die Kontextsituation und der Wille des jeweiligen Akteurs, dies begünstigen oder erschweren. Alle Handlungsrationalitäten der hier behandelten Akteure sind hinsichtlich ihrer Darstellungsweise systematisch untergliedert (siehe Abbildung 27) in „identitätsstiftende Rollen"[35], „Aufenthaltsorte und Kooperationspartner"[36], „Tätigkeiten und Fähigkeiten"[37] und „Einstellungen"[38].

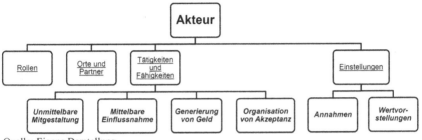

Quelle: Eigene Darstellung.

Abb. 27 Handlungsrationalität von Akteuren

Die Tätigkeiten und Fähigkeiten der befragten Akteure unterteilen sich wiederum in die Unterkategorien „unmittelbare Mitgestaltung"[39], „mittelbare Einflussnahme"[40], „Generierung von Geld"[41], „Organisation von Akzeptanz"[42] und

---

[35] Die identitätsstiftenden Rollen spiegeln das Selbstverständnis der jeweils befragten Akteure wieder, d.h. in welchen Rollen sie sich im Kooperationsprozess selbst sehen.

[36] Die Aufenthaltsorte und Kooperationspartner spiegeln wieder, an welchen Orten sich die jeweils befragten Akteure in ihrem Arbeits- bzw. Lebensalltag aufhalten und mit welchen Menschen oder Organisationen sie regelmäßig in Kontakt stehen.

[37] Die Tätigkeiten und Fähigkeiten spiegeln wieder, was die jeweils befragten Akteure in ihrem Arbeits- oder Lebensalltag machen und bewirken können.

[38] Die Einstellungen spiegeln wieder, welche Annahmen und Wertvorstellungen dem Handeln der befragten Akteure zugrunde liegen.

[39] Die Unterkategorie „unmittelbare Mitgestaltung" beschreibt die Möglichkeiten der befragten Akteure, in der Kooperation auf direktem Wege Einfluss zu üben.

[40] Die Unterkategorie „mittelbare Einflussnahme" beschreibt die Möglichkeiten der befragten Akteure, in der Kooperation auf indirektem Wege Einfluss zu üben.

[41] Die Unterkategorie „Generierung von Geld" beschreibt die Möglichkeiten der befragten Akteure, für den Kooperationsprozess Finanzmittel zu akquirieren.

[42] Die Unterkategorie „Organisation von Akzeptanz" beschreibt die Möglichkeiten der befragten Akteure, Glaubwürdigkeit und Akzeptanz für Maßnahmen und bestimmte Politikinhalte zu mobilisieren.

„interner Ablauf"[43]. Die Einstellungen der befragten Akteure werden hinsichtlich „Annahmen"[44] und „Wertvorstellungen"[45] differenziert

4.2.1 Rationalität(en) der Verwaltung

4.2.1.1 Identitätsstiftende Rollen

Die befragten Verwaltungsmitarbeiter sahen sich selbst parallel in verschiedenen Rollen im Rahmen ihres Arbeitsalltags (siehe Abbildung 28). Sie handeln dabei gemäß ihrem Selbstverständnis in hoheitlichen, weisungsgebundenen, verbindenden und mit- oder zuarbeitenden Rollen.

In hoheitlicher Rolle treten sie beispielsweise als Auftraggeber von Projektträgern oder dem Quartiersmanagement auf: *„Also rein formal sind wir natürlich auch Auftraggeber [...] in verschiedenen Konstellationen, also nicht nur mit der Quartiersmanagerin, sondern auch mit Planern oder ähnlichen"* (V2: 29). Weisungsgebundene Rollen nehmen sie unter anderem als ausführendes Verwaltungsorgan gegenüber dem Stadtrat ein: *„Also der Stadtrat ist meine Führungsebene, ja, beauftragt mich, mich jetzt in meiner Funktion als Referatsmitarbeiter"* (V4: 62). Verbindende Rollen haben sie möglicherweise als Netzwerker oder Koordinatoren inne: *„Netzwerker, dass ich ja telefoniere und jedem meine Mails schreibe"* (V3: 45). Ein Beispiel für eine mit- oder zuarbeitende Rolle wäre ihr Auftreten als Partner auf gleicher Augenhöhe: *„Vor Ort und im Stadtteilladen, da sehe ich mich auch eher als Partner"* (V1: 14). Die unterschiedlichen Rollen können durchaus miteinander in Konflikt geraten bzw. einander behindern. Wenn beispielsweise Referatsvertreter an politische Beschlüsse und die damit verbundenen Verwaltungsverfahren gebunden sind, können sie gegenüber Partnern nicht ohne weiteres eigene Leistungen zusagen. Dies belastet die partnerschaftliche Beziehung zu Gebietsakteuren, wenn diese in ihrem Handeln flexibler sind. Allerdings ist an der Unterschiedlichkeit der Rollenbilder auch zu erkennen, dass das Selbstverständnis der Verwaltungsmitarbeiter weit über die Ausübung von hoheitlichen Rollen hinaus geht und daran situativ angeknüpft werden kann.

---

[43] Die Unterkategorie „interner Ablauf" umfasst Besonderheiten im persönlichen oder organisationsbezogenen Kontext der befragten Personen, aus denen sich Mitwirkungsmöglichkeiten bzw. -restriktionen hinsichtlich des Kooperationsprozesses ableiten lassen.
[44] Die Unterkategorie „Annahmen" beschreibt Ansichten der befragten Akteure zu Menschen, Themen oder anderen Elementen in ihrem Arbeits- bzw. Lebensalltag.
[45] Die Unterkategorie „Wertvorstellungen" beschreibt gefestigte Prinzipien und Werte, die die befragten Akteure in ihrem Arbeits- bzw. Lebensalltag als besonders wichtig empfinden.

Hoheitliche Rollen	-Auftraggeber (z.B. des QMs) -Genehmiger (z.B. von Bauanträgen) -Zuschussgeber (z.B. aus Fördermitteln) -Führung und Leitung (z.B. innerhalb der Abteilung) -Repräsentant (z.B. der Stadt München) -Steuerer und Stratege (z.B. bei Projekten) -Übersichtshabender (z.B. bei Querschnittsaufgaben)
Weisungsgebundene Rollen	-Auftragnehmer (z.B. vom Stadtrat) -Dienstleister (z.B. von öffentlichen Aufgaben) -Ausführendes Organ (z.B. Stadtratsentscheidungen) -Zuhörer (z.B. gegenüber der Politik) -Bittsteller (z.B. für Fördermittel bei Bezirksregierung)
Verbindende Rollen	-Netzwerker (z.B. innerhalb der Verwaltung) -Koordinator (z.B. von Projekten) -Moderator (z.B. bei Arbeitssitzungen) -Vermittler (z.B. bei Konflikten) -Transmissionsriemen (z.B. für Informationen) -Taktischer Berater (z.B. von Entscheidungsträgern)
Mit- oder zuarbeitende Rollen	-Verwaltungsmitarbeiter & Stelleninhaber -Fachkraft (z.B. als Grünplaner, Lehrer, Generalist) -Kollege und Partner -Motivator und Aktivator -Ermöglicher, (Be)Förderer und Unterstützer -Erzieher -Sonstiges (z.B. Elternteil, Workaholic etc.)

Quelle: Eigene Darstellung.

Abb. 28 Verwaltung - Identitätsstiftende Rollen

4.2.1.2　Aufenthaltsorte und Kooperationspartner

Das Selbstverständnis der befragten Akteure kommt an konkreten Örtlichkeiten und im Kontakt mit bestimmten Kooperationspartnern zum Tragen (siehe Abbildung 29).

　　Die betrachteten Verwaltungsmitarbeiter halten sich hauptsächlich in anderen Verwaltungsorganisationen (z.B. in Ämtern oder städtischen Unternehmen), in der eigenen Organisation (z.B. im Büro), in Gremien oder Besprechungen (z.B. in der Lenkungsgruppe) und in Einrichtungen im Viertel oder bei Partnern (z.B. im Stadtteilladen) auf. Besprechungen können auch auf informellerem Wege in Cafés durchgeführt werden. Zudem bewegen sich die Verwaltungsmitarbeiter immer wieder vor Ort im Sanierungsgebiet und dabei im Besonderen auf lokalen Veranstaltungen (z.B. einer Bürgerversammlung oder einem örtlichen Beteiligungsverfahren). Politische Organisationen (z.B. ein Stadtratsausschuss oder die Bezirksregierung) und überregionale Veranstaltungen (z.b. Tagungen) sind ebenfalls regelmäßige Aufenthaltsorte im Alltag der Verwaltungsmitarbeiter und im übertragenen Sinne sehen sie sich auch in konkreten Themenfeldern verortet (z.b. in der kommunalen Beschäftigungspolitik). Die verschiedenen Örtlichkeiten repräsentieren die Umgebungen, in denen sich Verwaltungsmitarbeiter wahrscheinlich gut zurechtfinden. Insbesondere innerhalb des politisch-administrativen Systems und im Kontakt mit verwaltungsnahen Einrichtung-en sind sie mit Prozessen vertraut und können ihre Möglichkeiten dementsprechend gut einschätzen. Wenn in diesem Bereich mediale Steuerungsmittel generiert werden müssen, so eignen sich Verwaltungsmitarbeiter, hier als Steuerungssubjekt eine tragende Rolle zu übernehmen.

Ähnlich wie bei den Örtlichkeiten verhält es sich mit den Kooperationspartnern der Verwaltungsmitarbeiter. Je vertrauter die Beziehung zu bestimmten Akteuren ist, desto kalkulierbarer ist für die Verwaltungsvertreter auch der Umgang mit ihnen. Als ihre konkreten Kooperationspartner treten zuvorderst andere Verwaltungsstellen (z.b. eine andere Abteilung oder ein anderes Referat), die kommunale Politik (z.b. der Stadtrat oder die Bezirksausschüsse) und Akteure aus dem Gebiet (z.b. Organisationen von Beteiligten und soziale Einrichtungen) hervor. Außerdem sind noch überregional agierende Organisationen (z.b. Kammern), der Bund (z.b. das BMVBS), der Bezirk und das Land (z.b. das staatliche Schulamt), externe Dritte (z.b. Planungsbüros) und Forschungseinrichtungen (z.b. das Institut für Sozialforschung) als Kooperationspartner relevant. Gegenüber diesen Akteuren könnten Verwaltungsmitarbeiter in einer verbindenden Rolle auftreten, um sie für Steuerungsintervention als Unterstützer zu aktivieren.

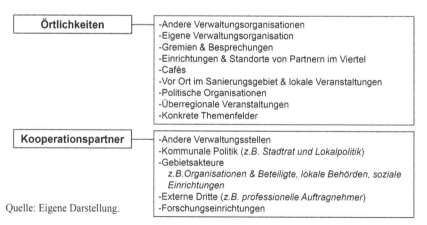

Quelle: Eigene Darstellung.

Abb. 29 Verwaltung - Aufenthaltsorte und Kooperationspartner

4.2.1.3 Tätigkeiten und Fähigkeiten

Im Kontext von Aufenthaltsorten, Kooperationspartnern und eigenen Rollenbildern üben die befragten Verwaltungsmitarbeiter konkrete Tätigkeiten aus und verfügen über diverse Fähigkeiten. Dadurch können sie die Prozesse in der sozialen Stadtentwicklung unmittelbar mitgestalten, mittelbar Einfluss darauf nehmen, Finanzmittel dafür generieren oder zur Organisation von Akzeptanz beitragen.

Unmittelbare Mitgestaltung

Die unmittelbare Mitgestaltung (siehe Abbildung 30) ist den Verwaltungsmitarbeitern auf vertikaler[46] und horizontaler[47] Kooperationsebene, durch Netzwerk- und Projektarbeit und sonstige Sachbearbeitung möglich.

Auf der vertikalen Kooperationsebene gestalten die Verwaltungsmitarbeiter unter anderem durch Gremienarbeit unmittelbar mit: *„Wir haben unterschiedliche Beiräte zu unterschiedlichen Themen und die Beiräte sind im Grunde genommen ein Begleitorgan"* (V4: 52). In Beiräten oder weiteren Gremien, wie zum Beispiel Stadtratsausschüsse, Fraktionshearings oder Bürgerversammlungen, kommen sie unter anderem mit Bürgern auf einer niedrigeren Hierarchieebene oder mit Politikern und Beamten höherer Entscheidungsebenen regelmäßig in Kontakt. Dort können sie eigene Anliegen platzieren und sich an wichtigen Abstimmungsprozessen beteiligen. Des Weiteren haben sie auch die Möglichkeit, sich in bilateralem Austausch mit höheren oder niedrigeren Hierarchieebenen zu verständigen und eigene Interessen voranzubringen. Auf höherer Ebene klären sie beispielsweise mit der Regierung von Oberbayern Fragen der Förderfähigkeit ab: *„[...] die Regierung von Oberbayern als Fördermittelgeber, die suche ich ja auch kontinuierlich auf, um alle Sanierungsprojekte, [...] im Bezug auf ihre Förderfähigkeit mit der Regierung durchzusprechen"* (V1: 2). Durch diese Tätigkeit bekommen federführende Verwaltungsstellen oft eine sehr exklusive Stellung, weil in den Abstimmungsgesprächen mit der Bezirksregierung die Weichen für die Implementierbarkeit von vielen Projekten gestellt werden. Auf niedrigerer Ebene ist der Austausch mit dem Quartiersmanagement eine gängig anzutreffende Tätigkeit: *„[...] mit dem Quartiersmanagement [...] besprechen wir einfach, was gerade anliegt. Was sind aus deren Sicht die aktuellen Themen [...]"* (V1: 22). Über das Quartiersmanagement oder andere Träger und Projekt-

---

[46] Arbeitsbeziehungen zwischen verschiedenen Hierarchieebenen, z.B. zwischen Bürgern und Verwaltung.

[47] Arbeitsbeziehungen auf der gleichen Hierarchieebene, z.B. zwischen unterschiedlichen Verwaltungsreferaten.

beteiligte bekommen die Verwaltungsmitarbeiter wichtige Informationen über die Situation im Gebiet und haben ihrerseits die Möglichkeit, Positionen der Verwaltung und Politik einzubringen bzw. einzufordern. Außerdem sind die Verwaltungsmitarbeiter auch viel mit allgemeiner Sachbearbeitung beschäftigt, indem sie Anfragen und Anträge von anderen Verwaltungsstellen sowie von Bezirksausschüssen und Bürgern abwickeln: *„[...] der Ausländerbeirat stellt natürlich auch Anträge, die wir bearbeiten müssen"* (V5: 72). Aufgrund der zentralen Stellung der Verwaltung in der Städtebauförderung und in Sanierungsprozessen haben Verwaltungsmitarbeiter durch Sachbearbeitung großen Gestaltungsspielraum. Sie können entscheiden, mit wem sie die Abstimmung suchen, wann sie sich aktiv mit ihrem Wissen über Sachstände in Gremien einbringen und welche Akteure sie mit wichtigen Informationen versorgen.

Auf horizontaler Kooperationsebene nehmen die Verwaltungsmitarbeiter ebenfalls an Gremienarbeit und bilateralem Austausch teil, zum Beispiel Lenkungs-, Koordinierungs- oder Projektarbeitsgruppen: *„Ich sitze in der Lenkungsgruppe der Sozialen Stadt und in der Koordinierungsgruppe der Sozialen Stadt, ich muss eben auch, ich lenke auch mit, steuere auch mit Projekte in meinem Bereich"* (V3: 32). In dieser Gremienarbeit stehen hierarchische Differenzen in der Regel im Hintergrund und es wird ein Austausch unter Gleichen angestrebt. Auf bilateraler Ebene findet diese Form des partnerschaftlichen Austauschs ohne hierarchisch begründete Verpflichtungen ebenfalls statt oder setzt sich dort fort. Möglicherweise tauschen Quartiersmanagements unterschiedlicher Städte oder verschiedene Projektpartner direkt und informell Erfahrungen und Meinungen aus. Dadurch gelingt es Verwaltungsmitarbeitern leichter, *„[...] Ressortgrenzen zu übersteigen, neue Kooperationen, neue Verbündete zu suchen [...]"* (V4: 57). Darüberhinaus bieten sich in dieser Hinsicht auch Gestaltungsmöglichkeiten durch Tagungsbesuche oder Kooperationsprojekte mit der Wissenschaft. Verwaltungsmitarbeiter sind zum Beispiel immer wieder auf Fachtagungen mit eingebunden. In solch einem Rahmen können sie sich außerhalb des gewohnten politisch-administrativen Arbeitsalltags mit Fachkollegen über gemeinsame Probleme austauschen und alternative Herangehensweisen reflektieren. Die Distanz zu Zwängen des üblichen Arbeitsalltags schafft Raum für neue Ideen. Dasselbe gilt auch für Kooperationsprojekte mit der Wissenschaft, *„[...] wo andere eben informiert werden über das, was wir tun und dann aber auch dort, wo ich etwas rausziehe und wieder zurückbringe, um die Arbeit voranzutreiben. Also insofern ist der Austausch mit der Wissenschaft [...] extrem wichtig, also ich habe auch zu allen relevanten Einrichtungen hier in München [...] einen sehr intensiven Austausch [...]"* (V4: 55).

Eine weitere Form der unmittelbaren Gestaltung nehmen die befragten Verwaltungsmitarbeiter durch Netzwerk- und Projektarbeit wahr. Sie betreiben dabei beispielsweise kooperative Projektentwicklung gemeinsam mit anderen Akteuren: *„[...] also ich habe jetzt mit der Interkultistelle auch noch mal einen Termin, weil wir einen Antrag haben, wie man die Migrantenorganisationen besser einbinden kann in irgendwelche Bildungsangebote [...]"* (V5: 81). Ebenso bringen sie sich in Form von eigener Projektumsetzung ein. Für eine erfolgreiche Umsetzung ist es in der Regel nötig, andere Akteure zur Beteiligung zu motivieren: *„Und dann gibt es halt viele Dinge, [...] die man nur gemeinsam vertreten und voranbringen kann und das heißt, [...] dass man um Unterstützung wirbt und dass man hier Leute mit ins Boot holt und das ist eine Form, eben von Kooperationen entwickeln und Partnerschaften leben"* (V4: 50). Insofern übernehmen Verwaltungsmitarbeiter auch oft koordinierende Aufgaben, um Projekte in Gang zu bringen und umzusetzen: *„Ich initiiere auch Projekte, ich betreue Projekte, ich fördere Voraussetzungen dafür, [...] dass Projekte überhaupt laufen können"* (V3: 32). Zuletzt greifen Verwaltungsmitarbeiter in der Projekt- und Netzwerkarbeit gestaltend ein, indem sie gezielt endogene Potentiale im Gebiet fördern oder dafür den Boden bereiten, indem sie davon Partner in der Verwaltung überzeugen: *„[...] weil ein Projekt vielleicht nur dann Sinn macht, wenn es in Abstimmung, im Netzwerk mit anderen Projekten durchgeführt wird und dafür wären wir wiederum verantwortlich oder müssen zumindest das Fachreferat dazu bringen, dass es dieses vernetzte Denken mit umsetzt"* (V2: 18). In der Projekt- und Netzwerkarbeit leisten Verwaltungsmitarbeiter viel Beziehungsarbeit, wobei ein hohes Maß an Flexibilität erforderlich ist: *„Man muss aber auch flexibel sein und sich Neues erarbeiten wollen, weil natürlich auch die Themenstellungen gerade in der Stadtsanierung sind wechselhaft [...]"* (V1: 10). Die tragende Säule von Projekt- und Netzwerkarbeit ist die Aktivierung von medialen Steuerungsmitteln. Aufgrund ihrer Verbindungsfunktion zu Entscheidungsträgern in Politik und Verwaltung und ihrem Fachwissen über politisch-administrative Abläufe kommt den Verwaltungsmitarbeitern hier eine wichtige Rolle zu. Sie können maßgeblich dazu beitragen, Genehmigungsentscheidungen vorzubereiten und herbeizuführen, Fördermittel freizustellen und Unterstützer und Akzeptanz in ihren Kreisen für konkrete Maßnahmen zu generieren.

Der Vollständigkeit halber muss noch eine weitere unmittelbare Mitgestaltungsmöglichkeit der befragten Verwaltungsmitarbeiter erwähnt werden. Im eigenen Büro gestalten sie den Kooperationsprozess unmittelbar über alltägliche Tätigkeiten der Sachbearbeitung mit, wie z.B. Korrespondenz, Verwendungsnachweisprüfungen oder Kontaktvorbereitungen.

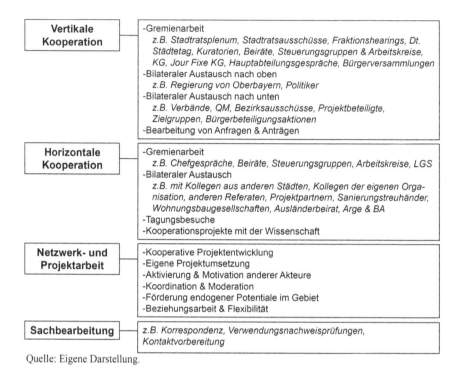

Vertikale Kooperation	-Gremienarbeit
	  z.b. Stadtratsplenum, Stadtratsausschüsse, Fraktionshearings, Dt.
	  Städtetag, Kuratorien, Beiräte, Steuerungsgruppen & Arbeitskreise,
	  KG, Jour Fixe KG, Hauptabteilungsgespräche, Bürgerversammlungen
	-Bilateraler Austausch nach oben
	  z.b. Regierung von Oberbayern, Politiker
	-Bilateraler Austausch nach unten
	  z.b. Verbände, QM, Bezirksausschüsse, Projektbeteiligte,
	  Zielgruppen, Bürgerbeteiligungsaktionen
	-Bearbeitung von Anfragen & Anträgen

Horizontale Kooperation	-Gremienarbeit
	  z.b. Chefgespräche, Beiräte, Steuerungsgruppen, Arbeitskreise, LGS
	-Bilateraler Austausch
	  z.b. mit Kollegen aus anderen Städten, Kollegen der eigenen Orga-
	  nisation, anderen Referaten, Projektpartnern, Sanierungstreuhänder,
	  Wohnungsbaugesellschaften, Ausländerbeirat, Arge & BA
	-Tagungsbesuche
	-Kooperationsprojekte mit der Wissenschaft

Netzwerk- und Projektarbeit	-Kooperative Projektentwicklung -Eigene Projektumsetzung -Aktivierung & Motivation anderer Akteure -Koordination & Moderation -Förderung endogener Potentiale im Gebiet -Beziehungsarbeit & Flexibilität
Sachbearbeitung	*z.B. Korrespondenz, Verwendungsnachweisprüfungen,* *Kontaktvorbereitung*

Quelle: Eigene Darstellung.

Abb. 30 Verwaltung - Unmittelbare Mitgestaltung

Mittelbare Einflussnahme

Verwaltungsmitarbeiter haben in ihrem Arbeitsalltag auch die Möglichkeit, mittelbar Einfluss zu üben (siehe Abbildung 31).

Durch ihre Position und persönlichen Kontakte haben sie zum Teil exklusiven Zugang zu bestimmten Akteuren. Sie können sich über Kommunikation mit diesen Akteuren abstimmen, Überzeugungsarbeit leisten und zwischen Interessen vermitteln. Dies kommt beispielsweise bei Besprechungen innerhalb der eigenen Organisation zum Ausdruck: *„Da bin ich hier, ja, im Referat, mit Besprechungen, und Stellungnahmen einholen, Stellungnahmen zusammenschreiben wieder rein zurück-bringen, hey Leute, das gefällt mir nicht"* (V3: 34). Allerdings üben die Verwaltungsmitarbeiter auch durch Abstimmungen mit externen Projektpartnern Einfluss: *„Und da haben wir halt dann eine Vielzahl an Abstim-*

mungen mit den Projektentwicklern, mit den Grundstückseigentümern, mit den Planern, bis so ein Großprojekt mal Form gewinnt" (V1: 8). Im Rahmen der „Sozialen Stadt" stehen viele Verwaltungsmitarbeiter auch in engem Austausch mit dem Quartiersmanagement: *„Dann im Stadtteilladen haben wir zum einen diese regelmäßigen Jour Fixe mit dem Quartiersmanagement [...] gemeinsam besprechen wir einfach, was gerade anliegt"* (V2: 22). All diese verschiedenen Gesprächssituationen geben den Verwaltungsmitarbeitern viele Einflussmöglichkeiten. Aufgrund ihrer exklusiven Stellung im Politikprozess und ihrer vielfältigen Kontakte zu tragenden Akteuren in der Kooperation haben sie großes Potential, in ausgleichender und vermittelnder Funktion aufzutreten. Darüber können sie mittelbar großen Einfluss auf die gesamte Kooperation ausüben: *„[...] das bedeutet, dass sie hier miteinander versuchen, hier einen Interessensausgleich zu schaffen, [...] vermitteln und sie müssen überzeugen und das kann man nur, wenn man auch hohe Akzeptanz und Respekt sowohl entgegenbringt als auch hat [...]"* (V4: 59).

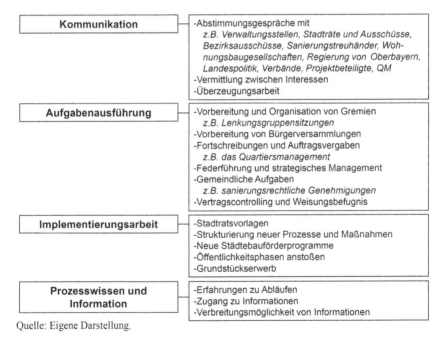

Quelle: Eigene Darstellung.

Abb. 31 Verwaltung - Mittelbare Einflussnahme

Ein weiterer Weg der Einflussnahme ist die Aufgabenausführung im Arbeitsalltag. Dies betrifft zum Beispiel laufende Aufgaben wie die Vorbereitung und Organisation von Gremiensitzungen oder Bürgerversammlungen: *„Ja, wir bereiten die Lenkungsgruppe vor [...]"* (V5: 66). In dieser Vorbereitungsfunktion haben die Verwaltungsmitarbeiter großen Einfluss auf den Ablauf dieser Sitzungen und inwieweit die Meinungen und Interessen der unterschiedlichen Beteiligten repräsentiert werden. Des Weiteren ergeben sich mittelbare Einflussmöglichkeiten durch ihre Rolle bei Fortschreibungen und Auftragsvergaben: *„Also wir haben die Aufgabe alle zwei Jahre im Stadtrat zum einen weiterbeauftragen zu lassen [...], auch die Stadtteilläden und die Quartiersmanagerin sind immer nur für diesen Rhythmus, beauftragt bzw. angemietet [...]"* (V2: 19). Die Verwaltungsmitarbeiter bereiten die notwendigen Stadtratsvorlagen für Fortschreibungen und Auftragsvergaben vor, über die dann im Stadtrat oder den entsprechenden Ausschüssen beraten und entschieden wird. In der Regel liegen die gesamte Federführung und das strategische Management von Kooperationen im Rahmen der Städtebauförderung auch in den Händen von Verwaltungsmitarbeitern. Diese Aufgabe gibt ihnen mannigfaltige Einflussmöglichkeiten in der Kooperation: *„Die Federführung in all den Fragen, also für alle Projekte, die Federführung im Grunde als Dachorganisation, die hat meine Abteilung [...]"* (V1: 3). Außerdem führen Verwaltungsmitarbeiter auch gemeindliche Aufgaben, zum Beispiel bei Baugenehmigungen, aus: *„Die Genehmigung bleibt bei der Lokalbaukommission, aber wir machen dort eine Fachstelle und haben im Nachgang an die bauliche Genehmigung auch noch eine sanierungsrechtliche Genehmigung"* (V2: 19). Über die sanierungsrechtliche Genehmigung prüft die zuständige Verwaltungsstelle, ob Bauvorhaben auch mit den Zielen für ein bestimmtes Sanierungsgebiet vereinbar sind. Gegenüber Projektträgern oder dem Quartiersmanagement üben Verwaltungsmitarbeiter auch eine konkrete Kontrollfunktion aus und verfügen über Weisungsbefugnisse. Wenn die betreffenden Akteure nicht im Sinne der Verwaltungsmitarbeiter kooperieren, haben diese die Möglichkeit, im Extremfall der Fortschreibung von Projekten zu widersprechen. Dieser hierarchische Druck im Hintergrund kann demokratische Aushandlungsprozesse fördern, wenn Akteure aus Furcht vor einer möglichen Intervention sich um ein allgemeinwohlorientiertes Handeln ihrerseits bemühen. Ebenso können Verwaltungsmitarbeiter aber auch durch inadäquate Einflussnahme auf Themen und Abläufe demokratische Lösungen behindern und vereiteln.

Neben den fortlaufenden Tätigkeiten nehmen die Verwaltungsmitarbeiter auch Einfluss über Implementierungsarbeit. Um Projekte zu befördern und den Prozess zu beeinflussen, schreiben sie beispielsweise Stadtratsvorlagen: *„wir schreiben diese Stadtratsbeschlüsse hier, bereiten sie vor, bringen sie ein [...]"* (V4: 54). Verwaltungsmitarbeiter befinden sich hier in einer Schnittstellenfunktion zu den politischen Ebenen, wo neue Projekte genehmigt werden. Eine einzelne Person kann somit viel Schaden in der Kooperation anrichten, wenn sie Stadtratsvorlagen nicht schnell genug und im Sinne der Kooperationsbeteiligten bearbeitet. Außerdem beschäftigen sich Verwaltungsmitarbeiter im Rahmen von politischen Aufträgen auch fortlaufend mit der Strukturierung neuer Maßnahmen und Prozesse: *„Also habe ich innerhalb des Hauses auf verschiedenen Ebenen [zu tun, Anmerk. d. Ver.], insbesondere dort, wo ich Quartiersentwicklungsprozesse anstrebe, durchführe, initiiere"* (V3: 31). Im Rahmen dessen können sie beispielsweise auch Öffentlichkeitsphasen anstoßen oder den Erwerb von Grundstücken anregen. Zudem kommt den Verwaltungsmitarbeitern eine besondere Rolle bei der Generierung von Geld als medialem Steuerungsmittel zu. Sie tragen maßgeblich zur Implementierung neuer Städtebauförderprogramme oder anderer ergänzender Förderprogramme der Kommune, des Landes, des Bundes oder der EU und deren Integration in der laufenden Kooperation bei: *„[...] ich bin mit allen praktischen Städtebauförderprogrammen, davon ist die Sanierung ja getragen, [...] mit der Umsetzung aller nur denkbaren Städtebauförderprogrammen, die in München eingesetzt werden, befasst"* (V1: 2). Durch die Implementierung und Integration von neuen Städtebauförderprogrammen oder ergänzenden Förderprogrammen können Verwaltungsmitarbeiter für die Bereitstellung umfassender Finanzmittel sorgen.

Die betrachteten Verwaltungsmitarbeiter bringen darüberhinaus jeweils spezifisches Prozesswissen und Informationen mit. Damit verbundene Erfahrungen und die Verfügbarkeit oder Verbreitungsmöglichkeit von bestimmten Informationen ermöglichen ihnen ebenfalls die mittelbare Einflussnahme. Dies zeigt sich zum Beispiel durch Lobbyarbeit, die die Verwaltungsmitarbeiter zur Durchsetzung bestimmter Positionen und Themen betreiben können: *„[...] Lobbying ist eine ganz wichtige Geschichte. [...] weil jeder Stadtrat ist seinem jeweiligen Zielpublikum verpflichtet und das ist nicht immer kompatibel mit dem, wie wir unsere Politik machen, also auch da müssen sie um Unterstützung werben, weil die sind schließlich diejenigen, die nach draußen gehen und den Kopf hinhalten"* (V4: 58). Verwaltungsmitarbeiter verfügen in der Regel über gute Kontakte zu notwendigen Unterstützern in wichtigen Entscheidungsfunktionen. In ihrer alltäglichen Arbeit können sie unter anderem Politiker, z.B. mittels Berichten oder Stadtratsvorlagen, über bestimmte Themen informieren und natürlich auch deren Meinung darüber beeinflussen. Ebenso verfügen Verwaltungsmitarbeiter auch oft Zugang zu Instrumenten, wie z.B. einen E-Mail-Verteiler aller Schulen, um Informationen im Kreise wichtiger Gebietsakteure zu verbreiten: *„[...] wir machen die Kinder darauf aufmerksam, die Jugendlichen darauf aufmerksam über unseren Schulverteiler [...]"* (V5: 69). Dies funktioniert natürlich auch in die andere Richtung, dass Verwaltungsmitarbeiter über bestimmte Entwicklungen informiert werden. Informationen in bestehenden Strukturen effektiv zu verbreiten und einzuholen bedarf einer gewissen Erfahrung und einer Kenntnis von ablaufenden Prozessen. In vielen Bereichen – insbesondere in Politik, Verwaltung und gegenüber verwaltungsnahen Einrichtungen – bringen Verwaltungsmitarbeiter viel Wissen mit und können bei der Generierung von Unterstützern im Kooperationsprozess eine wichtige Rolle einnehmen.

Generierung von Geld

Durch ihre Tätigkeiten und Fähigkeiten können die betrachteten Verwaltungsmit-arbeiter Geld generieren (siehe Abbildung 32).

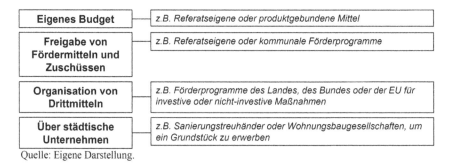

Quelle: Eigene Darstellung.

Abb. 32 Verwaltung - Generierung von Geld

Dies gelingt unter anderem durch ein eigenes Budget, über das Verwaltungsmitarbeiter in ihrem Referat verfügen können: *„Wir haben ein Budget, das wir also jedes Jahr in den Haushaltsverhandlungen dann festgelegt und dieses Budget ist seit Jahren auch nicht reduziert"* (V4: 56). Außerdem können Verwaltungsmitarbeiter dazu beitragen, referatseigene oder kommunale Fördermittel und Zuschüsse freizugeben: *„Das betrifft die ganze Abrechnung von Fördermitteln, [...] wir geben die frei, als Fachabteilung, also wir prüfen die quasi fachlich"* (V2: 22). Sie können sich jedoch auch darum bemühen, weitere Drittmittel aus Förderprogrammen der Landes-, Bundes- oder EU-Ebene einzuwerben: *„Da bringe ich halt dann die Projekte und ich will von der Regierung von Oberbayern Fördermittel für meine Projekte, die unser Sozialreferat betreffen oder schulische Bereiche betreffen"* (V3: 33). Teilweise ist es den Verwaltungsmitarbeitern auch möglich, z.B. aus dem Planungsreferat, über städtische Unternehmen Gelder zu akquirieren, da diese ihnen gegenüber weisungsgebunden sind. So können sie über den städtischen Sanierungstreuhänder oder die städtischen Wohnungsbaugesellschaften beispielsweise den Erwerb von Grundstücken anregen: „[...] die MGS [städtischer Sanierungstreuhänder, Anmerk. d. Ver.], das ist das Umsetzungsorgan, die wir brauchen, um dann Baumaßnahmen umzusetzen oder die erwerben mal ein Schlüsselgrundstück [...]" (V1: 5).

Organisation von Akzeptanz

Ebenso ist die Organisation von Akzeptanz (siehe Abbildung 33) ein wichtiges Handlungsfeld der betrachteten Verwaltungsmitarbeiter. Durch verschiedene Tätigkeiten können Verwaltungsvertreter an der Deutung und der Akzeptanzsituation von Problem- und Lösungswegdefinitionen und der anzustrebenden Umsetzungsstrategien mitwirken.

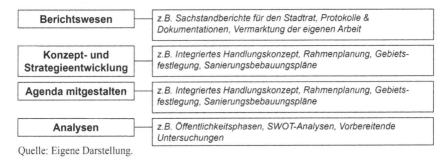

Quelle: Eigene Darstellung.

Abb. 33 Verwaltung - Organisation von Akzeptanz

Hierzu gehört beispielsweise das allgemeine Berichtswesen, welches einen beträchtlichen Anteil des Arbeitsalltags von Verwaltungsmitarbeitern ausmacht. Verwaltungsvertreter sind beispielsweise fortlaufend daran beteiligt, Sachstandsberichte und Vorlagen für den Stadtrat und seine Ausschüsse zu produzieren: „[...] diese Geschäfts- und Steuerungsberichte sind also Standardvorlagen, Ziele, Haushalt, zum Beispiel das ist Routine, dann Bildungsbericht, wir haben schon sehr viele Vorlagen drinnen [im Stadtrat, Anmerk. d. Ver.] [...]" (V5: 69). Da diese Berichte eine wichtige Grundlage für die Bewertung der Arbeit der jeweiligen Referate sind, wird ihnen in der Regel große Bedeutung beigemessen. Protokolle von Arbeitssitzungen und Dokumentationen von Prozessen sind ebenfalls eine alltägliche Komponente des allgemeinen Berichtswesens: „[...] in dieser Lenkungsgruppe, hat diese Hauptabteilung, also meine Abteilung die Geschäftsführung, d.h. wir machen die Protokolle, wir bereiten die Tagesord-

nung vor [...]" (V1: 3). Schließlich haben viele Verwaltungsmitarbeiter auch immer wieder die Möglichkeit, bei Präsentationen öffentlichkeitswirksam Inhalte ihrer Arbeit zu vermitteln oder zu vermarkten: *„Und die Vollversammlungen haben den Sinn, dass wir hier die Themen öffentlichkeitswirksam nach außen präsentieren"* (V4: 53). Dabei handelt es sich um eine Vollversammlung der an Fördermaßnahmen im Bereich der Beschäftigungs- und Arbeitsmarktpolitik in verantwortungstragenden Rollen beteiligten Akteure. Über das allgemeine Berichtswesen können Verwaltungsmitarbeiter die Qualität der Informationen und zum Teil auch den Kreis der informierten Personen stark beeinflussen.

Ähnliche Einflussmöglichkeiten üben die Verwaltungsmitarbeiter durch ihre Tätigkeiten in der Konzept- und Strategieentwicklung aus. Sie tragen zur Deutung von Problemen und Lösungsmöglichkeiten und zur Legitimation von Umsetzungsstrategien bei. Es werden zum Beispiel verwaltungsintern Planungen für bestimmte Gebiete erarbeitet: *„[...] weil wir, also natürlich schon einfach im Sinne des Städtebaus, Sanierungsbaupläne, fachliche Konzepte für Bereiche erarbeiten, wo wir einfach diese Kernkompetenz Planung selber bedienen"* (V2: 29). Wenn in diesen zentralen Planungen die Interessen und Bedürfnisse von beteiligten und betroffenen Gebietsakteuren nicht repräsentiert sind, so gefährdet dies eine soziale Stadtentwicklung. Des Weiteren beteiligen sich Verwaltungsmitarbeiter auch an konzeptionellen und strategischen Diskussionen mit Akteuren außerhalb der Verwaltung: *„[...]hier geht es tatsächlich um eine Weiterentwicklung von Dingen in einer Diskussion, [...] eine Strategieentwicklung und auch wirklich ein fachlicher Austausch"* (V5: 76). Gemeinsam mit dem Quartiersmanagement diskutieren sie beispielsweise fortlaufend deren Arbeitsstrategie und entwickeln schließlich auch das integrierte Handlungskonzept mit: *„Ein anderer Punkt ist die Steuerung der Quartiersmanagerin vom Schreibtisch aus, also Berichtswesen, Vertragsprüfung, Jahresberichte, Fortschreiben, Prüfen integriertes Handlungskonzept, was ja im Quartier fortgeschrieben wird, gemeinsam korrigieren in Anführungszeichen, weiterentwickeln"* (V2: 18).

Darüberhinaus können die Verwaltungsmitarbeiter in unterschiedlichen Situationen im kooperativen Politikprozess die bearbeitete und zu bearbeitende Agenda mitgestalten. Neben eigenen Stellungsnahmen, inhaltlichen Vorschlägen und gezielten Fragen ziehen sie auch die Presse für die Verbreitung und größere Gewichtung bestimmter Inhalte hinzu. Dadurch werden Themen, die bisher wenig Beachtung gefunden haben, gezielt in den Vordergrund gerückt: *„Jetzt haben sie durch den Artikel endlich einmal kapiert, worum es eigentlich geht, obwohl ich das sinnlos anscheinend dauernd erklärt habe"* (V3: 44). Oder sie generieren mehr Akzeptanz für konkrete Themen, indem sie diese immer wieder in Gremiensitzungen ansprechen und somit auf der Tagesordnung verankern. Dies kann viel Geduld erfordern, weil ein Thema nicht unbedingt bei der ersten Ansprache auf Resonanz trifft und gegebenenfalls erst Vorbehalte dagegen aus dem Weg geräumt werden müssen: *„[...] Engelsgeduld brauchen sie hier und immer wieder von Neuem anfangen, immer freundlich sein, versuchen, das auszutarieren, sich mal über einen Graben drüberlegen und sagen, über meinen Rücken könnt ihr dann drüber gehen [...]"* (V5: 77). Neben dieser Überzeugungsarbeit gestalten Verwaltungsmitarbeiter auch alleine wegen ihres Fach- und Prozesswissens die Agenda mit. Indem sie beispielsweise ihre Kenntnisse zur Förderfähigkeit von Maßnahmen einbringen, werden Diskussion verkürzt oder in eine bestimmte Richtung gelenkt: *„[...] ich bin auch da mit dabei, auch um die Förderfähigkeit im Hinterkopf zu haben und natürlich auch einfach, um mein fachliches Wissen im weitesten Sinn mit einzubringen"* (V2: 20). Urteile von Verwaltungsmitarbeitern zur Machbarkeit von bestimmten Maßnahmen haben in Kooperationen aufgrund ihrer tragenden Rolle in der Regel sehr großes Gewicht. Wenn sie vorschnell geäußert oder unkritisch von der Allgemeinheit der Beteiligten akzeptiert werden, können sie auch erfolgsversprechende und demokratische Ansätze im Keim ersticken.

Schließlich beteiligen sich die Verwaltungsmitarbeiter aktiv an der Organisation von Akzeptanz durch Analysen. Sie führen diese entweder selbst durch, geben sie in Auftrag oder verbreiten deren Inhalte im Kreis der Kooperationsbeteiligten. Positionen erhalten durch sie belegende Analysen mehr Akzeptanz: *„[...] momentan Schwerpunkt ist, dass ich auswerten muss die Öffentlichkeitsphase Leitlinie Bildung [...]"* (V5: 67). Zudem können Verwaltungsmitarbeiter durch Instrumente, wie zum Beispiel SWOT-Analysen[48] oder vorbereitende Untersuchungen, Strategien und Positionen entwickeln. Oft prägen sie dadurch in sehr frühen Phasen von Kooperationen oder bevor sich Kooperationen überhaupt etabliert haben, Inhalte in hohem Maße mit. Vorbereitende Untersuchungen beispielsweise werden zur Festlegung von Sanierungsgebieten durchgeführt, was in Bayern Voraussetzung für die Aufnahme ins Programm „Soziale Stadt" ist. Die vorbereitenden Untersuchungen sind in der Regel relativ verwaltungsdominiert und geben aus dieser Perspektive bereits Sanierungsziele vor bzw. legen Bedarf in Gebieten fest: *„Wir waren Auftraggeber in den vorbereitenden Untersuchungen [...], da sehe ich die Möglichkeit, dass wir ganz gestaltend in den Prozess eingreifen oder überhaupt erstmal auf den Weg bringen"* (V2: 24). Da die hier festgelegten Ziele vom Stadtrat im Rahmen der Festlegung eines Sanierungsgebietes bestätigt bzw. kodifiziert werden, kann eine spätere Anpassung beschwerlich werden. Wenn sich in Folge der Ausweisung des Sanierungsgebiets und der Aufnahme in das Programm „Soziale Stadt" Kooperationsbeziehungen und Akteurkonstellationen von Beteiligten und Betroffenen herausbil-

---

[48] Die SWOT-Analyse ist eine Managementmethode zur Entscheidungsvorbereitung, mit der Stärken, Schwächen, Chancen und Risiken von Vorhaben einander gegenübergestellt werden.

den, ist eine Modifizierung bestimmter Ziele im Sinne einer demokratischen Stadtentwicklung jedoch unausweichlich.

Interner Ablauf

Jeder Verwaltungsmitarbeiter orientiert sich im Rahmen seines Arbeitsalltags auch an einer spezifischen internen Ablauforganisation (siehe Abbildung 34) innerhalb der eigenen Behörde.

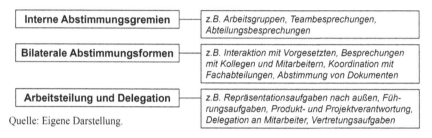

Quelle: Eigene Darstellung.

Abb. 34 Verwaltung - Interner Ablauf

Bei den betrachteten Personen fielen hierbei jeweils eigene interne Abstimmungsgremien, wie zum Beispiel Arbeitsgruppen oder Teambesprechungen auf: *„Und dann haben wir jeden Donnerstag eine Abteilungsbesprechung, da sind alle Produktverantwortlichen da, das ist die sogenannte hausinterne Steuerungsgruppe, die obliegt auch uns zu organisieren und wir haben hier die Geschäftsführung [...]"* (V5: 68). Hinzu kommen jeweils spezifische bilaterale Abstimmungsformen, wie z.b. Interaktion mit Leitung oder Besprechungen mit Kollegen: *„Ja, in diesem, im Büro, im Grunde genommen bereite ich all diese Kontakte auch vor, [...] und dann natürlich auch die Interaktion jetzt natürlich mit meiner Leitung oder auch mit der Referatsleitung, weil das ist ja auch nicht etwas, was ich alles alleine mir ausdenke [...]"* (V1: 9). Die internen Abstimmungsprozesse innerhalb einzelner Verwaltungsorganisationen sind von großer Bedeutung, weil sich Verwaltungsmitarbeiter nur dann verbindlich und zuverlässig in Kooperationen der sozialen Stadtentwicklung einbringen können, wenn ihr Handeln in der eigenen Organisation Rückhalt erfährt. In jeder Verwaltungsorganisation sind überdies bestimmte Regeln der Arbeitsteilung und Delegation zu finden, welche das Handeln von Verwaltungsmitarbeitern prägen. Daraus erwachsen natürlich alltägliche Regionalisierungen, die einen Verwaltungsmitarbeiter im Kooperationsalltag befähigen oder einschränken können: *„[...] das ist*

im Grunde genommen mein Job, neben natürlich Personalgeschichten und alles,
was so eine Führungsaufgabe bei der Stadt bedeutet, [...] und die Vertretung
nach außen ja, also das heißt in überregionalen Gremien" (V4: 53f.). Jemand
mit zugewiesenen Führungskompetenzen kann diese natürlich im Sinne der
Kooperation einsetzen und ihm weisungsgebundene Akteure für die Umsetzung
bestimmter Ziele verpflichten. Andere Verwaltungsmitarbeiter müssen möglicherweise darauf achten, dass sie referatsintern ihre Produktverantwortlichkeiten
nachvollziehbar bearbeiten. Ihre konstruktive Mitwirkung in der Kooperation ist
leichter zu erzielen, wenn die spezifische Situation der jeweiligen Verwaltungsmitarbeiter honoriert wird.

4.2.1.4 Einstellungen

Handlungslogiken werden jedoch nicht nur dadurch bestimmt, an welchen Orten
sich Personen aufhalten, mit wem sie interagieren und welche sachlichen Fähigkeiten ihnen zur Verfügung stehen. Die Einstellungen eines Akteurs spielen
ebenfalls eine sehr wichtige Rolle dabei. Bei den betrachteten Verwaltungsmitarbeitern kann diesbezüglich zwischen Annahmen (z.B. Meinungen zu Themen,
Personen oder Arbeitsmethoden) und Wertvorstellungen (z.B. grundlegende
Arbeitsprinzipien oder Lebenseinstellungen) differenziert werden.

Annahmen

Die Annahmen (siehe Abbildung 35) der Verwaltungsmitarbeiter sind sehr vielfältig. Der erste Bereich umfasst ihre Sicht zu Möglichkeitsgrenzen von Kooperationen. Diese Grenzen ergeben sich beispielsweise aus der Sicht der befragten
Akteure zu institutionellen Problemen. Das „Neue Steuerungsmodell" [49] wird
durch Verwaltungsmitarbeiter als solch ein Problem empfunden. Unter anderem
beklagen sich Verwaltungsmitarbeiter, dass infolgedessen Ressortegoismen
durch die Schaffung von Produktverantwortlichkeiten zunehmen und integriertes
Arbeiten erschwert wird. Ein Verwaltungsmitarbeiter, der den Eindruck hat,
aufgrund von Produktverantwortlichkeiten keine ressortübergreifende Zusammenarbeit anregen zu können, ist geneigt dazu, Probleme eigenständig mit den
ihm zur Verfügung stehenden Mitteln zu lösen. Einseitiges Handeln führt angesichts der komplexen Problemlagen in der sozialen Stadtentwicklung schnell zu
suboptimalen Lösungen. Die Einstellung eines Verwaltungsmitarbeiters zum
„Neuen Steuerungsmodell" und dessen Wirkung bei Verwaltungskollegen kann

---

[49] Modernisierungsversuch der Verwaltungsabläufe ab den 90er Jahren, um dort ablaufende Prozesse
effizienter, effektiver und kundenorientierter zu gestalten (vgl. Bogumil et al. 2007: 23ff.).

also weitreichende Konsequenzen für sein Kooperationsverhalten haben: *„[...] das ist nicht gelöst in der Bundesrepublik Deutschland, das „Neue Steuerungsmodell" mit der Produktorientierung und quer dazu Quartiersentwicklungsprozesse, wo es überhaupt keine Verlinkung gibt"* (V3: 36). Weitere Sichtweisen zu institutionellen Problemen betreffen institutionelle Zwänge und inadäquate Regelungen von Zuständigkeiten und Weisungsbefugnissen. Die Überzeugung, dass etwas aufgrund von institutionellen Problemen nicht funktioniert, kann bereits verhindern, dass ein Verwaltungsmitarbeiter seine Fähigkeiten dafür einsetzt. Ebenfalls hemmend in Kooperationen ist für Verwaltungsmitarbeiter auch das Gefühl von Abhängigkeit. Abhängigkeiten bestehen beispielsweise gegenüber Vorgesetzten, der Politik oder Förderrichtlinien. Problematisch ist dies, wenn Verwaltungsmitarbeiter den Eindruck bekommen, dass andere Verwaltungskollegen aufgrund ihrer Abhängigkeitsverhältnisse keine zuverlässigen Kooperationspartner sein können oder kaum zu verbindlichen Zusagen fähig sind. Dies belastet die Zusammenarbeit zwischen Verwaltungsmitarbeitern stark und führt unter Umständen zu einseitigem Handeln: *„[...] wir sind hier gewohnt, dass wir eine sehr flache Hierarchie haben und das ist für mich oft schwierig, dass ich einfach dann auf derselben Ebene mit Kollegen zusammentreffe, aber die bei weitem nicht diese Entscheidungsbefugnisse wie ich habe und das sind natürlich fürchterlich langwierige Prozesse [...]."* (V4: 62). Ebenso könnte die Überzeugung eines Verwaltungsmitarbeiters über die eigenen Abhängigkeiten dazu führen, dass dieser sich lieber bei kreativen Prozessen in Kooperationen enthält, um keine hierarchischen Sanktionen oder Ähnliches fürchten zu müssen. Zu Enthaltungsphänomenen bei Verwaltungsmitarbeitern führen auch Annahmen zu für sie persönlich existenten Hürden. Das Gefühl, die eigenen Kapazitäten überspannt zu haben, kann bereits verhindern, neue Verbindlichkeiten einzugehen oder Verantwortung zu übernehmen: *„[...] ich mache nur noch die Koordination, weil ich mehr nicht habe, also die Zeit nicht habe mit den anderen Partnern [...]"* (V5: 78). Persönliche Hürden präsentieren sich jedoch auch durch die eigene Annahme, dass Antipathien hinsichtlich der eigenen Arbeitsweise bei anderen existieren oder die eigenen Ansätze im Referat keine Akzeptanz erfahren. Eine derartige Einstellung führt gegebenenfalls zu vollkommener Resignation und unkooperativem Verhalten.

Andererseits heben Annahmen auch die Potentiale von Kooperation hervor. So kann der Glaube, dass Kooperation für die Erreichung eines Ziels notwendig ist, partizipationsfördernd bei Verwaltungsmitarbeitern wirken: *„Ich selber halte die Kooperation und die Zusammenarbeit, gerade in diesem vielschichtigen und komplexen Aufgabenfeld für unabdingbar, um überhaupt erfolgreich zu agieren"* (V1: 14). Insbesondere in schwierigen Phasen kann eine solche Einstellung bei wichtigen Kooperationsbeteiligten aus der Verwaltung eine solide Grundlage sein, die Kooperationsbeziehungen stabilisiert. Wenn ein Verwaltungsmitarbeiter von der Notwendigkeit von Kooperation überzeugt ist, in bestimmten Kontexten jedoch rein hierarchisch handelt, so besteht ein Widerspruch, auf den sich andere Kooperationsbeteiligte immer wieder beziehen können. Im Idealfall fühlt sich der betreffende Verwaltungsmitarbeiter dadurch genötigt, sein Handeln gemäß seiner Annahme zu hinterfragen und im Sinne von kooperativem Handeln zu verändern. Eine ähnliche Wirkung kann die Annahme bei Verwaltungsmitarbeitern bewirken, dass durch Kooperation qualitativ bessere Ergebnisse erzielt werden: *„[...] der Mehrwert ergibt sich erst aus dem Miteinander, freilich an der Stelle und zwar mit allen im Grunde genommen Akteuren und je mehr Initiative auch da ist und genutzt werden kann, umso besser und positiver für das Sanierungsgeschehen [...]"* (V1: 14). Ein kooperativer Umgang von Verwaltungsmitarbeitern mit anderen Akteuren kann auch in der Annahme begründet sein, dass dadurch Arbeitsprozesse erleichtert werden: *„[...] diese Träger sind zwar Zuschussnehmer, aber sie sind unsere Partner und das ist ein ganz neues und also ich halte das für ein ganz wichtiges Moment, wie sich Verwaltung modernisiert"* (V4: 59). Es kann von großem Vorteil sein, Potentiale von Kooperation befürwortenden Annahmen bei Verwaltungsmitarbeitern zu pflegen und zu fördern.

Ein weiterer Bereich der Annahmen der Verwaltungsmitarbeiter sind Meinungen zu konkreten Themen. Diese sind individuell sehr unterschiedlich und behandeln Ansichten zur Stadt München, zu konkreten Politikfeldern, zu Verwaltungsprozessen und zur „Sozialen Stadt". Natürlich beeinflussen auch diese Annahmen die Handlungsalternativen, die sich ein Verwaltungsmitarbeiter in bestimmten Situationen selbst zugesteht. Folgende Annahme zur Stadt München könnte beispielsweise dazu führen, dass der betreffende Akteur das politisch-administrative System als zu schwerfällig für die Bearbeitung gebietsbezogener Probleme empfindet: *„[...] München ist mit keiner anderen Stadtverwaltung der Bundesrepublik Deutschland vergleichbar. Denn wir sind ja die größte Kommune und die Stadtstaaten sind ja auf Bezirksebene, Hamburg und Berlin, sind dann ja auf Bezirksebene organisiert und das ist ja auch wieder wesentlich kleiner als das, was wir hier bieten"* (V3: 32). Der betreffende Verwaltungsmitarbeiter könnte also in der Kooperation als wichtiger Fürsprecher agieren, um möglichst dezentrale Aushandlungsprozesse zu etablieren. Er wäre somit ein geeignetes Steuerungssubjekt, welches versucht, notwendige Entscheidungsträger von der Richtigkeit dementsprechender Veränderungen zu überzeugen und sie schließlich als Unterstützer zu gewinnen. Er trägt damit also zur Generierung der medialen Steuerungsmittel „Entscheidungsgewalt, Unterstützung und Akzeptanz" bei. Ein weiteres Beispiel zu Annahmen zu konkreten Themen behandelt das Politikfeld Bildungs- und Jugendpolitik: *„[...] die außerschulische Jugendarbeit hat dann gesagt, [...] die böse Schule formal und hierarchisch und wie* *auch immer und sie verderben die Kinder und am Nachmittag machen wir dann wieder was ganz was Schönes, und also das sind so Dinge, auch ideologische Grabenkämpfe, die gegebenenfalls noch aus den 70er Jahren kommen, die aber ziehen, weil natürlich wir nicht viel junge Leute haben"* (V5: 75). In diesem Fall glaubt ein Verwaltungsmitarbeiter, dass neue Konzepte in der Jugendarbeit gegebenenfalls schwer durchsetzbar sind, weil Entscheidungsträger älterer Generationen zum Teil in einer antiquierten Vorstellung von Jugendarbeit verhaftet sind. Vertritt der betreffende Verwaltungsmitarbeiter diesen Standpunkt in der Kooperation, so wird automatisch eine inhaltliche Barriere produziert. Dies kann im Extremfall dazu führen, dass die Kooperationsbeteiligten aus Bedenken der Realisierbarkeit darauf verzichten, eine Entscheidung des Stadtrats zu einer Innovation in der Jugendarbeit einzufordern. Es kann jedoch auch den positiven Effekt zur Folge haben, dass die Kooperationsbeteiligten für mögliche Barrieren sensibilisiert werden und sich in einer sehr frühen Phase damit beschäftigen. Ebenso können Annahmen zu Verwaltungsprozessen großen Einfluss auf das Handeln von Verwaltungsmitarbeiter und die Kooperation als Ganzes haben: *„[...] alle Projekte werden durch den Stadtrat geschleust, d.h. also der Stadtrat beschließt die konkreten Projekte, das war ausdrücklicher Wunsch des Stadtrates, verstehen sie, das geht sehr sehr weit ins Verwaltungsgeschehen hinein"* (V1: 6). Die Überzeugung, dass alle Entscheidungsgewalt beim Stadtrat liegt, kann dazu führen, dass Verwaltungsvertreter in der Kooperation beschwichtigend gegenüber an der Basis entwickelten Projekten auftreten und auf noch ausstehende Stadtratsentscheidungen verweisen. Es dauert mitunter sehr lange, bis der Stadtrat die entsprechende Angelegenheit behandelt hat, was auf Gebietsakteure demotivierend wirkt und sie möglicherweise zum Rückzug aus der Kooperation bewegt. Die Situation könnte jedoch ganz anderer Natur sein, wenn der Verwaltungsmitarbeiter vermitteln würde, dass wir in einer Demokratie leben und die Stadträte sich an der Meinung der Öffentlichkeit zu orientieren haben. Dies könnte die Kooperationsbeteiligten ermutigen, ihre Ideen aktiver zu vertreten und eine breite Öffentlichkeit mitsamt den Stadträten im Vorfeld der Stadtratsentscheidung zu überzeugen. Schließlich gibt es noch viele Annahmen zur „Sozialen Stadt", die das Handeln von Verwaltungsvertretern in der Kooperation prägen. So wird die verwaltungsinterne Lenkungsgruppe als elitäres Gremium empfunden: *„Die Lenkungsgruppe ist ja so eine interne, wobei meine Steuerungsgruppen zwei Komponenten haben. Das eine ist eine Steuerungsgruppe intern, wo ich da von dieser Administration spreche und das andere ist eine Steuerungsgruppe, wo die Beteiligten, also auch sowohl strategische Partner, also wo die operativen Partner dann auch mit dabei sind. Und das ist in der Lenkungsgruppe ja nicht, das ist ja ein internes Lenkungsorgan [...]"* (V4: 60). In diesem Fall schwingt in der Annahme auch die Aussage mit, dass es besser wäre, operative Verantwortungsträger in Lenkungsgremien zu integrieren. In der „Sozialen Stadt RaBal" ist es tatsächlich so, dass die Lenkungsgruppe rein verwaltungsintern besetzt ist, während in der gebietsbezogenen Koordinierungsgruppe wichtige Akteure aus dem Gebiet und die zuständigen Verwaltungsvertreter sitzen. Diese personelle Trennung von Lenkungsebene und operativer Ebene führt leicht zu Informationsengpässen und Parallelwelten, was Kooperation behindert. Die im eben vorgestellten Zitat artikulierte Überzeugung eines Verwaltungsmitarbeiters macht diesen Akteur zu einem potentiellen Fürsprecher für eine Modernisierung der Aufbauorganisation in der „Sozialen Stadt". Ebenso könnte diese Einstellung aber auch bewirken, dass der entsprechende Akteur die Vorgehensweisen in der „Sozialen Stadt" im Vergleich zur vorherrschenden Praxis in seinem Heimatreferat nicht sehr produktiv empfindet. Unter diesen Bedingungen ist es für ihn gegebenenfalls attraktiver, sich in der Kooperation zu enthalten und auf die aus seiner Sicht besser funktionierenden Projekte des eigenen Referats konzentrieren.

Genauso wie zu bestimmten Themen weisen die betrachteten Verwaltungsmitarbeiter auch konkrete Ansichten zu bestimmten Akteuren oder Akteurgruppen auf. Dabei haben sie sich vor allem zu Akteuren aus der Politik (z.B. Stadtrat, Lokalpolitik, Bezirksregierung), aus den Fachreferaten (z.B. Planungsreferat oder Schulreferat) und aus verwaltungsnahen Institutionen (z.B. Beiräte oder der Sanierungstreuhänder) geäußert. Die Tatsache, dass andere Gebietsakteure (z.B. Bürgervereine) relativ wenig thematisiert worden sind, lässt darauf schließen, dass die betrachteten Verwaltungsmitarbeiter in ihrem Arbeitsalltag sehr stark mit verwaltungsinternen politisch-administrativen Prozessen beschäftigt sind. Eine Annahme zu den Akteuren thematisiert beispielsweise Schwierigkeiten in der Kooperation, die aufgrund der weitreichenden Entscheidungskompetenz des Stadtrats erwachsen. Der Anspruch des Stadtrats, über einen Großteil der Projekte in der Kooperation zu entscheiden, verlangsamt Prozesse in der „Sozialen Stadt RaBal" erheblich: „[...] das überfrachtet meines Erachtens auch den Stadtrat, weil auch Klein- und Kleinstprojekte durch den Stadtrat geschleust werden zum jetzigen Zeitpunkt, weil wir leider in der Stadtsanierung keine Schwellenwerte haben, wo dann sozusagen die Entscheidungsbefugnis in die Verwaltung vollständig hinein delegiert wäre. Das ist in der Sanierung nicht der Fall. Da wollen wir aber hin, also da planen wir uns ein Stück weit Verantwortlichkeit zurückzugewinnen" (V1: 6). Diese Einstellung macht den entsprechenden Verwaltungsmitarbeiter ebenfalls zu einem potentiellen Befürworter von Strukturanpassungsvorhaben. Es bleibt jedoch offen, ob der Akteur mit einer Dezentralisierung von Entscheidungskompetenzen auch die Einbeziehung der Kooperationsbeteiligten vor Ort bezweckt oder eine Dominanz der Verwaltungsvertreter anstrebt. Bei Annahmen zu Fachreferaten wird deutlich, dass beispielsweise dem Planungsreferat eine hoheitliche Arbeitseinstellung unterstellt wird: *„[...] [Die Lenkungsgruppe ist, Anmerk. d. Ver.] sehr stark majorisiert oder dominiert durch das Planungsreferat und aber auch durch deren Verständnis, wie die solche Prozesse erstmal kennen. Also ich sehe das auch beim Planungs-referat als einen ziemlichen Lernprozess ja und die sind halt unterschiedlich weit, also ich würde sagen, dass wir da schon etwas weiter sind"* (V4: 61). Diese Ansicht kann bei referatsübergreifender Kooperation dazu führen, dass bei den Vertretern anderer Referate Skepsis besteht, dass das Planungsreferat offene Prozesse zulässt. Die Folge kann Enthaltung oder mangelndes Vertrauen sein, beides behindert demokratische Aushandlungsprozesse.

Zu der jeweils individuellen Situation sind ebenfalls unterschiedliche Annahmen zu erkennen. Diese beziehen sich beispielsweise auf individuelle Fähigkeiten, die jemand im Laufe seines Berufslebens angesammelt hat: *„Ich bin ja schon sehr lange eben quasi im Planungsreferat und habe im Grunde genommen von der Baugenehmigung bis zum Bebauungsplan alles schon durchdekliniert, also das Fachwissen ist natürlich dann vorhanden und ich glaube, dass einem, also oder sagen wir mal in meiner Tätigkeit, wird mir vieles dadurch erleichtert, dass ich natürlich auf einen breiten Erfahrungshorizont zurückschauen kann"* (V1: 10). Diese Aussage zeugt von einem ausgeprägten Selbstbewusstsein hinsichtlich der eigenen Fähigkeiten. An diese Fähigkeiten kann in der Kooperation angeknüpft werden. Unter Umständen motiviert es den hier betreffenden Verwaltungsvertreter auch, sich unterstützend in der Kooperation einzubringen, wenn ihm bezüglich seiner Fähigkeiten Wertschätzung vermittelt wird. Andere Annahmen behandeln institutionelle Fähigkeiten, wie z.B. die Qualifikation der eigenen Mitarbeiter oder die Zusammenarbeit verschiedener Hierarchiestufen. Ein Referatsvertreter in führender Position, der von den Qualifikationen seiner Sachbearbeiter überzeugt ist, ist in der Regel auch gewillt dazu, ihnen Verantwortung und Entscheidungskompetenzen zu übertragen: *„Also ich meine, ich habe ein Team mit sehr hoch qualifizierten Leuten, mit einer guten Ausbildung und die haben natürlich auch einen großen Verantwortungsbereich [...]"* (V4: 63). Für die Kooperation ist es förderlich, wenn die unmittelbar beteiligten Verwaltungsvertreter über genügend eigenen Handlungsspielraum verfügen, um verbindliche Verhandlungspartner zu sein. Ein weiterer Bereich der artikulierten Annahmen zur individuellen Situation von Verwaltungsmitarbeitern thematisiert spezielle Aufgaben, die sie zu erfüllen haben. Dies umfasst beispielsweise Strategiearbeit oder die Behandlung von Querschnittsthemen und weist auf mögliche Restriktionen oder Potentiale für die eigene Beteiligung in der Kooperation hin. Ein Verwaltungsvertreter in der Kooperation, der sich alltäglich mit Querschnittsaufgaben im eigenen Referat beschäftigen muss, bringt mit großer Wahrscheinlichkeit viel Verständnis für kooperative Aushandlungsprozesse mit: *„Alles, was*

irgendwie quer liegt und mehr als eine Schulart betrifft, kommt zu uns [...]"
(V5: 68). Vorausgesetzt, dieser Verwaltungsmitarbeiter ist erreichbar und nicht
mit seinen referatsinternen Aufgaben überfrachtet, ist zu erwarten, dass er leicht
von dem Sinn gemeinschaftlicher Strategien zu überzeugen ist. Darüberhinaus
lässt die von ihm wahrgenommene Aufgabe vermuten, dass der betreffende Akteur über die verschiedenen Tätigkeitsbereiche in seinem Referat gut informiert
ist, auch Kontakte zu benachbarten Referaten pflegt und somit prinzipiell einen
guten Ansprechpartner für die Kooperation darstellt. Hier könnte es ebenfalls
motivierend für den betreffenden Akteur wirken, wenn ihm dies glaubhaft aus
dem Kreis der Beteiligten in der Kooperation vermittelt wird.

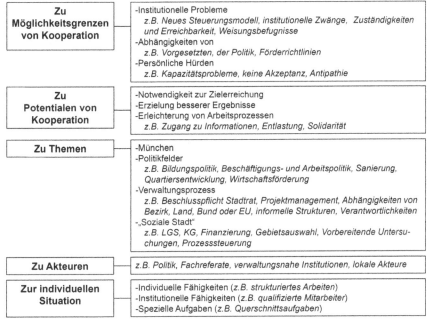

Quelle: Eigene Darstellung.

Abb. 35 Verwaltung – Annahmen

Wertvorstellungen

Die Wertvorstellungen (siehe Abbildung 36) der betrachteten Verwaltungsmitarbeiter unterscheiden sich von ihren Annahmen insofern, dass es sich hierbei um gefestigtere Einstellungen bzw. Prinzipien zu Arbeit und Leben handelt.

In ihren Aussagen finden sich zum Einen Wertvorstellungen, wie der Arbeitsprozess allgemein gestaltet sein sollte, wieder. Dies umfasst beispielsweise Vorstellungen von Basisdemokratie: *„[...] diese Sanierungsziele, die wir mit dem Beteiligungsverfahren verknüpfen, gehen ja nicht nur dahin, wir wollen die Bürgerinnen und Bürger abfragen, was habt ihr da für Wünsche, sondern die sollen ja auch sehen, dass sie sich wirklich einbringen können, sie sollen sehen, wenn sie sich einbringen, dass es auch was bewirkt [...]"* (V2: 23). Wenn ein Verwaltungsvertreter Basisdemokratie als Wert wirklich verinnerlicht hat, so wird er höchstwahrscheinlich auch dementsprechend sein Handeln ausrichten und diesbezüglich auch für Selbstkritik empfänglich sein. Obwohl viele Prozesse in der „Sozialen Stadt RaBal" verwaltungsdominiert ablaufen, so offenbart diese Wertvorstellung zumindest eine Verhandlungsgrundlage, um über neue bzw. bessere Wege nachzudenken. Der betreffende Verwaltungsmitarbeiter könnte hierbei eine wichtige Funktion als Steuerungssubjekt einnehmen. Andere Wertvorstellungen zum Arbeitsprozess betonen die Wichtigkeit von referatsübergreifendem Arbeiten: *„[...] die anderen Referate sind wichtig im Sanierungsgeschehen, weil ja dann Projekte entstehen, die einfach vielschichtiger sind, nachhaltiger sind [...]"* (V1: 12). Ein weiteres Beispiel ist die Hervorhebung von quartiersbezogenen Aufwertungsstrategien als zentraler Bestandteil eines gut gestalteten Arbeitsprozesses: *„[...] da haben wir einfach in der Vergangenheit gemerkt, dass das ein wichtiger Punkt ist, also die Einbettung der Einzelprojekte, ich sage es jetzt nochmal, übertragen nochmal in den Gesamtkontext Soziale Stadt, integriertes Handlungskonzept"* (V2: 18). All die bislang aufgezeigten Wertvorstellungen repräsentieren eine grundlegende Offenheit gegenüber kooperativen Vorgehensweisen. Referatsübergreifende Kooperation, Basispartizipation und quartiersbezogene Aufwertungsstrategien sind unerlässlich, um integrierte und soziale Stadtentwicklung zu realisieren. Diese offenkundig ins Bewusstsein von Verwaltungsmitarbeitern vorgedrungene Erkenntnis kann in evaluativen Reflexionsprozessen dabei helfen, politisch-administrative Handlungsweisen und verfestigte Strukturen demgemäß zu hinterfragen. Förderlich für strukturelle Reformen kann in diesem Kontext auch sein, wenn die Notwendigkeit von Verwaltungsmodernisierung selbst bei Verwaltungsmitarbeitern zu einem verfestigten Ziel geworden ist, wie es hier hinsichtlich des „Neuen Steuerungsmodells" geäußert wird: *„[...] weil die Verstetigung der Sozialen Stadt nur dann möglich ist, wenn sich das Neue Steuerungsmodell da in irgendeiner Art und Weise da* *darauf einstellt"* (V3: 37). Damit wird hauptsächlich die Förderung von Ressort-egoismen durch Produktverantwortlichkeiten kritisiert. Verwaltungsmitarbeiter haben über die Bearbeitung des eigenen Produkts hinaus so möglicherweise wenig Anreiz, sich an Querschnittsthemen zu beteiligen.

Zum Anderen formulieren die betrachteten Verwaltungsmitarbeiter auch Ansprüche an das eigene Handeln. Beispielsweise ist es ihnen wichtig, Situationen richtig zu erkennen und in den passenden Momenten zu reagieren, um ihrer repräsentativen Funktion gerecht zu werden und etwas zu bewirken. Aus der Distanz zur Situation vor Ort, in der Verwaltungsmitarbeiter operieren, ist dies jedoch nicht leicht zu bewerkstelligen: *"[...] was sind die Welten, die veränderbar sind und was sind die Welten, die nicht veränderbar sind, ja und da brauchen sie einfach wirklich eine klare, um hoffentlich den Geisterzug zu erkennen, ja was das eine und was das andere ist"* (V4: 63). Wenn es einem Verwaltungsvertreter tatsächlich wichtig ist, gebietsbezogen repräsentative Probleme und tragfähige Lösungsmöglichkeiten zu erkennen, so wird er prinzipiell dafür aufgeschlossen sein, wenn man ihm Wege dahin aufzeigt und anbietet. Ist der Verwaltungsmitarbeiter jedoch davon überzeugt, dass er dies bereits selbstständig von seinem Büro aus kann, ohne mit beteiligten und betroffenen Akteuren aus dem Gebiet zu sprechen, so ist dies natürlich in Frage zu stellen. Des Weiteren wird unter den Verwaltungsmitarbeitern auch der persönliche Anspruch formuliert, anderen Kooperationspartnern gegenüber faires Feedback zu geben und das Vertrauen in der Kooperation zu fördern: *"Ja, hier muss man schlicht und ergreifend auch offen sprechen können, also das ist einfach Vertrauen geben und Vertrauen haben"* (V5: 76). Diese Einsicht bzw. dieses grundlegende Anliegen unterstützt bereits kollektive Lernprozesse. Jene Akteure, die ein dementsprechendes Handeln propagieren, sind die besten Ansprechpartner, wenn es darum geht, Innovation zu implementieren. Weniger offene Akteure würden diese gegebenenfalls von Anfang an blockieren. Ähnlich verhält es sich mit Akteuren, die den persönlichen Anspruch formulieren, sich immer wieder einem Selbstreflexionsprozess zu unterziehen und natürlich auch Selbstkritik zuzulassen: *"[...] dass ich auch immer wieder in diesen Reflexionsprozess eintrete, und auch Selbstevaluation ist ein ganz wesentliches Thema, ja, also das heißt auch das Feedback, was man bekommt, dann die Rückvermittlung, also dessen, was man tut und das ist der Erfolg"* (V4: 61). Andere Akteure sind von der Notwendigkeit von bestimmten Maßnahmen oder Veränderungen zu überzeugen und zu ihrer persönlichen Mitwirkung daran zu motivieren, weil es ihnen sehr wichtig ist, etwas zu bewegen: *"[...] sich einfach für gewisse Sachen zu engagieren, sich dafür einzusetzen und mit einer gewissen Leidenschaft und Intensität sich dafür einzusetzen und ich will hier was bewegen"* (V3: 44).

Die Wertvorstellungen eines jeden Akteurs sind bei der Generierung von medialen Steuerungsmitteln wichtige Orientierungspunkte, wenn man sie als Steuerungssubjekte für eine bestimmte Steuerungsintervention in die Pflicht nehmen möchte. Sofern die eigenen Wertvorstellungen mit der Steuerungsintervention konform gehen oder dadurch zu erwarten ist, dass sie in Zukunft besser verwirklicht werden können, sind die entsprechenden Akteure gut von ihrer aktiven Mitwirkung als Steuerungssubjekt zu überzeugen.

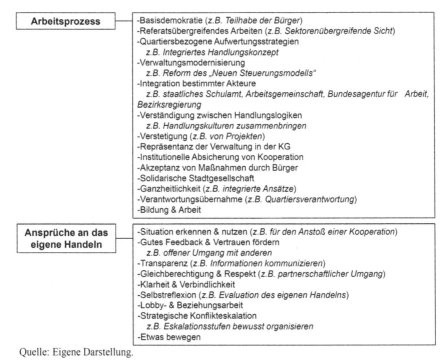

Quelle: Eigene Darstellung.

Abb. 36 Verwaltung – Wertvorstellungen

4.2.2 Rationalität(en) der lokalen Politik

4.2.2.1 Identitätsstiftende Rollen

Die Aussagen der betrachteten Vertreter der lokalen Politik zum eigenen Rollenverständnis (siehe Abbildung 37) beziehen sich einerseits auf das Selbstverständnis hinsichtlich ihrer Funktion und andererseits auf das eigene Zugehörigkeitsgefühl zu einer bestimmten Gruppe. Bezüglich ihrer Funktion fühlen sie sich als Vorantreiber von Prozessen: *„Treiber ist von dem her schon der richtige Ausdruck. Das Ding immer nach vorne treiben. Immer weiter treiben, immer am Laufen zu halten"* (P2: 21). Sie scheinen sich als gewählte Bürger des Stadtteils in einer verantwortungstragenden Rolle zu sehen, ihre Mitbürger zu vertreten und den politischen Entscheidungsprozess und konkrete Beschlüsse in deren Sinne mitzubestimmen. Eine weitere identitätsstiftende Funktion der befragten lokalen Politiker ist die, ein Bindeglied oder Vermittler unter anderem zwischen Politik und Bürgern zu sein: *„Ja, in meiner Funktion eigentlich in erster Linie war ich Bindeglied zur sozialen Basis, zu Einrichtungen, die mit MigrantInnen arbeiten"* (P1: 1). Beide Rollen beinhalten den repräsentativen Anspruch, zu wissen, was für Probleme im Stadtteil bearbeitet werden müssen und wie man sie bearbeiten kann. Die ergänzenden Bemühungen im Rahmen des Programms „Sozialen Stadt" in diesem Bereich könnten von der lokalen Politik daher als Konkurrenz oder als persönliche Kritik der eigenen Arbeitsweise gedeutet werden. Solch einem Konflikt ist unbedingt vorzubeugen, weil die lokalen Politiker wichtige Steuerungssubjekte aufgrund ihrer vielfältigen Kontakte und ihrer steten Einbindung in politisch-administrative Prozesse sind. Außerdem bestehen die lokalen Bezirksausschüsse über die Laufzeit der „Sozialen Stadt" hinaus weiter. Lokale Politiker können somit Erfahrungen und Wissen weitertragen und in der Kooperation entstandene Selbsthilfestrukturen im Sinne einer Verstetigung unterstützen. Es wäre überdies auch falsch zu sagen, dass lokale Politiker angesichts lokaler Demokratiedefizite (siehe Kapitel 3.1.2) ihre Arbeit nicht gut genug machen würden. Sie haben lediglich zu wenig Kapazitäten, um angesichts der Pluralisierung der Gesellschaft mit den bisherigen Mitteln demokratische Aushandlungsprozesse zu organisieren. Deshalb ist die Entwicklung von neuen Ansätzen im Rahmen der „Sozialen Stadt" wichtig. Der Rolle der lokalen Politiker als mandatierte Bürger des Viertels kommt jedoch unverändert eine große Bedeutung zu. Des Weiteren empfinden die befragten lokalen Politiker auch eine Zugehörigkeit zu bestimmten Gruppen. Neben der Identifikation mit einer Berufs- oder Altersgruppe verstehen sie sich auch als Mitglied des Bezirksausschusses und allem voran als Bürger des Viertels: *„Ich bin seit 1969 Bürger dieses Stadtteils"* (P2: 6). Die Identifikation mit dem eigenen Viertel macht die lokalen Politiker zu sehr geeigneten Steuerungssubjekten, da eine hohe Bereitschaft, sich für das Viertel zu engagieren, zu erwarten ist. Falls sie sich in der Kooperation enthalten oder diese sogar missbilligen, können sie dem Realisierungsvorhaben sozialer Stadtentwicklung durch ihre öffentliche Funktion und ihre lokalen Netzwerke großen Schaden zufügen. Auf ihre effektive Integration in den Kooperationsprozess muss großen Wert gelegt werden.

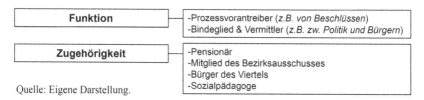

Quelle: Eigene Darstellung.

Abb. 37 Lokale Politik - Identitätsstiftende Rollen

4.2.2.2 Aufenthaltsorte und Kooperationspartner

Ihr Selbstverständnis üben die lokalen Politiker wiederum an konkreten Örtlichkeiten und im Kontakt mit bestimmten Kooperationspartnern aus (siehe Abbildung 38).

Sie halten sich im Rahmen des Politikbetriebes in der städtischen Verwaltung (z.B. im technischen Rathaus), der eigenen Organisation (z.B. Büro, Bezirksausschuss) und in Gremien (z.B. Facharbeitskreise, Koordinierungsgruppe) auf. Außerdem bewegen sie sich im Gebiet an öffentlichen Orten (z.B. Ortskern, Grünflächen) und in Organisationen des Viertels (z.B. Schulen, Vereine) sowie auf geistiger Ebene in bestimmten Politikthemen (z.B. Verkehr). Die Kooperationspartner sind Organisationen und Einrichtungen aus dem Viertel (z.B. Vereine, Unternehmen), städtische Gremien (z.B. „Soziale Stadt", REGSAM) und Verwaltungsstellen (z.B. Kreisverwaltungsreferat, Sozialreferat). An diesen Örtlichkeiten und im Kontakt mit diesen Kooperationspartnern können die lokalen Politiker besonders effektiv etwas zur Generierung benötigter medialer Steuerungsmittel beitragen.

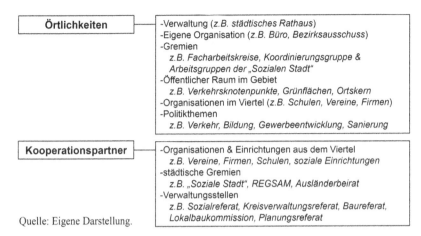

Örtlichkeiten	-Verwaltung (z.B. *städtisches Rathaus*)
	-Eigene Organisation (z.B. *Büro, Bezirksausschuss*)
	-Gremien
	    z.B. *Facharbeitskreise, Koordinierungsgruppe &*
	    Arbeitsgruppen der „Sozialen Stadt"
	-Öffentlicher Raum im Gebiet
	    z.B. *Verkehrsknotenpunkte, Grünflächen, Ortskern*
	-Organisationen im Viertel (z.B. *Schulen, Vereine, Firmen*)
	-Politikthemen
	    z.B. *Verkehr, Bildung, Gewerbeentwicklung, Sanierung*

Kooperationspartner	-Organisationen & Einrichtungen aus dem Viertel
	    z.B. *Vereine, Firmen, Schulen, soziale Einrichtungen*
	-städtische Gremien
	    z.B. *„Soziale Stadt", REGSAM, Ausländerbeirat*
	-Verwaltungsstellen
	    z.B. *Sozialreferat, Kreisverwaltungsreferat, Baureferat,*
	    Lokalbaukommission, Planungsreferat

Quelle: Eigene Darstellung.

Abb. 38 Lokale Politik - Aufenthaltsorte und Kooperationspartner

4.2.2.3 Tätigkeiten und Fähigkeiten

Auch bei den Vertretern der lokalen Politik sind ihre konkreten Tätigkeiten und Fähigkeiten in unmittelbare Gestaltungsmöglichkeiten, mittelbare Einflussnahme, Generierung von Geld, Organisation von Akzeptanz und internem Ablauf differenzierbar.

Unmittelbare Mitgestaltung

Die Vertreter der lokalen Politik können unmittelbar mitgestalten (siehe Abbildung 39), indem sie zum Beispiel Handlungsbedarf feststellen. Dies ist ihnen möglich in Gesprächen mit Bürgern oder über eigene Nachforschungen: *„Ja, so würde ich das sehen und dann eventuell auch Bedarf feststellen, die man dann sozusagen auch als Anträge einbringen könnte"* (P1: 4). Durch ihre Nähe zu verschiedenen Gruppen in der Stadtteilbevölkerung tragen sie viel zur Deutung von Problemen bei. Es ist jedoch stark in Zweifel zu ziehen, ob ihre Sicht auf Problemlagen alle Bevölkerungsgruppen repräsentiert, denn lokale Politiker haben hauptsächlich Kontakt mit der organisierten Bürgerschaft, Einrichtungen im Viertel und politisch-administrativen Repräsentanten. Jene Akteure, die sich nicht aktiv im Politikprozess einbringen, fallen somit mit ihrer Sicht von Problemlagen und Lösungen schnell unter den Tisch und werden übersehen.

Des Weiteren können die Vertreter der lokalen Politik unmittelbar mitgestalten, indem sie im Politikprozess aktiv mitwirken. Sie setzen sich hierbei auf verschiedenen Wegen aktiv für die Interessen von Bürgern ein. Entweder sie greifen dazu auf formale Instrumente zurück, wie z.b. Anträge oder Bürgerversammlungen, oder sie versuchen auf direktem Wege eine Lösung mit den verantwortlichen Verwaltungsbeamten herbeizuführen. Der direkte Weg kann bei kleineren Angelegenheiten allen Beteiligten großen Bürokratieaufwand ersparen.

Beziehungsarbeit stellt eine weitere Möglichkeit für die lokalen Politiker dar, unmittelbar mitzugestalten. Sie sind vor Ort präsent und haben viele Gelegenheiten, um mit Bürgern ins Gespräch zu kommen, sie zu beraten und ihre Anliegen ernsthaft anzuhören. Da sie als öffentliche Repräsentanten im Viertel wahrgenommen werden, können sie maßgeblich dazu beitragen, dass die Bürger das Gefühl bekommen, dass ihre Beteiligung in der Kooperation von großer Wichtigkeit ist. Dies ist bei Akteur-gruppen wichtig, wie zum Beispiel Bürger mit Migrationshintergrund, die in der Kooperation unterrepräsentiert sind: *„Es ist halt einfach so die Offenheit, die man halt hat gegenüber den MigrantInnen"* (P1: 3). Wenn Akteure, die sich relativ wenig in Politikprozessen aktiv einbringen, sich zurückgewiesen fühlen, dann kann das dazu führen, dass sie sich vollständig in ihre eigenen sozialen Netzwerke zurückziehen und sich in der Kooperation komplett enthalten.

Eine weitere unmittelbare Mitgestaltungsmöglichkeit der lokalen Politiker ist die Konzept- und Projektarbeit. Ein Beispiel hierfür ist ein Projekt zur Umsetzung von Ganztagsschulklassen im Viertel, an dem sich einer der befragten lokalen Politiker in hohem Maße beteiligt: *„Nur das Problem ist das, das ist ja keine Ganztagsklasse, die Viertel nach drei zu Ende ist [...]. Aus diesem Grund haben wir eine Förderklasse gegründet, mit der Schule und mit dem Elternbeirat und versuchen jetzt Finanzmittel einzuwerben aus allen Ecken und Enden [...]"* (P2: 7). Er kann dazu beitragen, unterschiedliche mediale Steuerungsmittel dafür zu generieren, indem er Unterstützer aus dem Viertel oder den politisch-administrativen Entscheidungsebenen anspricht oder die Bereitstellung von Mitteln des Bezirksausschusses oder der „Sozialen Stadt" organisiert.

Schließlich kommt es auch vor, dass die Vertreter der lokalen Politik sich über ihr Mandat hinaus auch als Bürger privat engagieren. Bei lokalen Politikern ist privates und offizielles Engagement im Allgemeinen schwer zu trennen, zumal sie hauptsächlich ehrenamtlich tätig sind. Der private Einsatz für gemeinwohlorientierte Zwecke kann ihnen jedoch möglichweise zusätzliche Akzeptanz hinsichtlich ihrer repräsentativen Funktion verleihen: *„[...] ich habe privat, begleite ich eine afghanische Familie mit ihren Kindern und das ist eigentlich so das, wenn man so ganz konkret jemanden hat und dem seine Schwierigkeiten im Leben verfolgen kann [...]"* (P1:2). Ein großes Maß an Akzeptanz hilft den loka-

len Politikern unter Umständen Akteure für bestimmte Themen zu aktivieren und
Inhalte unmittelbar mitzugestalten.

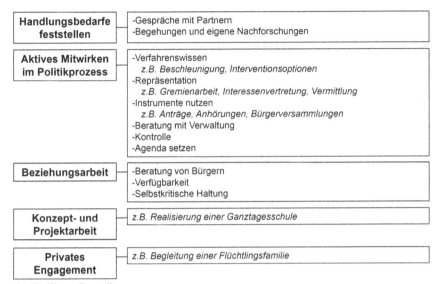

Quelle: Eigene Darstellung.

Abb. 39 Lokale Politik - Unmittelbare Mitgestaltung

Mittelbare Einflussnahme

Mittelbare Einflussnahme (siehe Abbildung 40) gelingt den lokalen Politikern
über ihre politische Teilhabe. Sie sind an verschiedenen Punkten von Politikprozessen formell fest eingebunden und haben darüber Gelegenheit, wichtigen Akteuren zu begegnen, sich an Diskussionen zu beteiligen und Forderungen offiziell zu platzieren. Die lokalen Politiker können in diesen Situationen des alltäglichen Politikbetriebs die Interessen von Menschen aus dem Gebiet repräsentieren.
Dadurch finden möglicherweise neue Themen Eingang in die politischen Diskussionen: *„Habe ich halt geschaut, dass die Themen, die Migration angehen,
immer wieder rückgespiegelt werden, auch im Bezirksausschuss, dass die da
ihren Niederschlag finden"* (P1: 1). In diesem Fall bezieht der entsprechende
Vertreter der lokalen Politik sein Wissen über Migration neben persönlichen
Erfahrungen aus dem privaten Bereich hauptsächlich über Gespräche mit sozia-

len Einrichtungen, die mit Bürgern mit Migrationshintergrund arbeiten. Aufgrund des relativ gering vorhandenen direkten Kontakts mit den Bürgern mit Migrationshintergrund selbst besteht natürlich trotz großer Aufmerksamkeit des Politikvertreters die Gefahr, dass Positionen dieser Zielgruppe im Politikprozess sehr selektiv bzw. falsch abgebildet werden.

Des Weiteren können die Vertreter der lokalen Politik generell über diverse kommunikative Tätigkeiten mittelbar Einfluss nehmen. Dadurch, dass sie sich an vielen Orten im Viertel bewegen und im Kontakt mit unterschiedlichen Gebietsakteuren stehen, können sie an diesen Orten und von den dort agierenden Akteuren relativ einfach Informationen einholen. Beispielsweise bei Überlegungen zur baulichen Aufwertung oder Umgestaltung im Viertel *„ist es halt notwendig, mit den Akteuren, mit den Eigentümern ins Gespräch zu kommen und sagen, was wollt ihr überhaupt, was könnten wir denn da machen? Der Bezirksausschuss stellt sich dies oder dies vor, was stellt Euch ihr vor"* (P2: 8). Zudem stehen lokale Politiker auch in ständigem Kontakt mit Repräsentanten der Verwaltung und höheren Politikebenen und können somit auch Situationsanalysen aus dem Viertel weiterreichen: *„Da haben wir natürlich zwei Berührungspunkte, einmal wir mit der Verwaltung und andermal müssen wir uns auch vom Bezirksausschuss oder ich [...] dann von den Vereinen und Verbänden die Information holen, was ist eigentlich euer Begehren oder wo liegt euer Problem [...]"* (P2: 10). Die lokalen Politiker können aufgrund ihrer Stellung zwischen politisch-administrativen Vertretern und Repräsentanten aus dem Gebiet durch die Weitergabe von Informationen großen Einfluss auf politische Inhalte nehmen.

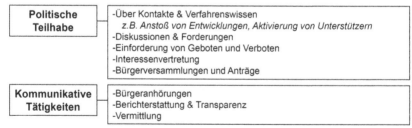

Quelle: Eigene Darstellung.

Abb. 40 Lokale Politik - Mittelbare Einflussnahme

Generierung von Geld

Die Generierung von Finanzmitteln (siehe Abbildung 41) können die betrachteten Vertreter der lokalen Politik über das aktive Werben für Unterstützer und Fördermittelanträge erreichen: *„[...] zur Zeit versuchen wir gerade einen Antrag zu initiieren bei einer größeren Stiftung, um eine fünfstellige Summe zu erreichen, um hier dann auch finanziell für die nächsten Jahre einigermaßen über die Bühne zu kommen [...]"* (P2: 20). Hier wird versucht, für das bereits erwähnte Projekt zur Realisierung von Ganztagsschulklassen eine stabile Finanzierung zu sichern. Neben der Suche nach privaten Unterstützern, können auch Fördermittel des Bezirksausschusses oder der „Sozialen Stadt" beantragt werden.

| **Werben für Unterstützer** | z.B. Sportvereine, Bürger, Verwaltungsakteure |
| **Fördermittelanträge** | z.B. bei privaten Stiftungen, öffentliche Förderprogramme |

Quelle: Eigene Darstellung.

Abb. 41 Lokale Politik - Generierung von Geld

Organisation von Akzeptanz

Außerdem organisieren die lokalen Politiker Akzeptanz (siehe Abbildung 42), indem sie Analysen bereitstellen oder Informationen weitergeben.

Die Bereitstellung von Analysen ist ihnen unter anderem durch eigene Untersuchungen im Viertel möglich, in denen sie das Viertel begehen und sich eine eigene Meinung zu bestimmten Themen bilden: *„Jetzt einmal bei ganz lockeren Spaziergängen oder ich suche mir immer monatlich bestimmte Standpunkt heraus, die ich dann entweder mit dem Rad abfahre, zu Fuß angehe oder auch ganz bewusst mit dem Auto benutze, um auch die Situationen in allen drei Bewegungsabläufen zu sehen und zu koordinieren"* (P2: 5). Ebenso beziehen die lokalen Politiker beispielsweise auch über das Sammeln von Bürgermeinungen einen eigenen Standpunkt oder versichern sich dessen. Nachvollziehbare Analysen verhelfen inhaltlichen Positionen möglicherweise zu mehr Überzeugungskraft.

Des Weiteren generieren die lokalen Politiker Akzeptanz, indem sie ihnen als Gebietsvertreter zugängliche Informationen weitergeben. Dies machen sie beispielsweise, indem sie als Vermittler von Bürgerinteressen im Politikprozess auftreten: *„Ich habe auch so einen Frauen-Migrantinnenkurs an der Volkshochschule gemacht [...] und da kam halt die Frage auf, wo können wir eigentlich* *schwimmen gehen und das war dann so ein Antrag, ob sie einen Frauen-schwimmtag haben können, das war dann der Antrag in unserem Bezirksaus-schuss. Und den hab ich übernommen und habe ihn dann begründet. Der wurde damals einstimmig angenommen [...]"* (P1: 3). Durch die Weitergabe dieses Bedarfs und dessen offenbar überzeugende Artikulation in Form eines Antrages im Bezirksausschuss wurde dieses Projekt erst ermöglicht. Ebenso kommt es oft vor, dass lokale Politiker in politischen Diskussionen Anwaltschaft für das Wohl des Viertels und seiner Bürger übernehmen und im Zuge dessen Informationen weitergeben. Dies kommt möglicherweise bei Diskussionen über die Vergabe von Fördermitteln in der Koordinierungsgruppe im Rahmen des Verfügungs-fonds zum Ausdruck: *„Jetzt ist da Kohle da [in der „Sozialen Stadt", Anmerk. d. Ver.], schnell hol sie dir ab. [...] [Ich bin, Anmerk. d. Ver.] einer der wenigen, der da immer da kritisch auch nachfragt, macht das überhaupt Sinn, ist das nachhaltig, was macht ihr da, oder kommt ihr nur irgendwelchen Wünschen nach, weil irgend jemand schildert, ui das wäre jetzt gut?"* (P2: 14). Als offiziell gewählte Repräsentanten eines Gebiets nehmen die lokalen Politiker oft eine Sonderstellung in Diskussionen in der „Sozialen Stadt" ein. Wenn sie jedoch die alleinige Deutungshoheit über Problemsituationen oder angemessener Lösungs-möglichkeiten für sich beanspruchen, so gefährden sie eine integrierte und sozia-le Stadtentwicklung.

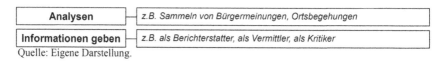

Quelle: Eigene Darstellung.

Abb. 42 Lokale Politik - Organisation von Akzeptanz

Interner Ablauf

Die interne Ablauforganisation (siehe Abbildung 43) in der lokalen Politik ist für die befragten Vertreter stark durch Büro- und Heimarbeit (z.B. Emailverkehr, Bearbeitung von Beschlüssen) und Sitzungen (z.B. Ausschüsse und Plenum) geprägt. Die internen Abläufe nehmen beträchtliche Kapazitäten der lokalen Politiker in Anspruch, was für die beteiligten und betroffenen Gebietsakteure in der „Sozialen Stadt RaBal" nicht unbedingt ohne weiteres sichtbar ist. Es ist für die Kooperation förderlich, wenn die Beteiligten sich den Zeitaufwand, den das Amt eines lokalen Politikers fordert, immer wieder vergegenwärtigen, um Ver-ständnis für ihr Handeln zu bewahren, ihr Engagement für das Viertel zu honorieren und sie möglichst effektiv in den Kooperationsprozess zur Generierung von medialen Steuerungsmitteln einzubeziehen.

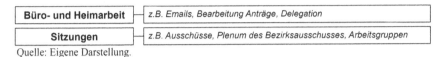

Quelle: Eigene Darstellung.

Abb. 43 Lokale Politik - Interner Ablauf

4.2.2.4 Einstellungen

Die Einstellungen der betrachteten Vertreter der lokalen Politik umfassen ebenfalls Annahmen zu Themen und Akteuren und Wertvorstellungen bezüglich des Arbeitsprozesses und persönlicher Ziele.

Annahmen

Bei den artikulierten Annahmen (siehe Abbildung 44) fällt in der Gesamtschau auf, dass keine expliziten Aussagen zu Vor- oder Nachteilen von Kooperation geäußert wurden. Dies vermittelt den Eindruck, dass in der lokalen Politik stark von eigenen Handlungsstrategien mit den im eigenen Arbeitsalltag verfügbaren Mitteln ausgegangen wird. Die Kooperationsstrukturen der „Sozialen Stadt RaBal" scheinen keine sehr große Bedeutung im Arbeitsalltag der lokalen Politiker zu haben. Gegebenenfalls kommen hierdurch ein gewisses Konkurrenzdenken und Vorbehalte gegenüber der „Sozialen Stadt RaBal" zum Vorschein.

Die mitgeteilten Annahmen zu bestimmten Themen behandeln die Stadtentwicklung Münchens, die Situation im Viertel und ablaufende Politikprozesse. Eine artikulierte Annahme zur Stadtentwicklung Münchens thematisiert beispielsweise das anhaltende Wachstum Münchens, und dass das Umland von der Dynamik der Stadt profitiert: *„München hat ja das Thema, dass München die einzige Stadt ist in dieser Republik, wo Leute noch zuziehen, [...] rundum die Gemeinden stehen alle vor der Türe, profitieren von der Landeshauptstadt München und leben davon auch ganz gut, haben aber wesentlich weniger dazu beizutragen, was die allgemeinen Kosten anbelangt, als wie die Stadt selbst"* (P2: 7). Der entsprechende lokale Politiker verweist darauf, dass sich das Umland mehr an der Lösung städtischer Probleme, zum Beispiel durch die Bereitstellung von Flächen für den sozialen Wohnungsbau, beteiligen sollte, da die dort lebenden Menschen viele Vorteile aufgrund der guten sozialen und kulturellen Infrastruktur der Stadt München genießen. Diese Sichtweise mag durchaus zutreffen, aber eine solche Interpretation könnte auch dazu führen, dass die Verantwortung für Probleme externalisiert wird. In politischen Diskussionen wirkt so eine Argumentation zwar entlastend, aber sie verklärt auch den Umstand, dass Probleme der sozialen und integrierten Stadtentwicklung vor allem vor Ort gelöst werden müssen. Allerdings ist die Position des lokalen Politikers aufgrund des hohen Anteils an öffentlich geförderten Wohnungen auf dem Gebiet der „Sozialen Stadt RaBal" auch verständlich. Diese Situation geht natürlich auf politische Entscheidungen zurück und bei einer hohen Konzentration von Sozialwohnungen muss auch in Kauf genommen werden, dass dadurch höchstwahrscheinlich auch soziale Problemlagen produziert werden. Zur Bearbeitung dieser Problemlagen kann es sicherlich sinnvoll sein, andere Gebiete mit einzubeziehen, allerdings müssen die Strategien dazu in erster Linie im betroffenen Gebiet selbst entwickelt werden. Ein Beispiel für eine Annahme zur Situation im Viertel ist eine Äußerung zum System der Übergangsklassen: *„Nein, Übergangsklassen heißt einfach, diese Ü-Klassen das sind junge Leute, Schülerinnen, die ganz kurz in Deutschland sind, also die sind jetzt ein gutes Jahr hier"* (P1: 2). Allein die Tatsache dieser Aussage des Vertreters der lokalen Politik gibt Aufschluss darüber, dass sich dieses Thema zumindest im Spektrum seiner Aufmerksamkeit befindet und er potentiell in diesem Bereich als Steuerungssubjekt einen Beitrag zur Generierung medialer Steuerungsmittel leisten könnte. Des Weiteren sind ablaufende Politikprozesse ebenfalls oft Gegenstand von Annahmen. Sie geben Meinungen zu konkreten Politikfeldern oder zur Arbeitsbeziehung mit der Verwaltung wieder: *„Ja, das ist das, wenn man diese Mühlen immer kontinuierlich bedient und auch dementsprechend vorstellig wird, dann bewegt sich schon was, so eine Stadt ist etwas Großes, ich denke immer daran, wie letztes Mal das Saarland gewählt hat. Da sind 600, 700 Tausend Wahlberechtigte gewesen. Wir in der Landeshauptstadt München haben ein bisschen mehr als wie die"* (P2: 20). Die lokalen Bezirksausschüsse sind formal Teil der Verwaltungsstrukturen (siehe Kapitel 2.2.2). Durch ihre fortlaufende Einbindung in politisch-administrative Prozesse kann es durchaus vorkommen, dass die lokalen Politikvertreter alltägliche Regionalisierungen reproduzieren, die spontanen bürgerschaftlichen Initiativen und ergebnisoffenen Prozesse aufgrund ihrer bürokratischen Behäbigkeit entgegenlaufen. Allerdings verstehen sich lokale Politiker auch als Bürger und Repräsentanten ihres Stadtteils und setzen sich immer wieder gezielt dafür ein. Da sie sich sowohl im eigenen Viertel auskennen, als auch mit den politisch-administrativen Verfahren vertraut sind, können sie eine konstruktive Vermittlerrolle einnehmen und Unterstützer für Maßnahmen aktivieren.

Die genannten Annahmen zu konkreten Akteuren gaben Meinungen zu kommunalen Gremien (z.b. „Soziale Stadt", Ausländerbeirat), öffentlichen Akteuren (z.b. Stadtrat, Verwaltung) und zu Akteuren im Viertel (z.b. Vereine, Schulen) wieder. Negative Einstellungen zu bestimmten Akteuren können zu ihrer Exklusion in der Kooperation führen, wenn die Kooperationsbeteiligten diese Haltung übernehmen und reproduzieren. Gegebenenfalls wird darauf verzichtet, überhaupt noch zu versuchen, diese Akteure zu aktivieren, da man ihnen Desinteresse oder andere Prioritäten unterstellt: „*Ich habe also mit dem Ausländerbeirat habe ich öfters gehadert. Die fordern ja immer kommunales Wahlrecht für alle, auch wenn sie keinen deutschen Pass haben und ich habe gesagt, ihr könnt doch auch mal den Migranten mitteilen, sie können doch auch im Bezirksausschuss Anträge stellen. [...] nur der Ausländerbeirat ist dann eben so, entweder alles oder nichts, also ich habe da nie Unterstützung erfahren [...]*" (P1: 3). Für einen eingeschworenen Kreis von Kooperationsbeteiligten kann so schnell der Eindruck entstehen, dass sich bestimmte Akteure oder Akteurgruppen bewusst enthalten, obwohl diese sich bisher noch nicht angesprochen sahen oder sogar ausgeschlossen fühlten. Die vorherrschende Einstellung zu Migrantenorganisationen erweckt ebenfalls diesen Eindruck: „*Es war einmal ein anderer Arbeitskreis, der hat dann versucht, Kontakt aufzunehmen zu den verschiedenen Einrichtungen der Muslime. Wir wollten so etwas an die einzelnen, das ist ja nicht so einfach, an ihre Gotteshäuser oder wie sie es immer nennen, Einrichtungen kommen, wo es einige gibt, die aber sehr versteckt sind. Es ist also nicht offensichtlich, dass man die sieht und das ist auch nicht, es gibt da auch wenig Ansprechpartner, das ist also ganz kompliziert*" (P1: 1f.). Annahmen zu öffentlichen Akteuren können außerdem möglicherweise Hinweise auf strukturelle Probleme oder Schwierigkeiten in Politikprozessen geben: „*Die Stadträte haben dann auch Angst, die Bezirksausschüsse könnten ihnen was wegnehmen. Das sind oft vielleicht so politische Barrieren, die dann schwierig werden. [...] die sollen sich um das Globale kümmern, sagen wir immer und die Bezirksausschüsse kümmern sich schon um die Situation vor Ort*" (P2: 21f.). Die empfundene Dominanz des Stadtrats lässt vermuten, dass der entsprechende lokale Politikervertreter der Meinung ist, dass seine Arbeit vom Stadtrat zum Teil nicht ausreichend gewürdigt wird. Dies kann unter Umständen im Bezirksausschuss im Rahmen der eigenen Möglichkeiten zu Blockadehaltungen von hoheitlichen Entscheidungen und dem darauffolgenden administrativen Vollzug führen, was die Implementierung von Maßnahmen beträchtlich verzögern kann. Selbstverständlich kommt es auch vor, dass hoheitliche Interventionen zu Recht kritisiert werden. Der Bezirksausschuss bietet sich dafür als effektives Sprachrohr an. Die Lokalpolitiker verfügen über langjährige Erfahrung mit politisch-administrativen Prozessen und können diese dementsprechend gut einschätzen: „*Ja, die Kommu-*

nikation mit den einzelnen Referaten, die funktioniert dann schon, aber man muss schon intensiv dahinter bleiben. Das ist manchmal schon eine Knochenarbeit, auch den dementsprechenden Druck aufzubauen, der aber auch nicht überzogen werden darf, weil manchmal reagiert der andere auch so, lass ihn doch reden" (P2: 17). Lokale Politiker steuern aufgrund ihrer Erfahrung in diesem Bereich viel Wissen dazu bei, wie mediale Steuerungsmittel im Verwaltungs- bzw. Politikbereich generiert werden können.

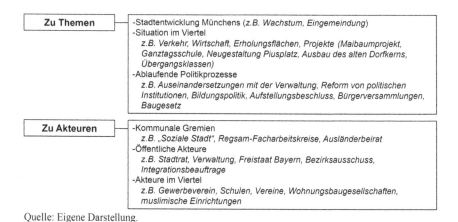

Quelle: Eigene Darstellung.

Abb. 44 Lokale Politik – Annahmen

Wertvorstellungen

Die als besonders wichtig hervorgehobenen Wertvorstellungen (siehe Abbildung 45) der betrachteten Vertreter der lokalen Politik umfassten hinsichtlich des Arbeitsprozesses unter anderem eine konkrete Zielorientierung: *„Man muss wirklich doch an der Sache dran bleiben. Wenn sie wichtig, die muss wichtig sein und muss auch schon in etwa im Ziel erkennbar sein, dass man hinkommt. Irgendetwas zu betreiben oder anzufangen, da wo man sagt, da läufst du sowieso an die Wand, weil irgendwer dagegensteht, wäre auch sinnlos"* (P2: 17). Ebenso wurden von befragten Vertretern der lokalen Politik gute Kontakte zur Verwaltung, dem Gewerbe und den Bauträgern sowie ein konsensuelles Miteinander in der Stadtpolitik als besonders wichtig im Arbeitsprozess hervorgehoben. All diese Einstellungen geben Auskunft darüber, mit welchem Typ von Partnern die entsprechenden Lokalpolitiker bevorzugt zusammenarbeiten oder welche Arbeitsweisen sie präferieren. Wenn diese erfahrungsbasierten Erfolgskonzepte in der Kooperation nicht realisierbar scheinen, ist es vorstellbar, dass die entsprechenden Akteure ihre Unterstützung entziehen oder durch einseitiges Handeln die Kooperation behindern. Durch die Behandlung und Beachtung dieser Aspekte in der Kooperation, möglicherweise im Rahmen einer kleinen Selbstevaluation, kann Aktivierungsproblemen vorgebeugt werden. Als ein weiteres Gütekriterium für einen guten Arbeitsprozess wurde Basispartizipation genannt. Dies deckt sich mit der bereits geschilderten Kritik, dass der Stadtrat zu viele Entscheidungskompetenzen an sich bindet und sich die lokalen Politiker hinsichtlich lokaler Themen mehr Teilhabe wünschen würden: *„Man kann eigentlich immer nur davon reden, was man selber gesehen oder bewusst wahrgenommen hat. Alles andere wäre fiktiv. Und wir machen so viel in der Politik derzeit fiktiv, aus dem Grund kommt so viel Schmarrn raus und über so viel reden über das wir eigentlich keine Ahnung haben aber trotzdem wird es gemacht. Das sollte man an dieser untersten Basis tunlichst vermeiden"* (P2: 14). Die lokalen Politiker scheinen in hohem Maße dafür sensibilisiert zu sein, zu verhindern, dass ihr Bezirksausschuss durch hoheitliche Interventionen umgangen wird. Aufgrund ihres Mandats von der Bevölkerung können sie eine angemessene Mitsprache auch sehr glaubhaft einfordern. Wenn sie jedoch denselben Fehler begehen und sich von den basisdemokratisch orientierten Strukturen der „Sozialen Stadt Ra-Bal" distanzieren, so widersprechen sie ihrer eigenen Wertvorstellung. In einem respektvollen Gespräch ist dies möglicherweise ein wichtiger Ansatzpunkt, um einseitigem Handeln von lokalen Politikern vorzubeugen oder beizukommen.

Außerdem formulieren die betrachteten Lokalpolitiker verschiedene persönliche Ansprüche an das eigenen Handeln. Dazu gehörte beispielsweise, positive Entwicklungen anzustoßen und durch den eigenen Einsatz zu ermöglichen: *„Aber man muss da miteinander kommunizieren, dann erreicht man es auch, aber das ist dann die Erfolgssituation, die man aus bestimmten Sachen dann erwirken kann, wenn man dahinter bleibt"* (P2: 17). Ein Akteur, der ein solches Ziel verinnerlicht hat, verfügt höchstwahrscheinlich über ein hohes Maß an Motivation. Wenn dieser Mensch von einem bestimmten Ziel in der Kooperation überzeugt werden kann, so wird er alle seine Möglichkeiten für die Zielerreichung einsetzen und die Rolle eines einflussreichen Steuerungssubjektes einnehmen. Auf der Ebene der Wertvorstellungen bei Steuerungsbemühungen anzusetzen, kann von sehr großer Tragweite für das Handeln der Betroffenen und Beteiligten sein. Dies zeigt sich ebenfalls sehr deutlich bei einem weiteren persönlichen Anspruch an das eigene Handeln, der von den befragten Lokalpolitikern formuliert wurde. Für sie ist es sehr wichtig, Bürger gut zu vertreten und für alle Verständnis aufzubringen: *„Der Vermittler zwischen den Bürgern, den Gewerbetreibenden und von der Verwaltung auch zu spielen, ja, das machen wir ganz gerne, das ist auch* *eine der wichtigsten Aufgaben von uns, ja, einfach hier den Vermittler zu spielen und hier Verständnis für beide Seiten zu sichern"* (P2: 13). In diesem Zitat kommt der Wunsch zum Ausdruck, eine verantwortungstragende Funktion als Repräsentant der Bürger auszufüllen. Für die Kooperation ist es von großem Nutzen, wenn dem entsprechenden Akteur solche Rollen angeboten bzw. zugestanden werden.

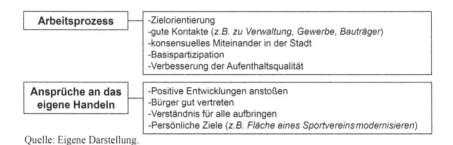

Quelle: Eigene Darstellung.

Abb. 45 Lokale Politik – Wertvorstellungen

4.2.3 Rationalität(en) der Migrantenorganisationen

4.2.3.1 Identitätsstiftende Rollen

Die Eigenzuschreibungen von Rollen (siehe Abbildung 46) sind bei den betrachteten Vertretern von Migrantenorganisationen in Führungsrollen, verbindende Rollen und mit- oder zuarbeitende Rollen zu unterteilen.

Führungsrollen übernehmen sie beispielsweise als Initiatoren oder Träger von Projekten: *„Alles sind irgendwie Unterrichtsräume, Schlafräume, Freizeiträume oder Teeküchen oder Kantinen, oder das ist jetzt hier die Verwaltung und ich bin hier der Heimleiter von dieser ganzen Geschichte"* (M2: 24). In diesem Fall handelt es sich um ein Schülerheim, in dem Jugendliche mit Migrationshintergrund leben und begleitend zum Schulalltag unterstützt werden. Ein weiteres Beispiel für eine Führungsrolle ist der ehrenamtliche Vorsitz eines Vereins, hier ein Moscheeverein: *„Also ich bin seit Ende 1998, also schon seit über 10 Jahren, der Vorsitzende in dieser Gemeinde"* (M5: 58). Bei beiden Beispielen übernehmen die jeweiligen Personen Verantwortung und können in dieser Rolle auch über verschiedene Ressourcen verfügen. In der „Sozialen Stadt RaBal" sind zwar

Bürger mit Migrationshintergrund unterrepräsentiert, aber ihre Führungsrollen in anderen Kontexten beweisen, dass sie sich dennoch in gesellschaftlich relevanten Bereichen in verantwortungstragenden Rollen engagieren. In diesen Rollen können sie viel für eine soziale Stadtentwicklung leisten. Es müssen lediglich Wege gefunden werden, diese produktiven Kapazitäten in der Kooperation bewusst zu integrieren. Wenn man außerdem in der Kooperation Bürger mit Migrationshintergrund hauptsächlich als bloße Zielgruppe von Maßnahmen versteht, so kann dies unter Umständen zu einem Konflikt mit deren Selbstverständnis als Träger von produktiven Prozessen führen. Das kann gegebenenfalls Enthaltung zur Folge haben, weil die Vertreter von Migrantenorganisationen ihr Engagement für die Gesellschaft nicht ausreichend gewürdigt sehen.

Des Weiteren treten Vertreter von Migrantenorganisationen in verbindenden Rollen beispielsweise als Vernetzer auf. Sie verstehen es dabei sehr gut, zu einer besseren Verständigung zwischen verschiedenen Rationalitäten beizutragen: „*Wir haben immer versucht, uns immer als Familienverein zwischen Schule und Eltern irgendeine Vermittlungsrolle einzunehmen*" (M3: 35). Oft fällt es Schulen und anderen für das Allgemeinwohl tätigen Einrichtungen schwer, Zugang zu Zielgruppen mit Migrationshintergrund zu bekommen, wenn sie niemand unterstützt, der dieser Gruppe kulturell nahesteht. Zudem können Vertreter von Migrantenorganisationen bereits präventiv viel zum konstruktiven Umgang mit interkulturellen Konflikten oder Verständigungsproblemen beitragen. Sie sind in der Lage, kulturübergreifend Wissen weiterzugeben, weil sie die Perspektive von Zuwanderern und von bestimmten Akteuren aus der Aufnahmegesellschaft gut nachvollziehen können: „*Da ist die Rolle für uns wirklich, ein bestimmtes Wissen zu vermitteln, Vortrag kann sein in der Volkshochschule, in Schulen oder ganz einfach unsere großen Vorträge über irgendwelche Themen, da steht einfach im Vordergrund, Wissen zu vermitteln*" (M1: 16). Auch dieses verbindende Rollenverständnis spiegelt eine gesellschaftlich verantwortungsvolle und aktiv engagierte Funktion wieder, was im Widerspruch mit einer reinen Empfängerrolle von Leistungen steht.

Mit- oder zuarbeitende Rollen üben die Vertreter von Migrantenorganisationen zum Beispiel als Austauschpartner, Unterstützer und Ansprechpersonen aus. Dieses Rollenverständnis erscheint im Gegensatz zu vorherigen Rollen in erster Linie mehr passiver Natur zu sein. Die Migrantenvertreter sehen sich als Ansprechpartner, wenn jemand Externes ihr Wissen oder ihre Unterstützung benötigt: „*[...] einfach, dass man da ist, als Ansprechpartner, das man eigentlich nur darauf wartet, mal mitgenommen zu werden*" (M4: 57). Das passive Element bezieht sich dabei vor allem auf das Warten, konsultiert bzw. angesprochen zu werden. Es erweckt den Anschein, dass Vertreter von Migrantenorganisationen möglicherweise weniger gewillt sind, sich initiativ in Politikprozessen einzubringen. Dies hängt gegebenenfalls damit zusammen, dass sie sich dort zum Teil nicht erwünscht vorkommen (siehe Einstellungen). Allerdings stehen sie gemäß ihrem eigenen Rollenverständnis zur Verfügung, das eigene Wissen und möglicherweise auch weitere Ressourcen auf Anfrage in der Kooperation einzubringen. Hier offenbart sich wiederum ein hinsichtlich der eigenen Kapazitäten sehr selbstbewusstes Rollenverständnis, welches mit der Übernahme von verantwortungstragenden Rollen in der Kooperation gut vereinbar scheint.

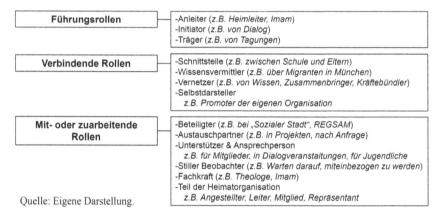

Quelle: Eigene Darstellung.

Abb. 46 Migrantenorganisationen - Identitätsstiftende Rollen

4.2.3.2   Aufenthaltsorte und Kooperationspartner

Ihre Rollen üben die Vertreter der Migrantenorganisationen an konkreten Örtlichkeiten und im Kontakt mit bestimmten Kooperationspartnern (siehe Abbildung 47) aus. Die Örtlichkeiten befinden sich hauptsächlich im Stadtgebiet München bzw. in Südbayern und sind differenzierbar in nach innen gewandte (z.b. Moschee, eigene Räume der Organisation) und nach außen orientierte Orte (z.b. Gremien, Veranstaltungsorte, Räume von Partnerorganisationen). Die hauptsächlichen Kooperationspartner sind öffentliche Akteure (z.b. kommunale Behörden, kommunale Politik, Landes- und Bundesregierung), Glaubenseinrichtungen (z.b. Moscheen, Kirchen), Bildungseinrichtungen und soziale Institutionen (z.b. Schulen, Ambulanter Sozialdienst), Einzelpersonen (z.b. Eltern, Schüler, Mitglieder), bestimmte Professionen (z.b. Jugendbeamte der Polizei, Sozialpädagogen, türkische Lehrer) und überregionale Gruppen der eigenen Organisation. Bei den Örtlichkeiten und Kooperationspartnern fällt auf, dass sich Vertreter von Migrantenorganisationen in überwiegendem Maße im Rahmen des eigenen sozialen Netzwerkes bewegen und nur sehr selektiv und gezielt Gremien oder externe Partner, z.b. Verwaltungsvertreter, aufsuchen. Dies liegt womöglich daran, dass die Selbsthilfestrukturen im eigenen sozialen Netzwerk relativ gut ausgeprägt sind und somit eine feste und beständige Einbindung in größere Netzwerke nicht unbedingt nötig erscheint. Außerdem sind die Vertreter von Migrantenorganisationen hauptsächlich ehrenamtlich für ihre Organisation tätig, was solche Prioritäten erklären kann. Projekte mit externen Partnern, z.b. interreligiöse Dialogveranstaltungen oder notwendigerweise mit öffentlichen Akteuren zu besprechende Angelegenheiten, werden hauptsächlich über bilaterale Kontakte, in sehr spezifischen Gremien oder gezielt besuchten Gremiensitzungen geregelt.

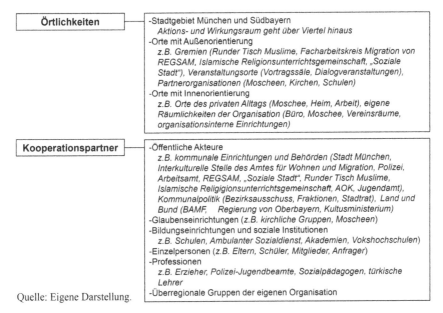

Quelle: Eigene Darstellung.

Abb. 47 Migrantenorganisationen - Aufenthaltsorte und Partner

4.2.3.3 Tätigkeiten und Fähigkeiten

Die Tätigkeiten und Fähigkeiten der betrachteten Vertreter der Migrantenorganisationen sind wiederum in unmittelbare Gestaltungsmöglichkeiten, mittelbare Einflussnahme, Generierung von Finanzmitteln, Organisation von Akzeptanz und in die interne Ablauforganisation differenzierbar. Die Tätigkeiten und Fähigkeiten der Vertreter der Migrantenorganisationen sind sehr vielfältig, werden jedoch kaum im Rahmen der „Sozialen Stadt RaBal" realisiert. Hier kommt erneut eine gewisse Distanz der Migrantenorganisationen zur Kooperation der „Sozialen Stadt" zum Vorschein.

Unmittelbare Mitgestaltung

Die unmittelbaren Mitgestaltungsmöglichkeiten der Vertreter der Migrantenorganisationen (siehe Abbildung 48) umfassen die selbstständige Veranstaltungsorganisation, kooperative Organisationsleistungen, Betreuungstätigkeiten und den Betrieb von Gemeinschaftseinrichtungen. Darüberhinaus können sie etwas durch ihre Beteiligung an Gremien oder Tagungen, ihre beständige Eigeninitiative und Aktivierungstätigkeiten innerhalb des eigenen Netzwerkes bewegen.

Im Rahmen von Tätigkeiten zur selbstständigen Veranstaltungsorganisation organisieren sie beispielsweise informelle Veranstaltungen für Mitglieder, in folgendem Zitat ein Ferienangebot für Jugendliche der eigenen Gemeinde: *„Ostern haben wir auch Jugendprogramme, wo dann halt, wo die Schulferien sind [...], damit die Jugendlichen einfach keinen Unsinn treiben und sich wenigstens ein bisschen weiterbilden können"* (M4: 54). Bei diesem Beispiel wird deutlich, dass innerhalb des eigenen Netzwerkes des entsprechenden Migrantenvertreters offenbar beträchtliche Kapazitäten und Mitwirkungsbereitschaft vorhanden sein müssen, damit solch ein alternatives Bildungsprogramm überhaupt autonom zu realisieren ist. Die „Soziale Stadt RaBal" könnte enorm davon profitieren, wenn es gelänge, diese Potenziale durch mehr Zusammenarbeit zu integrieren. Gegebenenfalls könnten beide Seiten dadurch Vorteile genießen, was natürlich eine wichtige Voraussetzung für ein Gelingen wäre. Die Vertreter von Migrantenorganisationen verwirklichen jedoch nicht nur geschlossene Veranstaltungen, sondern bieten auch offene Kursangebote oder Dialogveranstaltungen an, an denen jeder Interessent teilnehmen kann: *„Also wir haben zum Beispiel auch Kirchenführungen für Muslime"* (M1: 12). Solch offene Angebote tragen viel zur Verständigung bei, weil informelle Begegnungen und Austausch ermöglicht werden. Neben Kirchenführungen für Muslime finden unter anderem auch Moscheeführungen für Nicht-Muslime, Kochkurse oder interreligiöse Diskussionsveranstaltungen statt.

Zudem können die befragten Migrantenvertreter auch über kooperative Organisationsleistungen unmittelbar mitgestalten. Dazu gehört unter anderem gemeinsam mit Partnern realisierte Konzeptarbeit, wie die Konzeption einer Imam-Fortbildung zusammen mit Vertretern der Stadt: *„[...] jetzt gibt es mittlerweile seit 1. Dezember eine sogenannte Imam-Fortbildung, [...] die die Stadt mit uns, also auch mit mir persönlich vorbereitet hat [...]"* (M2: 23). Die Imam-Fortbildung ist in München ein Thema mit relativ großer politischer Aufmerksamkeit, um Imamen genügend Wissen über die deutsche Gesellschaft zu vermitteln, damit sie ihre Gemeindemitglieder bei Integrationsbemühungen möglichst gut beraten können. Muslimische Organisationen sind dafür aktiv konsultiert worden, um diese Fortbildung zu konzipieren und zu implementieren. Neben Projekten, in denen die Migrantenvertreter konsultiert werden, suchen sie aber auch aktiv die Zusammenarbeit mit Partnern, um eigene Ziele besser umsetzen zu können, wie zum Beispiel Betreuungs- oder Veranstaltungsangebote für die Mitglieder der eigenen Einrichtung oder eine öffentlichkeitswirksame Tagung über ein interreligiöses und gesellschaftlich relevantes Thema. Kooperative Leistungserbringung mit externen Partnern gehört also auch zum alltäglichen Handlungsrepertoire der Migrantenvertreter, allerdings scheint es, dass auf solche Kooperationen nur sehr punktuell und sehr gezielt eingegangen wird. Womöglich sprengt es den Rahmen der Kapazitäten der Migrantenvertreter, sich in institutionalisierten Kooperationen fortlaufend zu beteiligen.

Darüberhinaus gestalten Migrantenvertreter unmittelbar über eigene Betreuungstätigkeiten mit. In diesem Rahmen beraten oder unterstützen sie Eltern oder Schüler dabei, wie man im deutschen Bildungssystem Erfolg haben kann: *„Ich glaube, da war ich schon ein bisschen anders als die anderen Migranten, ja. Und meine Kinder waren ein Beispiel und das wollte ich auch anderen ermöglichen. Das ist glaube ich meine Fähigkeit, weil ich bin kein Pädagoge, ich bin ein Arbeiter"* (M3: 39). Eine weitere oft zu beobachtende Tätigkeit in diesem Bereich ist auch, dass Mitglieder einer Moschee im Rahmen der Gemeindearbeit auf informeller Basis und in allen möglichen Lebenslagen betreut und situationsspezifisch unterstützt werden: *„Wir versuchen unsere Möglichkeiten und unsere Energie, auch Zeit so zu verteilen, dass wir auch die wichtigsten Sachen, die wir hier machen sollen, also die Betreuung unserer Gemeinde und Kinder, Frauen, machen können"* (M5: 64). Die konstant bereitgestellten Betreuungsangebote bzw. -leistungen zeugen von offenkundiger Erfahrung in diesem Bereich. Migrantenorganisationen schaffen es, eine Zielgruppe zu erreichen, mit der sich Schulen oder andere staatliche Einrichtungen oftmals schwer tun. In sozialer Stadtentwicklung sollten primär solche bereits existierenden endogenen Potentiale in einem Gebiet miteinbezogen werden, bevor neue ergänzende Maßnahmen oder Angebote für bestimmte Zielgruppen implementiert werden.

Der Betrieb von Gemeinschaftseinrichtungen stellt eine weitere Möglichkeit der unmittelbaren Mitgestaltung für Vertreter von Migrantenorganisationen dar. Die befragten Personen betreiben unter anderem religiöse Räumlichkeiten oder Bildungseinrichtungen: *„[...] jetzt haben wir nur im dritten Stock einen Gebetssaal, der auch richtig wie eine Moschee aussieht, aber der Rest von diesem Haus wird immer, also alles, für die Schüler benutzt [...]"* (M2: 24). In der Regel betreiben Moscheevereine auch Räume für die gemeinschaftliche Nutzung, in denen sich Mitglieder ungezwungen austauschen können, wie z.B. eine Teestube. All diese Gemeinschaftseinrichtungen erfüllen ähnliche Funktionen, wie die durch das Quartiermanagement betriebenen Stadtteilläden. Sie sollen den Menschen in der Gemeinde Raum bieten, sich zu begegnen, eigene Ideen zu diskutieren, gegebenenfalls umzusetzen und Netzwerke zur Selbsthilfe zu knüpfen. Vielleicht ist es gar nicht notwendig, die Menschen aus einem Moscheeverein dazu zu bewegen, in den Stadtteilladen zu gehen, sondern es ist möglicherweise viel sinnvoller, die dort bereits funktionierenden Treffpunkte in den Kooperationsstrukturen zur sozialen und integrierten Stadtentwicklung zu integrieren.

Zuletzt haben Vertreter von Migrantenorganisationen noch unmittelbare Mitgestaltungsmöglichkeiten durch Beteiligung, Aktivierung und Eigeninitiative. Sie nehmen an Tagungen teil oder sind Mitglied in bestimmten Gremien oder Beiräten von Partnerorganisationen: *„Occurso ist auch aktiv im interreligiösen Dialog. Ist hauptsächlich kirchlich [...]. Wir sind bei denen im Beirat [...]"* (M1: 2). Des Weiteren können sie durch beständiges Engagement und Eigeninitiative etwas in ihrem Umfeld bewegen, wie zum Beispiel die Aufrechterhaltung eines lebendigen Gemeindelebens: *„Also Möglichkeiten und Fähigkeiten sind wenig, also, sieht man nicht, aber wir versuchen, das Beste zu machen und aber natürlich auch mit langem Atem, also nicht dass wir irgendetwas anfangen und das machen wir und das machen wir und nach ein paar Monaten ist die Puste weg. Das will ich nicht"* (M5: 64). Der hier betroffene Migrantenvertreter betätigt sich ehrenamtlich für seine Gemeinde und setzt angesichts seiner begrenzten Kapazitäten dort die Priorität. Möglicherweise enthält er sich deshalb in der Kooperation im Rahmen der „Sozialen Stadt RaBal". Im eigenen sozialen Netzwerk können die Vertreter von Migrantenorganisationen schließlich noch themenspezifisch Personen als Unterstützer und Alltags- und Fachwissen aktivieren: *„Wir haben natürlich auch viele Fachleute, also wir haben auch Lehrer und natürlich auch Mitglieder, die im Sozialbereich arbeiten, [...] also wenn Probleme da sind, dann sind wir da"* (M3: 41). Dies verdeutlicht wiederum die zum Teil sehr ausgeprägten Selbsthilfestrukturen im Umfeld der Migrantenorganisationen, die insbesondere auf informeller Basis funktionieren. Diese Netzwerkbeziehungen könnten in der sozialen Stadtentwicklung viel dazu beitragen, dass Probleme richtig erkannt, angemessene Lösungen gefunden werden und genügend mediale Steuerungsmittel zur kooperativen Umsetzung von Maßnahmen generierbar sind. Allerdings müssen dafür Wege gefunden werden, diese Strukturen in die bestehenden Kooperationsstrukturen zu integrieren.

Selbstständige Veranstaltungs-organisation	-Informell für Mitglieder z.B. Freizeitaktivitäten, Treffen & Kurse, Reisen -Offene Kurse (z.B. Türkischkurse, Kochkurse, Integrationskurse) -Dialogveranstaltungen (z.B. Kirchen- & Moscheeführungen) -Informationsveranstaltungen (z.B. Infoabende) -Tagungen

Kooperative Organisations-leistungen	-Konzeptarbeit (z.B. Ideenfindung, Imam-Ausbildung)
	-Veranstaltungsangebote
	  z.B. Führungen, Schulbesuche, Projekte, Stadtrundgänge
	-Betreuungsangebote
	  z.B. Präventionsmaßnahmen mit Polizei, Berufsberatung mit Arbeitsamt oder AOK, Förderangebote
	-Räume zur Verfügung stellen

Betreuungs-tätigkeiten	-Kinder (z.B. während Gebeten, Spielangebote) -Eltern (z.B. Bildungs- & Erziehungsberatung, Beispielfunktion) -Mitglieder (z.B. Unterstützung, Gruppenstunden, Beratung) -Schüler & Jugend (z.B. Ferienprogramm, Nachhilfe, Angebote)
Gemeinschafts-einrichtungen	-Räume zur allg. Nutzung (z.B. Teestube, Wohnung, Freizeitraum) -Religiöse Räume (z.B. Gebetsräume, Moschee) -Bildungseinrichtung (z.B. Schülerheim)
Beteiligung, Aktivierung, Eigeninitiative	-Beteiligung an Tagungen (z.B. Islamkonferenzen) und Gremien z.B. Beiräte, Runder Tisch Muslime, „Soziale Stadt", REGSAM -Aktivierung von Wissen (z.B. Spezial- & Fachwissen von Mitgliedern) -Aktivierung von Menschen (z.B. Sponsoren, Unterstützer) -Eigeninitiative (z.B. Bereitschaft zu Engagement und Lernen)

Quelle: Eigene Darstellung.

Abb. 48 Migrantenorganisationen - Unmittelbare Mitgestaltung

Mittelbare Einflussnahme

Die mittelbare Einflussnahme (siehe Abbildung 49) gelingt den betrachteten Vertretern von Migrantenorganisationen durch Mitbestimmungstätigkeiten und Beziehungspflege bzw. -wissen.

Im Rahmen ihrer Mitbestimmungstätigkeiten treten sie mitunter als Austauschpartner auf und stellen sich in Schulen Gesprächen mit Lehrern über Kulturunterschiede oder referieren in Schulklassen über interreligiöse Themen: *„Wir kriegen Anfragen und zwar ist es meistens im Ethikunterricht oder Religionsun-*

terricht, da wird der Islam durchgenommen und es gibt keinen Referenten oder man braucht einen Referenten" (M1: 8). Außerdem werden Migrantenvertreter immer wieder als Diskussionspartner und Ideengeber bei interkulturellen Problemen bzw. Themen von Schulen oder städtischen Akteuren konsultiert. Die Konzipierung der Imam-Fortbildung ist hierfür ein bereits bekanntes Beispiel. Eine weitere dementsprechende konsultative Situation ist das Hinzuziehen von Vertretern von Migrantenorganisationen bei Problemen von Schulen mit Eltern mit Migrationshintergrund: *„Deswegen haben wir gesagt, dass bei solchen Problemen bei Schulen oder Eltern wir uns einschalten und diese Probleme ein bisschen türkisch lösen"* (M3: 40). In all diesen kommunikativen Situationen füllen die Migrantenvertreter eine Expertenrolle über Besonderheiten der eigenen Kultur aus und können hierüber selbstverständlich das Denken und auch die konkrete Gestaltung von Maßnahmen beeinflussen. Als Stimmberechtigte können die Migrantenvertreter darüberhinaus in Gremien, wie z.B. dem Muslimrat[50] mittelbaren Einfluss üben: *„Also über den Muslimrat selber sind wir halt quasi in der Stadt beteiligt, also es gibt ja den Runden Tisch der Muslime, da sind wir halt mit drin"* (M4: 47). Dieses relativ öffentlichkeitswirksame Gremium eignet sich auch dazu, mediale Steuerungsmittel, wie z.B. Unterstützung von politisch-administrativen Entscheidungsträgern, zu generieren. Zuletzt üben Migrantenvertreter auch als Organisatoren Mitbestimmungstätigkeiten aus, indem sie beispielsweise die Inhalte von Tagungen oder partnerschaftlich durchgeführten interreligiösen Dialogveranstaltungen beeinflussen.

Beziehungspflege und Beziehungswissen ermöglicht den Vertretern von Migrantenorganisationen ebenfalls die mittelbare Einflussnahme. Es erweckt den Anschein, dass die Migrantenvertreter sehr viel Wert auf die informelle Beziehungspflege im eigenen Netzwerk legen. Hierin liegt auch ein wesentlicher Unterschied zu den Kooperationsstrukturen der „Sozialen Stadt RaBal", wo formalisierte Strukturen, z.B. Zeiten von Gremiensitzungen oder Öffnungszeiten, wesentlich mehr Bedeutung besitzen. Durch eine beständige Beziehungspflege gelingt es den Migrantenvertretern bzw. in den jeweiligen Migrantenorganisationen, vertrauensvolle Beziehungen zu Mitgliedern und Partnern aufzubauen: *„Und das, was uns eigentlich ausmacht und das, wo wir stark sind, sind die Bereiche, wo wir uns über Jahre hinweg eigentlich bewiesen haben. Wo man Kontakte geknüpft hat, wo man eine Beziehung aufgebaut hat mit den jeweiligen Personen [...]"* (M1: 14). Diese Vertrauensbeziehungen basieren selbstverständlich auf Verlässlichkeit und gegenseitiger Verfügbarkeit und Anteilnahme. Im Idealfall sind Leitungspersonen in Moscheevereinen rund um die Uhr für ihre

---

[50] Der Muslimrat wurde 2003 gegründet und ist mittlerweile ein eingetragener Verein, in dem sich verschiedene islamische Organisationen in München organisieren, um sich auszutauschen und mit einheitlicher Stimme nach außen zu sprechen.

Mitglieder und eventuell auch für externe Partner verfügbar. Durch sich wiederholende Erfahrungen mit Partnern und insbesondere mit öffentlichen Akteuren bzw. Behörden haben die Vertreter von Migrantenorganisationen auch Wissen darüber aufgebaut, wie sie sich in konkreten Situationen verhalten müssen, um ein bestimmtes Ziel zu erreichen. Dieses Umgangswissen kann natürlich den Mitgliedern des eigenen sozialen Netzwerks bzw. der eigenen Organisation wiederum zu Gute kommen: *„Also ich weiß ja, wie ich da herangehen muss [im Umgang mit städtischen Behörden, Anmerk. d. Ver.] und so führen wir, glaube ich, auch unsere Gemeinde. Vielleicht weiß unsere Gemeinde vielleicht nicht alles, aber wir können ein sehr guter Wegweiser sein [...]"* (M2: 33). Durch die Pflege guter Beziehungen zu den Mitgliedern des eigenen Netzwerks können die Migrantenvertreter in ihrem Umfeld effektiv mediale Steuerungsmittel in Form von Unterstützern aktivieren.

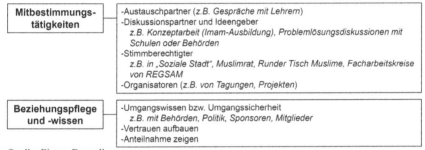

Quelle: Eigene Darstellung.

Abb. 49 Migrantenorganisationen - Mittelbare Einflussnahme

Generierung von Geld

Das Generieren von Geld (siehe Abbildung 50) gelingt in den Organisationen der Migrantenvertreter beispielsweise durch Spenden von Mitgliedern: *„Ich meine, der Verein lebt von Spenden, davon wird eigentlich primär, wenn es reicht, die Miete gezahlt"* (M4: 53). Teilweise verfügen die Organisationen auch über Vereinsvermögen, auf das sie bei Bedarf zugreifen und über das sie auch größere Investitionen, wie z.B. den Kauf einer Immobilie, tätigen können. Zudem verfügen sie teilweise auch über eigene Einnahmen, die durch Veranstaltungsgebühren, Mitgliedsbeiträge oder den Verkauf von Tee oder Ähnlichem realisiert werden: *„In erster Linie von Mitgliedsbeiträgen und dann auch Kollekten, wir sam-*

meln ab und zu freitags, also das ist freiwillig, also, wer geben will. Und wir betreiben hier eine kleine Teestube und von unseren Mitgliedern also und wenn wir einige Bücher von unseren religiösen Sachen, also Literatur verkaufen können, davon also halten wir uns über Wasser sozusagen" (M5: 61). All diese Möglichkeiten, Geldmittel zu akquirieren, unterstreichen nochmals die gute Funktionsfähigkeit der Selbsthilfestrukturen in den sozialen Netzwerken der Migrantenvertreter. Die Option, in den eigenen Reihen Gelder aufzutreiben, fördert selbstverständlich auch die Unabhängigkeit der Migrantenvertreter und macht sie zu handlungsfähigen Steuerungssubjekten. Die Organisationen der betrachteten Migrantenvertreter agieren jedoch finanziell nicht vollständig autark, bei Bedarf suchen sie auch externe Sponsoren für Veranstaltungen oder greifen auf öffentliche Förderung zurück, wie z.B. Gelder der „Sozialen Stadt: *„Die Soziale Stadt ist ein Ort, wo man sich publik machen kann, aber auch, wo man Fördergelder beantragen kann"* (M2: 28).

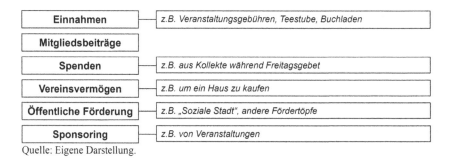

Quelle: Eigene Darstellung.

Abb. 50 Migrantenorganisationen - Generierung von Geld

Organisation von Akzeptanz

Darüberhinaus haben die betrachten Vertreter von Migrantenorganisationen auch die Kapazität, Akzeptanz zu organisieren (siehe Abbildung 51). Wenn sie beispielsweise von der Stadt zu bestimmten Themen konsultiert werden, können sie durch die Weitergabe von Informationen, einer konkreten Sichtweise von Problemen mehr Akzeptanz verleihen: *„[...] wenn es irgendwelche Probleme gibt oder Diskussionen gibt [...] in irgendeinem politischen Gremium, dass wir dann ganz gezielt konsultiert werden [...]"* (M1: 19). Außerdem ist ihnen dies ebenso in der eigenen Vereins- bzw. Projektarbeit, beispielsweise im Umgang mit Jugendlichen, möglich: *„Also unser größtes Potenzial, wo wir eigentlich sehr viel*

Wert drauf legen, ist, dass wir eigentlich viel auf unsere Jugendlichen eingehen, weil wir einfach zeigen wollen, hey man kann sich trotzdem integrieren, auch wenn es schwierig ist, man kann trotzdem was erreichen" (M4: 56). Die Migrantenvertreter können hier wertvolle Beiträge zu einer effektiven Integrationsarbeit leisten, weil sie Zugang zu wichtigen Zielgruppen haben. Des Weiteren organisieren die Migrantenvertreter Akzeptanz, indem sie in Vermittlungssituationen bestimmte Positionen vertreten und betroffene Akteure möglicherweise von einer neuen Perspektive überzeugen. Dies geschieht zum Beispiel, wenn Migrantenvertreter bei Konflikten zwischen Lehren und Eltern mit Migrationshintergrund vermittelnd tätig werden: *„Ja, wie gesagt, erstens, wenn dieser Kontakt zwischen den Eltern und Lehrern nicht da ist, dann versuchen wir da eine Rolle einzunehmen. Wir gehen direkt zu den Eltern, wir laden die Eltern zu uns ein und versuchen mit den Eltern Kontakt aufzunehmen"* (M3: 36). In ihrem Umfeld können die Vertreter von Migrantenorganisationen viel dazu beitragen, Akzeptanz für bestimmte Themen oder Maßnahmen im Rahmen von sozialer Stadtentwicklung zu mobilisieren.

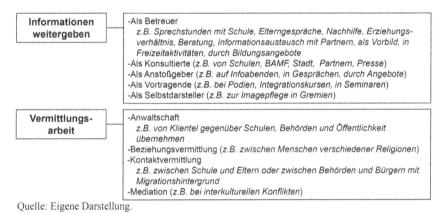

Quelle: Eigene Darstellung.

Abb. 51 Migrantenorganisationen - Organisation von Akzeptanz

Interner Ablauf

Die interne Ablauforganisation (siehe Abbildung 52) in den Heimatorganisationen der befragten Personen gibt wiederum Aufschluss über dort vorzufindende alltägliche Regionalisierungen, die das Spektrum von Handlungsmöglichkeiten der Vertreter von Migrantenorganisationen möglicherweise einschränken oder bereichern. Migrantenvertreter können über Räume, Freiwillige oder auch angestelltes Personal verfügen: „[...] *das weiß, glaube ich, auch die Stadt, dass wir wirklich gutes Personal haben, also gut ausgebildetes Personal haben"* (M2: 31). Des Weiteren gibt es in jeder Organisation spezifische interne Abstimmungsformen, wie z.b. eine wöchentliche Teamsitzung der verantwortungstragenden Personen: „[...] *wir treffen uns einmal die Woche, also einmal in der Woche haben wir Vorstandssitzung, jede Woche, das findet im Büro statt, das ist quasi unsere Basis, wo wir alle zusammenkommen und von den jeweiligen Aktivitäten in der Woche sprechen [...]"* (M1: 7). Interne Abstimmung wird jedoch auch darüber realisiert, wie Informationen und Wissen innerhalb der jeweiligen Organisation gespeichert, verbreitet und abgerufen werden. Dies umfasst beispielsweise Protokolle, Statistiken oder Jahresberichte. Die interne Ablauforganisation offenbart gegebenenfalls besondere Möglichkeiten und Zwänge von Vertretern von Migrantenorganisationen, wenn sie sich an Kooperationen der sozialen Stadtentwicklung beteiligen.

Quelle: Eigene Darstellung.

Abb. 52 Migrantenorganisationen - Interner Ablauf

4.2.3.4   Einstellungen

Die artikulierten Einstellungen der betrachteten Vertreter von Migrantenorganisationen sind ebenfalls in Annahmen und Wertvorstellungen zu unterscheiden.

Annahmen

Die Annahmen (siehe Abbildung 53) beziehen sich auf Möglichkeiten und Grenzen kooperativen Arbeitens, bestimmte Themen, verschiedene Akteure und auf die individuelle Situation der befragten Personen selbst.

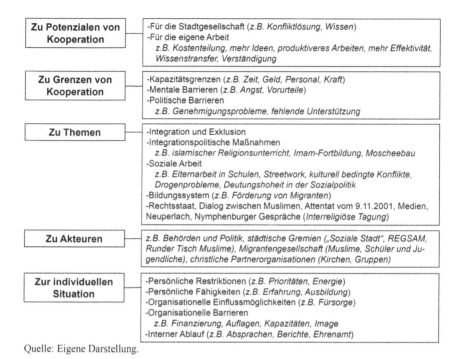

Zu Potenzialen von Kooperation	-Für die Stadtgesellschaft (z.B. *Konfliktlösung, Wissen*) -Für die eigene Arbeit *z.B. Kostenteilung, mehr Ideen, produktiveres Arbeiten, mehr Effektivität, Wissenstransfer, Verständigung*
Zu Grenzen von Kooperation	-Kapazitätsgrenzen (z.B. *Zeit, Geld, Personal, Kraft*) -Mentale Barrieren (z.B. *Angst, Vorurteile*) -Politische Barrieren *z.B. Genehmigungsprobleme, fehlende Unterstützung*

Zu Themen	-Integration und Exklusion
	-Integrationspolitische Maßnahmen
	    z.B. islamischer Religionsunterricht, Imam-Fortbildung, Moscheebau
	-Soziale Arbeit
	    z.B. Elternarbeit in Schulen, Streetwork, kulturell bedingte Konflikte, Drogenprobleme, Deutungshoheit in der Sozialpolitik
	-Bildungssystem (z.B. *Förderung von Migranten*)
	-Rechtsstaat, Dialog zwischen Muslimen, Attentat vom 9.11.2001, Medien, Neuperlach, Nymphenburger Gespräche (*Interreligiöse Tagung*)

Zu Akteuren	*z.B. Behörden und Politik, städtische Gremien ("Soziale Stadt", REGSAM, Runder Tisch Muslime), Migrantengesellschaft (Muslime, Schüler und Jugendliche), christliche Partnerorganisationen (Kirchen, Gruppen)*
Zur individuellen Situation	-Persönliche Restriktionen (z.B. *Prioritäten, Energie*) -Persönliche Fähigkeiten (z.B. *Erfahrung, Ausbildung*) -Organisationelle Einflussmöglichkeiten (z.B. *Fürsorge*) -Organisationelle Barrieren *z.B. Finanzierung, Auflagen, Kapazitäten, Image* -Interner Ablauf (z.B. *Absprachen, Berichte, Ehrenamt*)

Quelle: Eigene Darstellung.

Abb. 53 Migrantenorganisationen – Annahmen

Potenziale von Kooperation sehen die Vertreter von Migrantenorganisationen darin, dass durch Kooperation etwas Positives für die Stadtgesellschaft bewirkt werden kann. Kooperation ermöglicht es aus ihrer Perspektive beispielsweise, mehr Wissen zu generieren und fördert den Kontakt zwischen Menschen. Letzteres unterstützt Verständigung und beugt gegebenenfalls Konflikten vor bzw. schafft gute Voraussetzungen für deren Lösung: „*[...] es geht darum, dass man sich gegenseitig kennen lernt, dass man sich austauscht, weil das ist ja das Hauptproblem, ich denke, das ist, wo man ansetzen kann, dass man zeigt, wer man ist, dass man auch bereit ist, seinen Nachbarn, seinen Kollegen, seinen Mitschüler kennen zu lernen*" (M4: 55). Die hier geforderte Art von Verständigung geht über den rein sachlichen Umgang hinaus und beinhaltet auch das gegenseitige Interesse und den persönlichen Austausch. Es erweckt den Eindruck, dass die Vertreter von Migrantenorganisationen das Gefühl haben, dass die Stadtgesellschaft ein solches Interesse gegenüber Bürgern mit Migrationshintergrund zu wenig zeigt. Wenn jemand glaubt, dass man sich für ihn nicht interes-

siert, so ist womöglich auch der Anreiz gering, sich an Kooperationen der sozialen Stadtentwicklung zu beteiligen. Das Gegenteil könnte hingegen der Fall sein,
wenn bei Aktivierungsversuchen über die reine Sachzweckorientierung hinaus
auch Interesse an der Person vermittelt wird. Dies wäre möglicherweise realisierbar, indem man die Räumlichkeiten der Migrantenorganisationen besucht
oder bei Besprechungen darauf achtet, für Geselligkeit und persönliches Kennenlernen genug Raum zu lassen. Außerdem lässt sich bei den Vertretern von Migrantenorganisationen auch die Ansicht erkennen, dass Kooperation von Vorteil
für die eigene Arbeit sein kann. Gegebenenfalls ergeben sich aus der Zusammenarbeit heraus bessere Ideen. Ein Migrantenvertreter, der ein Schülerheim leitet,
hält Kooperation mit Partnern hinsichtlich Förderangeboten und insbesondere
mit den Schulen und mit den Eltern für essentiell, um die eigenen Jugendlichen
optimal unterstützen zu können: *„Und jetzt wird es interessant, in der Mitte ist
der Schüler, damit weder von der Schule noch vom Heim noch vor uns eine Aus-
reißmöglichkeit besteht und da ist immer wieder der Kontakt. Wir übernehmen
nicht die Erziehungsberichtigung, sondern die Eltern sind natürlich involviert,
sie werden immer wieder informiert, sie werden immer wieder herein bestellt
[...]"* (M2: 29). Diese Ansicht deckt sich mit häufig genannten Zielen der sozialen Stadtentwicklung im Bereich Bildungspolitik. Dies könnte als Ansatzpunkt
für eine intensivere Zusammenarbeit dienen. Zudem reduziert Kooperation aus
der Sicht der Vertreter der Migrantenorganisationen auch Kosten, wenn beispielsweise Räume für Veranstaltungen kostenlos von der Stadt oder anderen
Partnern zur Verfügung gestellt werden: *„[...] wenn wir Räumlichkeiten brauchen, dann wird uns auch geholfen, von der Stadt oder von den jeweiligen Vereinen, mit denen wir auch kooperieren und sehr viel braucht man eigentlich nicht,
um etwas relativ Hochwertiges zu machen"* (M1: 5). Hier könnte also ein mate-
rieller Anreiz bestehen, sich an Kooperationen zu beteiligen. Bei den Tätigkeiten
und Fähigkeiten wurde jedoch schon deutlich, dass die Vertreter von Migrantenorganisationen materielle Ressourcen oft im eigenen sozialen Netzwerk generieren können.

Neben Potenzialen sehen die Vertreter von Migrantenorganisationen allerdings auch Grenzen für kooperatives Arbeiten bzw. ihre eigene Beteiligung daran. Es kommt vor, dass die persönlichen Kapazitäten bzw. die Ressourcen, z.B.
Zeit oder Personal des Vereins für die Beteiligung an Kooperationsprozessen
nicht ausreichen: *„Also unsere Möglichkeiten sind sehr begrenzt, kann ich sagen"* (M5: 61). Um die originäre Vereinsarbeit zu sichern, müssen gegebenenfalls Prioritäten gesetzt werden. Die Migrantenvertreter berichten jedoch auch
aus ihrer Sicht davon, dass mentale Barrieren zu Enthaltung bei Kooperationen
führen können. Manche Leute haben möglicherweise aufgrund von Sprachprob-
lemen Hemmungen, offizielle Stellen oder Gremien aufzusuchen. Oder sie haben

Angst davor, mit Vorurteilen gegenüber ihrer Person konfrontiert zu werden, wie es hier im Falle der Aktivierung von Teilnehmern für die Imam-Fortbildung angesprochen wird: *„[...] als Deutscher zu einem Imam zu gehen und zu sagen, hier komm mal, ich will Dich ausbilden. Dann sagt er, warum weshalb, bin ich nicht gut genug usw.?"* (M1: 19). Solch mentale Barrieren können bei Nichtüberwindung dazu führen, dass endogene Potenziale in Kooperationen unentdeckt bleiben und sich wichtige Steuerungssubjekte enthalten. Ebenso nehmen die Migrantenvertreter politische Hürden wahr. Auch hier herrscht teilweise der Eindruck vor, dass Bürger mit Migrationshintergrund von Behörden oder öffentlichen Akteuren beispielsweise in Genehmigungsprozessen benachteiligt oder als Kooperationspartner nicht genügend ernst genommen werden: *„[...] wir können unsere Ideen und unsere Vorschläge nicht so einbringen, dass sie akzeptiert werden. Da gibt es immer noch Probleme zwischen den staatlichen Institutionen und den Vereinen"* (M3: 43). Unabhängig davon, ob dies tatsächlich zutrifft, hält diese Einstellung einen Akteur davon ab, sich in einer Kooperation einzubringen. Es ist wichtig, sich mit solchen Annahmen, die der eigenen Beteiligung entgegenwirken, zu konfrontieren und gemeinschaftlich zu bearbeiten. Offensichtlich sind hier vertrauensbildende Maßnahmen dringend notwendig, was wiederum unterstreicht, dass die Migrantenvertreter eine stärkere Würdigung von Bürgern mit Migrationshintergrund in unserer Gesellschaft für dringend notwendig erachten.

Des Weiteren spiegeln die Annahmen mannigfaltige Sichtweisen zu bestimmten Themen wieder. Hierzu gehören unter anderem Integration und Exklusion. Bei diesem Thema wird erneut sehr deutlich, dass aus Sicht der Vertreter von Migrantenorganisationen, Bürgern mit Migrationshintergrund oft nicht die Möglichkeit zur Integration gegeben wird, weil sie von der Gesellschaft weitgehend ignoriert werden: *„[...] wir wollen einfach sichtbar werden, ja und man lässt uns nicht. Wenn dieser Eindruck entsteht, dann zieht man sich irgendwann einmal zurück und dann fühlt man sich auch wohl in den Hinterhofmoscheen"* (M1: 20). Außerdem treffen die Migrantenvertreter auch Aussagen zu konkreten integrationspolitischen Maßnahmen, wie z.B. die bereits mehrmals erwähnte Imam-Fortbildung oder die Einführung von islamischem Religionsunterricht. Im Falle des Religionsunterrichts wurde beispielsweise kritisiert, dass verschleierte Frauen nicht als Lehrerinnen für islamischen Religionsunterricht vorgesehen sind bzw. fungieren dürfen: *„[...] es wird den muslimischen Frauen, die sich wirklich auch im Islam auskennen und die dann meistens natürlich auch verschleiert sind, nicht die Chance gegeben, zu unterrichten, weil sie verschleiert sind"* (M4: 56). Dies wird von den befragten Migrantenvertretern als ausgrenzend wahrgenommen und wirkt sich möglicherweise auch darauf aus, wie sie in Kooperationen der sozialen Stadtentwicklung handeln. Wenn ein Thema für einen Akteur von großer Wichtigkeit ist, so reagiert dieser auf der einen Seite sehr empfindlich auf Rückschläge. Auf der andreren Seite ist er bezüglich dieses Themas jedoch sehr motiviert, sich als Steuerungssubjekt einzubringen und bei der Generierung von medialen Steuerungsmittel für eine entsprechende Maßnahme zu helfen. Ein weiterer Bereich der artikulierten Annahmen zu konkreten Themen behandelt die soziale Arbeit. Es wurden hier beispielsweise Annahmen mitgeteilt, die die große Bedeutung von Elternarbeit in der Arbeit mit Jugendlichen betonen: *„[...] die Eltern sind natürlich involviert, [...] das ist auch eine psychische Geschichte, dass die Kinder hier nicht denken, sie werden abgeschoben hier ins Heim, das ist es ja nicht und da sind immer die Eltern auch da"* (M2: 29). Der hier sprechende Akteur zeigt Interesse, als Steuerungssubjekt für eine effektivere Elternarbeit in Schulen einen Beitrag zu leisten. Auf generellerer Ebene wurde hinsichtlich sozialer Arbeit beispielsweise die Meinung wiedergegeben, dass dieses Berufsfeld vorwiegend in originär deutscher Hand sei und es dringend nötig wäre, mehr Mitarbeiter mit Migrationshintergrund anzustellen. Dies deckt sich auch mit artikulierten Annahmen zum Bildungssystem: *„Diese Politik hat immer wieder blockiert, dass im Bildungssystem und diesem Sozialsystem alles unbedingt unter deutscher Kontrolle bleibt"* (M3: 42). Vor dem Hintergrund, dass Schulen und soziale Einrichtungen oft Zugangsprobleme zu Bürgern mit Migrationshintergrund haben und der Migrantenanteil in der Bevölkerung stetig wächst, ist diese Forderung gut nachvollziehbar. Wenn ein Akteur das gegenwärtige System von Sozial- oder Bildungsarbeit aufgrund zu weniger Mitarbeiter mit Migrationshintergrund als reformbedürftig ansieht, so enthält er sich möglicherweise bei kooperativen Maßnahmen, die in seinen Augen eben dieses überholte System reproduzieren.

Zu bestimmten Akteuren haben die betrachteten Vertreter von Migrantenorganisationen ebenfalls vielfältige Meinungen abgegeben. Ihre Äußerungen beziehen sich hauptsächlich auf Behörden und Politik, städtische Gremien (z.B. „Soziale Stadt", REGSAM, „Runder Tisch Muslime"[51]), die Gemeinschaft von Migranten in München (z.B. Schüler und Jugendliche, Muslime) und christliche Partnerorganisationen (z.B. Kirchen). Hinsichtlich öffentlicher Akteure kommt beispielsweise wieder zum Ausdruck, das sie den Bürgern mit Migrationshintergrund zu wenig Akzeptanz und Würdigung entgegenbringen: *„Weil ich sehe, dass halt andere für uns die Aufgabe nicht machen können oder wollen, ich weiß es nicht, letztendlich muss man es selbst in die Hand nehmen und dazu muss letztendlich die Stadt oder die Politik uns die Chance geben, sich da weiterzubilden, sich da so einzubringen, weil ich denke mal, so können wir die Probleme am Besten lösen. Ich weiß, wie ich mich fühle, ich weiß, welche Probleme ich habe*

---

[51] Austauschgremium für muslimische Organisationen mit öffentlichen Akteuren und nicht-muslimischen Organisationen in der Stadt München unter der Leitung des Bürgermeisters.

und ich weiß, wie ich es auch lösen kann und wo es hakt und andere können das für mich schwieriger" (M4: 57). Außerdem wird hier auch die Problematik in heterogenen Gesellschaften angesprochen, dass aus hoheitlicher Perspektive Probleme und Lösungsmöglichkeiten oft nicht angemessen erkannt werden. In so einem Fall ist es verständlich, wenn sich Akteure von Maßnahmen distanzieren und sich bei ihrer kooperativen Umsetzung gänzlich enthalten. Zu städtischen Gremien wurde beispielsweise kundgetan, dass der „Runde Tisch Muslime" sich zwar relativ großer Öffentlichkeit erfreut, jedoch weit hinter seinen Möglichkeiten zurückbleibt: *„Die können sehr gut also Informationen über die islamische Gemeinde in München geben, über die Muslime und da haben sie eine offene Türe und ich hoffe auch ein offenes Ohr also in diesem Runden Tisch und das ist auch von meiner Sicht aus sehr gut und richtig, aber das bleibt sehr passiv [...]. Also das ist gegründet, dass man denkt vielleicht, ja wir tun etwas, aber es passiert nicht so viel; also lange Zeit hören wir nicht so viel über die Muslime im Runden Tisch"* (M5: 64). Der „Runde Tisch Muslime" sollte laut dem hier betroffenen Migrantenvertreter mehr als Sprachrohr für die Bedürfnisse und Positionen der Muslime fungieren. Auch diese Meinung geht wiederum in die Richtung, dass Muslime in unserer Gesellschaft unterrepräsentiert sind. Ähnlich verhält es sich bei Aussagen über Jugendliche mit Migrationshintergrund. Auch hier wird der Gesellschaft vorgeworfen, dass sich viele Jugendliche nicht wahrgenommen fühlen: *„Also auch die Jugend, die sehr gut Deutsch spricht, was heißt sehr gut Deutsch, also die sich irgendwie artikulieren kann, ja, dass die auch immer mehr und mehr den Eindruck haben, nicht von der Gesellschaft wahrgenommen zu werden"* (M1: 19). Die gefühlte mangelnde Akzeptanz von Menschen mit Migrationshintergrund scheint eine sehr ernst zu nehmende Angelegenheit in München zu sein. Von den befragten Vertretern der Migrantenorganisationen wird dies hinsichtlich verschiedenster Kontexte fortlaufend wiederholt. Hier sollte zuvorderst angesetzt werden, wenn man Bürger mit Migrationshintergrund besser in die kooperativen Politikprozesse im Rahmen integrierter und sozialer Stadtentwicklung einbeziehen möchte (siehe Kapitel 5.1.1). Des Weiteren sollte auch über neue Wege der Einbindung nachgedacht werden, wie sich in einem Zitat eines Migrantenvertreters zu Gemeinschaften von Muslimen zeigt. Viele Muslime haben bei Problemen mehr Vertrauen in die eigenen sozialen Netzwerke als in staatliche Behörden und das Sozialwesen: *„[...] also wir Muslime haben doch schon einen sehr starken Glauben und bei uns spielt erstens der Glaube eine viel wichtigere Rolle als das Materielle, also wir rufen nicht zuerst beim Sozialamt an oder bei der Polizei an. Wir rufen zuerst bei der Moschee an, das und das ist passiert, was kann ich jetzt machen?"* (M2: 30). Über das bloße Angebot von staatlichen Unterstützungsleistungen ist der nachhaltige Zugang zu diesen Menschen unter diesen Voraussetzungen schwer zu realisieren. Die Mitwirkungsbereitschaft der Migrantenorganisationen ist hier von großer Bedeutung. Aufsuchende Ansätze sind wahrscheinlich bereits ein besserer Weg, aber auch sie schlagen leicht fehl oder sind mit beträchtlichem Aufwand für die Vertrauensbildung verbunden, wenn die umsetzende Person nicht über denselben oder einen ähnlichen kulturellen Hintergrund wie die Zielgruppe verfügt. In dieser Situation erscheint es vielversprechender und auch sehr naheliegend, Vertreter von Migrantenorganisationen davon zu überzeugen, öffentlich geförderte Maßnahmen mitzugestalten, in ihren Netzwerken zu propagieren und aktiv Vermittlungsarbeit zu leisten. Dafür müsste jedoch auf staatlicher Seite auch die Bereitschaft vorhanden sein, auf die etablierten Strukturen in den betreffenden sozialen Netzwerken einzugehen, dahingehend bereits existierende Kooperationsstrukturen zu überdenken und auch Verantwortung abzugeben.

Zuletzt sind noch Sichtweisen zur individuellen Situation anzufügen. Hierbei handelt es sich beispielsweise um Annahmen zu persönlichen Restriktionen: *„Man kann anders denken, aber sollte sich gegenseitig respektieren, [...] wir haben nicht die Kraft und auch nicht die Möglichkeiten dazu, diese Barrieren durchzubrechen"* (M5: 67). Dieser Akteur klagt über zu wenig Energie, um gegen Vorurteile gegen ihn oder Bürger mit Migrationshintergrund im Generellen vorzugehen. Seine knapp bemessene Zeit investiert er lieber in die Erfüllung seiner Pflichten innerhalb der eigenen Organisation. Mit dieser Ausgangslage ist es unwahrscheinlich, dass dieser Akteur von sich aus versucht, Zugang zu kooperativen Politikprozessen zu finden. Entweder er ändert seine Prioritäten oder andere Akteure müssen auf ihn zugehen. Andere der befragten Vertreter von Migrantenorganisationen stellen jedoch auch persönliche Fähigkeiten in den Vordergrund. Dies zeigt sich beispielsweise in einer Aussage, die die eigene interkulturelle Kompetenz betont: *„[...] was sind meine Fähigkeiten in dem Sinne, das ist, ich kann Deutsch, ich kenne beide Kulturen sehr sehr gut, auch bedingt durch meine Familie, also ich habe einen deutschen Elternteil und einen türkischen Elternteil, ich war auch sehr lange in der Türkei, habe dort gelebt, ich kenne beide Teile sehr gut"* (M1: 15). Eine weitere Äußerung thematisiert das hohe Maß an Kompetenz, welches sich Migrantenorganisationen zum Teil erworben haben, weil sie das staatliche Versäumnis, sich um Bürger mit Migrationshintergrund angemessen zu kümmern, bereits über lange Zeit hinweg kompensiert haben: *„[...] weil der Staat das ein bisschen versäumt hat. Er hat nicht überall helfen können und dann mussten halt private Vereine gegründet werden, [...] wir als Muslime, die Palette hat gefehlt"* (M2: 31). Die letzten beiden zitierten Annahmen zeugen von Selbstbewusstsein und möglicherweise auch Stolz der Migrantenvertreter über die eigenen Errungenschaften. Hier würde es sich gut anbieten, den Vertretern von Migrantenorganisationen Anerkennung und Wertschätzung zu vermitteln. Ebenso berichten die Migrantenvertreter über organisationelle Kapazitäten oder Barrieren. In den Migrantenorganisationen gelingt es beispielsweise, den Mitgliedern Fürsorge zu bieten. Allerdings ist man in den Organisationen auch bestimmten Zwängen oder Abhängigkeiten unterworfen. Es kommt zum Beispiel vor, dass Aktivitäten oder Projekte, im folgenden Zitat geht es um Einzelberatung im Bildungsbereich, öffentlich finanziert werden: *„Ja, natürlich, der Allgemeine Sozialdienst finanziert uns"* (M3: 37). Mit Inanspruchnahme öffentlicher Mittel ist natürlich auch eine bestimmte Form der Rechenschaftspflicht verbunden. Weitere Beispiele, aus denen Zwänge oder Barrieren für Migrantenorganisationen erwachsen könnten, sind unter anderem Auflagen, beschränkte Kapazitäten oder ein negativ konnotiertes Image in der Gesellschaft[52]. Des Weiteren geben die Vertreter von Migrantenorganisationen auch Annahmen zur internen Ablauforganisation in ihrer Organisation wieder. Genauso wie bei anderen Vereinen, kann es auch in den auf ehrenamtliches Engagement angewiesenen Migrantenorganisationen schwer sein, genügend Freiwillige für verantwortungstragende Rollen oder Ämter zu finden: *„[...] also es würde mir gefallen, wenn sich mehrere Personen für das Amt als Vorsitzender präsentieren würden und dass das ein bisschen mehr umeifert und umworben wird, aber das ist leider nicht der Fall. [...] Ja, ehrenamtlich, macht man nicht so gerne"* (M5: 58). Unter diesen Umständen könnte es für die Vertreter von Migrantenorganisationen von Interesse sein, sich auf Kooperationen der integrierten und sozialen Stadtentwicklung einzulassen, wenn sie dadurch eine gewisse Entlastung erwarten dürfen. Ein zusätzliches Beispiel zu artikulierten Annahmen zur internen Ablauforganisation ist der informelle Charakter vieler Prozesse. Dies macht Abläufe in Migrantenorganisationen für Außenstehende gegebenenfalls sehr undurchsichtig: *„Wie gesagt, es läuft ja auch mehr, vieles mehr so auf privater Ebene. Es gibt viel, bei den meisten gibt es auch gar keine Vereine und man trifft sich trotzdem so in den eigenen vier Wänden und liest halt, macht seine Lesungen. Es ist nicht sehr publikumswirksam, man hört kaum was. Also wir gehen auch nicht zu sehr in die Öffentlichkeit"* (M4: 54). Wenn ein Externer den Zugang zu der hier angesprochenen Organisation sucht, sollte er sich auf diese Umgangsformen einlassen und sie zuvorderst respektieren. Man könnte natürlich argumentieren, dass es leichter für viele Beteiligten in der sozialen Stadtentwicklung wäre, wenn die Strukturen bei bestimmten Migrantenorganisationen durchsichtiger wären. Man könnte jedoch auch zu dem Umkehrschluss kommen, dass sich die Kooperationsstrukturen in der sozialen Stadtentwicklung und die Handlungsrationalitäten der dortigen Kooperationsbeteiligten für die Handlungsgewohnheiten in den Migrantenorganisationen öffnen müssen oder

---

[52] Manche muslimische Organisationen stehen unter dem Verdacht der Verfassungsfeindlichkeit. Andere Akteure meiden daher möglicherweise den Kontakt mit ihnen bzw. wollen öffentlich nicht mit ihnen in Verbindung gebracht werden.

informeller, persönlicher und flexibler werden sollten. Eine tragfähige Lösung kann sicherlich nur durch Aufeinanderzugehen und Verhandlung gefunden werden.

Wertvorstellungen

Die ausgesprochenen Wertvorstellungen (siehe Abbildung 54) thematisieren einerseits Forderungen an die Gesellschaft und andererseits persönliche Ansprüche an einen selbst.

Die gestellten Forderungen an die Gesellschaft geben an vorderster Stelle den Wunsch nach Respekt und Anerkennung der eigenen Person oder des eigenen Handelns wieder. Dies hat sich bei den Annahmen bereits vielfach angedeutet und kommt beispielsweise bei der folgenden Aussage zum Ausdruck, dass die eigene Meinung ernst genommen werden sollte, wenn man in kooperativen Politikprozessen konsultiert wird: *„Also, stell dir vor, die kommen zu uns und sagen, wie können wir Kontakt [zu den Jugendlichen, Anmerk. d. Ver.] aufnehmen, also wenn ich gefragt werde, dann muss man meine Antwort auch respektieren"* (M3: 42). Ebenso ist den Migrantenvertretern Freiheit und Selbstbestimmung wichtig. Sie äußern oft Unmut darüber, dass viele Angelegenheiten, die Bürger mit Migrationshintergrund betreffen, hinter ihrem Rücken ausgehandelt werden: *„[...] man soll auch die Muslime selber fragen, in der Hinsicht, ok, es ist das passiert und nicht über die reden, sondern mit ihnen [...]"* (M5: 68). Eine weitere Wertvorstellung, die sich fordernd an die Gesellschaft richtet, betont die Wichtigkeit von Dialog und Verständigung. Dies wird als Fundament für mehr gegenseitige Anerkennung und Wertschätzung angesehen: *„Mir fehlt es manchmal, dass die Nachbarschaft, [...] Sie haben ja gesehen, wir machen eine ganze Menge an Integration, an Jugendarbeit, Seelsorge usw. und mittlerweile sollte man uns schon irgendwie kennen, [...] wir sind, glaube ich, ein Teil der Gesellschaft, der vieles dafür leistet. Und das sollte man ein bisschen anerkennen, also nicht auf die große Leinwand schreiben oder beamen, aber man sollte das schon ein bisschen anerkennen und das fehlt immer noch"* (M2: 32). Das Zitat spricht nicht nur die deutsche Aufnahmegesellschaft, sondern auch die Bürger mit Migrationshintergrund an, die sich ebenfalls um mehr Dialog und Verständigung bemühen sollten. Diese Perspektive lässt bei dem betroffenen Akteur die Bereitschaft zu gemeinschaftlichen Lösungen vermuten. Hier könnte man bei Aktivierungsversuchen ansetzen. Zuletzt wünschen sich die Migrantenvertreter eine Gesellschaft, in der sie echte Teilhabemöglichkeiten besitzen: *„Letztendlich müssen die Fähigkeiten erstmal entdeckt werden und dazu ist es wichtig, dass man uns ins Stadtleben mit integriert, mit einbindet [...]"* (M4: 55). Hier wird zum wiederholten Male eine Unzufriedenheit mit der eigenen gesellschaftlichen Position bzw. mit der Fremdwahrnehmung der eigenen Personen oder Gruppe und der Wunsch nach diesbezüglicher Veränderung deutlich.

Des Weiteren sprechen die betrachteten Vertreter von Migrantenorganisationen auch Wertvorstellungen an, die persönliche Ansprüche an die eigene Lebensgestaltung wiedergeben. Die Migrantenvertreter heben die Bedeutung von Gemeinschaft hervor, beispielsweise in Form eines aktiven Gemeindelebens: *„Unser Ziel ist, eine stabile und gesunde Gemeinde in Deutschland, überall, aber für uns in München, zu behalten und weiterzuentwickeln [...]"* (M5: 65). Oft wird dies auch im Zusammenhang von Religionsausübung oder religiöser Erziehung genannt: *„Also für uns ist natürlich wichtig, erstmal von der Gemeinde ist es unsere religiöse Ausübung und das ist unsere tägliche Gebetsausübung, dass wir die Räume dafür zur Verfügung haben. Also einmal in der Woche das Freitagsgebet auszurichten und von unseren Gemeindemitgliedern her ist es natürlich wichtig, unsere Kinder, dass sie auch unsere Religion und Kultur auch mitbekommen, also, es gibt leider nicht so viele Möglichkeiten, es ihnen anderswo oder in der Schule, es ihnen zu vermitteln [...]"* (M5: 58). Der Akteur, der hier zu Wort kommt, bemängelt deutlich die mangelnde gesellschaftliche Anerkennung einer islamisch geprägten Lebensgestaltung. Für die befragten Vertreter von Migrantenorganisationen scheint Glaube und eine moralische Erziehung jedoch sehr wichtig zu sein, was sich auch in einem großen Teil ihres Alltags wiederspiegelt: *„[...] wir müssen Menschen erziehen, die wahrhaftig sind. [...] Wahrhaftig ist man dann, wenn man es wirklich nur alleine um Gottes Willen tut, und sonst keinen anderen Hintergrund"* (M4: 48). Kooperationsbeteiligten in der sozialen Stadtentwicklung fällt es möglicherweise schwer, dies richtig einzuordnen und diese Wertvorstellungen angemessen zu würdigen, weil Glaubensfragen in der heutigen Gesellschaft zunehmend eine marginalisierte Rolle einnehmen und Akteuren der muslimische Glaube gegebenenfalls fremd erscheint. Die möglicherweise hier bestehenden mentalen Barrieren können nur durch mehr Verständigung abgebaut werden. Neben Glaubensfragen und religiöser Gemeinschaft betonen die befragten Personen auch vielfach den Anspruch, sich persönlich zu engagieren. Hierbei ist es ihnen beispielsweise wichtig, sich für andere Leute und gesellschaftliche Verbesserungen selbst einzusetzen und möglicherweise auch als Vorbild zu agieren: *„[...] ich habe als Vater das für meine Kinder geschafft und das können die anderen auch. [...] ich habe da immer versucht, einigen Eltern als Beispiel zu dienen, weil viele Eltern immer wieder behauptet haben, es gäbe in Deutschland für die Migranten keine Chance"* (M3: 39). Es ist ihnen darüberhinaus auch ein Anliegen, die Menschen in ihrem eigenen sozialen Netzwerk bzw. im Umfeld ihrer Organisation nicht zu enttäuschen und für sie bei Bedarf zuverlässig da zu sein: *„[...] also wenn Probleme da sind, dann sind wir da [...]. Und da sollen die Leute nicht enttäuscht werden [...]"* (M3: 41). Bei den letzten beiden Zitaten bestätigt sich nochmals der Eindruck, dass es den Migrantenvertretern sehr wichtig ist, die Selbsthilfestrukturen in ihrem sozialen Netzwerk zu unterstützen und zu pflegen. Zuletzt wurde von den Migrantenvertretern auch der persönliche Anspruch formuliert, dass man sich zielorientiert engagiert und nicht in der Diskussion von Problemen verliert: *„Wenn es ein Problem gibt in der Schule, dann können wir das vielleicht lösen, also ganz konkret ergebnisorientiert eigentlich. Und die Sachen sind mir so wichtig, dass ich einfach sage, Ok das mache ich jetzt"* (M1: 15f.). Dieser hier artikulierte Vorsatz kann im Kooperationsprozess sehr wertvoll sein, wenn die Beteiligten Gefahr laufen, sich in Grundsatzdiskussionen zu verausgaben und in Folge für die Umsetzung konkreter Maßnahmen nicht mehr ausreichend Ressourcen zur Verfügen stehen. Wenn auf Problem- und Lösungsdefinitionen keine Umsetzung erfolgt, kann dies sehr frustrierend für beteiligte und betroffene Akteure wirken. Deshalb hilft es in Kooperationsprozessen, wenn Akteuren eine Zielorientierung wichtig ist und man ohne große Widerstände zu befürchten, darauf verweisen kann.

Quelle: Eigene Darstellung.

Abb. 54 Migrantenorganisationen – Wertvorstellungen

4.2.4 Rationalität(en) der Schulen

4.2.4.1 Identitätsstiftende Rollen

Die befragten Vertreter von Schulen sehen sich bezüglich ihres Selbstbildes (siehe Abbildung 55) in Führungsrollen, in ermöglichenden sowie partnerschaftlichen Rollen und in konsultierten und Passivrollen.

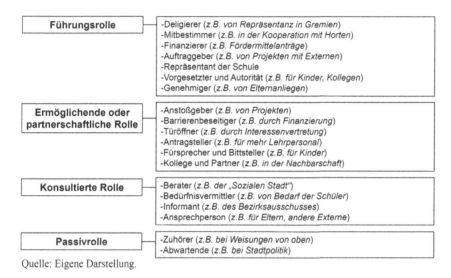

Quelle: Eigene Darstellung.

Abb. 55 Schulen - Identitätsstiftende Rollen

Die Ausübung von Führungsrollen nimmt gemäß den Aussagen der befragten Personen viel Raum im Arbeitsalltag der Schulvertreter ein. Dies machen sie daran fest, dass sie beispielsweise ihre Organisation nach außen hin repräsentieren und in dieser Vertreterfunktion auch Entscheidungen in Kooperationsprojekten mit Partnern treffen. Unter Umständen treten sie auch gegenüber Externen als Auftraggeber auf, wenn diese für unterrichtsbegleitende Maßnahmen an die Schule geholt werden oder eigene Projekte anbieten: *„Manchmal bin ich auch Auftraggeber oder ich bin die Finanzierungshilfe [...]"* (S3: 32). Für unterrichtsbegleitende Kooperationen oder das normale Schulbudget sprengende Projekte von Lehrern rutschen die Schulvertreter auch in die Rolle eines Finanzierers, der möglicherweise Fördermittelanträge stellt, z.B. beim Verfügungsfonds der „Sozialen Stadt RaBal". Innerhalb der eigenen Organisation üben die Vertreter von

Schulen gegebenenfalls gegenüber Schülern oder Lehrerkollegen die Rolle eines Vorgesetzten oder einer Autorität mit Weisungsbefugnissen aus: *„[...] ich bin Ansprechpartner für meine Kollegen, ich bin natürlich auch Vorgesetzter meiner Kollegen"* (S4: 41). In diesem hierarchischen Beziehungsverhältnis kommt es auch vor, dass die Schulvertreter als Aufgaben weiterdelegieren oder als Genehmigungsinstanz auftreten. Genehmigungen oder deren Verweigerung müssen sie auch gegenüber Eltern aussprechen. Die Führungsverantwortung von Schulvertretern ist beachtlich. Sie sind es gewohnt, viele unterschiedliche Beteiligte und Betroffene und parallel laufende Projekte im Schulalltag zu koordinieren bzw. anzuleiten. Dabei verfügen sie in der Regel über sehr begrenzte Ressourcen, was sie möglicherweise zu kreativen und kooperativen Lösungswegen motiviert, um das eigene Klientel, die Schüler, optimal zu fördern. Der hierbei gesammelte Erfahrungsschatz der Schulvertreter und ihre dabei womöglich gesammelten Führungskompetenzen sind in Kooperationen der integrierten und sozialen Stadtentwicklung sehr hilfreich. Allerdings kommt es bei Schulvertretern oft vor, dass sie überlastet sind und vor Kooperationen, die über den unmittelbaren Schulbetrieb hinaus gehen, zurückscheuen.

Des Weiteren sehen sich die Schulvertreter auch in ermöglichenden oder partnerschaftlichen Rollen. Sie verstehen sich beispielsweise als Anstoßgeber von Projekten: *„Ja, Anstöße zu geben, aber unter Umständen auch Hindernisse aus dem Weg zu räumen [...]"* (S1: 7). Dies gelingt ihnen dadurch, indem sie eine Situationsanalyse abgeben und einen bestimmten Bedarf gegenüber öffentlichen Stellen feststellen. Aufgrund ihrer vielseitigen Kontakte können sie auch Barrieren, die Projekten entgegenstehen, beseitigen helfen und den Zugang zu Geldquellen vermitteln. Zudem treten sie als Antragssteller für beispielsweise mehr Lehrpersonal in Erscheinung oder fungieren als Türöffner zu wichtigen Unterstützern. Die Schule ist ein geeigneter Ort, um mediale Steuerungsmittel zu generieren, weil die Schule in der Mitte der Gesellschaft steht und die Aufmerksamkeit vieler Akteure gleichzeitig genießt. Darüberhinaus sehen sich die Vertreter von Schulen auch als Fürsprecher bzw. Bittsteller für ihre Klientel, also in erster Linie die eigenen Schüler. In der Nachbarschaft oder im Kontakt mit sozialen Einrichtungen verstehen sie sich als Kollegen oder Partner: *„Schulsozialarbeit bin ich also, das ist eine ganz andere Ebene, da bin ich auch keine Vorgesetzte, sondern eben auch eine gute Kollegin. Wir betrachten uns irgendwie gleichgestellt und ziehen also wirklich sozial immer am gleichen Strang, also auf der Ebene"* (S4: 41).

Schulvertreter finden sich in ihrer Eigenwahrnehmung auch oft in konsultierten Rollen wieder. Aufgrund ihrer tragenden Funktion im Bildungsbereich und ihrem vielfältigen Kontakt zu Kindern, Jugendlichen und gegebenenfalls auch deren Eltern werden sie oft als Berater konsultiert. In folgendem Zitat trifft dies gegenüber der „Sozialen Stadt RaBal" zu: *„Beratende Funktion. In den meisten ist es Beratung. Was jetzt die Soziale Stadt betrifft, versuche ich, das was unsere Schule bewegt, was wir brauchen, was wir auch bereit sind einzubringen, das versuche ich zu vermitteln und dann hoffe ich, dass das auf einen positiven Widerhall stößt"* (S2: 19). Ebenso kommt es vor, dass sie als Informanten zu bestimmten Themen beispielsweise vom Bezirksausschuss oder als Ansprechpersonen für konkrete Probleme von Eltern konsultiert werden. Schließlich verstehen sich die befragten Schulvertreter noch in bestimmten Situationen in Passivrollen. Dies gilt beispielsweise dafür, wenn sie Direktiven von oben Folge leisten oder Stadtratsentscheidungen abwarten müssen.

4.2.4.2 Aufenthaltsorte und Kooperationspartner

Die eigenen Rollen üben die befragten Vertreter von Schulen an konkreten Örtlichkeiten und im Kontakt mit bestimmten Kooperationspartnern (siehe Abbildung 56) aus.

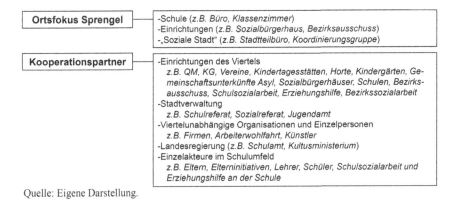

Quelle: Eigene Darstellung.

Abb. 56 Schulen - Aufenthaltsorte und Kooperationspartner

Der Ortsfokus der Schulvertreter liegt eindeutig im eigenen Sprengel. Dort halten sie sich überwiegend an der Schule, in anderen öffentlichen Einrichtungen und teils in den Arbeitsgremien der „Sozialen Stadt" auf. Die bei weitem größte Gruppe von Kooperationspartnern der Schulvertreter sind Einrichtungen des Viertels (z.B. Quartiersmanagement, Koordinierungsgruppe, Kindertagesstätten, Kindergärten, Horte, Sozialbürgerhäuser, Bezirkssozialarbeit, Bezirksausschuss) und die Stadtverwaltung (z.b. Schulreferat, Sozialreferat, Jugendamt). Des Weiteren kooperieren sie auch mit viertelunabhängigen Organisationen und Einzelpersonen (z.b. Firmen, Arbeiterwohlfahrt, Künstler), der Landesregierung (z.b. staatliches Schulamt, Kultusministerium) und Einzelakteuren im Schulumfeld (z.b. Eltern, Elterninitiativen, Lehrer). Die Vertreter von Schulen stehen in ihrem Arbeitsalltag mit einer Vielzahl an Akteuren in Kontakt und sind darauf angewiesen, eine effektive Netzwerkarbeit zu betreiben. In Kooperationen der sozialen Stadtentwicklung können die Beteiligten viel von diesem Netzwerk profitieren. Allerdings ist dies oft nur sehr eingeschränkt möglich, weil die Schulvertreter mit ihren Alltagsaufgaben überlastet sind. Es müssten Wege gefunden werden, die Schulvertreter derart zu entlasten, dass die Netzwerke von Schulen zur Realisierung von demokratischen Aushandlungsprozessen möglichst umfassend genutzt werden können.

4.2.4.3 Tätigkeiten und Fähigkeiten

Die Tätigkeiten und Fähigkeiten der betrachteten Vertreter von Schulen lassen sich erneut in unmittelbare Mitgestaltung, mittelbare Einflussnahme, Generierung von Finanzmitteln und Organisation von Akzeptanz unterteilen.

Unmittelbare Mitgestaltung

Die unmittelbare Mitgestaltung (siehe Abbildung 57) ist den Vertretern von Schulen unter anderem über Führungsarbeit möglich. Ihre Führungstätigkeiten umfassen beispielsweise die Motivation von eigenen Mitarbeitern, Unterricht, Konzeptarbeit oder Management. Letzteres zeigt sich exemplarisch daran, dass die Schulvertreter Projektmanagement betreiben und möglicherweise dadurch außerschulische Fachkräfte in den fortlaufenden Unterricht integrieren: *„Es ist was anderes, wenn Lehrer Unterricht machen, als wenn außerschulische Fachkräfte kommen, und das muss man integrieren in die schulische Arbeit. [...] ich schaffe einen Rahmen, wo das geht, [...] das, was man, glaube ich, auch in der freien Wirtschaft auch als Projektmanagement bezeichnet, ist hier genauso notwendig"* (S3: 29f.). Ein weiteres Beispiel sind Bemühungen, für die Projektbeteiligung von Lehrern Anrechnungsstunden zu organisieren, um die Lehrkräfte zu entlasten: *„[...] von schulischer Seite, hat eine Kollegin zwei Anrechnungsstunden bekommen zu dieser Projektbetreuung, weil es ist ja eine ganze Menge, was man da an Telefonaten und so weiter und Kontakten dann pflegen muss [...]"* (S1: 4). Des Weiteren können Schulvertreter über kooperative Leistungserbringung unmittelbar mitgestalten. Dies kann, wie bereits bei der Integration von externen Fachkräften in den Unterrichtsalltag angeklungen, die Bereitstellung von zusätzlichen Förderangeboten betreffen. Teilweise werden mit Nachbarorganisationen auch gemeinsam Feste ausgerichtet. Zudem findet kooperative Leistungserbringung auch bei der Realisierung von umfassender Betreuung und aufsuchender Beratung statt. Schulvertreter kooperieren hier beispielsweise mit Kindergärten, Horten oder Asylbewerberheimen: *„Wir treffen uns dreimal im Jahr mit den Kindergärten, dreimal im Jahr im Schnitt mit den Horten, mit den Asylantenheimen fahren wir sozusagen auf vier Spuren, das ist zum einen die Hausaufgabenbetreuung, zum anderen dann so ein bisschen Beratung, Lernberatung, zum dritten ist es, welche Materialien, welche Schulmaterialien brauchen die Kinder und zum vierten ist es die Elternberatung"* (S2: 10). Bei Einzelfallproblemen mit Schülern oder deren Familien betreiben die Schulvertreter auch viel aufsuchende Sozialarbeit in Zusammenarbeit mit den lokalen Sozialbürgerhäusern: *„Also wenn wir jetzt sagen, oh in der Familie, da brennt es, da ist das und das los offenbar, dann wenden wir uns an das Sozialbürgerhaus und [...] und dann versprechen die, [...] wir versuchen da irgendwie reinzugehen in die Familien und irgendwie Hilfen anzubieten"* (S4: 37). Eine gute Förderung bzw. Unterstützung der vielen unterschiedlichen Schülerpersönlichkeiten im Schulalltag hängt sehr davon ab, wie gut Schulen im Lehrerkollegium, mit den Eltern und Schülern und mit externen Einrichtungen und Personen zusammenarbeiten. Schulvertreter sind es daher gewöhnt, kooperativ zu arbeiten. Der Schulbetrieb bietet insofern aufgrund dieser bereits existierenden und bewährten kooperativen Arbeitsstrukturen viele Synergien für Kooperationen in der sozialen Stadtentwicklung. Oft erscheint es jedoch fraglich, ob das Kollegium in Schulen solch eine stärkere Verschränkung selbst voranbringen kann, weil Schulleitung und Lehrer arbeitstechnisch bereits tendenziell überlastet sind.

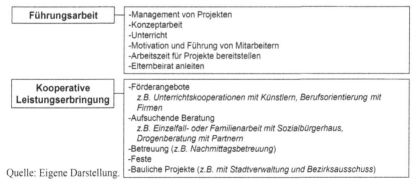

Quelle: Eigene Darstellung.

Abb. 57 Schulen - Unmittelbare Mitgestaltung

Mittelbare Einflussnahme

Die mittelbare Einflussnahme (siehe Abbildung 58) ist den Schulvertretern mitunter durch Zielgruppenarbeit, wie zum Beispiel Einzelfall- und Familienarbeit, Beratung von Eltern und Förderangeboten für Schüler, möglich. Mittelbar ist die Einflussnahme deshalb, weil die Wirksamkeit davon abhängt, ob die Leistungsempfänger ein Angebot annehmen und wie sie in Folge dessen handeln. Eltern mit Migrationshintergrund haben beispielsweise oft Hemmungen, in Kontakt mit den Schulen zu treten, hier ist es von großer Wichtigkeit, Anstrengungen zur Bildung eines grundlegenden Vertrauensverhältnisses zu leisten: *„Also unsere Möglichkeiten, sage ich jetzt mal, sind praktisch die, vertrauensbildende Maßnahmen zu initiieren und durchzuführen"* (S1: 5). Außerdem können die Schulvertreter über Meinungsaustausch mittelbar Einfluss nehmen. Dies geschieht auf bilateraler Ebene oder in Gremien: *„Ich diskutiere mit [in der Koordinierungsgruppe, Anmerk. d. Ver.], so wie auch die Person D von der Nachbarschule das macht [...]"* (S2: 16). Vertreter von Schulen nehmen jedoch gegebenenfalls auch mittelbar Einfluss, indem sie Forderungen gegenüber Akteuren, zum Beispiel für mehr Ausbildungsplätze gegenüber der Politik, stellen. Es kommt auch vor, dass sie zum Wohle ihrer Schüler gerichtlich etwas einklagen: *„Ich gehe auch vor das Familiengericht, also wenn ich das Gefühl habe, da passiert mir jetzt zu wenig; [...] ich bin eine staatliche Institution, die auch die Aufgabe hat, über also Kinder zu schützen und das gehört zu meiner Profession"* (S3: 27). Aufgrund des alltäglichen Umgangs mit Schülern und Bildungsproblemen im Schulumfeld besitzt die Position von Schulvertretern in Diskussionen, Gremien oder Auseinandersetzungen viel Überzeugungskraft. Schulvertreter sind dadurch gute Verbündete, um mediale Steuerungsmittel zu generieren bzw. einzufordern. Vertreter von Schulen können diesbezüglich auch über Verhandlungen mit vorgesetzten Verwaltungsstellen mittelbar Einfluss nehmen. Die Verhandlungspartner sind hier neben dem kommunalen Schulreferat in erster Linie das staatliche Schulamt: *„Im Schulamt, da geht es mehr um Schulaufsichtsbereiche. [...] Das Schulamt, das hat ja die Schulaufsicht, da geht es praktisch dann um diese Dinge. Da kann es um Lehrkräfte gehen, da kann es drum gehen, irgendwelche Dinge umzusetzen, die also von der Regierung gefordert werden, die vom Kultusministerium gefordert werden"* (S4: 34). Zuletzt üben Schulvertreter auch mittelbar Einfluss aus, weil sie in der unterrichtsfreien Zeit über ein beträchtliches Maß an Räumlichkeiten verfügen und diese beispielsweise für Sitzungen des Bezirksausschusses zur Verfügung stellen können. Gegebenenfalls werden durch diese gesteigerte Präsenz Belange der Schulen etwas mehr in den Fokus der Aufmerksamkeit gerückt.

Quelle: Eigene Darstellung.

Abb. 58 Schulen - Mittelbare Einflussnahme

Generierung von Geld

Das Generieren von Geld (Abbildung 59) gelingt Schulvertretern unter anderem mittels der Finanzierung von Stellen und Ausstattung oder unter Umständen auch Projektfinanzierung über das Schulamt oder Schulreferat: *„Ich kann also nur mit guten Argumenten sagen, wir haben eine Projektplanung und das wäre unser Ziel und das wären unsere einzelnen Maßnahmen, können wir das Geld dafür bekommen?"* (S1: 3). Überdies können die Schulvertreter Fördermittel beispielsweise über den Bezirksausschuss oder die „Soziale Stadt RaBal" beantragen: *„Wir haben mit dem Bezirksausschuss auch schon zusammen Projekte gemacht, wie zum Beispiel das Projekt „Zum Anfassen". Da bekomme ich dann vom Bezirksausschuss Geld, also Finanzmittel, Zuschüsse"* (S3: 24). Zuletzt nehmen die Vertreter von Schulen auch regelmäßig die Möglichkeit wahr, für konkrete Projekte Sponsoren aus der Zivilgesellschaft oder der Wirtschaft zu werben: *„[...] dann haben sich hier 11 Betriebe, Firmen gemeldet, die jeweils kleinere und größere Summen gespendet haben, die wir dann unmittelbar für den Sportunterricht eingesetzt haben"* (S2: 9).

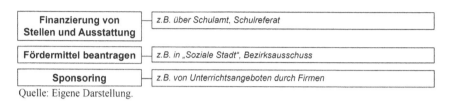

Quelle: Eigene Darstellung.

Abb. 59 Schulen - Generierung von Geld

Organisation von Akzeptanz

Zur Organisation von Akzeptanz (siehe Abbildung 60) können die Vertreter von Schulen durch Interessenvertretung und Überzeugungsarbeit – zum Beispiel in Diskussionen der „Sozialen Stadt", gegenüber der Verwaltung oder in den lokalen Bezirksausschüssen – beitragen: *„Im Bezirksausschuss zum Beispiel, da wird diskutiert, können wir Wünsche äußern, [...] was ich irgendwie brauche mehr, Umbau, Anbau eventuell, mehr Platz, dass mir vielleicht Klassenzimmer fehlen, dass ich das zu wenige Freizeitanlagen für unsere Schüler da sind"* (S4: 34). Situationsanalysen der Schulvertreter können im Rahmen dessen ein adäquates Mittel sein, um Akzeptanz für eine bestimmte Position zu generieren. Als Experten im Bildungs- und Erziehungsbereich und bei der Analyse von Problemen im Viertel im Generellen wird Schulvertretern in der Regel eine große Kompetenz zugesprochen: *„Wir sind die Fachleute für Erziehung und Unterricht in der Schule und wir beraten also gerne, wenn es drum geht, was tut dem Kind gut für die Schule [...]"* (S2: 17). Zuletzt organisieren die Schulvertreter auch über Öffentlichkeitsarbeit Akzeptanz. Sie können zum Beispiel Werbung für die Arbeit ihrer Organisation machen, wenn sie diese nach außen persönlich repräsentieren: *„Dann vertrete ich die Schule natürlich auch nach außen, dass heißt also ich habe Termine im Schulamt, ich habe Termine mit der Stadt im Schulreferat, das ist verteilt, je nachdem, wo diese Dinge stattfinden"* (S4: 33).

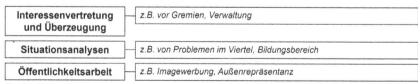

Quelle: Eigene Darstellung.

Abb. 60 Schulen - Organisation von Akzeptanz

4.2.4.4 Einstellungen

Die Einstellungen der betrachteten Vertreter von Schulen umfassen Annahmen zu Kooperation, Möglichkeitsgrenzen der Institution Schule, zu bestimmten Themen und Akteuren und Wertvorstellungen bezüglich Bildung, Solidarität und Chancengleichheit.

Annahmen

Bei den artikulierten Annahmen (siehe Abbildung 61) fällt auf, dass die Arbeit von Schulen stark auf Kooperation ausgelegt ist.

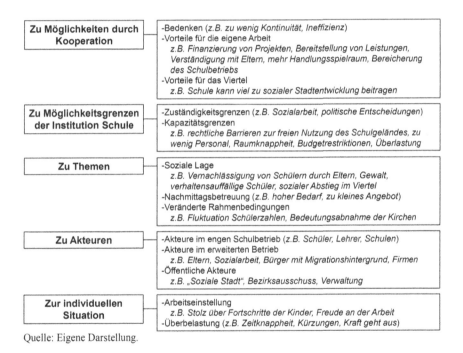

Quelle: Eigene Darstellung.

Abb. 61 Schulen – Annahmen

Kooperation bewirkt in den Augen der befragten Personen nicht immer nur positive Ergebnisse, weil die dadurch realisierten Projekte oft nicht von Dauer sind: *„[...] ich arbeite mit ganz viel unterschiedlichen Institutionen zusammen und* *mach das auch, ich finde das spannend, mir wäre es halt lieber, wenn auch wirklich was konkret dabei rauskommen würde. Wenn man wirklich sich vernetzen könnte und dann aus den verschiedenen Positionen raus etwas entwickeln könnte und ich glaube auch, dass das in dem Stadtteil ganz arg notwendig wäre"* (S3: 28). Die hier sprechende Person bemängelt, dass es viel Aufwand erfordert, Projekte zu initiieren bzw. zu implementieren und die dafür notwendigen Netzwerke aufzubauen und zu pflegen. Angesichts dessen ist es schade, wenn die hier geschaffenen Strukturen nicht verstetigt werden, sondern fortlaufend danach getrachtet wird, neue Pilotvorhaben zu konzipieren. Kooperation ist jedoch eine wichtige Säule im Arbeitsalltag der Vertreter von Schulen. Die artikulierten Annahmen der Schulvertreter spiegeln deren Überzeugung wieder, dass sie durch Kooperation viele Vorteile für die eigene Arbeit erzielen können. Das betrifft beispielsweise die Finanzierung von Projekten, aber auch die Möglichkeit, bestimmte Leistungen bereitzustellen oder sich besser mit Eltern verständigen zu können. Hinsichtlich der Verständigung mit Eltern mit Migrationshintergrund zum Beispiel sind die Schulvertreter oft darauf angewiesen, die Hilfe von Vermittlern in Anspruch zu nehmen, weil sie aus eigener Kraft den Zugang nicht schaffen: *„Und da haben wir oft gar keine Möglichkeit mehr unsere, ich sag mal, guten Argumente also rüberzubringen und die Eltern dafür aufzuschließen und da bräuchten wir also immer jemanden, der, zum Beispiel also ein türkischer Sozialarbeiter oder Schulberater oder wer auch immer, da sitzt und den Eltern das anders klar macht [...]"* (S1: 5). Schließlich kommt in den Aussagen der Schulvertreter noch zum Ausdruck, dass ihrer Ansicht nach Kooperation auch viele Vorteile für das Viertel birgt. Die Kooperationen, die im Kontext des Schulbetriebs zustande kommen, tragen nicht nur zur Herstellung von Bildungsgerechtigkeit bei, sondern stellen auch einen beträchtlichen Beitrag zur sozialen Stadtentwicklung im Viertel dar: *„Uns ist wichtig, dass die Kinder, die wir haben, dass die hierherkommen und die Eltern sagen, das ist eine gute Schule, da kriegen die Kinder viel mit. Das ist für uns wichtig und ich glaube, wenn wir diese Aufgabe erfüllen, dann tragen wir zur Entwicklung des Stadtteils viel bei"* (S2: 18). Schulvertreter sind gegenüber kooperativem Arbeiten prinzipiell sehr aufgeschlossen, weil sie eine solche Arbeitsweise in ihrem Arbeitsalltag gewohnt sind und auch darauf angewiesen zu sein scheinen. Es ist deshalb davon auszugehen, dass es keiner großen Überzeugungsarbeit bedarf, Schulvertreter von der Wichtigkeit ihrer Beteiligung an Kooperationen der sozialen und integrierten Stadtentwicklung zu überreden. Es scheint jedoch erforderlich zu sein, gemeinsam nach Lösungen zu suchen, um diverse Beteiligungsbarrieren, die Schulvertreter für sich wahrnehmen, zu beseitigen.

Bei den genannten Annahmen der Vertreter von Schulen ist auffällig, dass die befragten Personen viel über Möglichkeitsgrenzen der eigenen Institution sprechen. Es entsteht der Eindruck, dass Schulvertreter sich mit großen Leistungserwartungen konfrontiert sehen und die verfügbaren Ressourcen zu deren Erfüllung tendenziell nicht ausreichen oder Restriktionen ihrem konkreten Einsatz entgegenstehen. So müssen Schulen beispielsweise bestimmte Zuständigkeitsgrenzen beachten. Dies offenbart sich möglicherweise, wenn sie bei politischen Entscheidungen, die auch direkte Auswirkungen auf den Schulalltag im Sprengel haben, wie zum Beispiel die Planung von neuen Sozialwohnungen, nicht frühzeitig beteiligt oder zu spät in Kenntnis gesetzt werden und womöglich die Auswirkungen erst bemerken, wenn sie eingetroffen sind: *„Da sind wir im Großen und Ganzen eigentlich sehr wenig eingebunden, wir erfahren leider auch immer sehr spät, erst von der Stadt, wenn wir es überhaupt erfahren, ob sich irgendwie was tut, jetzt zum Beispiel, was auch Schülerzahlen beeinflussen könnte, das könnte zum Beispiel auch Sprengelgrenzen beeinflussen, die dann geändert werden [...]"* (S4: 35). Weitere Restriktionen der Schulvertreter in der alltäglichen Arbeit sind beispielsweise rechtliche Barrieren zur freien Nutzung des Schulgeländes durch die Schüler nach Unterrichtsschluss, zu wenig Personal, Raumknappheit, Budgetrestriktionen oder Überlastung. Teilweise müssen die Schulvertreter sogar darum kämpfen, genügend Lehrkräfte für die reguläre Unterrichtszeit zusammen zu bekommen: *„Ich habe eine Lehrerzuweisung mit einer Stundenzahl, die so minimal war, dass ich bis zwei Tage vor Schulbeginn, bis zwei Werktage vor Schulbeginn nicht garantieren konnte, dass ich den lehrplangemäßen, stundentafelgemäßen Unterricht überhaupt abhalten kann"* (S3: 25). Unter diesen Umständen ist es verständlich, wenn viele Schulvertreter über zu wenig Zeit klagen und es ihnen deswegen unmöglich erscheint, an Gremiensitzungen der „Sozialen Stadt RaBal" teilzunehmen: *„Nein, also meine einzige Barriere ist praktisch das Zeitbudget, dass das für mich manchmal ein bisschen mühsam ist am Abend, also ich wohne nicht im Münchner Osten, sondern im Westen, am Abend nochmal da 17 oder 18 Uhr in so ein Gremium zu gehen"* (S1: 7f.).

Die von den Schulvertretern genannten Annahmen zu Themen behandeln die schwierigen sozialen Verhältnissen im Viertel, Nachmittagsbetreuung und veränderte gesellschaftliche Rahmenbedingungen. Bezüglich der sozialen Lage im Stadtteil wird vielfach die Häufung von sozialen Problemfällen bei Schülern und Familien angesprochen: *„[...] wir sind halt auch, gelten halt auch als Brennpunktschule. Der gesamte Ort hier ist auf jeden Fall ein Brennpunktviertel, mit Sicherheit etwas anders wie zum Beispiel der Westen und da haben wir immer wieder Fälle, die wir alleine nicht mehr lösen können und wo wir das Schulamt einschalten müssen"* (S4: 38). Oft gehen solche Phänomene auch einher mit der Vernachlässigung der Schüler durch ihre Eltern. Im Schulbetrieb sind soziale Probleme in einem Stadtgebiet in der Regel sehr stark spürbar. Deshalb können

Schulvertreter auch gegebenenfalls viel zu einer adäquaten Problemdefinition und der darauffolgenden Lösungssuche in kooperativen Politikprozessen beitragen. Nachmittagsbetreuung ist für die Schulvertreter ebenso ein wichtiges Thema, weil viele ihrer Schüler, darauf angewiesen sind. Betreuungsmöglichkeiten sind jedoch in der Regel sehr begrenzt: *„Des Weiteren haben wir von unseren 500 Kindern 120 bei uns in der Mittags- und Nachmittagsbetreuung. Das heißt die sind bis halb vier längstens hier, so dass ein großer Satz, etwa zwei Drittel unserer Schulkinder, nach der Schule nicht nach Hause gehen kann, weil da niemand ist, sondern irgendwie in eine Einrichtung muss"* (S2: 13). In Sachen Nachmittagsbetreuung zeigen die Schulvertreter ein großes Interesse, Kooperationen einzugehen. Zuletzt berichten die Vertreter von Schulen auch viel über veränderte gesellschaftliche Rahmenbedingungen, die neue Anforderungen an den Schulbetrieb stellen. Zum Beispiel müssen sich die Schulen darauf einstellen, dass viele Kinder nicht mehr in die Kinder- und Jugendarbeit der christlichen Kirchen eingebunden sind, weil sie atheistisch erzogen werden oder in immer größerem Umfang muslimischen Glaubensgemeinschaften angehören: *„Aber sind wir ehrlich, die Bindung der Kinder an die Kirchen außerhalb, die nimmt ja doch eher ab. Zumal wir viele Kinder haben, die nicht den christlichen Religionen angehören"* (S2: 19). Unter Umständen müssen die Schulvertreter auf diese Veränderungen auch hinsichtlich des Schulbetriebs reagieren. Die Einführung von islamischem Religionsunterricht ist hierfür ein populäres Beispiel.

Die ausgesprochenen Annahmen zu konkreten Akteuren thematisieren Akteure des engeren Schulbetriebes (z.B. Schüler, Schulen, Lehrer), Akteure des erweiterten Schulbetriebes (z.B. Eltern, Sozialarbeit, Unternehmen, Bürger mit Migrationshintergrund) und öffentliche Akteure (z.B. „Soziale Stadt", Bezirksausschuss, Verwaltung). Ein Beispiel für eine Annahme zur erstgenannten Gruppe von Akteuren des engeren Schulbetriebs ist die Feststellung, dass viele Schüler mit Migrationshintergrund in der Schule benachteiligt erscheinen und dem ohne eine aktive Unterstützung ihrer Eltern nur sehr schwer beizukommen ist: *„Also wir machen das deswegen, weil wir feststellen, dass unsere [...] ausländischen Schüler, das heißt immer mit Migrationshintergrund, [...] sich grundsätzlich trotz unserer auch schulischen Fördermaßnahmen schwer tun, dass wenige auf das Gymnasium gehen, dass auch die Mädchen Probleme haben überhaupt schulisch gesehen so richtig Fuß zu fassen, also wenig da von den Eltern halt gepuscht werden, dass die Mädchen was Besonderes erreichen"* (S1: 5). Schulen zeigen deshalb in der Regel ein sehr großes Interesse an Projekten oder Kooperationen, die den Kontakt und die Beziehung zu Eltern mit Migrationshintergrund verbessern sollen, und den Schulen einen besseren Zugang zu dieser Zielgruppe ermöglichen. Hier scheinen sie auf externe Unterstützung angewiesen zu sein. Die Vertreter von Schulen stellen auch immer wieder fest, dass für viele Schüler aus prekären Verhältnissen, wo die Eltern möglicherweise viel arbeiten und wenig Zeit für ihre Kinder aufbringen können, die Schule und insbesondere die Lehrkräfte eine sehr wichtige Rolle spielen: *„Für diese Kinder haben wir eine ganz wichtige Rolle. Die sehen ihre Lehrerin, ihren Lehrer öfters und intensiver als ihre Eltern und das ist nicht selten so, das ist eine Entwicklung, da dramatisiere ich gar nix, das ist so. Die Eltern haben aufgrund ihrer vielen Minijobs, die sie haben, drei vier Arbeitsstellen und sind einfach nicht mehr greifbar für die Kinder. Die sind auch nicht mehr für uns greifbar für die Schule"* (S3: 25). Solch eine Entwicklung führt dazu, dass in der Schule immer mehr Erziehungsersatzleistungen übernommen werden müssen. Um dies bewerkstelligen zu können, sind Schulvertreter in der Regel interessiert daran, sich über neue Wege und mögliche Strukturveränderungen Gedanken zu machen und an kooperativen Lösungen zu beteiligen. Die „Soziale Stadt" scheint für die Vertreter von Schulen hierfür bereits ein guter Ansatz zu sein, weil ihrer Wahrnehmung nach dadurch Veränderungsdiskussionen und besonders der Austausch mit öffentlichen Akteuren viel offener geworden ist: *„Was ich festgestellt habe, ist, dass eben auch eben in Begleitung der Sozialen Stadt, [...] dass es alles sehr viel offener geworden ist und die Problematik auch viel mehr erkannt wird"* (S4: 41). Diese Einstellung stellt für die Vertreter von Schulen einen besonderen Anreiz da, diese Entwicklung durch die eigene Beteiligung an Kooperationen zu unterstützen.

Zuletzt beinhalten die artikulierten Annahmen auch Sichtweisen zur individuellen Situation. Diese behandeln unter anderem verschiedene Einstellungen zur eigenen Arbeit, wie zum Beispiel Stolz über bestimmte Leistungen, der empfundene Aufwand von konkreten Aufgaben oder ganz persönliche Motivationslagen. Eine der befragten Personen betont beispielsweise, dass ihr die Arbeit mit Kindern großen Spaß macht und sie sich auch für ihr Wohlergehen verpflichtet fühlt: *„Also, ich bin sehr gerne Lehrer, [...] es ist nie langweilig und mir liegt bei den Kindern sehr viel am Herzen. Also ich finde Kinder und Jugendliche, also diese pubertierenden Monster mag ich sehr gerne, ich find die alle sehr spannend und die bereichern mein Leben ungemein. Und mir geht es nicht gut, wenn ich zuschaue, wie das den Bach runtergeht, wie verwahrlost die zum Teil sind, wie hilflos sie sind und wie alleingelassen und [...] ich finde das einfach sehr traurig zum Teil"* (S3: 30). In diesem Zitat kommt eine große intrinsische Motivation zum Vorschein. Möglicherweise kann das diese Person dazu antreiben, bei Kooperationen als Steuerungssubjekt eine tragende Funktion zu übernehmen. Bei den Annahmen zur individuellen Situation nehmen außerdem Bemerkungen zur eigenen Überbelastung im Arbeitsalltag recht großen Raum ein. Alle befragten Vertreter von Schulen klagen über fehlende Kraft, Stress oder Kürzungen: *„Also wir kommen eigentlich kaum zum dazwischen Aufschnaufen"*

(S4: 34). Diese deutlichen Anzeichen von Überforderung der Schulvertreter lassen vermuten, dass die Einbindung von Schulen und die Integration der dortigen Potenziale im Rahmen von Kooperationen der sozialen und integrierten Stadtentwicklung noch weit hinter dem Möglichen zurückbleiben. Die in der hauptsächlichen Verantwortung stehenden Schulvertreter können dies gar nicht leisten. In die Schulen müssten daher mehr personelle Kapazitäten verlagert werden, die sich ausschließlich um Netzwerkarbeit kümmern können und damit die Schulvertreter entlasten.

Wertvorstellungen

Die mitgeteilten Wertvorstellungen (siehe Abbildung 62) der Vertreter von Schulen bringen deren Ansichten zu gesellschaftlichen Verhältnissen und Arbeitsprozessen zum Vorschein, die den befragten Personen besonders wichtig sind. Sie betonen zum Einen die Bedeutung von Chancengleichheit. In diesem Zusammenhang halten sie beispielsweise Erziehungsersatzleistungen und eine gute Förderung und Betreuung von Schülern für sehr wichtig. Diese Einstellung lässt sich beispielsweise daran festmachen, dass die Schulvertreter eine erhebliche Benachteiligung bei Kindern bemerken, deren Eltern sich aus irgendwelchen Gründen nicht ausreichend um ihre Kinder kümmern: *„Wenn ich dann mitkriege, dass aufgrund von Erwachsenenverhalten, von Problemen mit Fluchterfahrungen, von Arbeitslosigkeit, von Alkoholproblemen in den Familien, dass dann Kinder einfach wirklich total versandeln und keinen Bezug mehr haben zu ihrer eigenen Leistungsfähigkeit und [...], dann mag ich da nicht zuschauen; also das halte ich auch für meine Aufgabe als Beamtin, dafür zu sorgen, dass der Staat diesbezüglich eingreift [...]"* (S3: 30). Die hier betroffene Person ist der Meinung, dass der Staat und auch die Schule, in solchen Fällen eingreifen müssen, um Chancengleichheit zu gewährleisten. Ebenso wichtig, wie eine gute Betreuung oder Erziehungsersatzleistungen, ist es jedoch aus Sicht der befragten Personen auch, dass die Kinder und Jugendlichen eine Zukunftsperspektive vermittelt bekommen: *„Das wäre ganz ganz wichtig, dass sie weg sind von der Straße oder dass sie auch rauskommen einfach aus ihrer teilweise sehr beengten familiären Situation oder auch sehr beengten räumlichen Situation. Das liegt mir also unwahrscheinlich am Herzen. Und natürlich auch läge mir am Herzen, [...] dass alle meine Kinder in Ausbildungsplätze vermittelt werden könnten. Dass ein bisschen diese Perspektivlosigkeit aufhören würde [...]"* (S4: 40). In den beiden vorangegangenen Zitaten kommt eine große Anteilnahme an den Problemlagen von Kindern und Jugendlichen zum Ausdruck. Möglicherweise sind die Akteure, die dies vertreten, engagierte und sehr potente Fürsprecher für diese Zielgruppe und können sehr glaubhaft und eindringlich für Maßnahmen im Bereich der

Kinder- und Jugendpolitik mediale Steuerungsmittel einfordern bzw. einwerben. Über Chancengleichheit hinaus ist den befragten Vertretern von Schulen auch Solidarität in ihrem Arbeitsalltag sehr wichtig. In diesem Sinne proklamieren sie die große Bedeutung von beispielsweise Vernetzung, der eigenen Ansprechbarkeit gegenüber Schülern und Eltern, Engagement, Gemeinschaft und Verständigung. Konkret verstehen sie darunter beispielsweise, ihre Lehrerkollegen immer wieder zu motivieren, sich über den normalen Unterricht hinaus zu engagieren: *„Da ist mir auch wichtig, [...] dass es mir natürlich auch gelingt, die Kollegen [...] zu motivieren, nicht nur den Routineablauf zu leisten, sondern das was dazukommt, wenn wir zum Beispiel so ein Projekt machen [...] dass die Kinder Lesen, Schreiben und Rechnen lernen, die Kinder gut zu betreuen"* (S1: 7). Ohne dieses zusätzliche Engagement der Lehrer, aber auch von Eltern oder anderen Akteuren im Schulumfeld, sind viele Projekte in der Schule nicht realisierbar. Deshalb ist es den Schulvertretern wohl auch sehr wichtig, sich gut zu vernetzen, um möglichst viele Akteure und deren Ressourcen für schulbegleitende Projekte bei Bedarf mobilisieren zu können. Für eine effektive Vernetzung fehlt in Schulen jedoch oft die Zeit, weshalb womöglich viele Potentiale verlorengehen: *„In der Zusammenarbeit wünsche ich mir Zeit, wirklich sich zu vernetzen und Offenheit von den beteiligten Stellen. Ich glaube, dass da ganz viel da wäre, wenn man die Zeit und die Kapazität dazu hätte"* (S1: 31). Zuletzt heben die Vertreter von Schulen noch explizit den Wert von Bildung hervor. Dies zeigt sich möglicherweise in folgender Aussage, dass die Schule als Organisation in der Öffentlichkeit gut dastehen soll: *„Uns ist wichtig, dass die Kinder, die wir haben, dass die hierherkommen und die Eltern sagen, das ist eine gute Schule, da kriegen die Kinder viel mit. Das ist für uns wichtig [...]"* (S2: 18). In diesem Zusammenhang betont einer der befragten Schulvertreter auch, dass es für ihn sehr erstrebenswert ist, dass Schüler und Eltern eine positive Wahrnehmung von Bildung entwickeln. Insbesondere in schwierigen Familienverhältnissen ist dies eine zentrale Voraussetzung, damit sich Eltern und Schüler für Unterstützungsangebote in der Schule öffnen: *„Also, wenn ich merke in der Familie ist einfach eine Traumatisierung vorhanden, weil der Vater Kriegsteilnehmer auf dem Balkankrieg war, dann kann ich das schulisch nicht bearbeiten, aber ich kann [...] es entlasten und vielleicht gewinnt das Kind dadurch eine positivere Einstellung zur Schule, weil er merkt, ja da passiert ja auch was mit mir, das geht mich was an, nicht nur Mathe, Deutsch und irgendwas"* (S3: 28). Wenn Unterstützungsangebote von Schulen angenommen werden, können Krisensituationen in Familien unter Umständen frühzeitig erkannt und entsprechende Hilfestellungen vermittelt werden.

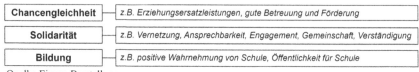

Chancengleichheit	z.B. Erziehungsersatzleistungen, gute Betreuung und Förderung
Solidarität	z.B. Vernetzung, Ansprechbarkeit, Engagement, Gemeinschaft, Verständigung
Bildung	z.B. positive Wahrnehmung von Schule, Öffentlichkeit für Schule

Quelle: Eigene Darstellung.

Abb. 62 Schulen – Wertvorstellungen

4.2.5 Rationalität(en) der sozialen Einrichtungen

4.2.5.1 Identitätsstiftende Rollen

Die befragten Vertreter von sozialen Einrichtungen führen gemäß ihrem eigenen Rollenverständnis (siehe Abbildung 63) am häufigsten verbindende und mit- oder zuarbeitende Rollen aus. Zudem sehen sie sich selbst in Führungsrollen oder einer bestimmten Gruppe zugehörig.

Quelle: Eigene Darstellung.

Abb. 63 Soziale Einrichtungen - Identitätsstiftende Rollen

Verbindende Rollen ergeben sich beispielsweise in Situationen, in denen die Vertreter von sozialen Einrichtungen in kulturellen Fragen vermitteln: „[...]

Kulturvermittler oder sowas, [...] Ich kenne ja wie gesagt beide Kulturen und das ist ja glaube ich hauptsächlich Aufgabe, dass man einfach mit anderen mit Respekt umgeht und sie respektiert und auch so zusammenleben kann" (So1: 10). Die hier zitierte Person hat selbst türkischen Migrationshintergrund. Verbindende Rollen übernehmen die Vertreter von sozialen Einrichtungen des Weiteren als Ansprechpersonen von anderen Akteuren zu bestimmten Problemlagen, als Gruppenanwalt für ihre Klientel gegenüber öffentlichen Akteuren oder in Gremien und als Multiplikatoren. Aufgrund dieser verbindenden Rollen können die betrachteten Vertreter von sozialen Einrichtungen gut in einer intermediären Funktion zwischen bestimmten Bevölkerungsgruppen und öffentlichen Akteuren tätig werden und in Kooperationen den Zugang zu konkreten Zielgruppen erleichtern.

In mit- oder zuarbeitenden Rollen verstehen sich die Vertreter von sozialen Einrichtungen zum Beispiel als Berater und Informanten von politischen Akteuren, als Unterstützer und Helfer von Zielgruppen und Partner bzw. Kollegen gegenüber Mitarbeitern der eigenen Organisationen oder anderen sozialen Trägern. Letzteres Selbstverständnis als Kollege und Partner zeigt sich in Situationen, wo die eigene Arbeitserfahrung an andere weitergegeben wird: *„In der Außenstelle, da bin ich eine im Team von zweien, vielleicht der längste Mitarbeiter [...] Was das bedeutet? Einfach vielleicht mehr Wissen über bestimmte einzelne Geschichten [...]"* (So2: 22). Besonderes Wissen in einem Bereich verleiht einem Akteur gegebenenfalls eine gesteigerte Akzeptanz in Kooperationsprozessen. Außerdem füllen die Vertreter von sozialen Einrichtungen mit- oder zuarbeitende Rollen auch als Teilnehmer von Besprechungen mit beispielsweise der Verwaltung, als Auftragnehmer gegenüber der Stadt München und als Antragsteller von Fördermitteln aus.

Die betrachteten Vertreter von sozialen Einrichtungen sehen sich darüberhinaus oft in Führungsrollen. Sie bestimmen als Gründer ihres Vereins die strategische Ausrichtung und die Abläufe in der eigenen Organisation maßgeblich mit: *„Dann habe ich meinen Verein gegründet und gerade habe ich mir als Ziel gesetzt, dass hier Dialog anfängt, indem wir Migranten, wir Ausländer zeigen, was wir können, um diese Gesellschaft zu bereichern"* (So3: 25). Wenn einzelne Akteure eine sehr dominante Rolle in Organisationen einnehmen, so hängt es von ihnen ab, ob und in welcher Art und Weise sich die entsprechende Organisation in Kooperationen der integrierten und sozialen Stadtentwicklung einbringt. In solch einem Fall muss Überzeugungsarbeit gegebenenfalls zielgerichtet an dieser Person geleistet werden. Zudem übernehmen Vertreter von sozialen Einrichtungen in ihrem Arbeitsalltag auch Führungsrollen als Vorbilder, zum Beispiel gegenüber Jugendlichen, oder als Leiter von Projekten oder ständigen Einrichtungen der Kinder- und Jugendarbeit.

Schließlich empfinden die Vertreter von sozialen Einrichtungen auch spezifischen Gruppen gegenüber eine Zugehörigkeit. Sie verstehen sich beispielsweise als Mitglied ihrer Organisation oder Teil einer konkreten Bevölkerungsgruppe, wie z.B. als Türke. In der Regel geht ein solches Zugehörigkeitsgefühl einher mit der Fähigkeit, Zugang zu der entsprechenden Gruppe mit relativ geringem Aufwand zu finden. Insofern kann eine gesteigerte Identifikation mit konkreten Akteurgruppen bestimmte Akteure zu wichtigen Steuerungssubjekten in Kooperationen der integrierten und sozialen Stadtentwicklung machen, da sie in ihrem Umfeld Unterstützer für Maßnahmen aktivieren können.

4.2.5.2 Aufenthaltsorte und Kooperationspartner

Die Vertreter von sozialen Einrichtungen üben ihre Rollen an verschiedenen Orten und im Umgang mit bestimmten Kooperationspartnern aus (siehe Abbildung 64).

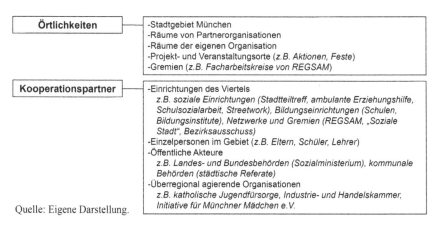

Quelle: Eigene Darstellung.

Abb. 64 Soziale Einrichtungen - Aufenthaltsorte und Partner

Sie halten sich in der Regel im Münchner Stadtgebiet in Räumlichkeiten von Partnerorganisationen oder der eigenen Organisation, an Projekt- und Veranstaltungsorten und im öffentlichen Raum im Viertel auf. Des Weiteren bewegen sie sich in diversen Gremien (z.B. Facharbeitskreise von REGSAM). An diesen Orten kooperieren sie überwiegend mit Einrichtungen im Viertel (z.B. soziale Einrichtungen, Bildungseinrichtungen, Netzwerke und Gremien), Einzelperso-

nen im Gebiet (z.B. Eltern, Schüler, Lehrer), öffentlichen Akteuren (z.B. Landes-
und Bundesbehörden, kommunale Behörden) und überregional agierenden Organisationen (z.B. katholische Jugendfürsorge, Industrie- und Handelskammer,
Initiative für Münchner Mädchen e.V.).

4.2.5.3 Tätigkeiten und Fähigkeiten

Die Tätigkeiten und Fähigkeiten der betrachteten Vertreter von sozialen Einrichtungen lassen sich, wie bei den anderen Fallgruppen auch, in unmittelbare Mitgestaltung, mittelbare Einflussnahme, Generierung von Finanzmitteln, Organisation von Akzeptanz und die interne Ablauforganisation untergliedern.

Unmittelbare Mitgestaltung

Unmittelbare Mitgestaltung (siehe Abbildung 65) gelingt den befragten Personen
vor allem über Projektarbeit in Eigenregie oder mit Partnern. Dies offenbart sich
beispielsweise bei der Zusammenarbeit mit dem Quartiersmanagement, damit für
die Konzeption und Umsetzung eines Nachbarschaftsprojekts auch Jugendliche
miteinbezogen bzw. aktiviert werden: *„Ja, mit dem Stadtteilladen, arbeiten wir
auch in manchen Projekten zusammen. [...] da gab es dann auch speziell ein
Gartenprojekt, wo die Jugendlichen da mitmachen sollten, die Gotteszeller Straße wurde umgebaut und da fanden dann im Stadtteilladen, also Stadtteiltreff,
immer so verschiedene Sitzungen statt [...]"* (So4: 43). Ebenso kommt es vor,
dass sich die Vertreter von sozialen Einrichtungen an Veranstaltungen mit Aktionen beteiligen, beim Aufbau von Selbsthilfestrukturen mithelfen oder einen
Beitrag zur Betreuung bestimmter Zielgruppen leisten. Außerdem gestalten die
Vertreter von sozialen Einrichtungen unmittelbar durch Beziehungsarbeit mit.
Hierzu zählt in erster Linie die Durchführung vertrauensbildender oder ver-
trauenserhaltender Maßnahmen: *„Also es ist auf jeden Fall eine Beziehungsarbeit, kann ich so einfach mal sagen. Da baut man eine Beziehung auf, dass die
Kinder einem vertrauen und dann, oder die Eltern auch, und dann irgendwann
einmal kommen [...]"* (So1: 7). Auf dieser Grundlage ist den Vertretern von
sozialen Einrichtungen der Zugang zu bestimmten Zielgruppen und auch deren
Aktivierung für Projekte leichter möglich. Eine weitere Chance, unmittelbar
mitzugestalten, besteht für die Vertreter von sozialen Einrichtungen darin, sich in
der Strategiearbeit zu engagieren. Hierzu gehört beispielsweise die Erarbeitung
von Konzepten, aber auch das strategische Beschaffen von Informationen oder
das gezielte Konsultieren von Akteuren: *„Da sitzen andere Kollegen drin, andere Fachbereiche, klar wenn ich jetzt jemanden brauche von der Jugendgerichts-
hilfe, dann gehe ich da rein [...]"* (So2: 20). Durch strategisches Vorgehen kön-

nen Schwierigkeiten bei der Projektumsetzung gegebenenfalls vermieden oder leichter bearbeitet werden. Zu strategischen Tätigkeiten gehört darüberhinaus auch die Organisation von Weiterbildungen und Öffentlichkeitsarbeit für die eigene Einrichtung.

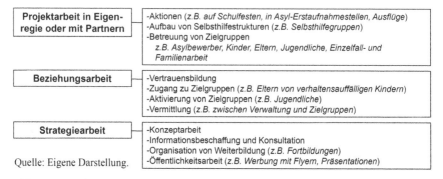

Abb. 65 Soziale Einrichtungen - Unmittelbare Mitgestaltung

Mittelbare Einflussnahme

Mittelbare Einflussnahme (siehe Abbildung 66) können die Vertreter von sozialen Einrichtungen üben, indem sie auf Zielgruppen einwirken. Durch den direkten Zugang und den empathischen Umgang mit Menschen können sie deren Handeln beträchtlich beeinflussen. Möglicherweise können Menschen dazu motiviert werden, an einem Förderangebot teilzunehmen, sich eine berufliche Perspektive zu erarbeiten oder bestimmte Wertvorstellungen zu überdenken: *„Dieser Verein hat junge Leute, gibt Chancen, gibt Perspektiven [...]. Wir helfen allen Leuten in Not, nicht nur Ausländer, sondern auch andere Leute, die gefährdet sind"* (So3: 39). Oft wirken die Vertreter von sozialen Einrichtungen gegenüber ihrem Klientel auch in einer Art Vorbildfunktion, beispielsweise bei Jugendlichen, die den Übergang von der Schule zum Beruf bewältigen wollen. Des Weiteren können die Vertreter von sozialen Einrichtungen mittelbaren Einfluss über Kommunikation nehmen. Ein sehr gängiges Beispiel ist hier die Teilnahme an Gremienarbeit und Diskussionen: *„Ansonsten, ich nehme halt an Arbeitskreisen teil. [...] Das ist der Arbeitskreis Berg-am-Laim-West, [...] das sind allgemein soziale Institutionen in Berg-am-Laim West. Da sind auch Vertreter von Altenheimen, Schulsozialarbeit, Stadtteilläden, das ist ganz gemischt"* (So4: 41f.). In dem hier genannten Arbeitskreis treffen sich alle sozialen Träger im Gebiet, um sich auszutauschen und Projekte gemeinsam voranzubringen. Außerdem können die Vertreter der sozialen Einrichtungen Überzeugungsarbeit gegenüber Zielgruppen oder öffentlichen Entscheidungsträgern leisten und Anregungen für die Bearbeitung bestimmter Themen geben: *„Man kann ja nur Anregungen geben und sagen, da und da sind so Brennpunkte"* (So1: 12). In kooperativen Aushandlungsprozessen kann eine Stellungnahme von sozialen Einrichtungen viel Überzeugungskraft entwickeln, weil sie aufgrund ihrer Basisarbeit viel Wissen über lokale Verhältnisse zugesprochen bekommen.

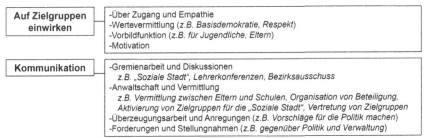

Quelle: Eigene Darstellung.

Abb. 66 Soziale Einrichtungen - Mittelbare Einflussnahme

Generierung von Geld

Zur Generierung von Finanzmitteln (siehe Abbildung 67) ist es den Vertretern von sozialen Einrichtungen teilweise möglich, Räume von privaten oder öffentlichen Akteuren billiger oder kostenlos zu beziehen und zu nutzen: *„Und so beginne ich langsam, Kontakte zu knüpfen, wem gehört Haus, [...] diesem Abfallwirtschaftsamt, [...] dann habe ich einen Raum bekommen, dann habe ich zwei Räume bekommen, dann haben sie auch Angst bekommen, dass wir alles wegnehmen werden [...]. Haben sie uns das wieder weggenommen aber andere Räume in einer noch trostloseren Gegend gegeben"* (So3: 28). Ferner können sie Fördermittel und Gremiengelder, beispielsweise bei der „Sozialen Stadt RaBal" oder dem Bezirksausschuss, beantragen: *„[...] also wir haben am letzten Sommerfest in der Echardinger einen Menschenkicker, das hat der Bezirksausschuss finanziert, weil sie Gelder zur Verfügung haben für soziale Geschichten"* (So2: 20). Zuletzt generieren die befragten Personen Gelder, indem sie sich bei Ausschreibungen engagieren, sich zum Beispiel für die Trägerschaft konkreter Projekte von der Stadt München bewerben. Zur mittel- oder langfristigen Sicherung ihrer Stellen sind die Vertreter von sozialen Einrichtungen oft auf öffentliche Aufträge bzw. Förderung angewiesen. Sie haben also ein gesteigertes Interesse daran, das ihre Projekte verlängert werden oder andere Produkte von ihnen beauftragt werden. Dieser Finanzierungszwang kann dazu führen, dass demokratische Diskussionen über Problemdefinitionen und deren Lösungsmöglichkeiten durch die Lobbyarbeit von sozialen Einrichtungen verzerrt werden.

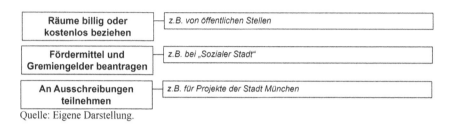

Quelle: Eigene Darstellung.

Abb. 67 Soziale Einrichtungen - Generierung von Geld

Organisation von Akzeptanz

Die Organisation von Akzeptanz (siehe Abbildung 68) können die Vertreter von sozialen Einrichtungen unter anderem aktiv durch die Vertretung von Positionen, beispielsweise gegenüber der Stadtverwaltung, in Gremien oder in Projekten der „Sozialen Stadt RaBal", fördern: *„[...] da war meine Aufgabe eher so die Vermittlung zwischen Jugendlichen, also einfach eine Lobbyarbeit und ein Sprachrohr zu sein für die [...]"* (So4: 43). Die Vertreter von sozialen Einrichtungen können auch Akzeptanz oder Glaubwürdigkeit für Themen bzw. Maßnahmen durch die bewusste Weitergabe von Informationen herstellen. Gelegenheit dazu bietet sich ihnen zum Beispiel in Beratungsgesprächen, in Austauschsituationen oder wenn sie als Vermittler oder Anwalt die Interessen von bestimmten Akteuren repräsentieren: *„Ich rede einzeln mit den Klassenleitern, ich rede über das Kind, also ich erzähle, wie ich das Kind hier erlebe [...]"* (So1: 3). Schließlich können die Vertreter von sozialen Einrichtungen auch durch eigene Analysen Akzeptanz organisieren. Beispiele hierfür sind eigene Bedarfsanalysen oder die Evaluation von laufenden Projekten: *„Und wir versuchen dann auch von unten aber auch von oben, nach unseren Erfahrungen machen wir Evaluationen, Gespräche, Schreiben an alle Stellen, kämpfen natürlich"* (So3: 37).

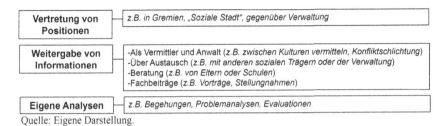

Quelle: Eigene Darstellung.

Abb. 68 Soziale Einrichtungen - Organisation von Akzeptanz

Interner Ablauf

Hinsichtlich der internen Ablauforganisation (siehe Abbildung 69) zeigen sich bei den Organisationen der befragten Personen mitunter spezifische Formen des Austausches. Hierzu gehören beispielsweise regelmäßige Teamsitzungen, in denen organisationsintern der Arbeitsalltag abgestimmt wird: *„[...] im Jugendtreff nehme ich halt ganz normal an Teamsitzungen teil, da sind halt meine Arbeitskollegen, die teilweise auch im Großteam mitmachen, wo jeder von Organisation A anwesend ist, jede Woche"* (So4: 42). Ebenso können sich die Vertreter von sozialen Einrichtungen auf Fortbildungen austauschen oder haben Zugang zu Fachpersonal bzw. Arbeitskollegen innerhalb der eigenen Organisation, die sie themenspezifisch konsultieren oder wo sie Wissen abrufen können. Außerdem herrschen in den sozialen Einrichtungen jeweils spezifische Formen der Verwaltung und Arbeitsteilung vor, wonach sich die befragten Personen in ihrem Arbeitsalltag richten müssen. Dies betrifft beispielsweise die Art und Weise, wie Aufgaben aufgeteilt und delegiert werden und bei welchen Personen Entscheidungsbefugnisse liegen: *„Also ich delegiere natürlich die Aufgaben im Haus, aber ich muss immer den Überblick haben mit meiner Kollegin, die auch den offenen Betrieb macht und gemeinsam teilen wir die Aufgaben, wer was macht [...]"* (So1: 6). Ein weiteres Beispiel sind die bürokratischen Vorgehensweisen bei Abrechnungen. Oft müssen sich die Vertreter von sozialen Einrichtungen in Finanzangelegenheiten vor öffentlichen Stellen rechtfertigen und sich bei der Abrechnung an entsprechende Vorgaben halten, weil sie öffentliche Gelder in Anspruch nehmen. Interne Abstimmungsprozesse oder die zu bewältigende Bürokratie innerhalb der eigenen Organisation kann viel Zeit im Arbeitsalltag von Vertretern von sozialen Einrichtungen einnehmen. In Kooperationsprozessen kann dies ihre Beteiligungsmöglichkeiten natürlich beeinträchtigen.

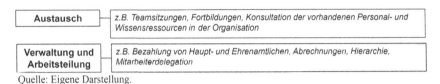

Quelle: Eigene Darstellung.

Abb. 69 Soziale Einrichtungen - Interner Ablauf

4.2.5.4 Einstellungen

Die erhobenen Einstellungen der betrachteten Vertreter von sozialen Einrichtungen gliedern sich wiederum in Annahmen zu bestimmten Themen, Akteuren und zur individuellen Situation und Wertvorstellungen zum Arbeitsprozess und grundlegenden Prinzipien auf.

Annahmen

Die artikulierten Annahmen (siehe Abbildung 70) der Vertreter der sozialen Einrichtungen zu spezifischen Themen geben Sichtweisen zu Gesellschaft und Politik, Integration und zu konkreter Projektarbeit wieder. Im Bereich Gesellschaft und Politik werden unter anderem die soziale Infrastruktur, die soziale Situation im Viertel bzw. in München sowie politische Entscheidungsprozesse thematisiert. Bezüglich sozialer Verhältnisse in München bemängelt beispielsweise eine der befragten Personen, dass in München zum Teil eine große Distanz zwischen deutscher und ausländischer Bevölkerung besteht: *„München ist schwer, es gibt ganz obere Schichten, [...] die nie in Kontakt kommen mit der ausländischen Bevölkerung, was ich sehr schade finde. [...] diese mittlere Schicht, die sind schon, die kommen durch irgendeine Art und Weise in Kontakt mit Ausländern und dann wird langsam, ganz langsam, aber mit viel Misstrauen [...]. Aber das wird dann mit der Zeit abgebaut und es gibt dann die untere Schicht, wo sich Deutsche und Ausländer mischen und so weiter"* (So3: 27). Der fehlende Kontakt vermindert das Einfühlungsvermögen in die Situation anderer Menschen und fördert möglicherweise das Entstehen von Vorurteilen. Die hier sprechende Person scheint darin die Quelle vieler Verständigungsprobleme zu sehen und wirkt in hohem Maße für diese Problematik sensibilisiert. Es ist zu erwarten, dass sich diese Einstellung auch in der Gestaltung der Projekte ihrer Organisation wiederspiegelt. Darüberhinaus ist es sehr unwahrscheinlich, dass sich diese Person für Projekte oder kooperative Prozesse engagieren will, in denen Zweifel darüber bestehen, ob ausländischen Mitbürgern oder Bürgern mit Migrationshintergrund vorurteilsfrei begegnet wird. Die genannten Annahmen zu Integration behandeln unter anderem die Arbeit mit Migranten, Zugangsstrategien zu diversen Zielgruppen und die Sozial- und Bildungsarbeit. Die befragten Personen vertreten beispielsweise die Ansicht, dass für männliche Migranten wenig Ansprechpersonen im sozialen Bereich vorhanden sind und sich deswegen der Zugang zu ihnen oftmals schwierig gestaltet: *„[...] vor allem männlich und Migrant fehlt einfach in der Gesellschaft, vor allem im sozialen Bereich, weil einfach der Job für viele Migranten uninteressant ist"* (So1: 11). Die hier zu Wort kommende Person hat selbst türkischen Migrationshintergrund und ist sich möglicherweise deshalb dieser Problematik in besonderem Maße bewusst. Die gesteigerte Aufmerksamkeit für dieses Thema macht sie gegebenenfalls zu einem geeigneten und hoch motivierten Steuerungssubjekt, Zugangsmöglichkeiten zu männlichen Migranten im Rahmen integrierter und sozialer Stadtentwicklung zu verbessern. Die mitgeteilten Annahmen zu Projektarbeit sind ebenfalls sehr vielfältig und geben Aufschluss darüber, womit sich die betreffenden Vertreter von sozialen Einrichtungen in ihrem Alltag beschäftigen und womit sie vertraut sind. In ihren Ansichten zu beispielsweise Projektentwicklungsprozessen, Antragsverfahren oder konkreten Projekten spiegeln sich Ansatzpunkte wieder, wo sie als Steuerungssubjekte eine besondere Rolle einnehmen könnten. Es zeigt sich auch, in welchen Bereichen vielleicht Überzeugungsarbeit nötig ist, weil mentale Barrieren einer aktiveren Beteiligung eines Akteurs entgegenstehen. Im folgenden Zitat wird zum Beispiel die Effektivität von Übergangsklassen zur Vermittlung von Sprachkenntnissen an schulpflichtige Zuwanderer gelobt: *„Die kommen [...] aus dem ganzen Stadtgebiet, weil die Übergangsklassen gibt es ja nicht an jeder Schule, das sind oft Flüchtlinge oder was, die also wirklich kein Wort Deutsch können und dann hier erst einmal ein Jahr zusammen sind und nach einem Jahr sprechen die dann schon ganz gut. [...] das sind ja teilweise 15 verschiedene Nationen [...]"* (So2: 16). Die Person, die das gesagt hat, könnte sich besonders dafür eignen, für die Ausweitung von Sprachfördermaßnahmen Akzeptanz in den entsprechenden Entscheidungsebenen als Steuerungssubjekt zu generieren.

Hinsichtlich der Annahmen zu konkreten Akteuren treffen die befragten Vertreter von sozialen Einrichtungen Aussagen über andere soziale Einrichtungen (z.B. Bildungszentren, Stadtteiltreff, Schulsozialarbeit), kommunale Gremien (z.B. REGSAM, „Soziale Stadt", Bezirksausschuss), öffentliche Akteure (z.B. Verwaltung, Politik, Schule) und bestimmte Akteurgruppen (z.B. Migranten, Eltern, Kinder und Jugendliche). In den Aussagen zu anderen sozialen Einrichtungen bzw. deren Angebote lässt sich erkennen, mit wem die entsprechenden Vertreter von sozialen Einrichtungen gerne zusammenarbeiten, wie viel sie über andere soziale Angebote in ihrer Umgebung wissen und wie gut die bestehende soziale Infrastruktur im betreffenden Gebiet miteinander vernetzt ist: *„[…] das ist dieses Peters-Bildungszentrum […]. Das ist Weiterbildung der Leute, die keine normale Bildungen, sondern Weiterbildung machen"* (So3: 30). Wenn ein Akteur, von Ansätzen der Nachbarorganisationen nichts hält oder darüber nicht ausreichend informiert ist, wird er seine Klientel auch in einem konkreten Bedarfsfall nicht dorthin weitervermitteln oder eine Zusammenarbeit an-streben. Gegebenenfalls ist es für eine bessere Vernetzung von sozialen Einrichtungen in solch einem Fall notwendig, zusätzliche Aufklärungsarbeit und vertrauensbildende Maßnahmen zu initiieren. Dasselbe gilt natürlich auch für Annahmen zu kommunalen Gremien. In folgendem Zitat kritisiert eine der befragten Personen beispielsweise ganz offen die Strukturen von REGSAM, weil diese ihr zu schwerfällig erscheinen und ihrer Ansicht nach oft an den Bedürfnissen von Zielgruppen vorbei operieren: *„Die moderne Gesellschaft entwickelt sich ganz schnell und diese bürokratische Struktur, das dauert zu lange und das ist REGSAM leider"* (So3: 36). Eine Zusammenarbeit zwischen der hier befragten Person und REGSAM ist höchstwahrscheinlich von Schwierigkeiten gekennzeichnet. Um hier eine Harmonisierung zu bewirken, müsste entweder der Vertreter der sozialen Einrichtung einen Grund wahrnehmen und anerkennen, seine Einstellung zu REGSAM zu modifizieren oder in REGSAM müssten sich bestimmte Arbeitsweisen verändern. Wenn es darum geht, ausreichend mediale Steuerungsmittel für bestimmte Maßnahmen zu generieren, kann es mangels alternativer Strategien in Kooperationen notwendig sein, sich mit Problemlagen zu beschäftigen, wie sie hier gerade beispielhaft skizziert wurden. In einem weiteren Beispiel für eine genannte Annahme, diesmal über eine konkrete Akteurgruppe, wird die Benachteiligung von vielen Kindern und Jungendlichen im Gebiet beurteilt: *„Einfach, weil die Kinder aus ihrem sozialen Raum halt nicht rauskommen, also die sind hier in Ramersdorf, aber die kennen nichts anderes […]"* (So2: 14). Diese Erkenntnis macht die hier sprechende Person wiederum zu einem potentiellen Wortführer, um Akzeptanz für dementsprechende Maßnahmen zu generieren und damit familiär bedingte Benachteiligung von Kindern und Jugendlichen zu lindern.

Die artikulierten Annahmen der befragten Vertreter von sozialen Einrichtungen zu ihrer individuellen Situation umfassen Meinungen zu persönlichen Kapazitäten (z.B. Motivation und Fähigkeiten) und Kapazitäten der eigenen Organisation (z.B. interner Ablauf, Restriktionen und Abhängigkeiten, Einflussmöglichkeiten). Eine der befragten Personen betont beispielsweise die hohe eigene Motivation und die Motivation ihrer Mitarbeiter, für hilfsbedürftige und benachteiligte Menschen Ansätze zu entwickeln, die an deren konkreten Bedürfnissen und Lebenswelten angepasst sind: *„Unsere Projekte sind nicht in einem* *viereckigen dummen Kopf gemacht, sondern aus der Kraft und dem Willen von uns allen etwas hier zu ändern und zu tun und ich meine, dass in den Stadtteilen nicht genug gemacht wird"* (So3: 31). Bei dieser Aussage kommt eine große Bereitschaft zum Vorschein, neue Wege in Form von neuen Ansätzen zu gehen und Herkömmliches zu hinterfragen. In einem weiteren Beispiel sieht einer der befragten Personen seine Organisation als einzigen Anbieter in ihrem Umfeld an, der eine umfassende und für die Zielgruppe erschwingliche außerschulische Kinder- und Jugendbetreuung bereitstellt: *„Wir sind hier die einzige soziale Einrichtung, die in diesem Rahmen arbeitet, also als Kinder- und Jugendtreff, Hausaufgabenbetreuung und offenem Betrieb und immer wieder, wenn wir in diesen Sitzungen dabei sind, ist wichtig für uns zu sagen, [...] dass man vielleicht zum Beispiel mehr Räume braucht, weil es zum Beispiel mehr Jugendliche gibt als die Räume [...]"* (So1: 8). Die zur Verfügung stehenden Kapazitäten reichen offenbar nicht aus, um die bestehende Nachfrage zu decken. Dies lässt möglicherweise auf eine erhöhte Belastung der Mitarbeiter in dieser Organisation schließen, was womöglich einschränkend auf ihre Beteiligung an kooperativen Prozessen wirkt.

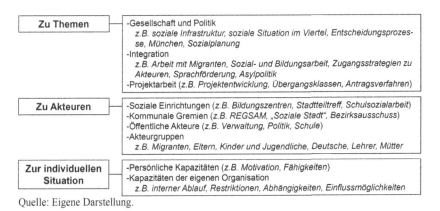

Quelle: Eigene Darstellung.

Abb. 70 Soziale Einrichtungen – Annahmen

Wertvorstellungen

Die artikulierten Wertvorstellungen (siehe Abbildung 71) der Vertreter von sozialen Einrichtungen zum Arbeitsprozess offenbaren Überzeugungen, die den befragten Personen in ihrem Arbeitsalltag besonders wichtig sind. Sie betonen unter anderem die Bedeutung von Empathie und den Aufbau und die Pflege von Zugangsmöglichkeiten zu Zielgruppen. Solch eine verständigungsorientierte Einstellung ist eine sehr wichtige Voraussetzung für das Gelingen sozialer Stadtentwicklung, weil nur so repräsentative und demokratische Problemdefinitionen und Lösungswege gefunden werden können und eine gemeinschaftliche Umsetzung von Maßnahmen möglich ist. Eng damit verbunden ist die Forderung der Vertreter von sozialen Einrichtungen nach Multiperspektivität in ihrer Arbeit: *„Also ich glaube, die wichtigste Rolle ist, dass man aus zwei Perspektiven das Ganze betrachten kann, also als Migrant selbst und als Mitarbeiter von einem Verein"* (So1: 6). Aus einer anderen Perspektive können bisher plausibel erscheinende Problemdefinitionen oder Maßnahmen sich als nicht tragfähig herausstellen. Maßnahmen, die nicht den Bedürfnissen von Zielgruppen entsprechen und bei ihnen eine Akzeptanz entfalten können, sind überflüssig. Genauso sind jedoch auch perfekt konzipierte Maßnahmen nicht tragfähig, wenn es keine Träger gibt, die diese umsetzen können. Darüberhinaus sprechen sich die Vertreter von sozialen Einrichtungen auch für Lernen und Vernetzung aus. In diesem Kontext ist ihnen beispielsweise der Austausch mit Kollegen wichtig: *„Mir ist schon wichtig, Austausch mit Kollegen, weil ja sonst die Fachlichkeit hier verloren geht, wenn man nicht mehr mitkriegt, was an anderen Schulen passiert. Ich finde das sehr wichtig auch, um ein bisschen eine einheitliche Linie zu fahren [...]"* (So2: 21). Des Weiteren heben die befragten Personen die Wichtigkeit von Chancengleichheit bei der Gestaltung ihres Arbeitsalltages und insbesondere in diesem Zusammenhang auch die Arbeit mit Müttern hervor: *„Im Grunde genommen sind die Mütter die Erziehungsberechtigten. Sie prägen ihre Kinder und wenn wir wirklich gesunde Kinder haben wollen, die die deutsche Gesellschaft akzeptieren, lieben und in der Tat aufnehmen herzlich, dann müssen wir uns an die Mütter wenden"* (So3: 40). Zuletzt fordern die befragten Personen hinsichtlich der eigenen Wertvorstellungen zum Arbeitsprozess noch klare Strukturen bei Behörden. Gegebenenfalls sind soziale Einrichtungen gegenüber kommunalen Behörden weisungsgebunden oder bei bestimmten Arbeitsabläufen, wie zum Beispiel Abrechnungen oder Genehmigungen, von den bürokratischen Strukturen in kommunalen Referaten und Ämtern, zum Beispiel dem Jugendamt, abhängig. Im Falle des Jugendamtes sind beispielsweise Zuständigkeiten und Ansprechpersonen auf verschiedene Standorte im gesamten Stadtgebiet von München verteilt. Dies verkompliziert und verlängert möglicherweise Abstimmungsprozesse und kann die Arbeit von sozialen Einrichtungen beeinträchtigen.

Die befragten Vertreter von sozialen Einrichtungen äußerten neben den eigenen Wertvorstellungen zum Arbeitsalltag auch grundlegende Prinzipien, die über die eigene Arbeit hinaus für sie besondere Bedeutung zu haben scheinen. Hierzu gehört zum Beispiel der Schutz der jeweils eigenen Identität, das Vorhandensein von gegenseitigem Respekt, die Möglichkeit zu Partizipation und Teilhabe an der Gesellschaft, die Gleichheit aller Menschen, Solidarität und Humanität im Umgang mit-einander. All diese Werte sind für die Realisierung von demokratischen Aushandlungsprozessen förderlich. Die Akzeptanz von und der Respekt für die Identität von Beteiligten und Betroffenen ist eine wichtige Voraussetzung dafür, dass Sichtweisen von Akteuren in kooperativen Politikprozessen ernst genommen und letztlich Repräsentanz erfahren: *„Ich glaube nicht, dass man sich als ein Mensch, als Persönlichkeit integrieren kann, wenn man nicht seine Wurzeln behält und ich schäme mich nicht, dass ich ein Bosnier bin"* (So3: 35). Die hier zu Wort kommende Person empfindet dies als keine Selbstverständlichkeit in Politikprozessen in München und sieht hier erheblichen Verbesserungsbedarf in der gegenwärtigen politischen Kultur. In ähnlicher Weise fördert die Vorstellung von der Gleichheit von Menschen möglicherweise eine politische Kultur, in der eine demokratische Teilhabe von allen beteiligten und betroffenen Akteuren in Politikprozessen ein allgemein akzeptiertes Ziel ist: *„Wie gesagt, für uns ist ganz wichtig, dass wir diese Gleichheit der Menschen vermitteln, dass jeder einfach so leben kann und darf und auch selbstverständlich ist, wie er ist, aber trotzdem die anderen akzeptieren muss, wie sie sind, Teilhabe hat an der Gesellschaft und auch mitentscheiden bei den Entscheidungen, das muss man vermitteln"* (So1: 10). Ebenso unterstützt Solidarität und Humanität demokratische Aushandlungsprozesse im Sinne einer integrierten und sozialen Stadtentwicklung, weil dadurch unter Umständen Eigeninteressen und Konkurrenz zugunsten von am Gemeinwohl orientierten Zielen und Kooperation zurücktreten: *„Jeder von uns muss zeigen, es ist möglich, nicht jemanden zu besiegen, sondern zu bereichern, zu helfen und zu ergänzen"* (So3: 31). Im Arbeitsalltag stimmt das Handeln von Akteuren gegebenenfalls nicht mit deren zentralen Wertvorstellungen überein, weil diese in ihrem Alltag möglicherweise Restriktionen unterworfen sind oder nicht genügend Kapazitäten zur Selbstreflexion aufbringen. Dies bedeutet jedoch nicht, dass die entsprechenden Akteure sich Reflexionen verweigern, wenn diese von außen im Rahmen von Kooperationen der integrierten und sozialen Stadtentwicklung allgemein oder bilateral an sie herangetragen werden. Die Wahrscheinlichkeit ist sogar groß, dass die jeweiligen Akteure diese Gelegenheit nutzen, um sich auf ihre Werte neu zu besinnen und ihr Handeln demgemäß hinterfragen. Es kann natürlich auch andersherum der Fall sein, dass ein Akteur zu der Überzeugung gelangt, das eigene Wertesystem an etablierte Handlungsweisen anzupassen.

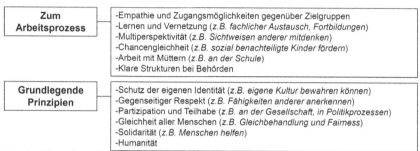

Zum Arbeitsprozess	-Empathie und Zugangsmöglichkeiten gegenüber Zielgruppen -Lernen und Vernetzung (z.B. *fachlicher Austausch, Fortbildungen*) -Multiperspektivität (z.B. *Sichtweisen anderer mitdenken*) -Chancengleichheit (z.B. *sozial benachteiligte Kinder fördern*) -Arbeit mit Müttern (z.B. *an der Schule*) -Klare Strukturen bei Behörden
Grundlegende Prinzipien	-Schutz der eigenen Identität (z.B. *eigene Kultur bewahren können*) -Gegenseitiger Respekt (z.B. *Fähigkeiten anderer anerkennen*) -Partizipation und Teilhabe (z.B. *an der Gesellschaft, in Politikprozessen*) -Gleichheit aller Menschen (z.B. *Gleichbehandlung und Fairness*) -Solidarität (z.B. *Menschen helfen*) -Humanität

Quelle: Eigene Darstellung.

Abb. 71 Soziale Einrichtungen – Wertvorstellungen

4.2.6 Rationalität(en) der städtischen Wohnungsbaugesellschaften

4.2.6.1 Identitätsstiftende Rollen

Die betrachteten Vertreter von städtischen Wohnungsbaugesellschaften verstehen sich selbst hinsichtlich ihres eigenen Rollenverständnisses (siehe Abbildung 72) in Führungsrollen, repräsentativen Rollen und mit- oder zuarbeitenden Rollen.

In Führungsrollen fungieren die befragten Personen beispielsweise als Prüfer von mietrechtlichen Angelegenheiten gegenüber ihren Mietern, als städtische Behörde bei der Ausführung von öffentlichen Bauaufträgen und als Verwalter des Wohnungsbestandes der eigenen Organisation: *„Ich bin für den gesamten Bestand zuständig"* (W3: 25). Städtische Wohnungsbaugesellschaften sind zwar dem Stadtrat und gegenüber dem Planungsreferat weisungsgebunden, aber verfügen innerhalb ihres Wohnungsbestandes und im Rahmen ihres öffentlichen Auftrags über beträchtliche Entscheidungskompetenzen. Im Gebiet der „Sozialen Stadt RaBal" ist ein sehr großer Teil des Wohnungsbestandes in ihren Händen. Ihre Mitwirkung an der Programmumsetzung ist deshalb von großer Bedeutung.

In repräsentativen Rollen sehen sich die Vertreter von städtischen Wohnungsbaugesellschaften mitunter, wenn sie als Organisationsvertreter oder Beteiligte beispielsweise in Gremien der „Sozialen Stadt" mitwirken. Sie vertreten dort die Interessen ihrer Organisation. Des Weiteren ergibt sich eine repräsentative Rolle aus ihrer Funktion als Träger eines öffentlichen Mandates, welches ihnen vom Stadtrat oder der Stadtverwaltung übertragen worden ist: *„Wir haben das Mandat oder den Auftrag eben benachteiligten Bevölkerungsgruppen Wohn-*

raum zur Verfügung zu stellen und nicht nur Wohnraum zur Verfügung zu stellen, sondern auch deren Lebensqualität zu verbessern" (W3: 39). Schließlich übernehmen die befragten Personen auch eine repräsentative Funktion als Vermittler, wenn sie zum Beispiel Anliegen von Beteiligten der „Sozialen Stadt" in die eigene Organisation tragen: *„Ich bin zwar der Vertreter der Organisation A in dieser „Koordinierungsgruppe Soziale Stadt", der einzige, d.h. wenn da zum Beispiel irgendwelche Sachen aufpoppen, [...] dann bin ich darauf angewiesen, das innerhalb des Unternehmens weiterzugeben [...]. Also ich bin dann eher wirklich nur der Übermittler oder Vermittler [...]"* (W1: 2).

Mit- oder zuarbeitende Rollen übernehmen die Vertreter von städtischen Wohnungsbaugesellschaften als Fachpersonal, beispielsweise bei baulichen Fragen, und als Umsetzer oder Initiator von Projekten: *„Wir haben auch 2004 im Prinzip gestartet sozusagen mit diesem baulichen Part. Das ist auch mein Schwerpunkt, also ich selber bin Landschaftsarchitekt, vormals in der Abteilung Außenanlagen und deswegen ist das Thema auch bei mir angesiedelt"* (W1: 1). Projekte der städtischen Wohnungsbaugesellschaften beziehen sich entweder auf die Aufwertung im eigenen Bestand oder umfassen die Planung und Umsetzung von neuen Wohngebieten oder innovativen Wohnformen.

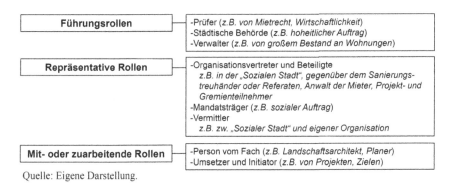

Quelle: Eigene Darstellung.

Abb. 72 Städtischer Wohnungsbau - Identitätsstiftende Rollen

4.2.6.2 Aufenthaltsorte und Kooperationspartner

Die Rollen der Vertreter von städtischen Wohnungsbaugesellschaften kommen an konkreten Örtlichkeiten und im Kontakt mit bestimmten Kooperationspartnern zur Geltung (siehe Abbildung 73). Die befragten Personen bewegen sich im gesamten Stadtgebiet in ihrem jeweiligen Fachbereich, in Gremien und Projektlokalitäten. Örtlichkeiten, die innerhalb der eigenen Organisation das eigene Fachgebiet betreffen, scheinen für die befragten Personen eine gehobene Stellung einzunehmen, während Orte außerhalb der eigenen Organisation relativ wenig thematisiert werden. Dadurch entsteht der Eindruck, dass der Arbeitsalltag der betrachteten Vertreter von städtischen Wohnungsbaugesellschaften von einer starken Innenorientierung gekennzeichnet ist. Ihre Kooperationspartner sind öffentliche Akteure (z.b. Landes- und Bezirksregierung, städtische Organisationen, interne Abteilungen), Einrichtungen des Viertels (z.b. „Soziale Stadt", Bezirksausschuss, Sozialbürgerhäuser) und viertelunabhängige Organisationen und Personen (z.b. Architekten, Forschungsinstitute, Verbände). Die bei den Örtlichkeiten festgestellte Innenorientierung bestätigt sich hier teilweise, weil die Zusammenarbeit mit internen Abteilungen einen relativ großen Raum im Arbeitsalltag der Vertreter von städtischen Wohnungsbaugesellschaften einnimmt.

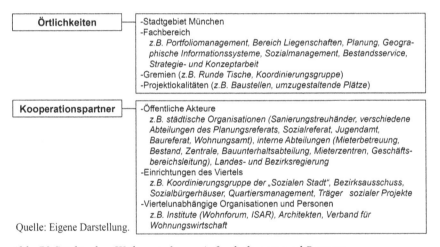

Quelle: Eigene Darstellung.

Abb. 73 Städtischer Wohnungsbau - Aufenthaltsorte und Partner

4.2.6.3 Tätigkeiten und Fähigkeiten

Die Tätigkeiten und Fähigkeiten der betrachteten Vertreter von städtischen Wohnungsbaugesellschaften lassen sich, wie auch schon zuvor, in unmittelbare

Mitgestaltung, mittelbare Einflussnahme, Generierung von Finanzmitteln und Organisation von Akzeptanz aufteilen.

Unmittelbare Mitgestaltung

Unmittelbare Mitgestaltung (siehe Abbildung 74) ist den befragten Personen hauptsächlich durch Projektarbeit und die Bestimmung von Nutzungen möglich. Projektarbeit kann beispielsweise die Entwicklung und Umsetzung eines Plans zur Realisierung eines Niedrigenergiehauses umfassen: *„Ja, ich habe jetzt zum Beispiel das erste Niedrigenergiehaus in München gemacht mit dem Frauenhoferinstitut"* (W2: 18). Es kann sich jedoch genauso um die Neugestaltung von Freiflächen in einer Wohnanlage mit Spielplätzen für Kinder und Jugendliche und Freizeit- und Erholungsflächen für Erwachsene oder um die Umsetzung und Betreuung eines Bewohnertreffs handeln. Tätigkeiten zur Bestimmung von Nutzungen treffen zum Beispiel für diesbezügliche Anfragen von Verwaltungsreferaten oder Bewohnern zu. Es kommt vor, dass beispielsweise das Sozialreferat nach einem geeigneten Standort für ein Sozialbürgerhaus oder eine Kindertagesstätte sucht und eine entsprechende Anfrage bei städtischen Wohnungsbaugesellschaften stellt. Oft kommen solche Gesuche auch von Bewohnern selbst, die zum Beispiel Räumlichkeiten für ihre Eltern-Kind-Initiative benötigen: *„Dann haben wir da auch eine Eltern-Kind-Initiative, die wir da fördern, bzw. wir stellen denen Räume zur Verfügung"* (W3: 31). Den städtischen Wohnungsbaugesellschaften ist es möglich, Wohnungen aus dem eigenen Bestand für alternative Nutzungen zweckzuentfremden. Außerdem können die Vertreter von städtischen Wohnungsbaugesellschaften durch die Beteiligung an Gremien, zum Beispiel in der Koordinierungsgruppe der „Sozialen Stadt", und die Umsetzung von Vorgaben unmittelbar mitgestalten. Vorgaben betreffen beispielsweise baurechtliche Auflagen oder von öffentlicher Seite beauftragte Baumaßnahmen. Schließlich können die Vertreter von städtischen Wohnungsbaugesellschaften noch durch Sozialarbeit im eigenen Bestand unmittelbar mitgestalten. Sie führen beispielsweise aufsuchende Sozialarbeit durch, unterhalten gegebenenfalls Mieterzentren für die Mieterbetreuung und beraten die eigenen Mieter bei etwaigen Problemen: *„[...] im weitesten Sinne Mieterbetreuung. Also wenn es halt irgendwie Probleme gibt, also nicht nur Probleme mit uns, sondern auch, wenn die Mieter untereinander Probleme haben oder sozial auffällig sind, also eher so in Richtung Sozialarbeit. Wo wir teilweise das selber machen, aber teilweise auch [...] auf Externe zugreifen, die solche Dinge durchziehen"* (W1: 8). Die bislang vorgestellten Tätigkeiten und Fähigkeiten der befragten Personen umfassen sowohl die Durchführung von investiv-baulichen Maßnahmen, als auch nichtinvestive Aktivitäten im Bereich der Sozialarbeit. Im Umgriff des eigenen Bestands betätigen sich die städtischen Wohnungsbaugesellschaften in den meisten Handlungsfeldern, die auch in der „Sozialen Stadt RaBal" relevant sind (siehe auch Kapitel 2.2.2). Eine umfassende Einbindung der Vertreter von städtischen Wohnungsbaugesellschaften in der „Sozialen Stadt RaBal" ermöglicht das Nutzen vieler Synergien.

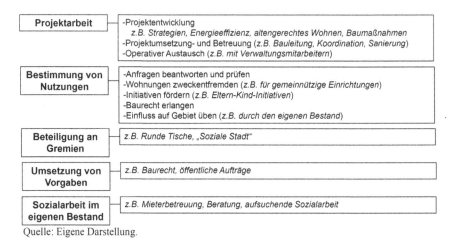

Quelle: Eigene Darstellung.

Abb. 74 Städtischer Wohnungsbau - Unmittelbare Mitgestaltung

Mittelbare Einflussnahme

Mittelbare Einflussnahme (siehe Abbildung 75) üben die Vertreter von städtischen Wohnungsbaugesellschaften unter anderem mittels Abstimmung und Austausch aus. Mit dem Bezirksausschuss müssen sie sich beispielsweise bei der Umsetzung eigener Projekte abstimmen und können darüber gegebenenfalls Genehmigungsprozesse beeinflussen. Ein weiteres Beispiel in diesem Tätigkeitsfeld ist der Austausch und die Abstimmung mit dem Amt für Wohnen und Migration über die bestehenden öffentlichen Vorgaben zur Wohnungsbelegungspolitik. In diesen und weiteren Abstimmungs- bzw. Austauschsituationen treten Vertreter von städtischen Wohnungsbaugesellschaften oft als Vermittler, zum Beispiel von Mieterinteressen, auf: „[...] wir versuchen natürlich da soweit es geht eben Anwalt der Mieter zu sein, soweit das eben, wir haben sozusagen die Mieterperspektive gebündelt [...]" (W3: 34). Des Weiteren nehmen die befragten Personen über inhaltliche Vorschläge mittelbar Einfluss. Möglicherweise beteiligen sie sich inhaltlich bei der Vorbereitung von Stadtratsvorlagen, unterbreiten Vorschläge für Projektplanungen oder wirken bei Rahmenplanungen für größere Stadtgebiete mit. In der Regel stehen die städtischen Wohnungsbaugesellschaften hierbei in engem Austausch mit dem Planungsreferat. Wenn sie den eigenen Bestand in einem Gebiet aufwerten bzw. sanieren wollen, müssen sie das beispielsweise mit diesem Referat abstimmen und auf diesem Wege auch entsprechende Genehmigungsverfahren anstoßen: *„Ja, es ist folgendermaßen, wenn bei uns ein Sanierungsgebiet ansteht, dann sprechen wir zuerst mit der Landeshauptstadt München. Also mit dem Planungsreferat und zwar mit der Stadtplanung, das ist logisch"* (W2: 12). Die städtischen Wohnungsbaugesellschaften werden jedoch auch aufgrund ihres Wissens über lokale Gebiete und ihres dortigen Engagements bei größeren Planungen vom Planungsreferat, zum Beispiel bei Rahmenplanungen, konsultiert: *„Ja, diese Rahmenplanung, zum Beispiel Entwicklung eines Leitbildes für die Entwicklung dieses Stadtgebietes beispielsweise, das sind immer Sachen, die eigentlich, ich sage jetzt mal, gemeinsam erarbeitet wurden im Planungsreferat"* (W1: 5). Vertreter von städtischen Wohnungsbaugesellschaften sind oft bei politisch-administrativen Verfahren involviert und verfügen in ihrem Arbeitsalltag über vielfältige Kontaktmöglichkeiten zu öffentlichen Akteuren. In Kooperationen der sozialen Stadtentwicklung können sie möglicherweise alternative Zugangswege zu politisch-administrativen Entscheidungsträgern eröffnen und viel zur dortigen Generierung von medialen Steuerungsmitteln beitragen.

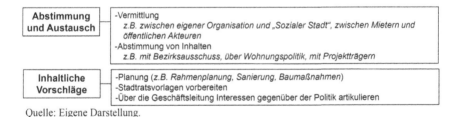

Quelle: Eigene Darstellung.

Abb. 75 Städtischer Wohnungsbau - Mittelbare Einflussnahme

Generierung von Geld

Die Generierung von Geld (siehe Abbildung 76) ist den Vertretern von städtischen Wohnungsbaugesellschaften zum Einen durch die Nutzung von Fördermitteln möglich. Im Rahmen der „Sozialen Stadt RaBal" wurde beispielsweise von städtischer Seite aus das Förderprogramm „Wohngrün.de" aufgesetzt. Dieses Programm stellt öffentliche Gelder zur Verbesserung des Wohnumfelds bereit, die von privaten Wohnungseigentümern oder städtischen Wohnungsbaugesellschaften beantragt werden können: *„Also Soziale Stadt, dieses Programm, wäre ein Ort, wo wir natürlich anhand von Fördermitteln in unseren Anlagen diverse Projekte auch durchgeführt haben [...]"* (W3: 23). Außerdem haben städtische Wohnungsbaugesellschaften auch die Möglichkeit, selbst zu investieren und somit aus eigenen Mitteln Gelder für Maßnahmen zur Verfügung zu stellen. Ein Beispiel hierfür ist Bereitstellung von Finanzmitteln für Initiativen von eigenen Mietern: *„[...] zum Abruf von Fördergeldern haben wir eine eigene Stelle geschaffen, die also da, gerade speziell für so Gruppen, die jetzt sagen, also wir wollen hier so eine Kinderkrippe gründen, bei Euch in der Siedlung, die wir dann also tatkräftig in vielerlei Hinsicht unterstützen"* (W1: 7).

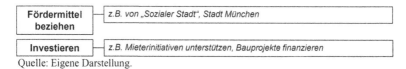

Quelle: Eigene Darstellung.

Abb. 76 Städtischer Wohnungsbau - Generierung von Geld

Organisation von Akzeptanz

Darüberhinaus können die Vertreter von städtischen Wohnungsbaugesellschaften Akzeptanz organisieren (siehe Abbildung 77), indem sie Analysen durchführen, Mieterbeteiligung organisieren oder durch gezielte Informationen die Meinung anderer Akteure beeinflussen. Eigene Analysen betreffen beispielsweise die Beurteilung des eigenen Bestands: *„Wir sind schon eher in der Entwicklung von neuen Ideen, auch von neuen Bauvorhaben und so weiter, das ist eigentlich unser Job, aber auch Beurteilung und Weiterentwicklung des Bestands gehört dazu"* (W1: 1). Möglicherweise kann negative Beurteilung des eigenen Bestands dazu beitragen, dass genügend politische Akzeptanz geschaffen wird, um das betreffende Gebiet zur Sanierung auszuweisen. Ebenso können Vertreter der städtischen Wohnungsbaugesellschaften gegebenenfalls auch zu einer repräsentativen Problem- und Lösungsdefinition im Rahmen der integrierten und sozialen Stadtentwicklung beitragen, wenn sie Analysen der in ihrer Organisationen eingegangenen Beschwerden und Anfragen von Mietern zur Verfügung stellen. Überdies ist es den befragten Personen auch möglich, Akzeptanz über die Organisation von Mieterbeteiligung zu generieren. Positionen, die von den eigenen Mietern unterstützt werden, entwickeln mehr Überzeugungskraft in der Öffentlichkeit und in politisch-administrativen Prozessen als ausschließlich im Büro und in organisationsinternen Besprechungen formulierte Argumente: *„Wir haben die Pläne ausgehängt, so wie wir uns das vorstellen und haben es den Bürgern nochmal vorgestellt, um nochmal Feedback zu bekommen"* (W3: 24). Durch den direkten Kontakt zu den Mietern haben die Vertreter von städtischen Wohnungsbaugesellschaften Zugang zu exklusiven Informationen über die Bewohnerschaft und die Bedarfslage in einem Gebiet, was diesbezüglichen Situationsanalysen von ihnen nach außen hin viel Gewicht verleiht. In ihrem Arbeitsalltag können die Vertreter von städtischen Wohnungsbaugesellschaften darüberhinaus durch die gezielte Information von anderen Akteuren Akzeptanz organisieren bzw. deren Ansichten in bestimmten Bereichen beeinflussen. Ein Beispiel hierfür ist die Gremienarbeit im Rahmen der Koordinierungsgruppe der „Sozialen Stadt RaBal", wo einer der befragten Personen gezielt Informationen an alle Beteiligten weitergibt: *„[...] wenn es jetzt ausschließlich Bestandsthemen sind, dann ist es sehr oft so, dass das innerhalb des Bestands abgestimmt wird, mir möglicherweise als Information mitgeteilt wird und ich das wieder in der Koordinierungsgruppe kommuniziere, das Ergebnis [...]"* (W1: 9). Ebenso gilt dies natürlich auch für den Kontakt mit den eigenen Mietern oder den bilateralen Austausch mit anderen Akteuren. Die gezielte Weitergabe von glaubwürdigen Informationen an Entscheidungsträger oder andere potentielle Unterstützer von Maßnahmen kann viel zur Generierung von medialen Steuerungsmitteln beitragen.

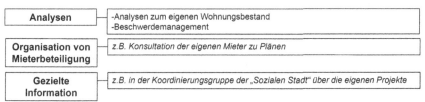

Quelle: Eigene Darstellung.

Abb. 77 Städtischer Wohnungsbau - Organisation von Akzeptanz

4.2.6.4 Einstellungen

Die artikulierten Einstellungen der betrachteten Vertreter von städtischen Wohnungsbaugesellschaften sind differenzierbar in Annahmen und Wertvorstellungen. Die Annahmen thematisieren Kooperation, bestimmte Themen, konkrete Akteuren und die individuelle Situation.

Annahmen

Die genannten Annahmen (siehe Abbildung 78) der befragten Personen zu Kooperation lassen sowohl Aussagen zu Potentialen, als auch zu Möglichkeitsgrenzen erkennen. So wurde beispielsweise die Einschätzung abgegeben, dass städtische Wohnungsbaugesellschaften aufgrund ihres umfassenden Wohnungsbestandes bei der kooperativen Aufwertung von Gebieten über viele verschiedene Einflussmöglichkeiten verfügen: *„Wir haben ja riesige Flächen, insofern sind wir natürlich vor Ort unwahrscheinlich präsent und haben auch mit dem, was wir bauen, tun, unterlassen unwahrscheinlichen Einfluss auf die Entwicklung von so einem Gebiet"* (W1: 4). Der hier zur Wort kommende Akteur ist sich der Einflussmöglichkeiten der eigenen Organisation bewusst, was eine wichtige Voraussetzung dafür ist, dass er diese Kapazitäten als Steuerungssubjekt für die Realisierung von Maßnahmen der integrierten und sozialen Stadtentwicklung einbringen kann. Die ausgeprägte Überzeugung von den eigenen Fähigkeiten bzw. den in der eigenen Organisation beheimateten Fähigkeiten kann jedoch auch dazu führen, dass Mitarbeiter von städtischen Wohnungsbaugesellschaften den Bestand ihrer Organisation als geschlossenes autarkes System betrachten und es bevorzugen, Probleme in Eigenregie zu lösen bzw. sich von Kooperationen zu distanzieren. Solch eine Einstellung würde mit großer Wahrscheinlichkeit einer intensiveren Beteiligung von Vertretern von städtischen Wohnungsbaugesellschaften in Kooperationen der integrierten und sozialen Stadtentwicklung nicht zuträglich sein. Um ganzheitliche und repräsentative Ansätze zur Bearbeitung von Benachteiligung in Quartieren zu konzipieren und umzusetzen, ist zumindest die Abstimmung einer gemeinsamen Strategie notwendig. Zum Teil positionieren sich die befragten Personen jedoch klar zu kooperativem Vorgehen, weil sie darin Vorteile für das Viertel oder die eigene Arbeit sehen. Einer der Befragten betont beispielsweise den Wert von Kooperation mit Bürgern, weil diese Experten für ihre Lebenswelt sind: *„Ich halte viel von Bürgerbeteiligung und von Aktivierung und letzten Endes ist ja der Bürger selber der Experte für seinen Lebensraum"* (W3: 24). Um dem eigenen Auftrag, die Lebensqualität im Bestand zu erhöhen, effektiv zu erfüllen, sind repräsentative Informationen über die dortige Situation und den lokalen Bedarf unerlässlich. Hinsichtlich einer intensiven Kooperation mit Bürgern, beispielsweise im Rahmen eines selbst installierten Bewohnertreffs, finden sich in den Aussagen der befragten Personen jedoch auch restriktive Sichtweisen: *„[...] wir haben auch Bewohnertreffs, bloß bei den Bewohnertreffs haben wir immer das Problem, dass sich keiner drum kümmert"* (W2: 15). Die hier wiedergegebene Ansicht verhindert möglicherweise, dass ernsthaft nach gemeinschaftlichen Betreuungsmöglichkeiten von Bewohnertreffs gesucht oder der Aufbau von Netzwerken dafür unterstützt wird. Grenzen für die eigene Beteiligung an Kooperationen machen die Vertreter von städtischen Wohnungsbaugesellschaften zudem an Zuständigkeitsgrenzen der eigenen Stelle oder Organisation fest. Dies ergibt sich zum Einen durch die Hierarchien innerhalb der Organisation und zum Anderen auch durch die Weisungsgebundenheit bzw. Abhängigkeit von politisch-administrativen Entscheidungen. Außerdem verfügen die Vertreter von städtischen Wohnungsbaugesellschaften in der konkreten Projektarbeit nur über Handlungskompetenzen für das Gebiet des eigenen Bestands.

Die artikulierten Annahmen der befragten Personen zu bestimmten Themen behandeln mitunter Verhältnisse im Viertel. Es kommen dabei zum Beispiel Sichtweisen zur sozialen Situation im Gebiet zum Ausdruck: *„[...] weil München und auch unsere Siedlungen eigentlich durch die Bank keine Problemsiedlungen sind, natürlich gibt es immer wieder Siedlungen, die sind sozial schwieriger, aber insgesamt betrachtet ist in München nochmal relativ heile Welt"* (W1: 6). Zuschreibungen wie diese beeinflussen gegebenenfalls die Bereitschaft von Akteuren, die Dringlichkeit von kooperativem Handeln in einem Gebiet anzuerkennen. Sie können also weitreichende Auswirkungen auf das Handeln von Akteuren haben und verdienen deshalb große Aufmerksamkeit, wenn es darum geht, Steuerungssubjekte für bestimmte Maßnahmen zu aktivieren. Außerdem finden sich in den artikulierten Annahmen der Vertreter von städtischen Wohnungsbaugesellschaften auch viele Aussagen zu verschiedenen Politikthemen und deren Umsetzbarkeit wieder. Diese beziehen sich beispielsweise auf Bildungspolitik, Beteiligung oder Wohnen im Alter. Ein konkretes Beispiel für eine dementsprechende Äußerung ist die im folgenden Zitat getroffene Feststellung, dass Kinderkrippen aufgrund baurechtlicher Auflagen teilweise schwer zu realisieren sind: *„Ja, Kinderkrippen ist ja ganz normal, wir machen jetzt zum Beispiel gerade etwas mit einem freien Träger, eine Kinderkrippe, die kommen auf uns zu und da stellt sich dann oft die Frage, weil es baulich ein großes Problem ist, weil an die Kinderkrippen werden große bauliche Anforderungen gestellt. [...] Das geht dann schon ins Baurechtliche, also da geht es um Brandschutz, da geht es um Fluchtwege, da geht es um Piepapo, also das ist so ein Auflagenpaket, was sie da haben"* (W2: 15). Des Weiteren werden in den Annahmen zu bestimmten Themen Planungsverfahren beurteilt. So genießen städtische Wohnungsbaugesellschaften beispielsweise gegenüber privaten Bauträgern den Vorteil, dass sie im Vorfeld von Bautätigkeiten keine Sozialplanung ausweisen und genehmigen lassen müssen: *„[...] man müsste bei großen Sanierungen einen sogenannten Sozialplan ausarbeiten. Das müssen wir nicht machen, weil wir eine spezielle Abteilung der Mieterbetreuung eingerichtet haben. Die Freien müssen belegen, wie sie die Leute umsetzen"* (W2: 14). Aufgrund ihres öffentlichen Auftrages und eigens dafür eingerichteter Stellen können städtische Wohnungsbaugesellschaften Verfahren zur Sozialplanungen in großen Teilen intern abwickeln. Andere Beispiele betreffen Rahmen- oder Bebauungsplanungen, die wie bereits erwähnt, in enger Abstimmung mit dem Planungsreferat vollzogen werden.

Die genannten Annahmen zu konkreten Akteuren beziehen sich in überwiegendem Maße auf öffentliche Akteure oder Einrichtungen, zum Beispiel Verwaltung, Politik, „Soziale Stadt" oder Sozialbürgerhäuser. Bezüglich Verwaltungsakteuren wird beispielsweise die eigene Weisungsgebundenheit in der alltäglichen Arbeit betont: *„[...] es gibt von der Stadt immer Wünsche, Vorgaben, vom Planungsreferat oder vom Sozialreferat oder anderen Stellen aus der Stadt [...], also das ist so der politische Einfluss, der immer wieder hereinweht [...]. Wenn jetzt der [...] Stadtrat etwas beschließt, die Wohnungsbaugesellschaften der Stadt sollten in diesem Bereich tätig werden, dann ist das für uns bindend"* (W3: 28). Eine zu starke Orientierung an administrativen Abläufen und Entscheidungen führt möglicherweise dazu, dass eine abwartende Haltung eingenommen wird und die eigene Beteiligung in Kooperationen sich daher eher zurückhaltend gestaltet. Ebenso kann man oft Aussagen zu politischen Akteuren interpretieren. Vertreter von städtischen Wohnungsbaugesellschaften sind in ihrem Arbeitsalltag oft von Entscheidungen des Stadtrates oder der Bezirksausschüsse abhängig bzw. müssen sich danach richten: *„Der Bezirksausschuss ist in jedem Planungsprozess eingebunden, sowohl Modernisierung als auch Bebauungsplan, weil das ist ein Gesetz"* (W2: 17). In den mitgeteilten Annahmen der befragten Personen lassen sich jedoch auch Meinungen zu Bürgern und insbesondere ihren eigenen Mietern in einem bestimmten Gebiet finden: *„[...] der Bürger kann oft nicht differenzieren. Also beim Stadtteilladen landen oft Beschwerden oder irgendwelche Anfragen, die eigentlich an uns gerichtet werden müssen"* (W3: 30). Diese Sichtweise könnte einen Anreiz darstellen, sich in Prozessen der „Sozialen Stadt RaBal" zu beteiligen, weil so für die eigene Arbeit wichtige Informationen zu bekommen sind.

Zu den Annahmen zur individuellen Situation sind bei den befragten Personen vergleichsweise viele Aussagen zu erkennen. Dabei stehen zudem meist Arbeitsbedingungen in der eigenen Organisation im Vordergrund. Dies unterstreicht wiederum, dass sich die betrachteten Vertreter von städtischen Wohnungsbaugesellschaften in ihrem Arbeitsalltag stark an organisationsinternen Gegebenheiten orientieren. In den hierzu getroffenen Aussagen werden mitunter regelmäßig die Zielsetzungen der eigenen Organisation betont. Dies umfasst zum Beispiel die Umsetzung investiver Projekte, das Engagement im vorschulischen Bildungsbereich oder die Gewährleistung von Rentabilität bei Projektarbeit. Im Rahmen der „Sozialen Stadt" offenbart sich der Schwerpunkt auf investiven Projekten beispielsweise daran, dass der Großteil der Beteiligung der Vertreter von städtischen Wohnungsbaugesellschaften auf die Inanspruchnahme des bereits erwähnten kommunalen Förderprogramms „Wohngrün.de" zurückgeht: *„[...] also unser Hauptschwerpunkt [in der „Sozialen Stadt", Anmerk. d. Ver.] ist tatsächlich dieses Programm „Wohngrün.de", also ein, wie nennt es sich so schön, investive Mittel, also ein Bauprogramm sozusagen, ein Sanierungsprogramm"* (W1: 1). Die Kenntnis von inhaltlichen Prioritäten oder Zielen in einer Organisation ermöglicht es in kooperativen Prozessen, gezielt attraktive Beteiligungsangebote zu machen oder lässt in einem frühen Stadium erkennen, wo gegebenenfalls im besonderem Maße Überzeugungsarbeit zu leisten ist. Des Weiteren werden in vielen Annahmen zur individuellen Situation organisationsinterne Ablaufprozesse angesprochen. Das betrifft zum Beispiel Aussagen zu Abstimmungsformen, wie Aufgaben innerhalb der Organisation verteilt werden und welche Rolle Auflagen, Aufträge und Anfragen von außen in der internen Ablauforganisation spielen. Einer der befragten Personen beschreibt beispielsweise den hierarchischen Ablauf in der eigenen Organisation, in Bezug auf Entscheidungen, wo sich die eigenen Mitarbeiter beteiligen sollen und wo nicht: *„[...] also die Anfragenflut, wo wir uns daran beteiligen sollen, die ist irrsinnig. Aber es muss qualitativ ausgewählt werden, was wir da machen. [...] Die Geschäftsleitung prüft das gemeinsam mit jetzt zum Beispiel der Vermieterabteilung und der technischen Abteilung, ob das für uns was ist, ob wir uns daran beteiligen oder nicht"* (W2: 19). In diesem Fall ist es gegebenenfalls erfolgsversprechender, Argumente für die Beteiligung von Mitarbeitern dieser Organisation an bestimmten Projekten einer höheren Hierarchieebene gegenüber einzufordern. Ein weiteres Themenfeld der mitgeteilten Annahmen zur individuellen Situation behandelt organisationelle Restriktionen. Restriktionen stellen beispielsweise baurechtliche Auflagen bei der Einrichtung von Kinderkrippen oder die Aktivierbarkeit von Trägern für die Betreuung von Bewohnertreffs dar. Neben Restriktionen kommen auch organisationelle Einflussmöglichkeiten zur Sprache, was sich zum Beispiel auf die eigenen Handlungsmöglichkeiten angesichts des großen Wohnbestandes in einem bestimmten Gebiet bezieht. Darüberhinaus umfassen die artikulierten Annahmen zur individuellen Situation auch Ansichten zu persönlichen Abhängigkeiten innerhalb der eigenen Organisation, wie z.B. Dienstwege oder die Teilhabe an Informationen: *„Also ich komme dann erst ins*

Spiel, wenn Entscheidungen quasi schon getroffen sind" (W3: 29). In der Regel sind die Vertreter von städtischen Wohnungsbaugesellschaften an hierarchische Dienstwege gebunden. Zuletzt thematisieren die befragten Personen noch zum Teil die eigene Funktion im Kontakt mit der „Sozialen Stadt RaBal". Diese beschränkt sich hauptsächlich auf eine sporadische Beteiligung an Sitzungen der Koordinierungsgruppe und projektbezogene Aktivitäten insbesondere im Kontext der Abwicklung des kommunalen Förderprogramms „Wohngrün.de".

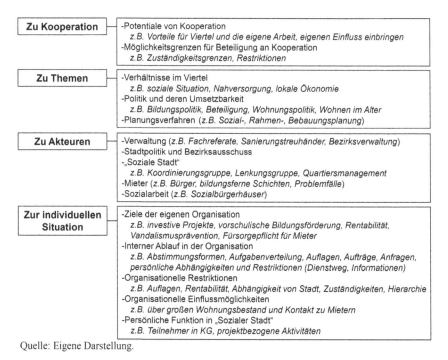

Quelle: Eigene Darstellung.

Abb. 78 Städtischer Wohnungsbau – Annahmen

Wertvorstellungen

Die von den Vertretern von städtischen Wohnungsbaugesellschaften geäußerten Wertvorstellungen (siehe Abbildung 79) betonen unter anderem die Wichtigkeit von sozialer Stabilität. Dies scheint ein stark verinnerlichtes Ziel im Arbeitsalltag der befragten Personen zu sein, zumal es wohl auch im Rahmen ihres öffentlichen Auftrages in erhöhtem Maße von politisch-administrativer Seite aus propagiert wird: *„Wir als Akteur, als Wohnungsbaugesellschaft, wir wollen natürlich die Lebensqualität unserer Mieter verbessern, das ist unser oberstes Ziel und oben, ein sehr wichtiges Ziel ist natürlich auch, das ist eigentlich fast schon banal, die soziale Stabilität in unseren Quartieren zu erhöhen"* (W3: 24). Es ist zu erwarten, dass man mit einer dementsprechenden Argumentation, die die Förderung von sozialer Stabilität anspricht, bei den Vertretern von städtischen Wohnungsbaugesellschaften zumindest auf ein offenes Ohr stößt. Außerdem ist den Vertretern von städtischen Wohnungsbaugesellschaften auch die Möglichkeit zur Teilhabe an politisch-administrativen Prozessen wichtig. Dies gilt sowohl für die Teilhabe der eigenen Organisation als auch der Bürger. Einer der befragten Akteure bemängelt beispielsweise in diesem Zusammenhang die unzureichende Einbindung der eigenen Organisation bei der Planung zur Neugestaltung eines Platzes: *„Ich hätte mir erwartet, dass wir da als unmittelbare Gebäude- und auch Grundstücksanlieger im Vorfeld mit eingebunden werden bei der Vorkonzeptionierung"* (W1: 10). Diese Exklusionserfahrung macht den entsprechenden Akteur möglicherweise zu einem motivierten Fürsprecher für demokratische Teilhabe von Betroffenen an öffentlichen Planungsverfahren. Zuletzt heben die Vertreter von städtischen Wohnungsbaugesellschaften noch die Bedeutung von Sachkundigkeit in ihrem Arbeitsalltag hervor. Für sie ist es beispielsweise wichtig, auf Fachwissen zur Umsetzung von Maßnahmen zurückgreifen zu können. Dies umfasst auch rechtliche Kenntnisse, insbesondere im Bereich des Mietrechts, die die Handlungskompetenzen der eigenen Person bzw. der eigenen Organisation abstecken: *„[...]. wir gehen vor Ort und besuchen die Mieter und kümmern uns um soziale Probleme, insoweit sie mit dem Mietrecht zu tun haben. Ja, das ist unser Fokus, denn wir müssen natürlich mietrechtlich orientiert auch arbeiten"* (W3: 25).

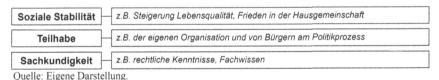

Quelle: Eigene Darstellung.

Abb. 79 Städtischer Wohnungsbau – Wertvorstellungen

5 Beiträge zu Wissenschaft und Praxis

Das Ergebnis dieser Forschungsarbeit ist die Entwicklung einer „integrierten Prozessraumtheorie" (siehe Kapitel 3.5). Dieser neue Steuerungsansatz zeigt Möglichkeitsräume für die Steuerung von Kooperationen zur Umsetzung einer integrierten und sozialen Stadtentwicklung auf und ist eine Synthese bestehender Theorieansätze und der empirischen Ergebnisse dieser Arbeit. Dabei wurden struktur- und handlungstheoretische Aspekte integriert, um die Produktion von Machtverhältnissen in kooperativen Politikprozessen ganzheitlich zu rekonstruieren.

5.1 Erkenntnisgewinn für den wissenschaftlichen Diskurs

Der zentrale wissenschaftliche Erkenntnisgewinn ist die systematische, nachvollziehbare und methodisch reproduzierbare Auseinandersetzung mit komplexen Kooperationen in Politikkontexten. Die ganzheitliche Analyse dieses Forschungsgegenstandes ist in der Geographie bislang noch nicht erfolgt und auch in den betrachteten benachbarten Disziplinen nur partiell vorhanden. Des Weiteren ist hervorzuheben, dass in der „integrierten Prozessraumtheorie" Machtverhältnisse ganzheitlich rekonstruiert werden, was in der Geographie, der sozialwissenschaftlichen Steuerungsliteratur und den Planungswissenschaften bis jetzt noch nicht zufriedenstellend realisiert worden ist. Bei der Analyse von Machtaspekten in den komplexen Beziehungsverhältnissen von kooperativen Politikprozessen wird Macht oftmals nur als Attribut von Personen thematisiert (vgl. Reuber 1999; Scharpf/Mayntz 1995; Flyvbjerg 1998). Dabei wird der multidimensionale Charakter von Macht (siehe Kapitel 3.4.4) vernachlässigt. Die „integrierte Prozessraumtheorie" stellt eine analytische Methode bereit, um sowohl funktionell-strategische als auch handlungstheoretisch-instrumentelle Sichtweisen zu Macht gemeinsam zu berücksichtigen. Sie gibt außerdem Aufschluss darüber, wie die Systematik der „Analyse von Machtverhältnissen" nach Foucault (1987) im Rahmen einer derartigen integrierten Perspektive operationalisiert und auf die Steuerung von Kooperationen bezogen werden kann.

Das Steuerungsverständnis in dieser Arbeit kombiniert systemische und handlungsorientierte Aspekte (vgl. Burth 1999). Aufgrund der interdependenten

Verhältnisse in Kooperationen der integrierten und sozialen Stadtentwicklung können Steuerungsbemühungen nur volle Wirksamkeit entfalten, wenn sie von den davon betroffenen und raumprägenden Akteuren mitgetragen werden. Das macht Steuerung zu einem sozialen System, welches durch viele unterschiedliche Steuerungssubjekte konstituiert wird. Handlungsfähigkeit für die Umsetzung von Steuerungsinterventionen kann in diesem sozialen System durch die verschiedenen Steuerungssubjekte generiert werden, indem sie mediale Steuerungsmittel mobilisieren (vgl. Münch 2001). Der Aktivierungsprozess von medialen Steuerungsmitteln ist über einen hierarchischen, markt- oder verhandlungsorientierten Steuerungsmodus organisierbar (vgl. Willke 2001) und stellt Entscheidungsgewalt, Geld, Unterstützung oder Glaubwürdigkeit und Akzeptanz für bestimmte Steuerungsinterventionen bereit.

Die Auswahl von Steuerungsinterventionen, die beispielsweise für die Bearbeitung von selektiver Beteiligung geeignet sind, ist über die Rekonstruktion der Machtverhältnisse in Kooperationen möglich. Machtverhältnisse sind als strategisches Spiel zwischen individuellen Freiheiten zu verstehen. Sie bilden ein multidimensionales und interdependentes Beziehungsgeflecht und Kräfteverhältnis ab (vgl. Foucault 1987), welches durch die in Kooperationen etablierten Strukturen und präsenten Handlungsrationalitäten konstituiert wird. Die strukturtheoretischen und handlungstheoretischen Forschungsperspektiven wurden in die „integrierte Prozessraumtheorie" integriert. Dadurch wird eine ganzheitliche Sicht auf Kooperationsprozesse und die darin verborgenen Machtverhältnisse eingenommen, was ein Spektrum an Handlungsoptionen, Handlungsmotivationen und möglichen Strategien der Handlungsumsetzung in Kooperationsprozessen erkennen lässt. Mit diesem Wissen ist es möglich, Rückschlüsse auf Beteiligungsbarrieren und Gründe für die Enthaltung oder Exklusion von Akteuren zu ziehen. Außerdem geben die Machtverhältnisse auch Hinweise darauf, welche Möglichkeitsräume für Steuerungsinterventionen existieren. Jedes Element in der Darstellungssystematik von Machtverhältnissen (siehe Kapitel 3.5.3) ist ein potentiell veränderbares Steuerungsobjekt, welches durch konkrete Steuerungsinterventionen bearbeitet werden kann.

Die empirischen Ergebnisse dieser Arbeit zeigen am Beispiel der gewählten Untersuchungskontexte, welche Steuerungsobjekte auf der Ebene der Kooperationsstrukturen und hinsichtlich der Handlungsrationalitäten von Akteuren beobachtbar und durch Steuerungsinterventionen bearbeitbar sind. Diese Steuerungsobjekte sind potentiell veränderbare Komponenten in Kooperationsprozessen. Es ist dabei sehr wichtig, anzuerkennen, dass es nicht den „Idealtyp" von Kooperationsstrukturen oder den „perfekten" Akteur gibt. Förderliche Kooperationsstrukturen oder Handlungsrationalitäten zur Umsetzung von sozialer Stadtentwicklung ergeben sich situationsspezifisch unter Berücksichtigung der etablierten Machtverhältnisse. Der multidimensionale Charakter von Machtverhältnissen macht es wahrscheinlich, dass parallel unterschiedliche Strategien existieren, die zum erwünschten Ergebnis führen können.

Trotz dieser relativistischen Grundlage gibt es bei der Beurteilung von Kooperationsstrukturen jedoch einige normative Orientierungspunkte. Auf der Akteurebene ist darauf zu achten, dass jene Akteure tragende Funktionen in der Kooperation inne haben, die imstande sind, die medialen Steuerungsmittel zur Umsetzung von Zielen und Maßnahmen zu generieren. In Fällen, wo dies nicht gegeben ist, sind gezielte Aktivierungsmaßnahmen erforderlich. Auf der Inhalts- und Einstellungsebene ist die kontinuierliche Reflexion und Diskussion der „Integrierten Handlungskultur" von großer Bedeutung. Die vorherrschenden Einstellungen zu kooperativem Arbeiten und die verfolgten Inhalte und Ziele in der Kooperation bestimmen maßgeblich mit, in welchen Bereichen es zu erwarten ist, dass Konsensfähigkeit erzielt werden kann, und wo dafür noch Vorarbeit geleistet werden muss. Die Beschäftigung mit der „integrierten Handlungskultur" in etablierten Kooperationen wird oft vernachlässigt. Auf der Institutionenebene muss gewährleistet werden, dass die „Interaktionsregeln" im Kooperationsprozess mit den Handlungsrationalitäten der jeweils beteiligten und betroffenen Akteure vereinbar sind. Ansonsten muss damit gerechnet werden, dass Akteure im kooperativen Aushandlungsprozess von Problemen und Lösungen und bei der gemeinschaftlichen Umsetzung von konkreten Maßnahmen ausgeschlossen bleiben oder sich enthalten. Unter derartigen Bedingungen sind die Realisierung eines repräsentativen und demokratischen Politikprozesses und die Umsetzbarkeit von sozialer Stadtentwicklung akut gefährdet. Neben der Anpassung der „Interaktionsregeln" an Handlungsrationalitäten ist es selbstverständlich auch möglich, Veränderungen bei Handlungsrationalitäten von Akteuren anzustreben bzw. anzustoßen.

Die empirischen Ergebnisse zu den Handlungsrationalitäten von verschiedenen beteiligten und betroffenen Akteuren in kooperativen Politikprozessen liefern insbesondere für die Planungswissenschaften und die steuerungsorientierten Sozialwissenschaften Grundlagenmaterial. In diesen Disziplinen wird ein Defizit an akteurorientierten Forschungsergebnissen beklagt (vgl. Selle 2007; Blanke 2001). Die Handlungsrationalitäten von Beteiligten und Betroffenen bilden eine Bandbreite von endogenen Potentialen im Kooperationsprozess ab. Diese Potentiale offenbaren sich auf der einen Seite in den alltäglich ausgeübten Tätigkeiten und vorhandenen Fähigkeiten der Akteure und ihren Aufenthaltsorten und Kooperationspartnern. Hier sind Kapazitäten in der Kooperation vorhanden, um mediale Steuerungsmittel für konkrete Maßnahmen oder Steuerungsinterventionen zu mobilisieren. Auf der anderen Seite spiegeln sich endogene Potentiale auch in den Einstellungen und dem Selbstverständnis der Akteure wieder. Die Identität, die Annahmen und die Wertvorstellungen von Akteuren sind sehr einflussreiche Komponenten bei der Handlungswahl. Sie sind verantwortlich dafür, dass ein Akteur in einer konkreten Handlungssituation bestimmte Handlungsoptionen, die ihm zur Verfügung stehen, von vorneherein ausblendet oder vor allen anderen präferiert. Sie sind oft konstitutiv für die Entscheidung von Akteuren, sich zu beteiligen oder zu enthalten. Ihre gezielte Bearbeitung durch Steuerungsinterventionen kann somit viel zur Beseitigung von selektiver Beteiligung beitragen.

Neben der eigenen empirischen Forschung sind bei der Entwicklung der „integrierten Prozessraumtheorie" noch weitere Theorieansätze mit eingeflossen. Anwendungsorientierte Ansätze der prozessorientierten Sozialgeographie (vgl. Schaffer et al. 1999; Hilpert 2002) werden aufgegriffen und in den Theoriediskurs in der Sozialgeographie und den benachbarten Sozialwissenschaften integriert. Dies eröffnet in der Zukunft Möglichkeiten für Synergien bei prozess- und praxisorientierten Forschungsprojekten, in denen das Formulieren einer „Theorie der Praxis" angestrebt wird. Die prozessorientierte Sozialgeographie liefert in der „integrierten Prozessraumtheorie" einen wichtigen Beitrag zur Beschreibung der institutionalisierten Politik-Umwelt (vgl. Schaffer et al. 1999) und der in kooperativen Gestaltungsprozessen vorzufindenden Strukturelemente (vgl. Hilpert 2002). Durch die Empirie dieser Arbeit wurden diese Elemente modifiziert und ausdifferenziert. Darüberhinaus wurde die subjektivistisch-handlungsorientierte Sozialgeographie von Werlen (siehe Kapitel 3.4.2) durch die „integrierte Prozessraumtheorie" mit einer strukturorientierten Forschungsperspektive kombiniert. Dadurch werden Emergenzphänomene und strukturelle Rahmenbedingungen in kooperativen Politikprozessen neben der rein akteurorientierten Sicht berücksichtigt (vgl. Scharpf 2000). Die Integration der Handlungs- und Strukturebene ist über die Rekonstruktion der Machtverhältnisse umzusetzen. Die handlungsorientierte Sozialgeographie ist in der „integrierten Prozessraumtheorie" für die Erklärung der Produktion von Handlungsrationalitäten und alltäglichen Regionalisierungen von großer Bedeutung (vgl. Werlen 1988, 1995, 1997). Auch hier wurde der Bezugsrahmen der Orientierung eines handelnden Subjektes durch die vorliegenden empirischen Ergebnisse ausdifferenziert.

5.2 Anwendbarkeit und Konsequenzen für die Steuerungspraxis

„[...] planning refers to the conscious intervention of collective actors - roughly speaking, state, capital and organized civil society - in the production of urban space, so that outcomes may be turned to one or the other's favor. It is, therefore, obvious that planners need to have a good understanding of how these city-forming processes work before we impose on them a

normative structure or, what is currently more likely, mediate among the interests affected."
(Friedmann 2006: 275)

Der „integrierte Prozessraum" ist ein effektives Reflexionsinstrument, um kooperative Stadtentwicklungsprozesse besser zu verstehen und demokratisch zu gestalten. Ins-besondere in tragender Rolle an Kooperationen beteiligte Akteure aus der öffentlichen, wirtschaftlichen oder zivilgesellschaftlichen Sphäre können dadurch im Kooperationsalltag unterstützt werden. Mithilfe der „integrierten Prozessraumtheorie" werden sie in die Lage versetzt, die endogenen Handlungspotenziale bzw. -ressourcen in Kooperationen prozessbegleitend zu erkennen und Strategien zu deren Mobilisierung zu entwickeln. Menschen sind die Träger von Handlungsressourcen. Demzufolge ist die Mobilisierung von Ressourcen gleichbedeutend mit der Aktivierung von konkreten Akteuren. Die Steuerung von Beteiligung rückt damit ins Zentrum des Interesses. Eine gelingende Steuerung von Beteiligung bzw. die Bearbeitung selektiver Beteiligung in Kooperationen ermöglicht die Herstellung einer demokratischen Qualität von kooperativen Politikprozessen. Dadurch ist eine soziale Stadtentwicklung realisierbar, weil gewährleistet werden kann, dass Probleme und Lösungsmöglichkeiten repräsentativ definiert werden und die notwendigen Handlungsressourcen für darauf aufbauende Maßnahmen aktivierbar sind.

5.2.1 Steuerungsoptionen zur Aktivierung von Akteuren

Die Steuerung von Beteiligung bzw. die gezielte Aktivierung von bestimmten Akteuren wird im Folgenden beispielhaft an zwei Akteurgruppen beschrieben: Verwaltung und Migrantenorganisationen. Diese Auswahl soll verdeutlichen, dass in Kooperationen in der sozialen Stadtentwicklung keinesfalls nur Zielgruppen aus der Zivilgesellschaft, wie z.B. Bürger mit Migrationshintergrund gegebenenfalls schwer zu aktivieren sind, sondern ebenso Personen aus der Verwaltung und andere vermeintliche Prozessverantwortliche.

Die Enthaltung oder Exklusion jeder dieser und auch anderer Gruppen und Einzelpersonen kann im großen Maße die politische Handlungsfähigkeit in Kooperationen und die Wirksamkeit von Maßnahmen beeinflussen. Ein Verwaltungsmitarbeiter könnte zum Beispiel durch mangelnde Mitarbeit notwendige Stadtratsbeschlüsse verhindern, die Ausschüttung von Fördermitteln verkomplizieren und das Know-How und die Netzwerke des eigenen Fachressorts vorenthalten. Der Ausschluss oder die Enthaltung eines Vertreters von Migrantenorganisationen hat möglicherweise zur Folge, dass zielgruppenspezifische Probleme nicht richtig erkannt werden, Lösungsmaßnahmen keine Akzeptanz erfahren und durch davon betroffene Akteure nicht mitgetragen werden.

Ansatzpunkte zur Bearbeitung selektiver Beteiligung in Kooperationen finden sich sowohl auf der Struktur- als auch auf der Handlungsebene. Sie stellen Steuerungsobjekte dar. Prinzipiell kann jeder einzelne Aspekt der drei strukturellen Einflussfaktoren (siehe Kapitel 4.1) oder der verschiedenen Rationalitäten von Akteuren (siehe Kapitel 4.2) zum Steuerungsobjekt werden.

Die Modifizierung eines jeden Steuerungsobjektes bedarf in der Regel der Mitwirkung mehrerer Steuerungssubjekte. Eine Veränderung muss einerseits durch einen oder mehrere Akteure angestoßen werden. Andererseits muss sie ebenso durch betroffene und beteiligte Personen mitgetragen, realisiert und reproduziert werden. Diese interdependenten Beziehungsverhältnisse machen Steuerung zu einem sozialen System (siehe Kapitel 3.3.2).

Die Planung von Veränderung in einem solchen System funktioniert nur, wenn ausgehend von den bestehenden Machtverhältnissen (siehe Kapitel 3.5.3) die erforderlichen medialen Steuerungsmittel durch eine bestimmte Vorgehensweise bzw. einen konkreten Steuerungsmodus generiert werden können (siehe Kapitel 3.5.4).

Alle hier vorgestellten steuerungsorientierten Aktivierungsstrategien werden vor dem Hintergrund der „Sozialen Stadt RaBal" diskutiert. Die gewählten Steuerungsobjekte sind nur eine Selektion und es wird kein Anspruch auf Vollständigkeit erhoben. Es gibt nur selten einen „goldenen Weg", ein bestimmtes Steuerungsobjekt zu modifizieren. Für die Veränderung der im Folgenden ausgewählten Steuerungsobjekte ließen sich sicherlich noch viele alternative oder ergänzende Strategien formulieren. Die Rekonstruktion der bestehenden Machtverhältnisse liefert dafür mannigfaltige Ansatzpunkte.

5.2.1.1   Aktivierung von Verwaltung

Verwaltungsmitarbeiter haben in der „Sozialen Stadt RaBal" zentrale Bedeutung, weil sie großen Einfluss auf die politische Definition von Problemen in der sozialen Stadtentwicklung haben, Strategien zur Umsetzung von Lösungen mitgestalten und die Implementierung von konkreten Maßnahmen oft erst ermöglichen. Die Enthaltung oder die Exklusion von Vertretern einzelner Fachressorts bei ihren Bereich betreffenden Themen erschwert die Realisierung integrierter und sozialer Stadtentwicklung erheblich. Deshalb ist es wichtig, dass Verwaltungsmitarbeiter und deren Handlungspotenziale in die Abläufe der Kooperation umfassend integriert und für die Bearbeitung konkreter Themen aktivierbar sind.

Steuerungsobjekte

Aus der Perspektive von Verwaltungsmitarbeitern ist ein Hinderungsgrund für die eigene Beteiligung am kooperativen Prozess der „Sozialen Stadt" das Gefühl der Abhängigkeit von höheren Instanzen: *„[...] sie haben es mit lauter Leuten zu tun, die x-fach in Meetings rumhängen, aber nichts zu sagen haben letztendlich und das ist also schwierig [...]"* (V4: 62). Diese Abhängigkeit wird durch die Verwaltungsvertreter gegenüber Vorgesetzten, der Politik und Förderrichtlinien angenommen und in den eigenen Annahmen verinnerlicht. Dadurch verschieben sich die Handlungsprioritäten von Verwaltungsmitarbeitern möglicherweise dahingehend, dass internen Prozessen innerhalb des politisch-administrativen Systems gegenüber kommunikativen Prozessen innerhalb der „Sozialen Stadt" der Vorzug gegeben wird: *„Es können nicht alle Menschen in Netzwerken arbeiten. Es gibt einfach Menschen, die nur hierarchisch denken und handeln können"* (V3: 45). Enthaltung oder eine geringe Partizipation sind die Folge. Die als handlungseinschränkend empfundenen Abhängigkeiten sind hiermit Steuerungsobjekt. Im Sinne einer stärkeren Aktivierung müssen sie zumindest teilweise durch die Gewissheit über Handlungsfreiheiten ersetzt werden. Diese Überzeugung von eigenen Handlungsfreiheiten fördert den flexibleren Umgang mit Kooperationspartnern in der „Sozialen Stadt" und eine intensivere Beteiligung.

Mit Blick auf die etablierten Kooperationsstrukturen in der „Sozialen Stadt RaBal" gibt auch die „Integrierte Handlungskultur" möglicherweise Aufschluss darüber, warum sich Verwaltungsakteure gegebenenfalls in Kooperationsprozessen enthalten oder ausgeschlossen werden. Eingespielte Konkurrenzbeziehungen und Ressortegoismen behindern die Beteiligung von Verwaltungsmitarbeitern an integrierter und sozialer Stadtentwicklung: *„Herausforderungen, ja – sind, dass die Verwaltung so kooperiert, dass sie sich nicht ständig im Weg steht und miteinander konkurriert [...]"* (I1: 10). Neben persönlichen Rivalitäten zwischen Verwaltungsmitarbeitern können dafür auch Ressortegoismen, zum Beispiel aufgrund von Produktverantwortlichkeiten im Zuge der Implementierung des „Neuen Steuerungsmodells" verantwortlich gemacht werden. Diese Verfahrensweise sieht vor, dass Mitarbeiter von Fachreferaten die Verantwortung für konkrete Produkte übertragen bekommen. An diesen Produkten orientiert sich auch die Vergabe des städtischen Haushaltes: *„Jetzt gibt es die verschiedenen Produktverantwortlichen und es gibt auch einen produktorientierten Haushalt"* (V3: 37). Der Anreiz zur Beteiligung in der „Sozialen Stadt RaBal" oder die Bereitstellung eigener Ressourcen wird für einen Verwaltungsmitarbeiter unter Umständen vermindert, wenn dadurch kein direkt sichtbarer Nutzen für die Umsetzung der eigenen Produktverantwortlichkeiten zu erwarten ist. Die Orientierung an Fachreferaten bei der Verteilung von Produktverantwortlichen fördert unter diesen Bedingungen die Versäulung der Verwaltung, was der Realisierung von integrierten Ansätzen widerspricht. Konkurrenzbeziehungen und Ressortegoismen spiegeln eine problematische Einstellung zu kooperativem Handeln wieder und stellen ebenfalls ein mögliches Steuerungsobjekt dar.

Steuerungssubjekte

Das Ziel, Verwaltungsmitarbeiter durch die Veränderung der beispielhaft vorgestellten Steuerungsobjekte stärker für die Kooperation zu aktivieren, kann durch unterschiedliche Konstellationen von Steuerungssubjekten realisiert werden. In jedem Fall gehören dazu die zu aktivierenden und somit direkt betroffenen Verwaltungsmitarbeiter selbst. Sie müssen bereit sein, ihre Einstellungen zu ihrem Arbeitsalltag und Kooperation anzupassen und gegebenenfalls dahingehend auch andere Ebenen der eigenen Handlungsrationalität[53] zu hinterfragen. Da die Verwaltung eine hierarchische Organisation ist, sind die Führungspersonen in den jeweiligen Verwaltungsbereichen ebenfalls als Steuerungssubjekte zu nennen. Sie können einen solchen Wandel befördern, indem sie ihre Richtlinien- und Weisungskompetenz nutzen, die Bedeutung von Kooperation betonen und Anreize zur Beteiligung setzen. Ein solcher Veränderungsprozess kann des Weiteren durch eine Vielzahl unterschiedlicher Akteure initiiert und unterstützt werden, z.B. Stadträte, das Quartiersmanagement, die beteiligten Akteure in der Koordinierungs- oder Lenkungsgruppe, externe Berater etc. All diese Akteure können somit auch als Steuerungssubjekte auftreten, indem sie Aktivierungsprobleme ansprechen, Ursachen analysieren und Veränderungen mittragen und glaubhaft einfordern.

Modi und mediale Mittel der Steuerung

Um die Annahmen eines Verwaltungsmitarbeiters über Abhängigkeiten in seinem Arbeitsalltag zu verändern, müssen mediale Steuerungsmittel generiert werden. Sie stellen in den gegebenen Machtverhältnissen politische Handlungsfähigkeit her und ermöglichen die Umsetzung einer konkreten Steuerungsintention.

Politische Entscheidungsmacht ist in diesem Fall vorwiegend in der politischen und administrativen Entscheidungsebene zu generieren. Über einen hierarchischen Steuerungsmodus können Stadträte, Abteilungsleiter oder Referatsleiter die Rahmenbedingungen des Arbeitsalltags von Verwaltungsmitarbeitern regulieren. So könnten zum Beispiel Zielvereinbarungen angeregt werden, die der

---

[53] Einstellungen, Tätigkeiten und Fähigkeiten, Kooperationspartner, Aufenthaltsorte.

Beteiligung an Kooperation einen gehobenen Stellenwert einräumen und dieser Form der Tätigkeit einen geschützten und mit ausreichend Ressourcen versehenen Rahmen garantieren. Ebenso könnten über den hierarchischen Steuerungsmodus Geldmittel bereitgestellt werden, die haushaltstechnisch für referatsübergreifende Kooperationen vorbehalten sind. Dies wäre ein weiterer Anreiz für Verwaltungsmitarbeiter, um sich an Kooperationen zu beteiligen und sich von etwaigen Abhängigkeiten nicht zu sehr einschränken zu lassen.

Allerdings sind weitreichende politische Entscheidungen oder die Bereitstellung von öffentlichen Geldern kaum durch eine einzige Person zu erwirken. In der Regel gelingt dies nur, wenn genügend Unterstützer vorhanden sind, die verfolgte Steuerungsintention von ihrem Inhalt her auf breite Akzeptanz stößt und deren Sinnhaftigkeit glaubhaft ist. Ein hierarchischer Steuerungsmodus mag zwar effizient sein, gerät vor dem Hintergrund der Mobilisierung dieser medialen Steuerungsmittel aber an seine Grenzen. Wahrhaftige und nachhaltige Unterstützung, Glaubhaftigkeit und Akzeptanz von Problemdefinitionen, Lösungen und Umsetzungsstrategien sind praktisch nicht durch hierarchische Entscheidungen zu verordnen. Verhandlung verspricht hier ein besserer Steuerungsmodus zu sein. Durch Verhandlung können nicht nur Mehrheiten für politische Entscheidungen gewonnen werden, sondern es kann dadurch auch die Grundlage geschaffen werden, dass politische Entscheidungen umfassend umgesetzt werden bzw. Effektivität beweisen. Ein zu aktivierender Verwaltungsmitarbeiter wird seine Einstellungen nur dann vollständig verändern, wenn er davon persönlich überzeugt ist und die Modifikation seiner Handlungsrationalität in seinem Arbeitsalltag auch gegenüber anderen vermittelbar ist. Es braucht also die Unterstützung von Kollegen, Vorgesetzten und Partnern aus allen gesellschaftlichen Sphären. Innerhalb des politisch-administrativen Systems könnte Unterstützung und Akzeptanz generiert werden, indem die Problematik von Abhängigkeiten in Teambesprechungen, in der Lenkungsgruppe, in Abteilungsleiterrunden oder anderen fortlaufenden Arbeitsgremien besprochen wird. Hierarchischer Druck, um diese Diskussion zu initiieren und ernsthaft zu führen, kann dabei sehr hilfreich sein. Außerhalb des politisch-administrativen Systems könnten durch zivilgesellschaftliche oder wirtschaftliche Akteure alternative Anreize geschaffen werden, um institutionalisierte Abhängigkeiten zu kompensieren oder zu lindern. So könnten Diskussionen über Verwaltungsmodernisierung oder politikfeldspezifische Inhalte öffentlich geführt werden, wodurch der Wandel von Handlungsrationalitäten von Verwaltungsmitarbeitern Legitimation und Rückhalt erhält. Es könnte auch eine alternative Geldquelle auf privatem Wege bereitgestellt werden, die operativ tätigen Verwaltungsmitarbeitern einen Perspektivenwechsel erleichtert.

Im Falle der Verbesserung der „Integrierten Handlungskultur" stellt sich eine etwas komplexere Situation dar. Das diesbezüglich gewählte Steuerungsobjekt der Konkurrenz und der Ressortegoismen in der „Sozialen Stadt RaBal" hat sich bereits subjektübergreifend in der Zusammenarbeit verfestigt. Mediale Mittel können entweder mit dem Ziel aggregiert werden, Veränderungen auf den verschiedenen Ebenen der Handlungsrationalitäten von einzelnen Beteiligten herbeizuführen, die die „integrierte Handlungskultur" fortlaufend reproduzieren, oder die „integrierte Handlungskultur" als Produkt des Miteinanders aller Beteiligten als Ganzes zu hinterfragen. Konkurrenzen und Egoismen beschränken sich nämlich nicht nur auf den Verwaltungsbereich, sondern sind auch unter den übrigen Beteiligten der „Sozialen Stadt RaBal" immer wieder zu erkennen. In einem Interview wurde dahingehend das Ziel formuliert, *„dass die Leute so kooperieren, dass sie nicht dauernd daran denken, was sie vielleicht mit einem anderen Projekt sich selber hätten profilieren können [...]"* (I1: 9).

Die von Konkurrenzen und Egoismen geprägte „Integrierte Handlungskultur" könnte zum Beispiel auf einer Klausursitzung der Beteiligten der Koordinierungs- und Lenkungsgruppe thematisiert und diskutiert werden. Um solch eine Sitzung zu realisieren, bedarf es medialer Mittel. Geldmittel für eine unterstützende externe Begleitung könnten entweder öffentlich oder privat generiert werden. Je nach Finanzierung müssten wiederum Unterstützer in bestimmten Kreisen von Akteuren aktiviert werden, um die notwendigen Entscheidungen zu bewirken. Unterstützer und ihres spezifischen Einflusses bedarf es jedoch auch, um eine konstruktive Beteiligung an solch einer Klausursitzung zu gewährleisten. Eine Finanzierungsentscheidung und die Beteiligung von Verwaltungsmitarbeitern oder anderen Organisationsvertretern sind zwar durch einen hierarchischen Steuerungsmodus oft zu erzwingen, die Qualität der Beteiligung und des Engagements der einzelnen Akteure ist jedoch nur durch Überzeugungsarbeit und Eigenmotivation der jeweiligen Personen auf hohem Niveau zu realisieren. Nur wenn dies gegeben ist, ist ein gemeinsamer Lernprozess möglich, der eine Veränderung der „Integrierten Handlungskultur" zur Folge haben kann. Um Überzeugungs- und Motivationsarbeit erfolgreich zu leisten, muss der Sinn einer Klausurtagung glaubhaft vermittelt werden. Dieses mediale Mittel ist nur effektiv durch einen verhandlungs- und marktorientierten Steuerungsmodus zu erzielen, weil nur durch eine dezentrale Vorgehensweise die in vielen unterschiedlichen Organisationen beheimateten Betroffenen erreicht werden können. Zu vermittelnde Inhalte müssen jedoch sinnvollerweise in Verhandlungen vorher abgestimmt sein, damit keine falschen Erwartungen hinsichtlich der Klausursitzung geweckt werden.

5.2.1.2 Aktivierung von Migrantenorganisationen

Bei der Vorstellung der „Sozialen Stadt RaBal" in Kapitel 2.2.2 wurde bereits
der hohe Anteil an Ausländern und Bürgern mit Migrationshintergrund in Ramersdorf und Berg-am-Laim erwähnt. Für die Realisierung von sozialer Stadtentwicklung kommt deshalb Migrantenorganisationen eine besondere Bedeutung
zu. Nur wenn das Wissen dieser Akteure im Prozess der „Sozialen Stadt" repräsentiert ist, können Problemlagen richtig erkannt und angemessene Lösungen
dafür gefunden werden. Außerdem braucht es die aktive Beteiligung der ausländischen Bevölkerung und der Deutschen mit Migrationshintergrund, um Verbes-
serungsmaßnahmen effektiv umsetzen zu können.

Steuerungsobjekte

In den geführten Interviews kommt deutlich zum Ausdruck, dass die Vertreter
von Migrantenorganisationen durchwegs das Gefühl verinnerlicht haben, dass
Migranten in der Münchner Stadtgesellschaft benachteiligt sind: *„Aber es ist nun
halt auch wirklich so, dass sich die hiesige Migrationsgesellschaft auch sehr
viel, sich sehr benachteiligt fühlt und sich mehr und mehr abkapselt auch"* (M1:
19). Ihrer Meinung nach erfahren Migranten in München im Alltag zu wenig
Anerkennung und Wertschätzung: *„ [...] wir sind nicht 100% perfekt, aber wir
sind, glaube ich, ein Teil der Gesellschaft, der vieles dafür leistet. Und das sollte
man ein bisschen anerkennen [...]"* (M2: 32). Das Gefühl, als Person oder
Gruppe in der Gesellschaft wenig beachtet zu werden und nicht genügend Wertschätzung zu erfahren, führt möglicherweise dazu, dass sich Menschen in eigene
soziale Netzwerke zurückziehen und ein gespaltenes Verhältnis zu den repräsentativen Institutionen der Gesellschaft (z.B. Verwaltung, Politik, öffentliche Einrichtungen) und der Öffentlichkeit entwickeln. Dies erzeugt unter Umständen bei
Bürgern mit Migrationshintergrund eine mentale Barriere, sich an Kooperationen
der sozialen Stadtentwicklung zu beteiligen, weil sie sich gegebenenfalls zurückgewiesen, nicht wirklich erwünscht oder nicht ernst genommen fühlen. Diese Einstellung in den Köpfen von Vertretern von Migrantenorganisationen zu
verändern, könnte viel zu ihrer besseren Integration in kooperativen Politikprozessen beitragen. Die Vermittlung von Anerkennung, Akzeptanz und Wertschätzung ist somit ein mögliches Steuerungsobjekt auf der Handlungsebene, um
Bürger mit Migrationshintergrund für Kooperationen der sozialen Stadtentwicklung zu aktivieren.
     Ein mögliches und hinsichtlich der Aktivierung von Migrantenorganisatio-
nen vielversprechendes Steuerungsobjekt auf der Ebene der Kooperationsstrukturen ist bei den „Interaktionsregeln" zu finden. In der „Sozialen Stadt RaBal"

läuft Kommunikation im hohen Maße geregelt bzw. stark formalisiert ab: *„[...]* *wir arbeiten eher strukturell als das wir, wie so viele Quartiersmanagements, so die unmittelbare Bewohnerarbeit machen, dann sind natürlich Koordinierungs- gruppe und Lenkungsgruppe für uns wichtige Gremien [...]"* (I1: 2). Die Koor- dinierungsgruppe, in der sich vor allem Akteure aus dem Gebiet organisieren, findet in der Regel einmal im Monat statt, wird zentral vom Quartiersmanage- ment moderiert und ist von einer relativ disziplinierten und sachlichen Diskussi- onskultur geprägt. Die Teilnehmerzahl variiert zwischen dreißig und vierzig Personen. Für viele Bewohner scheint es zu beschwerlich zu sein, sich an diesen Sitzungen kontinuierlich zu beteiligen: *„[...] für die Bewohner schaut es ein bisschen schlecht aus, weil für sie ist die Koordinierungsgruppe zu hochschwel- lig, da ist die Barriere einfach zu groß. Das merkt man ja auch, die halten ja diese Sitzung-en ganz schlecht aus und kommen dann oft einfach auch nach kurzer Zeit nicht mehr"* (I1: 2). Dementsprechend wird die Koordinierungsgrup- pe von öffentlichen Akteuren (z.B. Lokalpolitiker, Sachbearbeiter aus der Ver- waltung), Vertretern von im Gebiet tätigen Trägerorganisationen und Einrich- tungen (z.B. Schulen, Sozialbürgerhäuser, Wohlfahrtsverbände) und Bürgern mit institutionalisiertem Hintergrund (z.B. Bürgervereine) dominiert, die sich offen- bar an der formalisierten und straff organisierten Arbeitsweise in dem Gremium weniger stören. Diese etablierte Arbeitsform lässt wenig Raum, um auf indivi- duelle Bedürfnisse bzw. Handlungsgewohnheiten von neu hinzukommenden Akteuren einzugehen und wirkt deshalb möglicherweise ausschließend. Im Ge- gensatz dazu herrschen hinsichtlich des Alltags in Migrantenorganisationen we- sentlich informellere Umgangsformen und Handlungsgewohnheiten vor, die viel Gelegenheit für persönlichen Austausch bieten: *„Vorher gibt es ein gemeinsa- mes, ja Leckereien, die man halt mitbringt, jeder bringt sich da ein, isst gemein- sam gemütlich was, nach der Arbeit geht man direkt dorthin und bis in die Abendstunden teilweise geht es dann halt rein. Je nachdem, wie interessant das Thema halt ist"* (M4: 53). Die Ergänzung der formalisierten Gremienarbeit in der „Sozialen Stadt RaBal" durch informellere Möglichkeiten der Zusammen- kunft könnte dabei helfen, den Zugang zu Mitbürgern mit Migrationshintergrund zu erleichtern. Dies schafft möglicherweise eine günstige Ausgangslage, um persönlichen Austausch der etablierten Kooperationsbeteiligten mit Mitbürgern mit Migrationshintergrund zu fördern und ihnen im Zuge dessen Anerkennung und Wertschätzung zu vermitteln. Die Ergänzung der gegenwärtigen „Interakti- onsregeln" mit mehr informellen Zusammenarbeitsformen ist hiermit als ein weiteres Steuerungsobjekt zu betrachten.

Steuerungssubjekte

Das Ziel, Bürgern mit Migrationshintergrund das Gefühl von Wertschätzung zu vermitteln und die Verständigung mit ihnen über die zielgerichtete Inszenierung von mehr Gelegenheiten zu informellem und persönlichem Austausch zu verbessern, ist nur mithilfe der Mitwirkung verschiedener Steuerungssubjekte möglich. Zuvorderst gehören dazu die Migranten selbst, welche die Bereitschaft zeigen müssen, sich für mehr Verständigung zu öffnen und gewohnte und möglicherweise auch bequeme Annahmen zu hinterfragen und zu verändern. Des Weiteren müssen auch die Beteiligten der Koordinierungsgruppe als Steuerungssubjekte auftreten, indem sie ebenso Bereitschaft zeigen, sich auf Verständigung einzulassen und neue, gegebenenfalls ungewohnte Arbeitsformen in einer womöglich bislang fremden Umgebung (z.B. in den Räumen eines Moscheevereins) zuzulassen und sich daran zu beteiligen. Auch in ihren Reihen kann es dahingehend erforderlich werden, eigene Annahmen zu modifizieren. Aufgrund der bisherigen Distanz zu Bürgern mit Migrationshintergrund im Kooperationsalltag haben sich gegebenenfalls Vorurteile im Denken eingeschlichen. Zur erfolgreichen Realisierung von entsprechenden Steuerungsinterventionen kann es auch hier erforderlich sein, dass öffentliche Entscheidungsträger den Prozess unterstützen. Ihr spürbares Interesse an der Steuerungsintervention könnte beispielsweise als wichtiges Symbol gewertet werden, dass ernsthaftes Interesse daran besteht, Bürgern mit Migrationshintergrund Akzeptanz zu vermitteln. Ebenso kann eine solche Nachricht auch durch ein gesteigertes Interesse am Alltag der Migrantenorganisationen und ihrer Mitglieder in den jeweiligen Nachbarschaften oder durch andere Personen aus Wirtschaft oder Zivilgesellschaft transportiert werden. Für die Realisierung von konkreten Veranstaltungen mit informellem Charakter kann es auch notwendig sein, dass Akteure als Steuerungssubjekte aktiv mitwirken, indem sie sich zum Beispiel an der Organisation beteiligen, Gelder auftreiben oder Werbung dafür machen.

Modi und mediale Mittel der Steuerung

Als konkrete Steuerungsintervention zur Bearbeitung der beiden vorgestellten Steuerungsobjekte, kommt beispielsweise die Organisation eines Koordinierungsgruppentreffens in den Räumen eines Moscheevereins in Frage. Dies würde einerseits dazu führen, dass die entsprechende Migrantenorganisation und ihre Mitglieder durch die dadurch entstehende Aufmerksamkeit mehr Beachtung erfährt. Andererseits könnte darauf geachtet werden, dass in der Sitzung Raum für einen informellen Teil gelassen wird, um Gelegenheit für möglichst viele persönliche Gespräche und Kennenlernen zu schaffen. Ziel der Veranstaltung ist es, gegenseitige Verständigung zu fördern und den Mitgliedern der Migrantenorganisation darüber Interesse an ihrer Person zu signalisieren und Anerkennung und Wertschätzung zu vermitteln. Durch die regelmäßige Wiederholung einer derartigen Veranstaltung, möglicherweise auch auf Arbeitsgruppenebene und idealerweise zu Besuch bei unterschiedlichen Migrantenorganisationen, könnte eine informellere Arbeitsweise als Ergänzung zu der bestehenden formalisierten Gremienarbeit allmählich reproduziert und institutionalisiert werden. Dies und durch Verständigung und Vertrauensbildung induzierte positive Kontexteffekte könnten den Zugang zu und die Beteiligung von Migrantenorganisationen im kooperativen Politikprozess nachhaltig verbessern.

Zur Implementierung und Umsetzung dieser Steuerungsintervention ist die Generierung von ausreichend medialen Steuerungsmitteln notwendig. Am Anfang ist es bei innovativen Ansätzen wichtig, bei allen betroffenen Parteien Akzeptanz für diese Maßnahme bzw. Veränderung zu generieren. Mit Unterstützung eines glaubwürdigen Vertreters der „Sozialen Stadt RaBal", z.B. des Quartiersmanagements, könnte möglicherweise der erste Kontakt zu einem Repräsentanten des entsprechenden Moscheevereins hergestellt werden. Gegebenenfalls könnten dafür auch vermittelnde Unterstützer aus den Reihen des „Runden Tisch Muslime" angesprochen und aktiviert werden. Sofern es gelingt, den entsprechenden Vertreter des Moscheevereins von der Maßnahme zu überzeugen, müsste dieser die Informationen in die eigene Organisation weitertragen, dort für breite Akzeptanz sorgen und die Mitglieder zur regen Beteiligung motivieren. Beim Erstkontakt ist wohl am ehesten ein verhandlungsorientierter Steuerungsmodus zielführend, weil gegenüber den Migrantenorganisationen keinerlei hierarchische Weisungsbefugnisse bestehen. Innerhalb der Koordinierungsgruppe könnte jedoch eine hierarchische Intervention durchaus den Anfang zur Generierung von Akzeptanz unter den Beteiligten markieren, indem beispielsweise ein Tagesordnungspunkt auf der Agenda einer Koordinierungsgruppensitzung gesetzt wird oder die anwesenden Verwaltungsvertreter die Anweisung bekommen, das Thema ernsthaft zu propagieren. Jedoch ist es auch hier sinnvoll, Akzeptanz und Unterstützer hauptsächlich über einen verhandlungsorientierten Steuerungsmodus zu generieren, weil die Vermittlung von Anerkennung und Wertschätzung nur funktioniert, wenn die entsprechenden Personen auch überzeugt dahinter stehen. Eine rein hierarchische Vorgehensweise könnte beispielsweise dazu führen, dass die Veranstaltung zwar stattfindet, aber sich keiner ernsthaft daran beteiligt. Dies könnte unter Umständen aus der Sicht der Migrantenorganisationen als enttäuschend wahrgenommen werden, wenn diese sich erst überzeugen lassen, sich als Gastgeber womöglich mit großem Aufwand zu engagieren und schließlich die erhoffte Resonanz ausbleibt. Um die nötige Unterstützung und Akzeptanz in den Heimatorganisationen der Beteiligten in der Koordinie-

rungsgruppe zu mobilisieren, ist am besten auf einen marktorientierten Steuerungsmodus zu setzen. Eine dezentrale Vorgehensweise ermöglicht es, auf organisationelle Eigenheiten besser einzugehen, zumal die Organisationsvertreter in
der Koordinierungsgruppe ihre Institutionen selbst am besten kennen. Mit der
breiten Akzeptanz für die Steuerungsintervention in den Reihen der Koordinierungsgruppe und in der Führungsebene der Migrantenorganisation sollte es kein
Problem sein, nötige Entscheidungen zur Realisierung der Veranstaltung herbeizuführen und genügend Unterstützer für die Organisation und Durchführung zu
aktivieren. Der Raum könnte beispielsweise von der Migrantenorganisation
bereitgestellt werden. Möglicherweise erklären sich Mitglieder der Migrantenorganisation dazu bereit, Speisen aus ihrem Herkunftsland zuzubereiten. Die Beteiligten der Koordinierungsgruppe könnten sich ein ansprechendes Programm
überlegen. Außerdem könnte an der Veranstaltung selbst Akzeptanz für die
Steuerungsintention mobilisiert werden, indem ein Repräsentant des lokalen
Bezirksausschusses oder der Verwaltung eine wertschätzende Rede an die Gastgeber der Veranstaltung adressiert. Die Durchführung der Veranstaltung kann
selbstverständlich nur ein symbolischer Startpunkt oder Impuls für einen noch
abzulaufenden Prozess sein. Idealerweise hat die Veranstaltung vertrauensbil-
denden Charakter, animiert die Beteiligten, gewisse Annahmen zu überdenken
und fördert von gegenseitigem Respekt, Interesse und Anerkennung gekenn-
zeichnete Begegnungen. Die Steuerungsintervention ist erfolgreich, wenn die
gemachten Erfahrungen auf der Veranstaltung infolgedessen von den Beteiligten
in ihren Alltag weitergetragen werden und sich im Zuge dessen reproduzieren.

5.2.2 Anforderungen an Institutionen und Akteure

Damit eine demokratische Qualität von Kooperationsprozessen gesichert werden
kann, muss das Problem der selektiven Beteiligung bearbeitet werden. Es soll
dadurch gewährleistet werden, dass in kooperativen Politikprozessen Beteiligte
und Betroffene vertreten sind. Unter diesen Bedingungen ist es angesichts der
komplexen Verhältnisse im Kontext der integrierten und sozialen Stadtentwicklung möglich, repräsentative Problemdefinitionen und Lösungsansätze zu erarbeiten und eine gemeinschaftliche Umsetzung von dementsprechenden Maßnahmen zu realisieren.

Die zentrale Herausforderung zum Erreichen dieses Zieles ist, dass die im
Kooperationsprozess etablierten Institutionen zu den Handlungsrationalitäten der
beteiligten und betroffenen Akteure passen. Persistente Strukturen und eingefah-
rene Handlungsweisen erschweren dies unter Umständen. Sie verhindern möglicherweise, dass sich bestimmte Akteure in den Kooperationsprozess mit ihrem

Wissen und ihren Fähigkeiten einbringen. Festgelegte Regeln und Normen in der Kooperation können auf Akteure ausschließend wirken oder dazu führen, dass sie sich enthalten, wenn ihre Handlungsgewohnheiten bzw. ihre alltäglichen Regionalisierungen nicht mit den Kooperationsstrukturen vereinbar sind. Sobald Kooperationsstrukturen sich etabliert haben, weisen diese gegenüber Veränderungen eine gewisse Beharrungstendenz auf. Beteiligte Akteure haben sich darauf geeinigt oder damit arrangiert und orientieren sich daran. Dies gilt zum Beispiel für den Ablauf einer Koordinierungsgruppensitzung, der sich im Zuge von Diskussionen und der Praxis allmählich entwickelt hat. Im Falle der „Sozialen Stadt RaBal" ist dieser Ablauf sehr formalisiert und sachlich gestaltet. Viele Akteure kommen damit gut zurecht und nehmen daran teil, andere, z.B. Vertreter von Migrantenorganisationen, beteiligen sich nicht. Im Prozess der integrierten und sozialen Stadtentwicklung wird das zum Problem, wenn diese Akteure auch anderweitig nicht repräsentiert werden und ihr Wissen und ihre Mitwirkungsbereitschaft als Steuerungssubjekte für die Definition und Durchführung von Maßnahmen, z.B. die Verbesserung der Verständigung zwischen Schulen und Eltern mit Migrationshintergrund, benötigt werden. Dasselbe kann selbstverständlich auch für alle anderen Akteure, z.B. Vertreter aus Verwaltung oder Politik, die sich aus irgendwelchen Gründen aus Kooperationsprozessen zurückziehen oder sich schon immer enthalten haben, zutreffen. Um diese Akteure als Steuerungssubjekte zu aktivieren, müssen gegebenenfalls ergänzende Institutionen im Kooperationsprozess geschaffen oder bestehende modifiziert werden. Dies erfordert in der Regel auch Anpassungsleistungen bei den Handlungsrationalitäten beteiligter oder betroffener Akteure.

Die steuernde Regulierung bzw. zielgerichtete Modifikation von Institutionen und Handlungsrationalitäten ist nur zu bewerkstelligen, wenn dafür genügend mediale Steuerungsmittel in Form von Entscheidungsgewalt, Geld, Unterstützung und Akzeptanz mobilisiert werden können. Träger dieser Steuerungsmittel ist in der integrierten und sozialen Stadtentwicklung in der Regel kein einzelner Akteur, sondern eine Konstellation aus Beteiligten und Betroffenen. Jeder in dieser Konstellation von Steuerungssubjekten muss sich in den kooperativen Politikprozess mit seinen Handlungsgewohnheiten einbringen können, um seine entsprechende Steuerungsleistung beizutragen. Der Kooperationsprozess muss also ausreichende Flexibilität aufweisen, um die alltäglichen Regionalisierungen, die hinter den diversen Handlungslogiken der unterschiedlichen Steuerungssubjekte stehen, zu integrieren. Jede Steuerungsintervention bringt eine unvorhersehbare Dynamik und Gestalt hervor und gleicht somit selbst einer ungeplanten Regionalisierung (vgl. Hermann/Leuthold 2007). Solch ungeplante Regionalisierungen manifestieren sich in emergierten Strukturen, die in den Kooperationsprozess integriert werden müssen. Das zuvor geschilderte Beispiel des relativ formalisierten und sachlichen Ablaufs einer Koordinierungsgruppensitzung in der „Sozialen Stadt RaBal" ist ein mögliches Ergebnis eines solchen Prozesses. Verschiedene Steuerungssubjekte haben zur Entstehung dieses Ablaufes beigetragen und mittlerweile ist er ein fester und allgemein akzeptierter Bestandteil im Kooperationsprozess geworden. Diese Integrationsfähigkeit muss in Kooperationsprozessen bewahrt werden, um adäquat auf neue Rahmenbedingungen reagieren zu können und demokratische Aushandlungs- und Politikprozesse zu gewährleisten.

Der Ausgang von Steuerungsinterventionen, die auf die Veränderung von Kooperationsstrukturen oder Handlungsrationalitäten abzielen, ist aufgrund der ihnen innewohnenden interdependenten Beziehungsverhältnisse schwer planbar. Durch die Rekonstruktion der Machtverhältnisse in Kooperationen können jedoch vorausschauend Möglichkeitsräume für eine effektive Politikgestaltung identifiziert werden. Machtverhältnisse geben Aufschluss darüber, was Ursachen für die Enthaltung oder Exklusion von bestimmten Akteuren im Kooperationsprozess sein könnten und wo angesetzt werden kann, um diese Akteure zu mobilisieren und in der Kooperation besser zu repräsentieren. Außerdem lassen die Machtverhältnisse Kapazitäten und sachliche Fähigkeiten erkennen, die im Kreise der Beteiligten und Betroffenen in der Kooperation vorhanden sind und sich aus den etablierten Kooperationsstrukturen ergeben. Diese endogenen Potentiale können in Kooperationsprozessen gezielt für konkrete Steuerungsinterventionen mobilisiert werden.

5.2.3 Der Weg zu einer effektiven Prozessbegleitung

Eine gute Prozessbegleitung sollte zum Einen die Machtverhältnisse in einem Kooperationsprozess gut kennen bzw. sich dieses Wissen erarbeiten. Zum Anderen sollte sie Steuerungsinterventionen entweder selbst anstoßen können oder diesbezüglich von entsprechend einflussreichen Akteuren Unterstützung erwarten dürfen. Aus dem Kreis der Kooperationsbeteiligten sind daher für die Funktion der Prozessbegleitung insbesondere die formell festgeschriebenen oder informell etablierten Träger des Kooperationsprozesses gut geeignet. Sie genießen in der Regel über ausreichend Kontakte und Anerkennung, um fortlaufend neue Impulse in der Kooperation geben zu können. Dieser Einfluss kann jedoch auch anderen Akteuren zuteil werden, wenn diese von den Kooperationsbeteiligten per Wahl die Funktion eines Prozessbegleiters übertragen bekommen. Diese Akteure können aus dem Kreis der Kooperationsbeteiligten selbst stammen oder auch extern beauftragte Personen sein. Der Vorteil der Beauftragung einer externen Person ist, dass diese relativ vorurteilsfrei und durch die vorherrschenden Interdependenzen unbelastet ihre Aufgaben als Prozessbegleiter angehen kann. Ein Interner kann jedoch bereits auf Erfahrungen und Einblicke zurückgreifen, die er während seiner unmittelbaren Teilhabe am Kooperationsprozess sammeln konnte. Dieses Wissen kann ihm die Einschätzung des Kooperationsprozesses und seiner Beteiligten unter Umständen erleichtern, aber ihn natürlich auch hinsichtlich einer möglichst vorurteilsfreien Beschäftigung damit behindern.

Die Aufgabe der Prozessbegleiter ist zuvorderst die gewissenhafte Analyse der Machtverhältnisse in der Kooperation. Dafür müssen die emergierten Kooperationsstrukturen und die Handlungsrationalitäten beteiligter und betroffener Akteure untersucht und systematisiert werden. Darauf aufbauend kommt ihnen die Rolle eines prozessbegleitenden Evaluators zu, der auf einer Metaebene den Kooperationsprozess reflektiert und bei Bedarf den übrigen Kooperationsbeteiligten seine Beobachtungen spiegelt und Handlungsempfehlungen zur Diskussion stellt. Gegenstand seiner Metareflexion ist stets die Qualität des Kooperationsprozesses, das heißt, inwieweit in der Kooperation Probleme und Lösungsansätze repräsentativ und demokratisch erarbeitet werden und ob bei der Umsetzung von Maßnahmen alle relevanten Akteure bzw. Steuerungssubjekte beteiligt sind. Bei Beteiligungs- oder Repräsentationsdefiziten bei der Problemdefinition, Lösungssuche oder Umsetzung muss der Prozessbegleiter intervenieren. Mithilfe seiner Kenntnisse über die bestehenden Machtverhältnisse kann er auf der einen Seite Erklärungsmöglichkeiten für die mangelnde Repräsentanz von konkreten Akteuren, deren Enthaltung oder Exklusion anbieten. Auf der anderen Seite kann er ebenfalls von den Machtverhältnissen ausgehend Lösungsstrategien für eine bessere Repräsentation oder die Aktivierung von konkreten Akteuren vorschlagen. Im Zuge dessen stößt er Steuerungsinterventionen zur Bearbeitung selektiver Beteiligung an und gibt Hinweise darauf, welche Akteure dabei als Steuerungssubjekte zur Generierung von ausreichend medialen Steuerungsmitteln eine Rolle spielen und wie diese dafür aktiviert werden könnten.

Diese Aufgaben erfordern die Bereitschaft, prozessbegleitend immer wieder auf Veränderungspotentiale bzw. -notwendigkeiten für einen effektiveren Kooperationsprozess hinzuweisen. Diese Rolle kann unangenehm sein, weil fortwährend andere Akteure davon überzeugt werden müssen, dass sie ihre Handlungsrationalitäten überdenken oder gewohnte Kooperationsstrukturen hinterfragen sollen. Dies erfordert viel Verständigungsarbeit und ein transparentes Vorgehen seitens des Prozessbegleiters und seiner Unterstützer, um Blockadehaltungen zu vermeiden und Veränderungsdiskussionen am Laufen zu halten. Auch wird deutlich, dass eine effektive Prozessbegleitung nur möglich ist, wenn auch hierfür ausreichend mediale Steuerungsmittel mobilisierbar sind. Dies beginnt mit einer klaren Entscheidung für die Vergabe eines solchen Mandats in der Kooperation. Gegebenenfalls kann diese Entscheidung hierarchisch von der Seite der Politik oder Verwaltung getroffen werden, sie nützt jedoch wenig, wenn die übrigen Kooperationsbeteiligten sich dazu nicht bekennen und sie aktiv unterstützen. Zudem muss der Träger dieser Aufgabe möglicherweise auch finanziert werden. Auch während der Prozessbegleitung selbst muss fortlaufend gewährleistet bleiben und dafür gearbeitet werden, dass der Prozessbegleiter und die von ihm vertretenen Inhalte genügend Akzeptanz, Glaubwürdigkeit und Unterstützung erfahren. Deshalb ist es wichtig, dass der Prozessbegleiter und seine Unterstützer sich diesbezüglich in der Verantwortung für fortwährende Verständigungsarbeit sehen und sich nicht auf eine rein analytische Position zurückziehen. Die Wirksamkeit des „integrierte Prozessraums" als Instrument ist nur solange gegeben, wie es gegenüber den Kooperationsbeteiligten vermittelbar ist.

6 Epilog

Die „integrierte Prozessraumtheorie" ist eine theoretische Grundlage, um die Qualität von Kooperationsprozessen effektiv zu steuern. Sie ist für die beteiligten Akteure oder einen wissenschaftlichen Berater eine prozessbegleitende Reflexionshilfe, um sich in den komplexen Verhältnissen in der integrierten und sozialen Stadtentwicklung bzw. in multilateralen Kooperationen zu orientieren. Situationskonkret können Machtverhältnisse transparent rekonstruiert und davon ausgehend Steuerungsinterventionen geplant und kooperativ durchgeführt werden. Es ist zu hoffen, dass die „integrierte Prozessraumtheorie" die bei der Beschäftigung mit multilateralen Kooperationen wahrnehmbare Distanz zwischen Theorie und Praxis verringern wird. Außerdem ist es wünschenswert, dass die Bedeutung von Machtverhältnissen bei der Auseinandersetzung mit Kooperationsprozessen in Zukunft in den Vordergrund tritt.

Angesichts der weitreichenden Kürzungen in der Städtebauförderung gewinnt der neue Steuerungsansatz der „integrierten Prozessraumtheorie" an zusätzlicher Relevanz. Es ist zu erwarten, dass in naher Zukunft integrierte Stadtentwicklungsstrategien in geringerem Maße öffentlich finanziert werden können. Dies kann durch Kooperationen zwischen öffentlichen, wirtschaftlichen und zivilgesellschaftlichen Akteuren kompensiert werden. Die Funktionsfähigkeit und Effektivität dieser Kooperationen ist durch das Instrument der „integrierten Prozessraumtheorie" zu gewährleisten.

Die Anwendbarkeit der „integrierten Prozessraumtheorie" ist nicht nur auf das Politikfeld der sozialen und integrierten Stadtentwicklung begrenzt, sondern ihr Transfer auf multilaterale Kooperationen in anderen gesellschaftlichen Kontexten ist ebenfalls möglich. Es ist zu erwarten, dass die „integrierte Prozessraumtheorie" auch für Kooperationen innerhalb von geschlossenen Organisationen, z.B. Unternehmen, Gewerkschaften oder staatlichen Institutionen, anwendbar ist und dort als Instrument für die Steuerung von Veränderungsprozessen dienen kann.

Literatur

Aehnelt, Reinhard (2005): Zwischenevaluierung des Bund-Länder-Programms „Soziale Stadt" - zentrale Ergebnisse. In: Bundesamt für Bauwesen und Raumordnung (Hg.): Die soziale Stadt. Ein Programm wird evaluiert. Heft 2/3.2005 (Informationen zur Raumentwicklung), S. 63–73.

Alisch, Monika (2001a): Zwischen Leitbild und Handeln. Alte Forderungen nach einer neuen politischen Kultur. In: Alisch, Monika (Hg.): Sozial - Gesund - Nachhaltig. Vom Leitbild zu verträglichen Entscheidungen in der Stadt des 21. Jahrhunderts. Opladen, S. 9–26.

Alisch, Monika (2001b): Zur Gestaltung offener Prozesse am Beispiel sozialer Stadtentwicklung. In: Alisch, Monika (Hg.): Sozial - Gesund - Nachhaltig. Vom Leitbild zu verträglichen Entscheidungen in der Stadt des 21. Jahrhunderts. Opladen, S. 175–200.

Alisch, Monika (2005): Soziale Stadtentwicklung - Widersprüche und Lernprozesse in der Politikimplementation. In: Greiffenhagen, Sylvia; Neller, Katja (Hg.): Praxis ohne Theorie? Wissenschaftliche Diskurse zum Bund-Länder-Programm "Stadtteile mit besonderem Entwicklungsbedarf - die soziale Stadt". Wiesbaden, S. 125–140.

Alisch, Monika (2007): Empowerment und Governance: Interdisziplinäre Gestaltung in der sozialen Stadtentwicklung. In: Baum, Detlef (Hg.): Die Stadt in der Sozialen Arbeit. Ein Handbuch für soziale und planende Berufe. Wiesbaden, S. 305–315.

Alisch, Monika; Herrmann, Heike (2001): Soziale Nachhaltigkeit: Lernprozesse für eine nachhaltige Zukunft. In: Alisch, Monika (Hg.): Sozial - Gesund - Nachhaltig. Vom Leitbild zu verträglichen Entscheidungen in der Stadt des 21. Jahrhunderts. Opladen, S. 95–114.

Allen, John (2003): Lost geographies of power. Malden, Mass.

Altrock, Uwe; Huning, Sandra (2006): Kernkompetenzen kommunaler Planung. Anmerkungen zur Aufgabenverteilung von öffentlicher Hand und Privatinvestoren am Beispiel der Produktion öffentlicher Räume. In: Selle, Klaus (Hg.): Zur räumlichen Entwicklung beitragen. Konzepte. Theorien. Impulse. Dortmund (Planung neu denken, 1), S. 415–426.

Altrock, Uwe; Huning, Sandra; Peters, Deike (2006): Neue Wege in der Planungspraxis und warum aktuelle Planungstheorien unvollständig bleiben.

In: Selle, Klaus (Hg.): Zur räumlichen Entwicklung beitragen. Konzepte. Theorien. Impulse. Dortmund (Planung neu denken, 1), S. 248–263.

Arber, Gunther (2007): Medien, Regionalisierungen und das Drogenproblem. Zur Verräumlichung sozialer Brennpunkte. In: Werlen, Benno (Hg.): Sozialgeographie alltäglicher Regionalisierungen. Band 3: Ausgangspunkte und Befunde empirischer Forschung. Stuttgart (Erdkundliches Wissen, 121), S. 251–270.

ARGEBAU (2005): Leitfaden zur Ausgestaltung der Gemeinschaftsinitiative "Soziale Stadt". Bauministerkonferenz. Online verfügbar unter http://www.sozialestadt.de/programm/grundlagen/, zuletzt geprüft am 27.5.2009.

Bateson, Gregory (1981): Ökologie des Geistes. Anthropologische, psychologische, biologische und epistemologische Perspektiven. 1. Aufl. Frankfurt am Main.

Bauer, Klaus (2005): Zur Evaluierung von Vernetzung und Kooperation in der räumlichen Planung. Ein methodologischer Beitrag zur Bewertung weicher Instrumente. Augsburg.

Baum, Detlef (2007): Sozial benachteiligte Quartiere: Der Zusammenhang von räumlicher Segregation und sozialer Exklusion am Beispiel städtischer Problemquartiere. In: Baum, Detlef (Hg.): Die Stadt in der Sozialen Arbeit. Ein Handbuch für soziale und planende Berufe. Wiesbaden, S. 136–155.

Beck, Ulrich (1986): Risikogesellschaft. Auf dem Weg in eine andere Moderne. Essen.

Becker, Heidede (2002): Was bisher geschah. Ein tragfähiges Programm zwischen Heraus- und Überforderung. In: Holl, Christian (Hg.): Soziale Stadt. Stuttgart, S. 66–71.

Becker, Heidede (2006): Städtebau offensiv - Strategien zur Qualitätssicherung. In: Selle, Klaus (Hg.): Praxis der Stadt- und Regionalentwicklung. Analysen. Erfahrungen. Folgerungen. Dortmund (Planung neu denken, 2), S. 474–486.

Belina, Bernd; Michel, Boris (2008): Raumproduktionen. Zu diesem Band. In: Belina, Bernd; Michel, Boris (Hg.): Raumproduktionen. Beiträge der Radical Geography ; eine Zwischenbilanz. 2. Aufl. Münster, S. 7–34.

Benz, Arthur (1992): Mehrebenen-Verflechtung: Verhandlungsprozesse in verbundenen Entscheidungsarenen. In: Benz, Arthur; Scharpf, Fritz W.; Zintl, Reinhard (Hg.): Horizontale Politikverflechtung. Zur Theorie von Verhandlungssystemen. Frankfurt a.M.; New York (Schriften des Max-Planck-Instituts für Gesellschaftsforschung Köln, 10), S. 147–205.

Berndt, Christian (1999): Institutionen, Regulation und Geographie. In: Erdkunde, H. 53, S. 302–316.

Bernt, Matthias; Fritsche, Miriam (2005): Von Programmen zu Projekten: Die ambivalenten Innovationen des Quartiersmanagements. In: Greiffenhagen, Sylvia; Neller, Katja (Hg.): Praxis ohne Theorie? Wissenschaftliche Diskurse zum Bund-Länder-Programm "Stadtteile mit besonderem Entwicklungsbedarf - die soziale Stadt". Wiesbaden, S. 202–218.

Bieker, Susanne; Knieling, Jörg; Othengrafen, Frank; Sinning, Heidi (2004): Stadt+Um+Land 2030 Region Braunschweig. Kooperative Stadt-Region 2030 Forschungsergebnisse. Braunschweig.

Bischoff, Ariane; Selle, Klaus; Sinning, Heidi (2005): Informieren, Beteiligen, Kooperieren. Kommunikation in Planungsprozessen. Eine Übersicht zu Formen, Verfahren und Methoden. Dortmund (KiP Kommunikation im Planungsprozess, 1).

Blanke, Bernhard (2001): Verantwortungsstufen und Aktivierung im Sozialstaat - Steuerungsfragen der Modernisierung. In: Burth, Hans-Peter; Görlitz, Axel (Hg.): Politische Steuerung in Theorie und Praxis. 1. Aufl. Baden-Baden (Schriften zur Rechtspolitologie, 12), S. 147–166.

Blotevogel, Hans Heinrich (2003): „Neue Kulturgeographie". Entwicklung, Dimensionen, Potenziale und Risiken einer kulturalistischen Humangeographie. In: Berichte zur deutschen Landeskunde, Band 77, Heft 1, S. 7–34.

Blumer, Herbert (1938): Social Psychology. In: Schmidt, Emmerson (Hg.): Man and Society. New York, S. 144–198.

BMVBS-Bundesministerium für Verkehr, Bau und Stadtentwicklung (2007): Leipzig Charta zur nachhaltigen europäischen Stadt. Online verfügbar unter http://www.bmvbs.de/Anlage/original_1003796/Leipzig-Charta-zur-nachhaltigen-europaeischen-Stadt-Angenommen-am-24.-Mai-2007-barrierefrei.pdf, zuletzt geprüft am 8.3.2010.

BMVBS-Bundesministerium für Verkehr, Bau und Stadtentwicklung; BBR-Bundesamt für Bauwesen und Raumordnung (2007): Integrierte Stadtentwicklung als Erfolgsbedingung einer nachhaltigen Stadt. Hintergrundstudie zur "Leipzig Charta zur nachhaltigen europäischen Stadt" der deutschen Ratspräsidentschaft. BBR-Online-Publikation 08/07. Online verfügbar unter http://www.bbr.bund.de/cln_015/nn_23582/BBSR/DE/Veroeffentlichungen/BBSROnline/2007/ON082007.html, zuletzt geprüft am 8.3.2010.

Boesch, Martin (1989): Engagierte Geographie. Zur Rekonstruktion der Raumwissenschaft als politikorientierte Geographie. Stuttgart (Erdkundliches Wissen, 98).

Bogumil, Jörg; Grohs, Stephan; Kuhlmann, Sabine; Ohm, Anna K. (2008): Zehn Jahre Neues Steuerungsmodell. Eine Bilanz kommunaler Verwaltungsmodernisierung. Berlin (Modernisierung des öffentlichen Sektors Sonderband, 29).

Boll, Joachim (2006): Engagement als Ressource. Kooperation mit zivilgesell-
schaftlichen Initiativen: Schlussfolgerungen für Planung und kommunale
Praxis. In: Selle, Klaus (Hg.): Praxis der Stadt- und Regionalentwicklung.
Analysen. Erfahrungen. Folgerungen. Dortmund (Planung neu denken, 2),
S. 541–553.

Bourdieu, Pierre (1987): Die feinen Unterschiede. Kritik der gesellschaftlichen
Urteilskraft. Frankfurt am Main.

Bourdieu, Pierre (1998): Praktische Vernunft. Zur Theorie des Handelns. Frankfurt a.M.

Bourdieu, Pierre (2005): Die verborgenen Mechanismen der Macht. Hamburg
(Schriften zu Politik & Kultur, 1).

Braun, Dietmar (1993): Zur Steuerbarkeit funktionaler Teilsysteme: Akteurtheo-
retische Sichtweisen funktionaler Differenzierung moderner Gesellschaften.
In: Héritier, Adrienne (Hg.): Policy-Analyse. Kritik und Neuorientierung.
Opladen (Politische Vierteljahreszeitschrift, 24), S. 199–222.

Braun, Dietmar (2001): Diskurse zur staatlichen Steuerung. Übersicht und Bilanz. In: Burth, Hans-Peter; Görlitz, Axel (Hg.): Politische Steuerung in
Theorie und Praxis. 1. Aufl. Baden-Baden (Schriften zur Rechtspolitologie,
12), S. 101–131.

Braun, Dietmar (2001): Diskurse zur staatlichen Steuerung. Übersicht und Bilanz. In: Burth, Hans-Peter; Görlitz, Axel (Hg.): Politische Steuerung in
Theorie und Praxis. 1. Aufl. Baden-Baden (Schriften zur Rechtspolitologie,
12), S. 101–131.

Brockhaus (Hg.) (2006): Brockhaus. Enzyklopädie in 30 Bänden. Band 15. 21.
Aufl. Leipzig und Mannheim.

Brunotte, Ernst; Gebhardt, Hans; Meurer, Manfred, et al. (Hg.) (2002): Lexikon
der Geographie. Band 2. Heidelberg und Berlin.

Bruns, Eva (2006): Sozialraumanalyse für das Fördergebiet des Programms „Soziale Stadt" Ramersdorf/Berg am Laim in München. Online verfügbar unter
http://www.evabruns.de/doks/masterarbeit.pdf,   zuletzt   geprüft   am
19.1.2010.

Bruns, Eva; Dirtheuer, Franz (2009): Integriertes Handlungskonzept. 1. Fortschreibung / Stand Juli 2009. Soziale Stadt Ramersdorf - Berg am Laim.
Unter Mitarbeit von Meike Schmidt, Kathrin Geßl und Landeshauptstadt
München.   Online   verfügbar   unter   http://stadtteilladen-
kpp4.de/index.php?option=com_docman&task=cat_view&gid=32&Itemid=
39, zuletzt geprüft am 19.1.2010.

Bühler, Gunter (2004): Neue Spielregeln der räumlichen Entwicklung. Die
Raumordnung vor einer neuen inhaltlichen Ordnung. In: Schaffer, Franz;
Spannowsky, Willy; Troeger-Weiss, Gabi; Goppel, Konrad (Hg.): Imple-

mentation der Raumordnung. Wissenschaftliches Lesebuch für Konrad
Goppel. 2. Aufl. Augsburg und Kaiserslautern (Schriften zur Raumordnung
und Landesplanung (SRL), 15), S. 61–66.

Burkolter-Trachsel, Verena (1981): Zur Theorie sozialer Macht. Konzeptionen,
Grundlagen und Legitimierung, Theorien, Messung, Tiefenstrukturen und
Modelle. Stuttgart.

Burth, Hans-Peter (1999): Steuerung unter der Bedingung struktureller Koppe-
lung. Ein Theoriemodell soziopolitischer Steuerung. Opladen.

Burth, Hans-Peter; Görlitz, Axel (2001): Einleitung. Politische Steuerung in
Theorie und Praxis. Eine Integrationsperspektive. In: Burth, Hans-Peter;
Görlitz, Axel (Hg.): Politische Steuerung in Theorie und Praxis. 1. Aufl.
Baden-Baden (Schriften zur Rechtspolitologie, 12), S. 7–15.

Burth, Hans-Peter; Starzmann, Petra (2001): Der Beitrag des Theoriemodells
Strukturelle Kopplung zur instrumententheoretischen Diskussion in der Po-
licyanalyse. In: Burth, Hans-Peter; Görlitz, Axel (Hg.): Politische Steuerung
in Theorie und Praxis. 1. Aufl. Baden-Baden (Schriften zur Rechtspolitologie, 12), S. 49–75.

Dahrendorf, Ralf (1960): Homo sociologicus. Köln.

Dangschat, Jens (2001): Wie nachhaltig ist die Nachhaltigkeitsdebatte? In:
Alisch, Monika (Hg.): Sozial - Gesund - Nachhaltig. Vom Leitbild zu verträglichen Entscheidungen in der Stadt des 21. Jahrhunderts. Opladen, S.
71–94.

Dangschat, Jens (2005): Integration oder Ablenkungsmanöver? Zielsetzungen
und Beitrag des Bund-Länder-Programms "Soziale Stadt" zur Integration
sozialer Gruppen. In: Greiffenhagen, Sylvia; Neller, Katja (Hg.): Praxis ohne Theorie? Wissenschaftliche Diskurse zum Bund-Länder-Programm
"Stadtteile mit besonderem Entwicklungsbedarf - die soziale Stadt". Wiesbaden, S. 289–307.

Danielzyk, Rainer; Knieling, Jörg; Hanebeck, Kerstin; Reitzig, Frank (2003):
Öffentlichkeitsbeteiligung bei Programmen und Plänen der Raumordnung.
Forschungsvorhaben im Auftrag des Bundesministeriums für Verkehr, Bau-
und Wohnungswesen, vertreten durch das Bundesministerium für Bauwesen
und Raumordnung. Unter Mitarbeit von Britta Franke. Herausgegeben von
Bundesamt für Bauwesen und Raumordnung. Bonn (Forschungen, 113).

Deutscher Bundestag (1998): Abschlußbericht der Enquete-Kommission „Schutz
des Menschen und der Umwelt - Ziele und Rahmenbedingungen einer
nachhaltig zukunftsverträglichen Entwicklung". Konzept Nachhaltigkeit.
Vom Leitbild zur Umsetzung. Berlin.

Deutscher Bundestag (2002): Bericht der Enquete-Kommission „Zukunft des Bürgerschaftlichen Engagements". Bürgerschaftliches Engagement: auf dem Weg in eine zukunftsfähige Bürgergesellschaft. Berlin.

Deutsches Institut für Urbanistik (2005): Zweiter fachpolitischer Dialog zur Sozialen Stadt. Ergebnisse der bundesweiten Zwischenevaluierung und Empfehlungen zum Ergebnistransfer. Online verfügbar unter http://www.sozialestadt.de/veroeffentlichungen/evaluationsberichte/, zuletzt geprüft am 27.5.2009.

Deutsches Institut für Urbanistik (2007): Dritte bundesweite Befragung in den Programmgebieten der Sozialen Stadt. Zentrale Ergebnisse und Empfehlungen. Arbeitspapiere zum Programm Soziale Stadt, Band 12. Herausgegeben von Bundestransferstelle Soziale Stadt. Online verfügbar unter http://www.sozialestadt.de/veroeffentlichungen/, zuletzt geprüft am 27.5.2009.

Dilts, Robert B. (1993): Die Veränderung von Glaubenssystemen. NLP-Glaubensarbeit. Paderborn (Reihe Pragmatismus & Tradition, 26).

Eckardt, Frank (2005): Fremdkörper im städtischen Management? Die institutionelle und thematische Einbindung der "Soziale Stadt"-Projekte in Hessen. In: Greiffenhagen, Sylvia; Neller, Katja (Hg.): Praxis ohne Theorie? Wissenschaftliche Diskurse zum Bund-Länder-Programm "Stadtteile mit besonderem Entwicklungsbedarf - die soziale Stadt". 1. Aufl. Wiesbaden, S. 237–250.

Esser, Josef (2002): Polyzentrische Stadtpolitik - Chancen für mehr Demokratie und soziale Gerechtigkeit. In: Löw, Martina (Hg.): Differenzierungen des Städtischen. Opladen (Stadt, Raum und Gesellschaft, 15), S. 247–267.

Fassbinder, Helga (1996): Offene Planung als praxisorientiertes Zukunftskonzept. In: Selle, Klaus (Hg.): Planung und Kommunikation. Gestaltung von Planungsprozessen in Quartier, Stadt und Landschaft. Grundlagen, Methoden, Praxiserfahrungen. Wiesbaden und Berlin, S. 143–152.

Flick, Uwe (2004): Qualitative Sozialforschung. Eine Einführung. 2. Aufl. Reinbek bei Hamburg.

Forester, John (1989): Planning in the face of power. Berkeley.

Foucault, Michel (1980): Power/knowledge. Selected interviews and other writings; 1972 - 1977. Brighton, Sussex.

Foucault, Michel (1987): Das Subjekt und die Macht. In: Dreyfus, Hubert; Dreyfus, Hubert L.; Rabinow, Paul (Hg.): Michel Foucault: Jenseits von Strukturalismus und Hermeneutik. Frankfurt am Main (Die weiße Reihe), S. 243–261.

Foucault, Michel (1991): Andere Räume. In: Wentz, Martin (Hg.): Stadt-Räume. Frankfurt/Main (Die Zukunft des Städtischen, 2), S. 65–72.

Foucault, Michel (Hg.) (1976): Mikrophysik der Macht. Michel Foucault über Strafjustiz, Psychiatrie und Medizin. Berlin (Merve-Titel, 61).

Foucault, Michel; Merve Verlag Berlin (Hg.) (1978): Dispositive der Macht - Michel Foucault. Über Sexualität, Wissen und Wahrheit. Dt. Ausg. Berlin (Merve-Titel, 77).

Franke, Thomas (2005): Quartiermanagement im Spannungsfeld zwischen Politik, Verwaltung, Markt, Drittem Sektor und "Zivilgesellschaft". In: Greifenhagen, Sylvia; Neller, Katja (Hg.): Praxis ohne Theorie? Wissenschaftliche Diskurse zum Bund-Länder-Programm "Stadtteile mit besonderem Entwicklungsbedarf - die soziale Stadt". Wiesbaden, S. 186–201.

Friedmann, John (1987): Planning in the Public Domain. From Knowledge to Action. New Jersey.

Friedmann, John (2006): Planning Theory Revisited. In: Selle, Klaus (Hg.): Zur räumlichen Entwicklung beitragen. Konzepte. Theorien. Impulse. Dortmund (Planung neu denken, 1), S. 265–278.

Fuchs, Oliver; Fürst, Dietrich; Zänker-Rohr, Ruth (2002): Neue Kooperationsformen zwischen Kommune, Bürgern und Wirtschaft. In: Bundesamt für Bauwesen und Raumordnung (Hg.): Neue Kooperationsformen in der Stadtentwicklung. Auftakt zum neuen Forschungsfeld im Experimentellen Wohnungs- und Städtebau. Bonn (Werkstatt: Praxis, 2/2002), S. 1–88.

Fürst, Dietrich (1996): Regionalentwicklung: von staatlicher Intervention zu regionaler Selbststeuerung. In: Selle, Klaus (Hg.): Planung und Kommunikation. Gestaltung von Planungsprozessen in Quartier, Stadt und Landschaft. Grundlagen, Methoden, Praxiserfahrungen. Wiesbaden und Berlin, S. 91–99.

Fürst, Dietrich (2001): Steuerungstheorie als Theorie politischer Planung und Verwaltung. In: Burth, Hans-Peter; Görlitz, Axel (Hg.): Politische Steuerung in Theorie und Praxis. 1. Aufl. Baden-Baden (Schriften zur Rechtspolitologie, 12), S. 247–275.

Fürst, Dietrich (2005): Entwicklung und Stand des Steuerungsverständnisses in der Raumplanung. In: disP, H. 163, S. 16–27.

Fürst, Dietrich (2006): Entwicklung und Stand des Steuerungsverständnisses in der Regionalplanung. In: Selle, Klaus (Hg.): Zur räumlichen Entwicklung beitragen. Konzepte. Theorien. Impulse. Dortmund (Planung neu denken, 1), S. 117–128.

Fürst, Dietrich (2006): Entwicklung und Stand des Steuerungsverständnisses in der Regionalplanung. In: Selle, Klaus (Hg.): Zur räumlichen Entwicklung beitragen. Konzepte. Theorien. Impulse. Dortmund (Planung neu denken, 1), S. 117–128.

Fuhrich, Manfred (2006): Parole Nachaltigkeit - vom Kopf auf die Füße stellen. In: Selle, Klaus (Hg.): Praxis der Stadt- und Regionalentwicklung. Analysen. Erfahrungen. Folgerungen. Dortmund (Planung neu denken, 2), S. 366–379.

Gamerith, Werner (2006): Ethnizität und Bildungsverhalten. Ein kritisches Plädoyer für eine "Neue" Kulturgeographie. In: Kempter, Klaus; Meusburger, Peter (Hg.): Bildung und Wissensgesellschaft. Berlin, Heidelberg, S. 309–332.

Gamerith, Werner (2008): Der Streit um die Schule - Macht und Ohnmacht ethnischer Minderheiten. In: Knox, Paul; Marston, Sallie (Hg.): Humangeographie. 4. Aufl. Heidelberg, S. 290–293.

Ganser, Karl (1991): Instrumente von gestern für die Städte von morgen? In: Ganser, Karl (Hg.): Die Zukunft der Städte. Baden-Baden (Forum Zukunft, 6), S. 54–65.

Gawron, Thomas (2005): Mehrebenenanalyse, Inkrementalismus und "Soziale Stadt". In: Greiffenhagen, Sylvia; Neller, Katja (Hg.): Praxis ohne Theorie? Wissenschaftliche Diskurse zum Bund-Länder-Programm "Stadtteile mit besonderem Entwicklungsbedarf - die soziale Stadt". Wiesbaden, S. 165–185.

Gebhardt, Hans; Reuber, Paul; Wolkersdorfer, Günter (2003): Kulturgeographie. Leitlinien und Perspektiven. In: Gebhardt, Hans; Reuber, Paul; Wolkersdorfer, Günter (Hg.): Kulturgeographie. Aktuelle Ansätze und Entwicklungen. 1. Aufl. Heidelberg, S. 1–27.

Gehne, David H.; Strünck, Christoph (2005): Kooperative Demokratie im Kiez? Beteiligung von intermediären Akteuren an der Stadtentwicklung in Nordrhein-Westfalen. In: Greiffenhagen, Sylvia; Neller, Katja (Hg.): Praxis ohne Theorie? Wissenschaftliche Diskurse zum Bund-Länder-Programm "Stadtteile mit besonderem Entwicklungsbedarf - die soziale Stadt". Wiesbaden, S. 343–374.

Geiling, Heiko (2005): Stadtteil als sozialer Raum: Soziale und politische Distanzen in einem Stadtteil mit sozialem Erneuerungsbedarf. In: Greiffenhagen, Sylvia; Neller, Katja (Hg.): Praxis ohne Theorie? Wissenschaftliche Diskurse zum Bund-Länder-Programm "Stadtteile mit besonderem Entwicklungsbedarf - die soziale Stadt". Wiesbaden, S. 271–288.

Giddens, Anthony (1988): Die Konstitution der Gesellschaft. Grundzüge einer Theorie der Strukturierung. Mit einer Einführung von Hans Joas. Frankfurt am Main (Theorie und Gesellschaft, 1).

Giddens, Anthony (1992): Kritische Theorie der Spätmoderne. Wien (Passagen, 5).

Giddens, Anthony (1998): 'Macht' in den Schriften von Talcott Parsons. In: Imbusch, Peter (Hg.): Macht und Herrschaft. Sozialwissenschaftliche Konzeptionen und Theorien. Opladen, S. 131–147.

Giddens, Anthony; Föste, Wolfgang (1984): Interpretative Soziologie. Eine kritische Einführung. Deutsche Übersetzung von Wolfgang Föste. Frankfurt am Main (Campus Studium, 557).

Görlitz, Axel; Bergmann, André (2001): Politikwissenschafliche Steuerungstheorie als Theorienetz. Auf dem richtigen Weg zu einer reifen empirischen Steuerungstheorie. In: Burth, Hans-Peter; Görlitz, Axel (Hg.): Politische Steuerung in Theorie und Praxis. 1. Aufl. Baden-Baden (Schriften zur Rechtspolitologie, 12), S. 29–47.

Gregory, Derek (2008): Das Auge der Macht. In: Belina, Bernd; Michel, Boris (Hg.): Raumproduktionen. Beiträge der Radical Geography ; eine Zwischenbilanz. 2. Aufl. Münster, S. 133–153.

Grossmann, Ralph; Lobnig, Hubert; Scala, Klaus; Michael, Stadlober (2007): Kooperationen im Public Management. Theorie und Praxis erfolgreicher Organisationsentwicklung in Leistungsverbünden, Netzwerken und Fusionen. Weinheim.

Grüger, Christine; Schäuble, Ingegerd (2005): Das Programm "Soziale Stadt": Komplexe Aufgabenbewältigung für Klein- und Mittelstädte in Bayern. In: Greiffenhagen, Sylvia; Neller, Katja (Hg.): Praxis ohne Theorie? Wissenschaftliche Diskurse zum Bund-Länder-Programm "Stadtteile mit besonderem Entwicklungsbedarf - die soziale Stadt" . Wiesbaden, S. 375–392.

Gsänger, Matthias (2001): Policy Netze, Policy Ströme und der Cognitive Turn. In: Burth, Hans-Peter; Görlitz, Axel (Hg.): Politische Steuerung in Theorie und Praxis. 1. Aufl. Baden-Baden (Schriften zur Rechtspolitologie, 12), S. 337–358.

Habermas, Jürgen (1981): Handlungsrationalität und gesellschaftliche Rationalisierung. Frankfurt/Main (Theorie des kommunikativen Handelns / Jürgen Habermas, Bd. 1).

Habermas, Jürgen (1985): Die Neue Unübersichtlichkeit. Frankfurt a.M.

Hafner, Sabine (2003): Strategien zur Aufwertung von Stadtquartieren und zur Qualifizierung von benachteiligten Menschen. Soziale Unternehmen in München, betrachtet aus einer konstruktivistischen Perspektive. Passau.

Harvey, David (2008): Zwischen Raum und Zeit: Reflexionen zur Geographischen Imagination. In: Belina, Bernd; Michel, Boris (Hg.): Raumproduktionen. Beiträge der Radical Geography ; eine Zwischenbilanz. 2. Aufl. Münster, S. 36–60.

Hatzfeld, Ulrich (2006): Stadtmarketing - Erfahrungen, Folgerungen. In: Selle, Klaus (Hg.): Praxis der Stadt- und Regionalentwicklung. Analysen. Erfahrungen. Folgerungen. Dortmund (Planung neu denken, 2), S. 177–189.

Häußermann, Hartmut (2002): "Soziale Stadt" und Integration. Eine realistische Einschätzung der Möglichkeiten. In: Holl, Christian (Hg.): Soziale Stadt. Stuttgart, S. 53–59.

Häußermann, Hartmut (2005): Das Programm „Stadtteile mit besonderem Entwicklungsbedarf - die soziale Stadt". Gesamtbewertung und Empfehlungen der Zwischenevaluation 2003/2004. In: Bundesamt für Bauwesen und Raumordnung (Hg.): Die soziale Stadt. Ein Programm wird evaluiert. Heft 2/3.2005 (Informationen zur Raumentwicklung), S. 75–85.

Häußermann, Hartmut (2006): Stadtteile mit besonderem Erneuerungsbedarf - Die Soziale Stadt. In: Selle, Klaus (Hg.): Praxis der Stadt- und Regionalentwicklung. Analysen. Erfahrungen. Folgerungen. Dortmund (Planung neu denken, 2), S. 285–301.

Häußermann, Hartmut; Läpple, Dieter; Siebel, Walter (2008): Stadtpolitik. Lizenzausg. Bonn (Schriftenreihe / Bundeszentrale für Politische Bildung, 721).

Häußermann, Hartmut; Wurtzbacher, Jens (2005): Politische Reintegration und das Leitbild der "Sozialen Stadt". In: Greiffenhagen, Sylvia; Neller, Katja (Hg.): Praxis ohne Theorie? Wissenschaftliche Diskurse zum Bund-Länder-Programm "Stadtteile mit besonderem Entwicklungsbedarf - die soziale Stadt". Wiesbaden, S. 308–328.

Healey, Patsy (1996): The communicative turn in planning theory and its implications for spatial strategy formation. In: Environment and Planning B: Planning and Design, Jg. 1996, H. 23, S. 217–234.

Heins, Bernd (1998): Soziale Nachhaltigkeit. 1. Aufl. Berlin.

Heinz, Werner (2006): Öffentlich-private Kooperationsansätze (Public Private Partnerships). Eine Strategie mit wiederkehrender Relevanz. In: Selle, Klaus (Hg.): Zur räumlichen Entwicklung beitragen. Konzepte. Theorien. Impulse. Dortmund (Planung neu denken, 1), S. 146–162.

Herder & Co. (Hg.) (1954): Der Große Herder. Nachschlagewerk für Wissen und Leben. Band 5. 5. Aufl. Freiburg.

Héritier, Adrienne (1993): Policy-Analyse. Elemente der Kritik und Perspektiven der Neuorientierung. In: Héritier, Adrienne (Hg.): Policy-Analyse. Kritik und Neuorientierung. Opladen (Politische Vierteljahreszeitschrift, 24), S. 9–36.

Hermann, Michael; Leuthold, Heiri (2007): Weltanschauung und ungeplante Regionalisierung. In: Werlen, Benno (Hg.): Sozialgeographie alltäglicher

Regionalisierungen. Band 3: Ausgangspunkte und Befunde empirischer Forschung. Stuttgart (Erdkundliches Wissen, 121), S. 213–249.

Herrmann, Heike; Lang, Barbara (2001): Perspektiven des Sozialen in der Stadt. In: Alisch, Monika (Hg.): Sozial - Gesund - Nachhaltig. Vom Leitbild zu verträglichen Entscheidungen in der Stadt des 21. Jahrhunderts. Opladen, S. 29–45.

Hilpert, Markus (2002): Angewandte Sozialgeographie und Methode. Überlegungen zu Management und Umsetzung sozialräumlicher Gestaltungsprozesse. Augsburg (Angewandte Sozialgeographie, 47).

Hindess, Barry (1996): Discourses of power. From Hobbes to Foucault. Oxford.

Hopf, Christel (1993): Soziologie und qualitative Sozialforschung. In: Hopf, Christel; Weingarten, Elmer (Hg.): Qualitative Sozialforschung. 3. Aufl. Stuttgart, S. 11–37.

Hopf, Christel; Rieker, Peter; Sanden-Marcus, Martina; Schmidt, Christiane (1995): Familie und Rechtsextremismus. Familiale Sozialisation und rechtsextreme Orientierungen junger Männer. Weinheim und München.

Huber, Andreas Werner (2004): Management of Change als Steuerung sozialräumlicher Gestaltungsprozesse. Ein Beitrag zur angewandten sozialgeographischen Implementationsforschung. Augsburg (Terra facta, 3).

Huning, Sandra (2005): Aktivierung und Beteiligung im Rahmen der "Sozialen Stadt": Ein Klärungsversuch mit Hilfe von Sozialkapitalansätzen. In: Greiffenhagen, Sylvia; Neller, Katja (Hg.): Praxis ohne Theorie? Wissenschaftliche Diskurse zum Bund-Länder-Programm "Stadtteile mit besonderem Entwicklungsbedarf - die soziale Stadt". Wiesbaden, S. 253–270.

Hutter, Dominik (2010): Sanierung gefährdet. Städtebauförderung sinkt im Jahr 2011 um 155 Millionen Euro. In: Süddeutsche Zeitung. Nr. 277. 30. November 2010, S. R 5.

Imbusch, Peter (1998): Macht und Herrschaft in der Diskussion. In: Imbusch, Peter (Hg.): Macht und Herrschaft. Sozialwissenschaftliche Konzeptionen und Theorien. Opladen, S. 9–26.

Jacobs, Jane (1962): The Death and Life of Great American Cities. London.

Jakubowski, Peter (2002): Architektur des Forschungsfeldes. In: Bundesamt für Bauwesen und Raumordnung (Hg.): Neue Kooperationsformen in der Stadtentwicklung. Auftakt zum neuen Forschungsfeld im Experimentellen Wohnungs- und Städtebau. Bonn (Werkstatt: Praxis, 2/2002), S. 89–101.

Jessen, Johann; Reuter, Wolf (2006): Lernende Praxis. Erfahrungen als Ressource - planungstheoretische Konsequenzen. In: Selle, Klaus (Hg.): Praxis der Stadt- und Regionalentwicklung. Analysen. Erfahrungen. Folgerungen. Dortmund (Planung neu denken, 2), S. 42–56.

Jessen, Johann; Selle, Klaus (2001): Probleme und Perspektiven von Stadtent-
wicklungspolitik und der Beitrag der Stadtforschung. In: Burth, Hans-Peter;
Görlitz, Axel (Hg.): Politische Steuerung in Theorie und Praxis. 1. Aufl.
Baden-Baden (Schriften zur Rechtspolitologie, 12), S. 277–292.

Kennel, Corinna (2005): Kommunalpolitiker am Runden Tisch? Überlegungen
zur Einbindung der Politik in das Programm "Soziale Stadt". In: Greiffenhagen, Sylvia; Neller, Katja (Hg.): Praxis ohne Theorie? Wissenschaftliche
Diskurse zum Bund-Länder-Programm "Stadtteile mit besonderem Entwicklungsbedarf - die soziale Stadt". Wiesbaden, S. 329–342.

Kestermann, Rainer (1997): Kooperative Verfahren in der Raumplanung. Phä-
nomenologische Betrachtung. In: Adam, Brigitte (Hg.): Neue Verfahren
und kooperative Ansätze in der Raumplanung. Dortmund (RaumPlanung
spezial), S. 50–78.

Kil, Wolfgang (2006): Mehr Planung für weniger Stadt. Rückbau erfordert vor
allem eines: soziale Kompetenz. In: Selle, Klaus (Hg.): Zur räumlichen
Entwicklung beitragen. Konzepte. Theorien. Impulse. Dortmund (Planung
neu denken, 1), S. 485–496.

Klein-Hitpaß, Karin; Liebenath, Markus; Knippschild, Robert (1/2006): Vertrau-
en in grenzüberschreitenden Akteursnetzwerken. Erkenntnisse aus dem
deutsch-polnisch-tschechischen Kooperationsprojekt ENLARGE-NET. In:
disP, H. 164, S. 59–70.

Klemm, Ulrich (2004): Aktivierung regionaler Lernmilieus als Aufgabe der
Erwachsenenbildung. In: Hilpert, Markus; Poschwatta, Wolfgang; Thieme,
Karin (Hg.): Perpektiven der Angewandten Sozialgeographie /// Perspekti-
ven der angewandten Geographie. Augsburg (Terra facta, 1), S. 81–100.

Klemme, Marion; Selle, Klaus (2006): Zwei Jahre Stadtplanung. Versuch, den
Alltag kommunaler Mitwirkung an der räumlichen Entwicklung zu beschreiben. In: Selle, Klaus (Hg.): Praxis der Stadt- und Regionalentwicklung. Analysen. Erfahrungen. Folgerungen. Dortmund (Planung neu denken, 2), S. 262–281.

Kneer, Georg (1998): Die Analytik der Macht bei Michel Foucault. In: Imbusch,
Peter (Hg.): Macht und Herrschaft. Sozialwissenschaftliche Konzeptionen
und Theorien. Opladen, S. 239–254.

Knieling, Jörg (2006): Kooperation in der Regionalplanung: Theoretische Anforderungen, regionale Praxis und Perspektiven. In: Selle, Klaus (Hg.): Praxis der Stadt- und Regionalentwicklung. Analysen. Erfahrungen. Folgerungen. Dortmund (Planung neu denken, 2), S. 72–89.

Knieling, Jörg; Fürst, Dietrich; Danielzyk, Rainer (2003): Kooperative Hand-
lungsformen in der Regionalplanung. Zur Praxis der Regionalplanung in
Deutschland. Dortmund (Regio spezial, 1).

Kodolitsch, Paul von (2002): Die Debatte um Bürger und Kommunalverwaltung. Eine "endlose Geschichte"? In: Deutsche Zeitschrift für Kommunalwissenschaften (DfK), Jg. 2002, H. 2, S. 7–23.

König, Klaus (2001): "Public Sector Management" oder Gouvernanz-, Steuerungs- und Strukturierungsprobleme öffentlicher Verwaltung. In: Burth, Hans-Peter; Görlitz, Axel (Hg.): Politische Steuerung in Theorie und Praxis. 1. Aufl. Baden-Baden (Schriften zur Rechtspolitologie, 12), S. 293–314.

Kreibich, Corinna (2001): Zwischen Standards und Flexibilität: Arbeitshilfen für gesundheits- und sozialverträgliche Planungsprozesse. In: Alisch, Monika (Hg.): Sozial - Gesund - Nachhaltig. Vom Leitbild zu verträglichen Entscheidungen in der Stadt des 21. Jahrhunderts. Opladen, S. 229–248.

Krummacher, Michael (2007): Stadtteil- bzw. Quartiermanagement in benachteiligten Stadtteilen: Herausforderung für eine Zusammenarbeit von Stadtplanung und Sozialer Arbeit. In: Baum, Detlef (Hg.): Die Stadt in der Sozialen Arbeit. Ein Handbuch für soziale und planende Berufe. Wiesbaden, S. 360–375.

Kruzewicz, Michael (1993): Lokale Kooperationen in NRW. Public-Private Partnership auf kommunaler Ebene. Im Auftrag des Ministeriums für Stadtentwicklung und Verkehr des Landes Nordrhein-Westfalen (MSV). Dortmund (ILS-Schriften, 79).

Kuckartz, Udo (2007): Einführung in die computergestützte Analyse qualitativer Daten. 2. Aufl. Wiesbaden.

Landeshauptstadt München (2005): Stadtratsbeschluss 02-08 / V 06411. Online verfügbar unter http://www.ris-muenchen.de/RII/RII/DOK/SITZUNGS VORLAGE/667302.pdf, zuletzt geprüft am 18.1.2010.

Landeshauptstadt München (2008a): Flyer der Sozialen Stadt Ramersdorf Berg am Laim. Erstellt vom Quartiersmanagement Ramersdorf/Berg-am-Laim. Online verfügbar unter http://stadtteil laden-kpp4.de/index.php?option= com_docman&task=cat_view&gid=15&Itemid= 39, zuletzt geprüft am 18.1.2010.

Landeshauptstadt München (2008b): Regionaler Sozialbericht 2008 Sozialregion Ramersdorf-Perlach. München. Online verfügbar unter http://www.muen chen.de/cms/prod2/mde/_de/rubriken/Rathaus/85_soz/sozplan/archiv/ rsb/ datenbasis_2008/rsb2008_sozialregion09.pdf, zuletzt geprüft am 18.1.2010.

Landeshauptstadt München (2009a): Die Münchner Bezirksausschüsse 2009. Online verfügbar unter http://www.muenchen.de/cms/prod2/mde/_de/ rubriken/Rathaus/12_politik_ba/babro_ gesamt_8.pdf, zuletzt geprüft am 18.1.2010.

Landeshauptstadt München (2009b): Stadterneuerung Soziale Stadt. Online verfügbar unter http://www.sozialestadt-muenchen.de/images/stories/ Uebersicht/uebersicht_sanierungsgebiete.pdf, zuletzt geprüft am 22.9.2010.

Läpple, Dieter (1991): Essay über den Raum. In: Häußermann, Hartmut; Siebel, Walter (Hg.): Stadt und Raum. Soziologische Analysen. 2. Aufl. Pfaffenweiler (Stadt Raum und Gesellschaft, 1), S. 157–202.

Lefebvre, Henri (1974): La production de l'espace. Paris.

Lindenberg, Siegwart (1985): An assessment of the new political economy: Its potential for the social sciences and for sociology in particular. In: Sociological Theory, H. 3.

Lindloff, Karsten (2003): Kooperation erfolgreich gestalten. Erfolgsfaktoren kooperativer Prozesse in der Regionalentwicklung. Dortmund (KiP Kommunikation im Planungsprozess, 5).

Luhmann, Niklas (1989): Politische Steuerung. Ein Diskussionsbeitrag. In: Politische Vierteljahreszeitschrift, Jg. 1989, H. 30, S. 4ff.

Maier, Jörg; Paesler, Reinhard; Ruppert, Karl; Schaffer, Franz (1977): Sozialgeographie. 1. Aufl. Braunschweig (Das geographische Seminar).

Massey, Doreen (2003): Spaces of Politics - Raum und Politik. In: Gebhardt, Hans; Reuber, Paul; Wolkersdorfer, Günter (Hg.): Kulturgeographie. Aktuelle Ansätze und Entwicklungen. 1. Aufl. Heidelberg, Neckar, S. 31–46.

Mayntz, Renate (1993): Policy-Netzwerke und die Logik von Verhandlungssystemen. In: Héritier, Adrienne (Hg.): Policy-Analyse. Kritik und Neuorientierung. Opladen (Politische Vierteljahreszeitschrift, 24), S. 39–56.

Mayntz, Renate (2001): Zur Selektivität der steuerungstheoretischen Perspektive. In: Burth, Hans-Peter; Görlitz, Axel (Hg.): Politische Steuerung in Theorie und Praxis. 1. Aufl. Baden-Baden (Schriften zur Rechtspolitologie, 12), S. 17–27.

Mayntz, Renate; Scharpf, Fritz (1995): Der Ansatz des akteurszentrierten Institutionalismus. In: Mayntz, Renate; Scharpf, Fritz (Hg.): Gesellschaftliche Selbstregelung und politische Steuerung. Frankfurt/Main (Schriften des Max-Planck-Instituts für Gesellschaftsforschung Köln, 23), S. 39–72.

Mayring, Philipp (2008): Qualitative Inhaltsanalyse. Grundlagen und Techniken. 10., neu ausgestattete Aufl. Weinheim.

Meusburger, Peter (Hg.) (1999): Handlungszentrierte Sozialgeographie. Benno Werlens Entwurf in kritischer Diskussion. Erdkundliches Wissen, Heft 130. Stuttgart (Erdkundliches Wissen, 130).

Meuser, Michael; Nagel, Ulrike (1997): Das ExpertInneninterview - Wissenssoziologische Voraussetzungen und methodische Durchführung. In: Friebertshäuser, Barbara; Prengel Annedore (Hg.): Handbuch Qualitative Forschungsmethoden in der Erziehungswissenschaft. Weinheim und München, S. 481–491.

Mohr, Niko (1997): Kommunikation und organisatorischer Wandel. Ein Ansatz für ein effizientes Kommunikationsmanagement im Veränderungsprozeß. Wiesbaden.

Münch, Richard (1995): Dynamik der Kommunikationsgesellschaft. Frankfurt am Main.

Münch, Richard (1996): Risikopolitik. Frankfurt am Main.

Münch, Richard (2001): Politische Steuerung als gesellschaftlicher Prozess. In: Burth, Hans-Peter; Görlitz, Axel (Hg.): Politische Steuerung in Theorie und Praxis. 1. Aufl. Baden-Baden (Schriften zur Rechtspolitologie, 12), S. 187–220.

Oberste Baubehörde im Bayerischen Staatsministerium des Innern (2008a): Lebenfindetinnenstadt.de. Öffentlich-private Kooperationen zur Standortentwicklung. Endbericht. Unter Mitarbeit von Armin Keller, Ingrid Krau und Günter Heinritz et al. München.

Oberste Baubehörde im Bayerischen Staatsministerium des Innern (2008b): Lebenfindetinnenstadt.de. Öffentlich-private Kooperationen zur Standortentwicklung. Fachinformation. Unter Mitarbeit von Armin Keller, Ingrid Krau und Günter Heinritz et al. München.

Ott, Konrad; Döring, Ralf (2007): Soziale Nachhaltigkeit: Suffizienz zwischen Lebensstilen und politischer Ökonomie. In: Beckenbach, Frank (Hg.): Soziale Nachhaltigkeit. Marburg (Jahrbuch Ökologische Ökonomik, 5), S. 35–72.

Paech, Niko; Pfriem, Reinhard (2007): Wie kommt das Soziale in die Nachhaltigkeit? In: Beckenbach, Frank (Hg.): Soziale Nachhaltigkeit. Marburg (Jahrbuch Ökologische Ökonomik, 5), S. 99–128.

Pareto, Vilfredo (1916): Trattato di Sociologia generale. Florenz.

Parsons, Talcott (1937): The Structure of Social Action. New York.

Parsons, Talcott (1969): Politics and Social Structure. New York und London.

Pohl, Jürgen (1989): Die Wirklichkeiten von Planungsbetroffenen verstehen. Eine Studie zur Umweltbelastung im Münchner Norden. In: Sedlacek, Peter (Hg.): Programm und Praxis qualitativer Sozialgeographie. Oldenburg (Wahrnehmungsgeographische Studien zur Regionalentwicklung, 6), S. 39–64.

Popper, Karl (1973): Objektive Erkenntnis. Ein evolutionärer Entwurf. Hamburg.

Pütz, Marco (2004): Regional Governance. Theoretisch-konzeptionelle Grundlagen und eine Analyse nachhaltiger Siedlungsentwicklung in der Metropolregion München. Univ., Diss.--München, 2004. München (Hochschulschriften zur Nachhaltigkeit, 17).

Pütz, Marco; Rehner, Johannes (2007): Macht in konfliktreichen Grossprojekten der Stadtentwicklung. Revitalisierung des Hafens Puerto Madero in Buenos Aires. In: disP, H. 171, S. 36–49.

Reuber, Paul (1999): Raumbezogene politische Konflikte. Geographische Konfliktforschung am Beispiel von Gemeindegebietsreformen. Univ., Habil.-Schr.--Heidelberg, 1998. Stuttgart (Erdkundliches Wissen, 131).

Reuber, Paul (2007): 7.1 Interpretativ-verstehende Wissenschaft und die Kraft von Erzählungen. In: Gebhardt, Hans (Hg.): Geographie. Physische Geographie und Humangeographie. Heidelberg, S. 156–157.

Reuber, Paul; Gebhardt, Hans (2007): Kapitel 5 Wissenschaftliches Arbeiten in der Geographie. Einführende Gedanken. In: Gebhardt, Hans (Hg.): Geographie. Physische Geographie und Humangeographie. Heidelberg, S. 81–92.

Reuber, Paul; Pfaffenbach, Carmella (2005): Methoden der empirischen Humangeographie. Beobachtung und Befragung. Braunschweig.

Reuter, Wolf (2006): Rittel revisited: oder von der Notwendigkeit des Diskurses. In: Selle, Klaus (Hg.): Zur räumlichen Entwicklung beitragen. Konzepte. Theorien. Impulse. Dortmund (Planung neu denken, 1), S. 210–224.

Reutlinger, Christian (2007): Territorialisierung und Sozialraum. Empirische Grundlage einer Sozialgeographie des Jugendalters. In: Werlen, Benno (Hg.): Sozialgeographie alltäglicher Regionalisierungen. Band 3: Ausgangspunkte und Befunde empirischer Forschung. Stuttgart (Erdkundliches Wissen, 121), S. 135–163.

Rieger, Günter; Schultze, Rainer-Olaf (2002): Machttheoretische Ansätze. In: Nohlen, Dieter; Schultze, Rainer-Olaf (Hg.): Lexikon der Politikwissenschaft. Theorien, Methoden, Begriffe. München, S. 488–495.

Ritter, Ernst-Hasso (2006): Strategieentwicklung heute. Zum integrativen Management konzeptioneller Politik (am Beispiel der Stadtentwicklungsplanung). In: Selle, Klaus (Hg.): Zur räumlichen Entwicklung beitragen. Konzepte. Theorien. Impulse. Dortmund (Planung neu denken, 1), S. 129–145.

Rösener, Britta; Selle, Klaus (2005): Kommunikation gestalten: Was hat Bestand, was ändert sich? Eindrücke nach knapp 100 Beispielen. In: Rösener, Britta; Selle, Klaus (Hg.): Kommunikation gestalten. Beispiele und Erfahrungen aus der Praxis für die Praxis. Dortmund (KiP Kommunikation im Planungsprozess, 3), S. 290–301.

Rothfuss, Eberhard (2004): Ethnotourismus. Wahrnehmungen und Handlungsstrategien der pastoralnomadischen Himba (Namibia) ; ein hermeneutischer, handlungstheoretischer und methodischer Beitrag aus sozialgeographischer

Perspektive ; mit 8 Tabellen. Passau (Passauer Schriften zur Geographie, 20).

Russel, Bertrand (1908): Mathematical logic as based on the theory of types. In: American Journal of Mathematics, H. 30, S. 222–262.

Sassen, Saskia (2001): The global city. New York, London, Tokyo. 2. Auflage. Princeton.

Schaffer, Franz (1970): Zur Konzeption der Sozialgeographie. In: Bartels, Dietrich (Hg.): Wirtschafts- und Sozialgeographie. Köln, Berlin, S. 451–456.

Schaffer, Franz (1986): Zur Konzeption der Angewandten Sozialgeographie. In: Schaffer, Franz; Poschwatta, Wolfgang (Hg.): Angewandte Sozialgeographie. Karl Ruppert zum 60. Geburtstag. Augsburg, S. 461–499.

Schaffer, Franz (2000): Regionalmanagement in der Zivilgesellschaft. Umsetzung durch Interaktivität. In: Schaffer, Franz; Thieme, Karin (Hg.): Innovative Regionen. Umsetzung in die Praxis ; Tage der Forschung an der Universität Augsburg. Augsburg (Angewandte Sozialgeographie, 39), S. 17–40.

Schaffer, Franz (2004): Lernende Region. Ein neuer Weg der regionalen Entwicklung. In: Schaffer, Franz; Spannowsky, Willy; Troeger-Weiss, Gabi; Goppel, Konrad (Hg.): Implementation der Raumordnung. Wissenschaftliches Lesebuch für Konrad Goppel. 2. Aufl. Augsburg und Kaiserslautern (Schriften zur Raumordnung und Landesplanung (SRL), 15), S. 189–198.

Schaffer, Franz; Zettler, Lothar; Löhner, Albert (1999): Lernende Regionen. Umsetzung der Raumplanung durch Interaktivität. In: Schaffer, Franz; Thieme, Karin; Goppel, Konrad; Troeger-Weiss, Gabi (Hg.): Lernende Regionen. Organisation - Management – Umsetzung. Augsburg, S. 13–58.

Scharpf, Fritz (1992): Die Handlungsfähigkeit des Staates am Ende des zwanzigsten Jahrhunderts. In: Kohler-Koch, Beate (Hg.): Staat und Demokratie in Europa. 18. Wissenschaftlicher Kongress der Deutschen Vereinigung für Politische Wissenschaft. Opladen, S. 93–155.

Scharpf, Fritz (1993): Positive und negative Koordination in Verhandlungssystemen. In: Héritier, Adrienne (Hg.): Policy-Analyse. Kritik und Neuorientierung. Opladen (Politische Vierteljahreszeitschrift, 24), S. 57–83.

Scharpf, Fritz W. (1973): Planung als politischer Prozeß. Aufsätze zur Theorie der planenden Demokratie. Frankfurt am Main.

Scharpf, Fritz W. (1992a): Kapitel 1. Einführung: Zur Theorie von Verhandlungssystemen. In: Benz, Arthur; Scharpf, Fritz W.; Zintl, Reinhard (Hg.): Horizontale Politikverflechtung. Zur Theorie von Verhandlungssystemen. Frankfurt a.M.; New York (Schriften des Max-Planck-Instituts für Gesellschaftsforschung Köln, 10), S. 11–27.

Scharpf, Fritz W. (2000): Interaktionsformen. Akteurzentrierter Institutionalismus in der Politikforschung. Opladen.

Scheffer, Jörg (2007): Den Kulturen Raum geben. Das Konzept selektiver Kulturräume am Beispiel des deutsch-tschechisch-österreichischen Dreiländerecks ; mit 25 Abbildungen und 6 Tabellen. Passau (Passauer Schriften zur Geographie, 24).

Scheller, Andrea (1995): Frau Macht Raum. Geschlechtsspezifische Regionalisierungen der Alltagswelt als Ausdruck von Machtstrukturen. Zürich.

Schimank, Uwe; Lange, Stefan (2001): Gesellschaftsbilder als Leitideen politischer Steuerung. In: Burth, Hans-Peter; Görlitz, Axel (Hg.): Politische Steuerung in Theorie und Praxis. 1. Aufl. Baden-Baden (Schriften zur Rechtspolitologie, 12), S. 221–245.

Schmidt, Christiane (1997): "Am Material": Auswertungstechniken für Leitfadeninterviews. In: Friebertshäuser, Barbara; Prengel Annedore (Hg.): Handbuch Qualitative Forschungsmethoden in der Erziehungswissenschaft. Weinheim und München, S. 544-568.

Schmidt, Holger (2004): Theorieimport in die Sozialgeographie. Eine Analyse und Interpretation von Texten und Interviews mit Helmut Klüter und Benno Werlen. Osnabrück (OSG-Materialien, 55).

Schöning, Werner (2002): Ansätze zur Rückgewinnung kommunaler Handlungsspielräume. Perspektiven kommunaler Sozialpolitik und Wirtschaftsförderung jenseits knapper Kommunalfinanzen. In: Deutsche Zeitschrift für Kommunalwissenschaften (DfK), Jg. 2002, H. 2, S. 108–124.

Schridde, Henning (2005): Systemdenken und kollektive Wissensgenerierung: Die "Soziale Stadt" als Testfall modernen staatlichen Regierens. In: Greiffenhagen, Sylvia; Neller, Katja (Hg.): Praxis ohne Theorie? Wissenschaftliche Diskurse zum Bund-Länder-Programm "Stadtteile mit besonderem Entwicklungsbedarf - die soziale Stadt". Wiesbaden, S. 141–164.

Schubert, Dirk (2002): Wirklich ein Paradigmenwechsel? Das Programm und seine Vorläufer. In: Holl, Christian (Hg.): Soziale Stadt. Stuttgart, S. 45–52.

Schütz, Alfred; Luckmann, Thomas (1979): Strukturen der Lebenswelt. Frankfurt am Main.

Sedlacek, Peter (1982): Kulturgeographie als normative Handlungswissenschaft. In: Sedlacek, Peter; Beck, Günther (Hg.): Kultur- Sozialgeographie. Paderborn, S. 187–216.

Sedlacek, Peter (1989): Qualitative Sozialgeographie. Versuch einer Standortbestimmung. In: Sedlacek, Peter (Hg.): Programm und Praxis qualitativer Sozialgeographie. Oldenburg (Wahrnehmungsgeographische Studien zur Regionalentwicklung, 6), S. 9–19.

Selle, Klaus (1994): Was ist bloß mit der Planung los? Erkundungen auf dem Weg zum kooperativen Handeln. Ein Werkbuch. Dortmund (Dortmunder Beiträge zur Raumplanung, 69).

Selle, Klaus (1997): Von der Bürgerbeteiligung zur Kooperation und zurück... Vermittlungsarbeit in Quartier und Stadt. In: Adam, Brigitte (Hg.): Neue Verfahren und kooperative Ansätze in der Raumplanung. Dortmund (RaumPlanung spezial), S. 29–44.

Selle, Klaus (2000): Was? Wer? Wie? Warum? Voraussetzungen und Möglichkeiten einer nachhaltigen Kommunikation. Dortmund (KiP Kommunikation im Planungsprozess, 2).

Selle, Klaus (2005a): Planen. Steuern. Entwickeln. Über den Beitrag öffentlicher Akteure zur Entwicklung von Stadt und Land. Dortmund.

Selle, Klaus (2005b): Kommunikation ohne Wachstum? - Über's Schrumpfen reden? In: Rösener, Britta; Selle, Klaus (Hg.): Kommunikation gestalten. Beispiele und Erfahrungen aus der Praxis für die Praxis. Dortmund (KiP Kommunikation im Planungsprozess, 3), S. 327–336.

Selle, Klaus (2006a): Shut down. Restart... Vorschläge zur Wiederaufnahme der Diskussion über die Entwicklung von Städten und Regionen und den möglichen Beitrag öffentlicher Akteure. In: Selle, Klaus (Hg.): Praxis der Stadt- und Regionalentwicklung. Analysen. Erfahrungen. Folgerungen. Dortmund (Planung neu denken, 2), S. 557–577.

Selle, Klaus (2006b): Zurück ans Spielfeld. Neues Denken setzt Kenntnis und Kontinuität voraus. In: Selle, Klaus (Hg.): Praxis der Stadt- und Regionalentwicklung. Analysen. Erfahrungen. Folgerungen. Dortmund (Planung neu denken, 2), S. 29–41.

Selle, Klaus (2006c): Neu denken - was, warum und wie? In: Selle, Klaus (Hg.): Zur räumlichen Entwicklung beitragen. Konzepte. Theorien. Impulse. Dortmund (Planung neu denken, 1), S. 25–39.

Selle, Klaus (2006d): Ende der Bürgerbeteiligung? Geschichten über den Wandel eines alten Bildes. In: Selle, Klaus (Hg.): Zur räumlichen Entwicklung beitragen. Konzepte. Theorien. Impulse. Dortmund (Planung neu denken, 1), S. 497–514.

Selle, Klaus (2007): Neustart. Vom Wandel der shared mental models in der Diskussion über räumliche Planung, Steuerung und Entwicklung. In: disP, H. 169, S. 17–30.

Siebel, Walter (2007): Krise der Stadtentwicklung und die Spaltung der Städte. In: Baum, Detlef (Hg.): Die Stadt in der Sozialen Arbeit. Ein Handbuch für soziale und planende Berufe. Wiesbaden, S. 123–135.

Siebert, Horst (1999): Pädagogischer Konstruktivismus. Eine Bilanz der Konstruktivismusdiskussion für die Bildungspraxis. Neuwied (Pädagogik - Theorie und Praxis).

Soja, Edward W. (2008): Verräumlichung: Marxistische Geographie und kritische Gesellschaftstheorie. In: Belina, Bernd; Michel, Boris (Hg.): Raumproduktionen. Beiträge der Radical Geography ; eine Zwischenbilanz. 2. Aufl. Münster: Westfälisches Dampfboot, S. 77–110.

Soja, Edward W. (2009): Thridspace: Toward a New Consciousness of Space and Spatiality. In: Ikas, Karin Rosa; Wagner, Gerhard (Hg.): Communicating in the third space. New York (Routledge research in cultural and media studies, 18), S. 49–61.

Spangenberg, Joachim (2002): Soziale Nachhaltigkeit: Eine integrierte Perspektive für Deutschland. In: Dally, Andreas; Heins, Bernd (Hg.): Politische Strategien für die soziale Nachhaltigkeit. Rehburg-Loccum (Loccumer Protokolle, 54/01), S. 23–37.

Stadt Passau (2005): Leben Findet Innen Stadt.de. Das Passauer Konzept. Passau.

Staehle, Wolfgang; Conrad, Peter; Sydow, Jörg (1999): Management. Eine verhaltenswissenschaftliche Perspektive. 8. Aufl. München.

Stegen, Rafael (2006): Die Soziale Stadt. Quartiersentwicklung zwischen Städtebauförderung, integrierter Stadtpolitik und Bewohnerinteressen. Berlin (Stadtzukünfte, 3).

Stein, Ursula; Stock, Marion (2006): Multilaterale Kooperation: Erweiterung der Arena und der Instrumente. In: Selle, Klaus (Hg.): Praxis der Stadt- und Regionalentwicklung. Analysen. Erfahrungen. Folgerungen. Dortmund (Planung neu denken, 2), S. 514–527.

Struck, Ernst (2000): Erlebnislandschaft Franken - Perspektiven für fränkische Weindörfer. München (Materialien zur ländlichen Entwicklung, 37).

Thieme, Karin (1999): Sozialgeographische Implementationsforschung. Fundamente einer "Theorie der Praxis". In: Schaffer, Franz; Thieme, Karin; Goppel, Konrad; Troeger-Weiss, Gabi (Hg.): Lernende Regionen. Organisation - Management – Umsetzung. Augsburg, S. 59–84.

Thieme, Karin (2004): Geographie und Gesellschaftliche Kompetenz. In: Hilpert, Markus; Poschwatta, Wolfgang; Thieme, Karin (Hg.): Perpektiven der Angewandten Sozialgeographie. Augsburg (Terra facta, 1), S. 45–52.

Van den Berg, Max (4/2005): Planning: State of the Profession. In: disP, H. 163, S. 74–77.

VEB Bibliographisches Institut Leipzig (Hg.) (1974): Meyers Neues Lexikon. Band 8. 2. Aufl. Leipzig.

Voigt, Rüdiger (1995): Der kooperative Staat: Auf der Suche nach einem neuen Steuerungsmodus. In: Voigt, Rüdiger (Hg.): Der kooperative Staat. Krisenbewältigung durch Verhandlung? Baden-Baden, S. 33–92.

Voigt, Rüdiger (2001): Steuerung und Staatstheorie. In: Burth, Hans-Peter; Görlitz, Axel (Hg.): Politische Steuerung in Theorie und Praxis. 1. Aufl. Baden-Baden (Schriften zur Rechtspolitologie, 12), S. 133–146.

Walther, Uwe-Jens (2005): Irritation und Innovation: Stadterneuerung als Lernprozess? In: Greiffenhagen, Sylvia; Neller, Katja (Hg.): Praxis ohne Theorie? Wissenschaftliche Diskurse zum Bund-Länder-Programm "Stadtteile
mit besonderem Entwicklungsbedarf - die soziale Stadt". Wiesbaden, S.
111–124.

Walther, Uwe-Jens; Güntner, Simon (2007): Soziale Stadtpolitik in Deutschland:
das Programm "Soziale Stadt". In: Baum, Detlef (Hg.): Die Stadt in der Sozialen Arbeit. Ein Handbuch für soziale und planende Berufe. Wiesbaden,
S. 390–400.

Wayard, Gerhard (1998): Pierre Bourdieu: Das Schweigen der Doxa aufbrechen.
In: Imbusch, Peter (Hg.): Macht und Herrschaft. Sozialwissenschaftliche
Konzeptionen und Theorien. Opladen, S. 221–237.

Weber, Max (1976): Wirtschaft und Gesellschaft. Grundriß der verstehenden
Soziologie. Tübingen.

Weichhart, Peter (1986): Das Erkenntnisobjekt der Sozialgeographie aus handlungstheoretischer Sicht. In: Geographica Helvetica, H. 41, S. 84–90.

Weichhart, Peter (1999): Die Räume zwischen den Welten und die Welt der
Räume. Zur Konzeption eines Schlüsselbegriffs der Geographie. In: Meus-
burger, Peter (Hg.): Handlungszentrierte Sozialgeographie. Benno Werlens
Entwurf in kritischer Diskussion. Erdkundliches Wissen, Heft 130. Stuttgart
(Erdkundliches Wissen, 130), S. 67–94.

Weichhart, Peter (2008): Entwicklungslinien der Sozialgeographie. Von Hans
Bobek bis Benno Werlen. Stuttgart.

Weiß, Ulrich (2002): Macht. In: Nohlen, Dieter; Schultze, Rainer-Olaf (Hg.):
Lexikon der Politikwissenschaft. Theorien, Methoden, Begriffe. München,
S. 486–487.

Werlen, Benno (1988): Gesellschaft, Handlung und Raum. Grundlagen hand-
lungstheoret. Sozialgeographie. 2., durchges. Aufl. Stuttgart.

Werlen, Benno (1995): Band1: Zur Ontologie von Gesellschaft und Raum. Stuttgart (Erdkundliches Wissen, 116).

Werlen, Benno (1997): Band 2: Globalisierung, Region und Regionalisierung.
Stuttgart (Erdkundliches Wissen, 119).

Werlen, Benno (1998a): Landschaft Raum und Gesellschaft. Entstehungs- und
Entwicklungsgeschichte wissenschaftlicher Sozialgeographie. In: Sedlacek,
Peter; Werlen, Benno (Hg.): Texte zur handlungstheoretischen Geographie.
Jena (Jenaer Geographische Manuskripte. Band 18), S. 7–34.

Werlen, Benno (1998b): Thesen zur handlungstheoretischen Neuorientierung
sozialgeographischer Forschung. In: Sedlacek, Peter; Werlen, Benno (Hg.):
Texte zur handlungstheoretischen Geographie. Jena (Jenaer Geographische
Manuskripte. Band 18), S. 85–102.

Werlen, Benno (1998c): Gibt es eine Geographie ohne Raum? Zum Verhältnis von traditioneller Geographie und spätmodernen Gesellschaften. In: Sedlacek, Peter; Werlen, Benno (Hg.): Texte zur handlungstheoretischen Geographie. Jena (Jenaer Geographische Manuskripte. Band 18), S. 103–126.

Werlen, Benno (1999): Handlungszentrierte Sozialgeographie. Replik auf die Kritiken. In: Meusburger, Peter (Hg.): Handlungszentrierte Sozialgeographie. Benno Werlens Entwurf in kritischer Diskussion. Erdkundliches Wissen, Heft 130. Stuttgart (Erdkundliches Wissen, 130), S. 247–268.

Werlen, Benno (2004): Sozialgeographie. Eine Einführung. 2. Aufl. Bern.

Werlen, Benno (2005): Raus aus dem Container! Ein sozialgeographischer Blick auf die aktuelle (Sozial-) Raumdiskussion. In: Projekt Netzwerke im Stadtteil (Hg.): Grenzen des Sozialraums. Kritik eines Konzepts - Perspektiven für Soziale Arbeit. Wiesbaden, S. 15–35.

Werlen, Benno (2007): Ausgangspunkte und Befunde empirischer Forschung. Band 3: Ausgangspunkte und Befunde empirischer Forschung. Stuttgart (Erdkundliches Wissen, 121).

Werner, Stefan (2009a): Steuerung von Kooperationen in der Stadtentwicklung. In: Andexlinger, Wolfgang; Obkircher, Stefan; Saurwein, Karin (Hg.): DOKONARA 2008. 2. Int. DoktorandInnenkolleg Nachhaltige Raumentwicklung. Innsbruck, S. 239-254.

Werner, Stefan (2009b): Die Komplexität der "Sozialen Stadt" evaluieren. Vorschlag einer integrierten Prozessevaluation. In: Deutsche Zeitschrift für Kommunalwissenschaften (DfK), H. 2, S. 79-97.

Werner, Stefan (2010a): Populärkultur in der sozialen Stadtentwicklung. Kompensation für Demokratiedefizite? In: Adams, Holger; Aydin, Yasar; Cetin, Zülfukar; Doymus, Mustafa; Henning, Astrid; Witte, Sonja (Hg.): Pop Kultur Diskurs. Zum Verhältnis von Gesellschaft, Kulturindustrie und Wissenschaft. Mainz, S. 181-197.

Werner, Stefan (2010b): Beitrag der Steuerungsdiskussion zu sozialer Nachhaltigkeit. Überlegungen zum Politikfeld Soziale Stadtentwicklung. In: Hahne, Ulf (Hg.): Globale Krise – Regionale Nachhaltigkeit. Handlungsoptionen zukunftsorientierter Stadt- und Regionalentwicklung. Detmold, S. 159-175.

Willke, Helmut (2001): Steuerungstheorie. Grundzüge einer Theorie der Steuerung komplexer Sozialsysteme. 3., bearb. Aufl. Stuttgart (Systemtheorie / Helmut Willke, 3).

Willke, Helmut (2006): Grundlagen. Eine Einführung in die Grundprobleme der Theorie sozialer Systeme. 7., überarb. Aufl. mit einem Glossar. Stuttgart (Systemtheorie / Helmut Willke, 1.).

Wirth, Eugen (1981): Kritische Anmerkungen zu den wahrnehmungszentrierten Forschungsansätzen in der Geographie. Umweltpsychologisch fundierter

„behavioural approach" oder Sozialgeographie auf der Basis moderner Handlungstheorien? In: Geographische Zeitschrift, H. 69, S. 161–198.

Zimmermann, Arthur (2007): Capacity WORKS. Toolbox - Erfolgsfaktor 2 - Kooperation. Unter Mitarbeit von Elisabeth Christian, Klaus Reiter und Sylvia Glotzbach. Eschborn.

Anhang

Liste der Interviewten

Phase 1: Analyse der Kooperationsstrukturen

I1	Interview 1	04.06.2008	„Soziale Stadt" München
I2	Interview 2	09.06.2008	„LFIS" Passau
I3	Interview 3	12.06.2008	„LFIS" Bamberg
I4	Interview 4	12.06.2008	„Soziale Stadt" Nürnberg Südstadt
I5	Interview 5	23.06.2008	„Soziale Stadt" Markt Manching
I6	Interview 6	18.06.2008	„Soziale Stadt" Erlangen
I7	Interview 7	18.06.2008	„LFIS" Erlangen
I8	Interview 8	18.06.2008	„LFIS" Langquaid
I9	Interview 9	23.06.2008	„Soziale Stadt" Regensburg
I10	Interview 10	23.06.2008	„Soziale Stadt" Ingolstadt Piusviertel

Liste der Interviewten

Phase 2: Analyse der Handlungsrationalitäten

1	S1	Schulen	20.10.2008	Schulleitung Grundschule
2	S2	Schulen	23.10.2008	Schulleitung Grundschule
3	S3	Schulen	30.10.2008	Schulleitung Hauptschule
4	S4	Schulen	31.10.2008	Schulleitung Hauptschule
5	So1	Soziale Einrichtungen	17.11.2008	Kinder- und Jugendtreff AKA Bali
6	So2	Soziale Einrichtungen	17.11.2008	Schulsozialarbeit
7	P1	Lokale Politik	18.11.2008	BA16
8	So3	Soziale Einrichtungen	04.12.2008	Hilfe von Mensch zu Mensch e.V.
9	W1	Städtischer Wohnungsbau	04.12.2008	Städtische Wohnungsbaugesellschaft Gewofag
10	M1	Migrantenorganisationen	05.12.2008	Idizem e.V.
11	So4	Soziale Einrichtungen	08.12.2008	Aufsuchende Jugendarbeit AKA
12	M2	Migrantenorganisationen	16.12.2008	Verein Islamischer Kulturzentren (VIKZ)
13	M3	Migrantenorganisationen	19.12.2008	Türk. Elternverein
14	M4	Migrantenorganisationen	20.12.2008	Nur Cemaati e.V.
15	W2	Städtischer Wohnungsbau	08.01.2009	Städtische Wohnungsbaugesellschaft GWG
16	W3	Städtischer Wohnungsbau	09.01.2009	Städtische Wohnungsbaugesellschaft Gewofag
17	M5	Migrantenorganisationen	13.01.2009	Milli Görüs e.V. (IGMG)
18	V1	Verwaltung	12.01.2009	Planungsreferat
19	V2	Verwaltung	21.01.2009	Planungsreferat
20	V3	Verwaltung	21.01.2009	Sozialreferat
21	V4	Verwaltung	30.01.2009	Referat für Arbeit und Wirtschaft
22	P2	Lokale Politik	19.01.2009	BA14
23	V5	Verwaltung	13.02.2009	Schulreferat

Fragebogen zur
Analyse der Kooperationsstrukturen
von ausgewählten Programmgebieten

A. Ein paar Fragen zu den Akteuren:

1. Wo spielt sich die Kooperation ab? (Strukturen, Ebenen, Gremien)

2. Zwischen wem spielt sich die Kooperation hauptsächlich ab?
   (Staat-Wirtschaft-Bürger; untereinander z.B. Staat-Staat etc.)

3. Wer sind die Schlüsselpersonen in der Kooperation? Warum?
   (Infofilter/Kontrolle, Brücke, Fachlich, Prozessqualität, Macht, Vertrauen)

4. Wer sind die Investoren? Wer die Kontrolleure? Wer die Genehmiger?

5. Wie heterogen sind die Positionen der KooperationsteilnehmerInnen?

sehr heterogen	relativ heterogen	weiß nicht	relativ homogen	ganz homogen
☐	☐	☐	☐	☐

6. Wie viel Konkurrenz besteht zwischen den Akteuren?

sehr viel	relativ viel	weiß nicht	realtiv wenig	gar keine
☐	☐	☐	☐	☐

7. Welche Akteure finden keinen Zugang zu den Kooperationsstrukturen? Sind schwer zu aktivieren?

8. Welche Barrieren könnten dafür verantwortlich sein? (strukturell, pers.)

B. Inhalt der Kooperation

9. Was ist der Hauptzweck der Kooperation?
   (z.B. Information, Austausch, Koordination,...etc.)

10. Was sind die zentralen Herausforderungen?
    (z.B. Problemlösung, Verteilungskonflikte, ...etc.)

11. Mit welchen Aufgaben beschäftigt sich die Kooperation hauptsächlich?

Problemdefinition	:	☐	
Zielfindung	:	☐	Bitte versuchen Sie, Prioritäten von 1-4 zu vergeben
Entscheidung	:	☐	
Umsetzung	:	☐	

12. Wie würden Sie auf folgenden Skaalen ankreuzen?

Die Aufgaben im Kooperationsalltag sind eher...

gleichförmig ————————————————————————▶ ungleichförmig

☐   ☐   ☐   ☐   ☐

Die Aufgaben im Kooperationsalltag sind eher

routinisierbar ————————————————————————▶ nicht routinisierbar

☐   ☐   ☐   ☐   ☐

Zur Aufgabenerfüllung herrscht großer Bedarf nach...

trad. Fähigkeiten ————————————————————————▶ Kreativität

☐   ☐   ☐   ☐   ☐

13. Wie wird die Kooperation gelebt?
Bitte kreuzen Sie auf folgenden Skaalen an.

offener Prozess ————————————————————————▶ definierte Ziele

☐   ☐   ☐   ☐   ☐

pragmatisch ————————————————————————▶ technokratisch

☐   ☐   ☐   ☐   ☐

handlungs- und ————————————————————————▶ Planerstellung ist
projektorientiert   das Ziel

☐   ☐   ☐   ☐   ☐

C. Strukturen

14. Wie wird die Finanzierung der Kooperation gedeckt?

15. Wie stark wird Kommunikation geregelt?
(Wer? Über was? Auf welchen Kanälen? Wann?)

16. Wie bedeutend sind die informellen Kommunikationsstrukturen?

17. Wie offen wird kommuniziert? (Absichten transparent und bewusst)

18. Wie schätzen Sie das Kommunikationssystem nach folgendem Schema ein?

Zentralitätsgrad:

| sehr zentral | realtiv zentral | weiß nicht | relativ dezentral | sehr dezentral |

☐   ☐   ☐   ☐   ☐

Vorhersehbarkeit der Leitung einer Gruppe:

| sehr klar | relativ klar | weiß nicht | relativ unklar | unklar |

☐   ☐   ☐   ☐   ☐

Durchschnittliche Gruppenzufriedenheit:

| sehr zufrieden | relativ zufrieden | weiß nicht | relativ unzufrieden | sehr unzufrieden |

☐   ☐   ☐   ☐   ☐

Zufriedenheit der einzelnen Gruppenmitglieder

| sehr zufrieden | relativ zufrieden | weiß nicht | relativ unzufrieden | sehr unzufrieden |

☐   ☐   ☐   ☐   ☐

19. Wer führt bzw. steuert die Kooperation? (Personen, Ebenen)

20. Wie würden sie den Führungsstil in der Kooperation beschreiben?
(Macht- od. Steuerungsmittel, Hierarchie, Mehrheits, Verhandlung, einseitig)

21. Wie sieht die Konfliktkultur in der Kooperation aus?

22. Wie würden sie den Umgang der Akteure untereinander beschreiben?

23. Bitte geben sie Ihre Einschätzung der Kooperationsstrukturen ab:

Die Verfahrensweise in der Kooperation ist eher...

iterativ/parallel $\longrightarrow$ linear

☐ ☐ ☐ ☐

Die Verfahrensweise in der Kooperation ist eher geprägt durch...

def. Spielregeln $\longrightarrow$ ind. Spielregeln

☐ ☐ ☐

Die Beteiligungsform in der Kooperation gestaltet sich eher...

gleichberechtigt $\longrightarrow$ hierarchisch

☐ ☐ ☐ ☐

Die Kommunikationsform in der Kooperation ist eher...

direktiv $\longrightarrow$ diskursiv

☐ ☐ ☐ ☐

Das Ziel der Kooperation ist eher...

ergebnisoffen $\longrightarrow$ vorgegeben

☐ ☐ ☐ ☐

Die Entscheidungsfindung in der Kooperation ist eher...

einseitig $\longrightarrow$ Konsensorientiert

☐ ☐ ☐ ☐

Die Entscheidungsbindung in der Kooperation ist vorwiegend geprägt durch...

Selbstbindung $\longrightarrow$ feste Regeln

☐ ☐ ☐ ☐

Beschlüsse in der Kooperation zeichnen sich eher aus durch...

Stabilität $\longrightarrow$ Eigendynamik

☐ ☐ ☐ ☐

Der Zentralisationsgrad hinsichtlich der Aufgabenverteilung in der Kooperation ist eher...

dezentral $\longrightarrow$ zentral

☐ ☐ ☐ ☐

Die Verfahrensweise der Führung mit Entscheidungen ist geprägt durch...

Delegation $\longrightarrow$ zentrale Entsch.

☐ ☐ ☐ ☐

Die Steuerung der Zusammenarbeit ist eher

zentral $\longrightarrow$ dezentral

☐ ☐ ☐ ☐

Standardisierungs-/Formalisierungsgrad bei der Zusammenarbeit (z.B. Akten, Leitfäden...etc.):

Standardisierung $\longrightarrow$ informell/ kreativ

24. Bitte bewerten sie zuletzt noch folgende Bereiche:

Spezialisierung in der Kooperation:

sehr viel		realtiv viel		weiß nicht		relativ wenig		kaum oder nicht
☐		☐		☐		☐		☐

Trainingsangebote in der Kooperation:

sehr viel		realtiv viel		weiß nicht		relativ wenig		kaum oder nicht
☐		☐		☐		☐		☐

Kontrollsystem:

sehr viel		realtiv viel		weiß nicht		relativ wenig		kaum oder nicht
☐		☐		☐		☐		☐

Fragebogen zur Analyse der Handlungslogiken von ausgewählten Akteuren

Erläuterung meiner Absichten

- Stadtentwicklungsprozesse, in denen Kooperation eine Rolle spielt

- Kann man durch Betätigung bestimmter Stellschrauben die Repräsentanz von wichtigen Akteuren erhöhen?

- Wie agieren eigentlich diese Akteure? Was ist ihre Rolle im Viertel? (Gegenstand des Interviews)

- Forschungsgebiet ist Ramersdorf und Berg-am-Laim

- Gespräch mit Bildungsakteuren aller Ebenen, Wohnungsbaugesellschaften und Migrantenvertretern…(evt. erweiterbar)

Leitfaden:

1. Wie lange arbeiten Sie schon im Stadtviertel?

2. Wo arbeiten/bewegen Sie sich genau in Ihrem Arbeitsalltag - unterschiedliche Örtlichkeiten?

3. Was machen Sie an diesen Orten konkret? Was sind ihre Aufgaben? Welche Rolle spielt das Viertel bei Ihren Alltagtätigkeiten? Sind Sie dabei in Stadtentwicklungsprozesse, die das Viertel betreffen, eingebunden?

4. Was sind Ihre Fähigkeiten, an diesen Orten Einfluss zu üben? Wie können Sie sich einbringen/engagieren?

5. Warum machen Sie das? Was denken Sie darüber?

6. Was ist Ihnen wichtig in ihrem Viertel/ in Ihrer Arbeit/ in Ihrem Alltag?

7. Wie würden Sie Ihre Rolle(n) beschreiben?

8. Stellen Sie bei kommunalen Stadtentwicklungsprozessen Beteiligungsbarrieren für ihre Interessensgruppe fest?

Fragen nach Hilfestellungen:

- Zugang zu anderen wichtigen Akteuren im Viertel (andere Akteure der Wohnungswirtschaft; Multiplikatoren aus der Migrantengemeinde)

- Feedack zu Fragen

VS Forschung | VS Research
Neu im Programm Soziologie

Ina Findeisen
Hürdenlauf zur Exzellenz
Karrierestufen junger Wissenschaft-
lerinnen und Wissenschaftler
2011. 309 S. Br. EUR 39,95
ISBN 978-3-531-17919-3

David Glowsky
Globale Partnerwahl
Soziale Ungleichheit als Motor
transnationaler Heiratsentscheidungen
2011. 246 S. Br. EUR 39,95
ISBN 978-3-531-17672-7

Grit Höppner
Alt und schön
Geschlecht und Körperbilder
im Kontext neoliberaler Gesellschaften
2011. 130 S. Br. EUR 29,95
ISBN 978-3-531-17905-6

Andrea Lengerer
Partnerlosigkeit in Deutschland
Entwicklung und soziale Unterschiede
2011. 252 S. Br. EUR 29,95
ISBN 978-3-531-17792-2

Markus Ottersbach /
Claus-Ulrich Prölß (Hrsg.)
**Flüchtlingsschutz als globale
und lokale Herausforderung**
2011. 195 S. (Beiträge zur Regional-
und Migrationsforschung) Br. EUR 39,95
ISBN 978-3-531-17395-5

Tobias Schröder / Jana Huck /
Gerhard de Haan
Transfer sozialer Innovationen
Eine zukunftsorientierte Fallstudie zur
nachhaltigen Siedlungsentwicklung
2011. 199 S. Br. EUR 34,95
ISBN 978-3-531-18139-4

Anke Wahl
Die Sprache des Geldes
Finanzmarktengagement
zwischen Klassenlage und Lebensstil
2011. 198 S. r. EUR 34,95
ISBN 978-3-531-18206-3

Tobias Wiß
**Der Wandel der
Alterssicherung in Deutschland**
Die Rolle der Sozialpartner
2011. 300 S. Br. EUR 39,95
ISBN 978-3-531-18211-7

Erhältlich im Buchhandel oder beim Verlag.
Änderungen vorbehalten. Stand: Juli 2011.

Einfach bestellen:
SpringerDE-service@springer.com
tel +49 (0)6221 / 345–4301
springer-vs.de

 Springer VS

VS Forschung | VS Research
Neu im Programm Politik